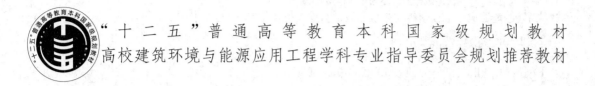

"十二五"普通高等教育本科国家级规划教材

高校建筑环境与能源应用工程学科专业指导委员会规划推荐教材

工程热力学

(第六版)

谭羽非　吴家正　朱　彤　编

廉乐明　主审

中国建筑工业出版社

图书在版编目（CIP）数据

工程热力学/谭羽非等编. —6 版. —北京：中国建筑工业出版社，2016.1（2023.4 重印）

"十二五"普通高等教育本科国家级规划教材. 高校建筑环境与能源应用工程学科专业指导委员会规划推荐教材

ISBN 978-7-112-18903-8

Ⅰ.①工… Ⅱ.①谭… Ⅲ.①工程热力学-高等学校-教材 Ⅳ.①TK123

中国版本图书馆 CIP 数据核字（2015）第 313242 号

本书以教育部新制定的"高等学校工科本科工程热力学教学基本要求"为依据，在第五版基础上进行了修订，对各章内容作了部分调整、更新和充实，并适当增加了例题和习题。

本书内容包括：基本概念、气体的热力性质、热力学第一定律、理想气体的热力过程及气体压缩、热力学第二定律、热力状态参数的微分关系式、水蒸气、混合气体及湿空气、气体和蒸汽的流动、动力循环、制冷循环、化学热力学基础及溶液热力学基础共 13 章。本书一律采用国际单位制。

根据教学要求，本书紧紧围绕培养学生掌握基础理论知识和工程应用能力来组织教材内容，着重加强对基本概念及基本定律的论述，对重点及要点内容力求讲深讲透，工程应用部分力求与国内外能源开发与利用领域相接轨，更接近工程实际，对某些章节的内容适当作了一些扩充和拓宽，一则是教师有选择的余地，二则适应不同专业不同学时及不同层次的需要。

本书可作为建筑环境与能源应用工程专业（即原来的建筑环境与设备工程专业）、建筑材料工程技术专业、建筑学专业以及其他非动力类工程专业的教学用书，也可供有关工程技术人员参考。

* * *

责任编辑：齐庆梅
责任校对：刘　钰　党　蕾

"十二五"普通高等教育本科国家级规划教材
高校建筑环境与能源应用工程学科专业指导委员会规划推荐教材

工　程　热　力　学
（第六版）

谭羽非　吴家正　朱　彤　编
廉乐明　主审

*

中国建筑工业出版社出版、发行（北京海淀三里河路 9 号）
各地新华书店、建筑书店经销
霸州市顺浩图文科技发展有限公司制版
北京圣夫亚美印刷有限公司印刷

*

开本：787×1092 毫米　1/16　印张：19¼　插页：2　字数：480 千字
2016 年 7 月第六版　2023 年 4 月第五十八次印刷
定价：**43.00** 元
ISBN 978-7-112-18903-8
（34437）

版权所有　翻印必究
如有印装质量问题，可寄本社退换
（邮政编码 100037）

第六版前言

本书是普通高等教育"十二五"和"十一五"国家级规划教材，是在延续第五版教材的系统性和完整性基础上，根据教育部新制定的"高等学校工科本科工程热力学教学基本要求"，并总结了近年来教学研究和教学改革成果修订完成。

本书自1979年出版至今，历经第一版、第二版、第三版、第四版和第五版共42次印刷，发行量达25万余册。由于教材内容深入浅出，结合工程实际，除满足建筑环境与能源应用工程专业（原建筑环境与设备工程专业）使用外，还得到国内有关工程类专业的广泛使用。本书曾先后获得国家级教学成果奖二等奖和国家级优秀教材二等奖。

本书以宏观观点，从工程实际出发来研究物质的热力性质、能量转换的规律和方法以及有效合理利用热能的途径。本书的前半部分基础理论部分，有一定的深度和广度，力图使学生能很好地掌握热力学基本概念和基本定律的实质，并能灵活运用它们分析各种热力过程，以便在拓宽后新的专业范畴下，在能源科学利用方面打下坚实基础。本书后半部分，主要是热力学基本理论的工程应用，是联系工程实际的桥梁，有助于培养学生解决工程实际问题的分析能力。

全书共有13章，分为基础理论和工程应用两大部分。基础理论部分包括：第一章基本概念，重点介绍热力系统、平衡状态、状态参数、可逆过程、热力循环、热量和功等基本概念；第二章介绍理想气体与实际气体性质及气体状态方程；第三章介绍热力学第一定律及应用；第四章介绍理想气体热力过程与气体压缩；第五章介绍热力学第二定律，重点阐述热力过程的方向性与不可逆性，熵的概念及其物理意义；第六章介绍热力学一般关系式，是研究物质热力性质不可缺少的数学基础。工程应用部分包括：第七章介绍水蒸气热力性质，包括工业上水蒸气形成，水蒸气基本热力过程以及各种水蒸气图表的应用；第八章介绍混合气体和湿空气性质、湿空气热力过程及焓-湿图应用，为通风空调等课程的学习奠定理论基础，第九章介绍气体和蒸汽流动热力过程的基本规律，以及管道截面变化及外界条件的影响规律；第十章介绍动力循环的构成、特点以及提高动力循环热力性能的途径；第十一章介绍各类制冷循环、新型制冷剂性能及热工参数计算；第十二章简要介绍化学热力学基本原理；第十三章简要介绍二元溶液热力学性质。本书保持了前五版的编排方式，每章后有思考题、习题，书后附有习题答案，便于学生自学和检查。

本书一律采用国际单位制。但考虑到目前使用的仪表及参考书，仍有使用其他单位制的，因此在本书附录中列出各种单位制的换算表。

本书第六版参编人员有所变动，由于廉乐明教授年事已高，表示不参加第六版教材修订编写工作，经参编者所属的哈尔滨工业大学和同济大学商定，由哈尔滨工业大学的谭羽非教授承担本书主编工作，全书由廉乐明担任主审。

本书的编写分工是：绪论、第一章、第二章、第三章、第四章、第五章、第八章、第十一章和附录由谭羽非编写；第六章、第七章、第九章和第十章由朱彤编写；第十二章和第十三章由吴家正编写。全书由谭羽非统稿。

本书得到高等学校建筑环境与能源应用工程学科专业指导委员会的鼓励和指导，在编写过程中得到国内同行们的支持。对本书前五版主要参编者，邱信立教授、李立能教授和廉乐明教授所做出的突出贡献，表示衷心感谢，对严家骅教授多次的细致审阅和多方面的指正，谨致谢意。

为方便任课教师制作课件，我们制作了包括书中公式、图表等内容的素材，可发送邮件至 jiangongshe@163.com 免费索取。

限于编者学术水平及教学经验，书中难免有错误和不妥之处，竭诚希望读者及兄弟院校使用本书的师生批评指正。

第 五 版 前 言

本书自 1979 年出版至今,历经第一版、第二版、第三版和第四版共 23 次印刷,发行量约 16 万册。由于教材内容深入浅出,结合工程实际,除满足建筑环境与设备工程专业(即原供热、供燃气、通风与空调专业)使用外,还得到国内有关工程类专业及函授、电大、业余工大等有关工程类专业的广泛使用。本书曾先后两次获得国家级教学成果奖教材二等奖。

本书遵循第一次全国普通高等学校教学工作会议精神:培养 21 世纪的专业人才,适应科技进步和发展、适应改革发展和经济建设的需要,具备"基础扎实、知识面宽、能力强、素质高、有创新意识"的要求。在内容编选上以《全国高等学校土建类专业培养目标和培养方案及主干课程教学基本要求——建筑环境与设备工程专业》为依据,认真总结了前四轮教材的教学实践经验和存在的问题,在保证学科系统性与完整性的基础上,努力提高教材的科学性、先进性、启发性、实用性和对我国教学的适用性,满足新的拓宽专业,即"建筑环境与设备工程"专业教学的需要,同时也注意适当反映热工科技的新进展。

本书从宏观观点出发,从工程实际出发来研究物质的热力性质、能量转换的规律和方法以及有效合理利用热能的途径。

全书共分 13 章。第一章重点介绍系统、平衡、状态参数、可逆过程、循环、热量和功等基本概念。第二章介绍理想气体及其混合物的性质,并结合介绍实际气体的状态方程。第三章介绍热力学第一定律。第四章气体的热力过程与气体压缩,这两章是全书热力过程分析及计算的理论基础。第五章重点阐述热力过程的方向性与不可逆性,熵的概念及其物理意义,可用能与不可用能的概念。第六章是研究物质热力性质不可缺少的基本关系式。第七章介绍水蒸气的一般概念及各种图表的应用,它还是研究各种实际气体的理论基础。第八章介绍湿空气的性质、热力过程及图表的应用,它们是学习通风空调等课程不可缺少的理论基础。第九章、第十章及第十一章是工程热力学中联系工程实际不可缺少的基本内容。第十二章及第十三章将结合专业作一般介绍。

本书作为一本教材应有一定的系统性与完整性,对某些章节的内容略超过课程基本要求的范围,适当作一些扩充和拓宽,一则使教师有选择的余地,二则适应不同专业不同学时及不同层次的需要,这也是必要的。

本书保持了前四版的编排方式,每章后有思考题、习题及习题答案,便于学生自学和检查。

本书一律采用国际单位制。但考虑到目前使用的仪表及参考书,仍有使用其他单位制的,因此,在本书附录中列出各种单位制的换算表。

本书第五版参编人员有变动,由于李力能教授本人表示不参加第五版教材的修订编写工作,经参编者所属哈尔滨工业大学和同济大学商定,两校增派教师补充力量,由廉乐明

(哈尔滨工业大学)承担本书主编工作。修订编写第五版教材的主导思想：考虑本书的使用对象是非动力类工程专业的特点，以热能直接利用为主、能量转换为辅，主要论述质量迁移，能量交换与物质状态或物态变化的关系，探讨提高能量有效利用及节能的基本途径等有关内容，为此，首先对第四版教材在教学实践中出现的问题进一步改进、充实和完善，对一些重要知识点讲深讲透，特别对后续联系工程实际的篇章在讲述中力求更接近实际；其二是各章在原第四版的基础上增加了例题和习题，帮助学生复习，掌握所学理论知识，联系工程实际，培养创新能力；第三是更新、扩充了本书附录中主要工质热物性图表，并采用我国学者编制的数据。在本书第五版即将出版之前，对本书前四版主要参编之一李力能教授为本书前四版所做出的突出贡献和成绩表示衷心的感谢和崇高的敬意。

本书的编写分工是：绪论、第四章、第八章、第十一章和附录由廉乐明编写；第一章、第二章、第三章和第五章由谭羽非编写；第六章、第七章、第九章和第十章由朱彤编写；第十二章和第十三章由吴家正编写。全书由廉乐明统稿。

本书承哈尔滨工业大学严家騄教授细致审阅，得到多方面的指正，谨致谢意。

本书得到高等学校建筑环境与设备工程专业指导委员会的鼓励和指导，在编写过程中得到学校、院、系和同仁们的支持；研究生宋传亮同学为本书的成稿做了很多辅助性工作，在此表示衷心感谢。

限于编者学术水平及教学经验，书中难免有错误和不妥之处，竭诚希望读者及兄弟院校使用本书的师生批评指正。

编者

2007 年 1 月

第 四 版 前 言

本书自 1979 年出版至今，历经第一版、第二版和第三版共 11 次印刷，发行量达 10 万余册。由于教材内容深入浅出，结合工程实际，除满足供热通风及空调工程专业使用外，还得到国内有关工程类专业及函授、电大、业余工大等有关专业的广泛使用。本书获国家级教学成果奖教材二等奖。

按照 1996 年 9 月供热通风空调与燃气工程专业指导委员会关于"九五"教材修订计划的安排，为贯彻第一次全国普通高等学校教学工作会议精神：培养 21 世纪的专业人才，适应科技进步和发展、适应改革发展和经济建设的需要，具备"基础扎实、知识面宽、能力强、素质高"的要求，认真总结了前三轮教材的教学实践经验，努力提高教材的科学性、先进性、启发性、实用性和对我国教学的适用性，以进一步提高教材的质量。在内容编选上以建设部颁布的《高等工业学校工程热力学课程的基本要求》（本科四年制供热通风空调与燃气工程专业适用，60～70 学时）为依据，在保证学科系统性与完整性的基础上，博采众长，力争能符合新的拓宽专业，即"建筑设备与环境工程"专业教学的需要，使这一版成为迎接 21 世纪新旧交替、承上启下、推陈出新，具有一定特色的过渡性教材。

本书从宏观观点出发，从工程实际出发来研究物质的热力性质、能量转换的规律和方法以及有效合理利用热能的途径。

全书共分 13 章。第一章重点介绍系统、平衡、状态参数、可逆过程、循环、热量和功等基本概念。第二章介绍理想气体及其混合物的性质。第三章介绍热力学第一定律，第四章气体的热力过程与气体压缩，这两章是全书热力过程分析及计算的理论基础。第五章重点阐述热力过程的方向性与不可逆性，熵的概念及其物理意义，可用能与不可用能的概念。第六章是研究物质热力性质不可缺少的基本关系式，并结合介绍实际气体的状态方程。第七章介绍水蒸气的一般概念及各种图表的应用，它还是研究各种实际气体的理论基础。第八章介绍湿空气的性质、热力过程及图表的应用，它们是学习通风空调等课程不可缺少的理论基础。第九章、第十章及第十一章是工程热力学中联系工程实际不可缺少的基本内容。第十二章及第十三章将结合专业作一般介绍。

本书作为一本教材，应有一定的系统性与完整性，对某些章节的内容略超过《课程基本要求》的范围，适当作一些扩充和拓宽，一则使教师有选择的余地，二则适应不同专业不同学时及不同层次的需要，这也是必要的。

本书保持了第二版的编排方式，每章后有思考题、习题及习题答案，便于学生自学和检查。

本书一律采用国际单位制。但考虑到目前使用的仪表及参考书，仍有使用其他单位制的，因此，在本书附录中列出各种单位制的换算表。

本书前三版是由邱信立教授（同济大学）任主编，由于邱信立教授本人表示不参加第四版教材的修订编写工作,因此,经参编者所属两校商定,主编工作由廉乐明(哈尔滨建筑大学)接替,两校再增派教师充实编写力量。修订编写第四版教材的主导思想,除了上述基本原则和要求外,主要考虑本书的使用对象是非动力类工程专业的特点,以热能直接利用为主、能量转换为辅,主要论述质量迁移,能量交换与物质状态或物态变化的关系,探讨提高能量有效利用及节能的基本途径等有关内容,为此,对第五章热力学第二定律作了重大修改,进行了重新改写,而对其他 12 章内容是在第三版教材的基础上作了部分调整、更新和充实。在本书第四版即将发行之前,对原书主编邱信立教授 20 年来为前三版教材呕心沥血所做出的突出贡献和卓越成绩表示衷心的感谢和崇高的敬意。

本书的编写分工是:绪论、第四章、第八章、第十一章由廉乐明编写;第一章、第二章、第三章和第五章由李力能编写;第七章、第十章由谭羽非编写;第六章、第九章、第十二章和第十三章由吴家正编写。全书由廉乐明主编。

第四版承哈尔滨工业大学严家騄教授精心审阅,提出了许多宝贵的意见,严格把关,对提高书稿质量帮助极大,在此表示衷心感谢。

限于编者学术水平及教学经验,书中难免有错误和不妥之处,竭诚希望读者及兄弟院校使用本书的师生批评指正。

编者
1999 年 10 月

目　　录

基本符号表 ……………………………………………………………………………… 1
绪　论 …………………………………………………………………………………… 3
第一章　基本概念 ……………………………………………………………………… 8
　　第一节　热力系统 ………………………………………………………………… 8
　　第二节　工质的热力状态及其基本状态参数 …………………………………… 10
　　第三节　平衡状态、状态公理及状态方程 ……………………………………… 13
　　第四节　准静态过程及可逆过程 ………………………………………………… 15
　　第五节　热量和功量 ……………………………………………………………… 17
　　第六节　热力循环 ………………………………………………………………… 19
　　思考题 ……………………………………………………………………………… 21
　　习题 ………………………………………………………………………………… 21
第二章　气体的热力性质 ……………………………………………………………… 23
　　第一节　理想气体与实际气体 …………………………………………………… 23
　　第二节　理想气体比热容 ………………………………………………………… 26
　　第三节　实际气体状态方程 ……………………………………………………… 32
　　第四节　对比态定律与压缩因子图 ……………………………………………… 35
　　思考题 ……………………………………………………………………………… 37
　　习题 ………………………………………………………………………………… 38
第三章　热力学第一定律 ……………………………………………………………… 40
　　第一节　热力学能和总能 ………………………………………………………… 40
　　第二节　闭口系能量方程 ………………………………………………………… 41
　　第三节　开口系能量方程 ………………………………………………………… 45
　　第四节　开口系统稳态稳流能量方程 …………………………………………… 47
　　第五节　稳态稳流能量方程的应用 ……………………………………………… 50
　　思考题 ……………………………………………………………………………… 54
　　习题 ………………………………………………………………………………… 55
第四章　理想气体的热力过程及气体压缩 …………………………………………… 58
　　第一节　热力过程分析及步骤 …………………………………………………… 58
　　第二节　绝热过程 ………………………………………………………………… 60
　　第三节　多变过程的综合分析 …………………………………………………… 62
　　第四节　压气机的理论压缩轴功 ………………………………………………… 68
　　第五节　活塞式压气机的余隙影响 ……………………………………………… 72
　　第六节　多级压缩及中间冷却 …………………………………………………… 73
　　思考题 ……………………………………………………………………………… 77
　　习题 ………………………………………………………………………………… 78

第五章 热力学第二定律 ························ 80
第一节 热力学第二定律的实质与表述 ············ 80
第二节 卡诺循环与卡诺定理 ····················· 82
第三节 状态参数熵及熵方程 ····················· 86
第四节 孤立系统熵增原理与做功能力损失 ········ 91
第五节 㶲与㷻 ·································· 94
第六节 㶲分析与㶲方程 ························· 99
思考题 ······································· 104
习题 ··· 105

第六章 热力状态参数的微分关系式 ··············· 107
第一节 主要数学关系式 ························ 107
第二节 简单可压缩系统的基本关系式 ············ 108
第三节 熵、焓及热力学能的微分方程式 ·········· 112
第四节 比热容的微分关系式 ···················· 116
第五节 克拉贝龙方程 ··························· 118
思考题 ······································· 119
习题 ··· 119

第七章 水蒸气 ································· 121
第一节 水的相变及相图 ························ 121
第二节 水蒸气的定压发生过程 ·················· 123
第三节 水蒸气表和焓-熵（h-s）图 ············ 126
第四节 水蒸气的基本热力过程 ·················· 131
思考题 ······································· 135
习题 ··· 135

第八章 混合气体及湿空气 ······················· 137
第一节 混合气体的性质 ························ 137
第二节 湿空气性质 ····························· 142
第三节 湿空气的焓湿图 ························ 151
第四节 湿空气的基本热力过程 ·················· 154
思考题 ······································· 161
习题 ··· 162

第九章 气体和蒸汽的流动 ······················· 164
第一节 一维稳定绝热流动的基本方程 ············ 164
第二节 可逆绝热流动的基本特性 ················ 166
第三节 喷管计算 ······························· 168
第四节 背压变化对喷管内流动的影响 ············ 178
第五节 具有摩擦的绝热流动 ···················· 179
第六节 绝热节流 ······························· 181
思考题 ······································· 185
习题 ··· 185

第十章 动力循环 ······························· 188
第一节 蒸汽动力基本循环——朗肯循环 ·········· 188
第二节 回热循环与再热循环 ···················· 191

第三节　热电循环 ··· 195
　　第四节　内燃机循环 ··· 197
　　第五节　燃气轮机循环 ··· 201
　　思考题 ·· 204
　　习题 ·· 205
第十一章　制冷循环 ··· 207
　　第一节　空气压缩制冷循环 ··· 207
　　第二节　蒸气压缩制冷循环 ··· 210
　　第三节　蒸汽喷射制冷循环 ··· 217
　　第四节　吸收式制冷循环 ··· 218
　　第五节　热泵 ·· 219
　　第六节　改进的蒸气压缩制冷系统 ··· 221
　　第七节　气体的液化 ·· 224
　　思考题 ·· 225
　　习题 ·· 226
第十二章　化学热力学基础 ··· 228
　　第一节　燃料燃烧的基本方程 ··· 228
　　第二节　热力学第一定律在化学反应中的应用 ····························· 231
　　第三节　反应热与反应热效应计算 ··· 235
　　第四节　热力学第二定律在化学反应中的应用 ····························· 240
　　第五节　化学平衡及平衡常数 ··· 242
　　第六节　化学反应定温方程式 ··· 245
　　第七节　热力学第三定律 ··· 247
　　思考题 ·· 247
　　习题 ·· 248
第十三章　溶液热力学基础 ··· 250
　　第一节　溶液的一般概念 ··· 250
　　第二节　二元溶液的温度-浓度图和焓-浓度图 ······························ 253
　　第三节　相律 ·· 259
　　思考题 ·· 261
　　习题 ·· 261
部分习题答案 ·· 263
附录 ·· 270
　　附表1　饱和水与饱和水蒸气表（按温度排列） ··························· 270
　　附表2　饱和水与饱和水蒸气表（按压力排列） ··························· 272
　　附表3　未饱和水与过热蒸汽表 ··· 274
　　附表4　在0.1MPa时饱和空气状态参数表 ··································· 281
　　附表5　压力单位换算表 ··· 283
　　附表6　功、能和热量的单位换算表 ··· 284
　　附表7　R134a（CF_3CH_2F）饱和液与饱和蒸气热力性质表（按温度排列） ···· 284
　　附表8　R134a（CF_3CH_2F）饱和液与饱和蒸气热力性质表（按压力排列） ···· 285
　　附表9　R134a（CF_3CH_2F）过热蒸气表 ·································· 287
　　附图1　水蒸气焓熵图 ·· 插页

附图 2　湿空气焓湿图 ··· 291
附图 3　氨（NH_3，R717）的 $\lg p\text{-}h$ 图 ································· 292
附图 4　氟利昂-134a（$C_2H_2F_4$，R134a）的 $\lg p\text{-}h$ 图 ············· 293
附图 5　氟利昂-22（$CHCl_2F_2$，R22）的 $\lg p\text{-}h$ 图 ················· 294
附图 6　溴化锂水溶液 $h\text{-}\zeta$ 图 ·· 插页
参考文献 ··· 295

基本符号表

1. 英文符号

符号	含义
a	修正分子间相互作用力的常数；音速
An	烷
an	单位质量烷
B	大气压力；比例系数
b	修正分子本身体积的常数
C	非平衡浓度；组分数目
c	流速；质量比热容；余隙百分数；平衡浓度
c'	容积比热容
c_p	定压质量比热容
c_v	定容质量比热容
COP	工作系数
COP_R	制冷系数
COP_H	供热系数
d	直径；含湿量
E	能量；储存能
E_K	动能
E_p	位能
Ex	㶲
e	单位质量能量
e_k	单位质量动能
e_p	单位质量位能
ex	单位质量㶲
F	力；自由度数目；自由能
f	截面积；单位质量自由能
G	自由焓
g	质量成分；单位质量自由焓
H	真空值；焓
H_{298}^0	标准状态下生成焓
H_T^0	任意温度下的生成焓
h	单位质量焓
h_{298}^0	千摩尔物质标准生成焓
h_T^0	千摩尔物质任意温度下生成焓
K	热能利用率
K_c	用浓度表示的化学平衡常数
K_p	用分压力表示的化学平衡常数
L	产液率
l	长度
M	分子量；千摩尔质量；马赫数
M_C	摩尔比热容
m	质量
$\dot{m}$	质量流量
N	分子数目
n	分子浓度；多变指数；摩尔数
p	压力
Q	热量；反应热；反应热效应
q	单位质量热量
R	气体常数
R_0	通用气体常数
r	汽化潜热；容积成分
S	位移；熵
s	单位质量熵
T	热力学温度；绝对温度
t	摄氏温度
U	热力学能
u	单位质量热力学能
V	体积
v	比体积（又称比容）；反应速度
W	膨胀功；总功
$\dot{W}$	功率
W_s	轴功
w	单位质量膨胀功
w_s	单位质量轴功
w_t	单位质量技术功

x	干度;摩尔成分;摩尔浓度		
z	压缩因子;高度		

2. 希腊文符号

α	压力温度系数	μ	定温压缩系数
β	容积膨胀系数;临界压力比;压力比	μ_j	焦耳-汤姆逊系数
ε	压缩比;热湿比	ξ	热能利用系数;质量浓度
ε_1	制冷系数(即 COP_R)	ρ	密度;定压预胀比
ε_2	供热系数(即 COP_H)	ρ_v	绝对湿度
η_n	喷管效率	τ	时间
η_t	循环热效率	φ	相对湿度;相数目;速度系数
$\eta_{t,c}$	卡诺循环热效率	ω	分子运动速度
$\eta_{c,t}$	压气机定温压缩效率	λ	定容升压比
$\eta_{c,s}$	压气机绝热压缩效率	λ_v	容积效率
κ	比热容比(绝热指数)		

3. 下角标

a	有用;干空气	M	摩尔
b	背	m	平均
C	卡诺	N	标准
c	临界	P	生成物
ch	化学	ph	物理
cv	控制容积	R	反应物
d	露点;设计时	r	对比
ex	膨胀	re	可逆
f	流动;燃料	s	饱和;固体;轴
g	表计;气体;产生	sur	环境
h	高;供热	sys	系统
irr	不可逆	v	蒸汽
iso	孤立	w	湿
l	低;损失;液体		

绪　　论

一、能源及热能利用

1. 自然界的各类能源

用来产生各种所需有用能的物质资源称为能源，包括煤炭、原油、天然气、煤层气、水能、核能、风能、太阳能、地热能、生物质能等可直接获取的一次能源，电力、热力、成品油等通过加工转换而获取的二次能源，以及其他新能源和可再生能源。能源是人类活动的物质基础，从某种意义上讲，人类社会的发展离不开优质能源的出现和先进能源技术的使用。

我国是世界上第二位能源生产国和消费国，煤炭资源最为丰富，目前已经探明的煤炭资源储量为世界第二。根据第三次全国煤田预测资料，除台湾省外，我国垂深 2000m 以内煤炭资源总量为 55697.49 亿 t，其中探明保有资源量 10176.45 亿 t，预测资源量 45521.04 亿 t。煤炭在我国一次性能源结构中处于绝对主要位置，20 世纪 50 年代曾高达 90%。随着大庆油田、渤海油田的发现和开发，一次性能源结构才有了一定程度的改变，但煤仍然占到 70% 以上。

据国土资源部储量快报统计，我国石油资源集中分布在渤海湾、松辽、塔里木、鄂尔多斯、准噶尔、珠江口、柴达木和东海陆架八大盆地，其可采资源量 172 亿 t，占全国的 81.13%。2012 年，全国石油新增探明地质储量 15.2 亿 t，同比增长 13%，新增探明技术可采储量 2.7 亿 t，同比增长 7%，2012 年全国石油产量 2.05 亿 t，同比增长 1%。2014 年全年新增石油探明地质储量 10 亿 t。

2012 年全国天然气勘查新增探明地质储量 9612.2 亿 m^3，同比增长 33%，为我国历史最高水平。新增探明技术可采储量 5008 亿 m^3，同比增长 36%。2012 年全国天然气产量为 1067.6 亿 m^3，同比增长 5.4%。

我国水电资源蕴藏量世界第一，技术可开发量约为 5.4 亿 kW，经济可开发量约 4 亿 kW。截至 2014 年底，中国水电装机容量 3.018 亿 kW，水电开发程度达到 40.58%。虽然地球上水力资源总量较多，但开发利用率低，我国占世界总量 16.7%，居世界之首。但是目前我国水能开发利用量约占全球水电装机总量的 1/4，低于发达国达 60% 的平均水平，因而水力资源开发潜力很大。

我国铀矿资源勘查工作经过 30 多年的发展，在全国 23 个省（区）探明了 10 余种工业类型的铀矿床，为中国核工业的发展提供了资源保障。2014 年新增核电装机 864 万千瓦，几乎是 2013 年的两倍，近 5 年平均增长 9.59%，占全国电力装机总量的 1.1%。已形成广东、浙江、江苏三个核电基地，预计到 2020 年形成较完整的自主化核电工业体系。

我国风能资源的理论蕴藏量为 32.26 亿 kW，可开发的装机容量就有 2.53 亿 kW，居世界首位，与可开发的水电装机容量（3.78 亿 kW）为同一量级，具有形成商业化、规模化发展的资源潜力。"十二五"期间，中国风电产业仍将持续每年10000MW以上的新增装机速度。预计到2020年，我国风电装机将达到2000万kW。

太阳能是一种清洁的、取之不尽的古老能源。太阳辐射到地球的陆地表面的能量，一年大约有17万亿kW。据估算我国陆地表面每年接受的太阳辐射能约为$50×10^{18}$kJ，全国各地每年接受的太阳辐射能量总计约为586kJ/(m^2·年)。

地球上的生物质资源十分丰富，分布十分广泛。据估计，地球上的绿色植物每年通过光合作用生成的生物质总量约达1800亿t（干重），相当于目前世界能源消耗总量的10倍。地球上蕴藏的生物质约达18000亿t。根据专家们计算，在中国如果全国每年能利用50%的农作物秸秆，40%的畜禽排泄物，30%的林木废弃料，开发5%的边际性耕地（约550万hm^2）种植能源植物，建立1000个生物质能源加工厂，那么其生产能力相当于年产5000万t石油的生产能力，相当于一个大庆油田的年产量（4800万t）。

我国地大物博、资源丰富，但由于人口太多，人均资源占有量与阿拉伯地区、俄罗斯和美国相比，十分匮乏。此外我国的能源资源的结构、分布和数量，也并不理想，在一次能源结构中，高污染的煤炭占能源资源总量的70%以上，优质能源石油和天然气等则不足30%。目前全世界的人口约计65亿。中国人口约为13亿7千万，占世界人口总量的21%。人均能源占有量不足世界平均水平的一半，人均煤炭资源储量约为世界平均水平的1/2，人均石油仅为世界平均水平的1/10。我国的煤炭资源仅可开采90年，石油仅可开采22年。

作为人口众多的发展中国家，能源是事关我国经济社会发展的一个重要问题。目前能源资源和环境已成为我国经济发展的制约因素，必须从我国的国情出发，依靠科技进步和创新，节约与开发并重，拟定我国能源的中长期发展规划。为此，我国政府提出"节约优先，立足国内，多元发展，保护环境，科技创新，深化改革，国际合作和改善民生"八项能源发展方针，推进能源生产和利用方式变革，构建安全、稳定、经济、清洁的现代能源产业体系，这也成为我国能源科学技术人员面临的艰巨任务和挑战。

2. 热能利用方式

利用燃料热能的方式有两种：直接利用和间接利用。工业生产中的冶炼、加热、蒸煮、干燥及分馏等，日常生活中的热水供应及采暖等，都属于热能的直接利用方式。工业中热能直接利用的设备很多，如各种工业炉窑、工业锅炉、各种加热器、冷却器、蒸发器、冷凝器等，由于热能直接利用所消耗的燃料占有较大比重，所以如何提高换热设备的换热效率是当今的重要研究课题。

热能的间接利用，是将燃料热能通过各种类型的发动机（热机）及发电机，使热能转变为机械能或电能。例如蒸汽动力装置、燃气动力装置、火箭发动机、内燃机等都能实现热能的转换并获得机械能或电能。热能的间接利用，存在热能转为机械能或电能过程中的有效程度的问题。如在热力发电厂中，热能有效利用率在25%～40%，有60%～75%的热能无法利用，而排放到大气或江河湖海中去，这部分无法利用的热能称为废热。再如交通运输中的汽车、火车飞机及轮船，热能的有效利用率更低。这些装置排放到大气中的废气，还带有大量有害物质，它污染了人类赖以生存的环境。因此，在国内外对节能研究与发展日益重视的情况下，如何在动力装置中提高热能的有效利用率，减少燃料的消耗量并消除污染，这不仅是我国面临的重要课题，也是世界性的学术课题。工程热力学的完善和发展为妥善解决研究这一课题提供了理论基础，跟踪热力学学科发展方向，积极进行热力学与其他学科的交叉课题研究，努力推进热力学理论的健全和发展，是目前热力学领域学者的主要任务之一。

二、能量转换的特点

1. 能量的分类

能量根据来源划分，可分为一次能源和二次能源。一次能源是指直接取自自然界没有经过加工转换的各种能量和资源，它包括：煤、原油、天然气、核能、太阳能、水力、风力、潮汐能、地热等等。二次能源是由一次能源经过加工转换以后得到的能源产品，例如：电力、蒸汽、煤气、汽油、柴油、酒精、沼气、氢气和焦炭等。一次能源可以进一步分为可再生能源和不再生能源两大类；可再生能源是指在自然界可以循环再生的能源，包括太阳能、水力、风力、生物质能、波浪能、潮汐能、海洋温差能等等；而非再生能源是指不能循环再生的，包括煤、石油、天然气、核燃料等。

能量从品质（即可利用度）来划分，可分为优质能和低质能两种。优质能是指经过一次能量转换得来的二次能源，如电能、机械能等。低质能是指自然资源和一次能源，如热能、热力学能。

能量根据物质内部分子的运动形态来划分，可分为有序能和无序能。一切宏观整体运动的能量和大量电子定向运动的电能都是有序能，而物质内部分子杂乱无章的热运动所具有的能量是无序能。有序能可以完全地、无条件地转换为无序能，但无序能要转化为有序能需要外界条件，并且转化不可能完全进行。

此外能量还有其他很多分类方法，这里不做详述。

2. 能量转换的特殊性

能量的转换具有特殊性，不仅有"量"的多少，还有"质"的高低。

自发进行的能量转换过程是有方向性的，当能量转换或传递过程中有无序能参与时就会产生转换的方向性和不可逆问题。因此可以说有序能比无序能更有价值，具有更高的品质。比如摩擦生热这种普遍的自然现象，由于摩擦机械能转换为热能，即有序能转换为无序能，能量的转化从量级上看没有变化，但从品质上看却降低了，即它的使用价值变小了，能量使用价值的降低称为能量贬值，摩擦使高品质能量贬值为低品质能量。

再如一辆疾驶的自行车刹车时，人和车的动能通过摩擦变成热而散失到环境中去，自行车也随之停止前进。反之对车轮加热，补偿其所散失的热能，自行车却不能恢复到原来飞速行驶的状态。由此可知，机械能可以自发地变为热能，而热能变为机械能的过程则是非自发的，亦即机械能和热能之间的转换是有方向性的。

一定数量的能量，如果是机械能，就可全部转为热能，而如果是热能，即使在人为的条件下也只能部分地转为机械能。从而可知，能量除数量外还有转换能力的大小或质的差异。能量所具有的能和质的双重属性，导致能量转换时在量和质两方面遵循不同的客观规律，这就是人类长期观察大量自然现象总结而来的热力学第一及第二两个基本定律。

热力学第一定律的实质是能量转换及守恒定律。能量转换时无论有无热运动参与其中，能量守恒及转换定律总是正确的，它普遍适用于包括热力学在内的各科学领域。但热力学第一定律仅从能量的数量方面揭示了能量转换的客观规律，而第二定律则从能量质的属性角度总结得出，能量转换时能的质要贬降，因而有时又把第二定律称为"能质贬降定理"。这两个定律从量到质两方面，系统的揭示了能量转换的客观规律，从而奠定了研究热现象的基本理论基础。热力学中还有称之为第零定律和第三定律的两个定律。

3. 能量的损失

目前，世界性的能源危机仍然存在，节约能源势在必行。提高能量利用的经济性是工程热力学的主要任务。节约能量也就是减少能量的损失，为此对能量损失的性质和产生损失的原因应加以分析。

根据能量高质能和低质能、有序能和无序能的分类，能量具有量和质的双重属性，因此能量的损失也有纯数量的损失和能的质量贬值两种不同的性质。前者能量的质不变，纯属数量的减少，通常把容器和管路的跑冒滴漏等看作这类损失，后者包括温差传热、摩擦生热、自由膨胀以及节流等。例如摩擦生热过程中，机械能转换为热能，即有序能转换为无序能。能量的转化从量级上看没有变化，但从品质上看却降低了，即它的使用价值变小了。为避免混淆，热力学中把能量贬值的损失统称为不可逆损失。产生不可逆损失时，能量的数量未变，但能量的做功能力降低即能量的质量贬值。能量贬值是自然界的普遍现象。

能量转换具有方向性与不可逆性的基本原因，是微观物质运动的形态由有序运动向无序运动的不可逆转性造成的。热能是分子无序运动的能量，是一种低级能，其品质较低。其他形式的能量，如宏观动能、位能、机械能及电能都属于有序运动形式的能量，是一种高级能，其品质较高。无序运动的能量与有序运动的能量在本质上是有区别的。无序运动的热能不能无条件地转变为有序运动的能量，但有序运动的能量的转换不存在条件的问题。热力学基本理论研究无序运动的热能与有序运动能量之间的转换条件及转换限度等问题，指出在孤立系统中随着过程的进展，能量的总和虽然守恒，但能量的品质却不断下降，可用能贬值为无用能。热力学两大定律从量和质两个方面揭示了能量在转换及传递过程中的客观规律，为热能有效利用与节能技术指出了正确的方向。

三、工程热力学的研究对象及主要内容

自从18世纪工业革命大量使用蒸汽机后，人们就不断地探索研究热能的本质以及如何提高蒸汽机的热效率等一系列有关热现象的问题，并在19世纪中叶先后建立了热力学第一定律及热力学第二定律。当时热力学的研究范围仅局限于热能与机械能之间的转换关系，随着工业的发展与科学技术的进步，热力学研究的范围已涉及化工、冶金、冷冻、空调以及近代的低温、超导、电磁及生物等各个领域。由于热力学的应用范围随着科学技术的发展日益扩大，因而如何来定义热力学是一个比较复杂的问题，可抽象概括为：热力学是研究物质的热力性质，能量和能量之间相互转换规律以及提高转换效率途径的一门基础理论学科，工程热力学是热力学最先发展的一个分支，属于应用科学（工程科学）的范畴，是工程科学的重要领域之一。工程热力学是从工程的观点出发，研究物质的热力性质、能量转换以及热能的直接利用等问题。它是设计计算和分析各种动力装置、制冷机、热泵空调机组、锅炉及各种热交换器的理论基础。工程热力学是工科专业中一门必不可少的技术基础课，在基础课与专业课中起着承前启后的作用。

工程热力学主要内容包括以下三部分：

构成工程热力学理论基础的两个基本定律：热力学第一定律和热力学第二定律。

工质的热力性质分析，包括理想气体和实际气体，水蒸气和湿空气等。

基本理论的应用：根据热力学基本定律，结合工质的热力学性质，分析计算实现热能和其他能量装换的各种热力过程和热力循环等，对气体和蒸汽循环、制冷循环、热泵循环、喷管及扩压管等进行热力分析及计算，探讨影响能量转换效果的因素以及提高转换效率的途径与方法等。

四、热力学的研究方法

热力学有两种研究方法：一种是宏观方法，即经典热力学方法；另一种是微观方法，即统计热力学方法。

宏观方法的特点，是把物质看作是连续的整体，从宏观现象出发，对热现象进行直接观察和实验，从而总结出自然界的一些普遍的基本规律，这些规律就是热力学第一定律和热力学第二定律。然后再以这些定律为基础演绎推论而得到具有高度普遍性的结论。因此，宏观方法所得的结论是人类长期观察自然界的经验总结，它的正确性为无数经验所证明。宏观方法所得的规律是可靠的和具有普遍意义的，工程热力学主要采用宏观方法。但宏观方法也有不足之处，宏观方法无法解释热现象的本质，不能解释微观物质结构中个别分子的个别行为，也不能预测物质的具体特性。

微观方法的特点，是从物质内部微观结构出发，借助物质的原子模型及描述物质微观行为的量子力学，利用统计方法去研究大量随机运动的粒子，从而得到物质的统计平均性质，并得出热现象的基本规律。微观方法从物质内部分子运动的微观机理方面更深刻地解释热现象的本质，从而进一步解释物质的宏观特性。统计热力学还能解释经典热力学不能解释的比热理论，熵的物理意义及熵增原理等物理本质。但微观方法也有其局限性，由于微观理论所采用的物质结构的物理模型只是物质实际结构的近似，所得结果往往与实际并不完全一致。微观方法要以繁杂的数学方法为工具，因而在应用上受到一定的限制。

以宏观方法研究平衡态物系的热力学称为平衡态热力学，又称为经典热力学；用宏观方法研究偏离平衡态不远的非平衡态物系热力学，称为非平衡态热力学或不可逆过程热力学。用微观方法研究热现象的科学统称为统计物理学。统计物理学用于平衡态物系又叫做统计热力学，又称统计力学。

宏观方法的优点是简单、可靠，只要少数几个宏观物理量可描述系统状态。同时，所依据的基本定律已为人类实践所证实，具有极大的普遍性和可靠性，用以进行各种推导时，只要不做其他假定，所得结论同样是极为可靠的。然而，由于未涉及物质内部结构，因而不能解释现象的微观本质，同时也不能用以得出具体物质的性质。经典热力学的不足之处可用统计热力学弥补，后者基于物质的内部结构，不但可以解释宏观现象的本质，而且可在对物质的结构作出一些合理的假设后，甚至还可得出具体的物性，但因微观粒子为数众多，要用统计的方法才能进行研究，因此计算麻烦，不如宏观方法简单。就工程应用而言，简单可靠是首要考虑的问题，因此本书的内容以宏观平衡的经典热力学为主。

五、本书采用的单位

国务院已于1984年2月27日发布《关于在我国统一实行法定计量单位的命令》。我国法定计量单位基本上采用国际单位制，其国际代号为SI。要求在1990年前过渡完毕，从1991年开始在全国实行。有关《中华人民共利国法定计量单位》可参阅国务院公布的文件。本书一律采用国务院公布的法定计量单位，但考虑到目前国内某些使用的仪表、手册及书籍等实际情况，在本书附录中将列出各种单位制之间的换算附表5及附表6以备查用。

第一章 基本概念

按照热力学的宏观研究方法,分析能量转换过程,需要根据转换过程中物质状态变化的特点,来确定能量转换规律,本章围绕能量转换过程、工质状态及状态变化、热力过程变化等内容,讨论热力学的一些基本概念,为后续章节内容奠定基础。

本章要求:掌握热力系统、热力平衡状态、热力过程和热力循环的概念,掌握温度、压力、比容的物理意义,掌握状态参数的数学特征。

第一节 热力系统

进行任何研究分析,首先必须明确研究对象,选定了热力系统就明确了研究对象所包含的范围和内容,同时也清楚地显示出它与周围事物的相互关系,便于针对热力系统建立定性和定量的关系。

一、系统、边界与外界

1. 系统:将所要研究的对象与周围环境分隔开来,这种人为分隔出来的研究对象,称为热力系统,简称系统。如图 1-1 所示,气缸中虚线包围的气体就是我们的研究对象,则气体便是热力系统。

2. 边界:分隔系统与外界的分界面,称为边界,其作用是确定研究对象,将系统与外界分隔开来,以便分析外界与系统的相互作用。

系统的边界可以是实际存在的、假想的、固定不变的,也可以是运动或可变形的。如图 1-1 中的边界就是气缸壁及活塞端部表面等实物界面构成的实际边界,而对于图 1-2 的真空气缸,当容器与外界连接的阀门打开时,外界空气在大气压力作用下流入容器,若把大气中流入容器的那部分空气用一个假想的边界从大气中划分出来,则容器内壁以及假想的边界所包围的空气便是我们研究的热力系统,当阀门打开后,随着空气流入容器,假想的边界受外界空气压迫,此时边界及整个系统都发生收缩。

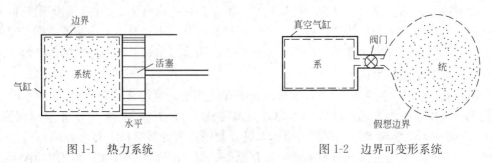

图 1-1 热力系统 图 1-2 边界可变形系统

3. 外界:边界以外与系统相互作用的物体,称为外界或环境。

系统与外界之间的作用总是通过分界面进行的,通常有三种形式:功交换、热交换和物质交换。如果系统的外界是大气环境,则可看作是热容量为无限大的热源(或冷源)和质量为无限大的质源。

在热力过程中,系统与外界之间通过边界可以有能量的传递(例如功或热量),也可以有物质的流入或流出。按系统与外界进行能量和质量交换的情况,可将热力系分成下述不同类型:

二、闭口系统与开口系统

没有物质穿过边界的系统称为闭口系统,有时又称为控制质量系统。闭口系统的质量保持恒定,取系统时应把所研究的物质都包括在边界内,如图1-1及图1-2都是闭口系统的实例。

有物质流穿过边界的系统称为开口系统。取系统时只需把所要研究的空间范围用边界与外界分隔开来,故又称开口系统为控制体积,简称控制体,其界面称为控制界面。热力工程中遇到的开口系统多数都有确定的空间界面,界面上可以有一股或多股工质流过。如图1-3便是开口系统的实例。需要强调的是,对图1-3在所讨论的dτ时间范围内,即使热空气流出量与冷空气流入量相等,系统质量变化为零,仍为开口系统。

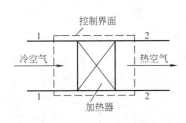

图1-3 开口系统

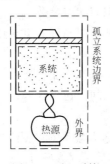

图1-4 孤立系统

三、绝热系统与孤立系统

1. 绝热系统:系统与外界之间没有热量传递的系统,称为绝热系统。事实上,自然界不存在完全隔热的材料,因此绝热系统只是当系统与外界传递的热量小到可以忽略不计时的一种简化模式。热力工程中有许多系统,如汽轮机、喷管等都可当做绝热系统来分析。

2. 孤立系统:系统与外界之间不发生任何能量传递和物质交换的系统,称为孤立系统。由于自然界中不存在绝对的孤立系统,但可以把研究对象连同与它直接相关的外界用一个新的边界包围起来,因此一切热力系统连同与之相互作用的外界可抽象为孤立系统。图1-4是闭口系统及其相互作用外界(热源)构成的孤立系统。

可见孤立系统一定是闭口系统和绝热系统,但反之则不然。

应当指出,热力系统的选取主要取决于所要解决的问题,必须根据实际情况以能给解决问题带来方便为原则,系统的选取方法对研究问题的结果并无影响,仅与解决问题的难易程度有关。如图1-2是作为边界可改变的闭口系统提出,但如取气缸为系统,则变成由外界向气缸充气的开口系统了。

四、系统的内部状况

系统内部工质所处的状况通常可有如下不同的类型:

1. 单相系与复相系：系统中工质的物理、化学性质都均匀一致的部分称为一个相，相与相之间有明显的界限。由单一物相组成的系统称为单相系；由两个相以上组成的系统称为复相系，如固、液、气组成称三相系统。

2. 单元系与多元系：由一种化学成分组成的系统称为单元系，纯物质就属单元系，例如，纯水、纯氧、纯氮等，无论它们是单相还是复相都是单元系。由两种以上不同化学成分组成的系统称为多元系，例如，氮气、水和冰组成的混合物属二元系统，化学反应系统及溶液等都属多元系统。但是，对于化学上稳定的混合物，例如，空气在不发生相变时，其化学组成不变，常可当做纯物质对待。

3. 均匀系与非均匀系：成分和相在整个系统空间呈均匀分布称为均匀系，否则为非均匀系。例如，微小水滴均匀分布在充满水蒸气的整个容器中，那么水和水蒸气的混合物为均匀系，如果水在容器底部而水蒸气在其上部，则为非均匀系。

第二节 工质的热力状态及其基本状态参数

一、状态与状态参数

系统中某瞬间表现的工质热力性质总状况，称为工质的热力状态，简称为状态，是反映工质大量分子热运动的平均特性。系统与外界之间能够进行能量交换的根本原因，在于两者之间热力状态存在差异。例如，锅炉中的热量传递是由于燃料燃烧生成的高温烟气与汽锅内汽水之间存在温度差；又如热力发动机中能量转换是由于热力发动机中工质与外界环境存在温度、压力差。

描述工质状态特性的各种物理量称为工质的状态参数，状态参数一旦确定，工质的状态随之确定，状态参数变化，工质所处状态也发生变化，因此状态参数是热力系统状态的单值性函数，数学特征为点函数，表示为：

1. 当系统由状态 1 变化到状态 2 时，任意状态参数 x 的变化仅与初、终状态有关，而与状态变化的途径无关。

$$\int_1^2 \mathrm{d}x = x_2 - x_1 \tag{1-1}$$

2. 当系统经过一系列状态变化又恢复到初态时，状态参数的循环积分为零

$$\oint \mathrm{d}x = 0 \tag{1-2}$$

式中 x——表示工质某一状态参数。

热力学中常见的状态参数有：温度（T）、压力（p）、比体积（又称比容）（v）或密度（ρ）、热力学能（u）、焓（h）、熵（s）、㶲（ex）、自由能（f）、自由焓（g）等。其中温度、压力、比体积（或密度），可以直接或间接地用仪表测量出来，称为基本状态参数。

二、基本状态参数

1. 热力学第零定律和温度

在无外界影响情况下，两个冷热状况不同的物体相互作用，经过相当长时间，最终物体将达到相同冷热状况。实践证明，如两个物体分别和第三个物体处于热平衡，则它们彼此之间也必然处于热平衡，这一规律称为热力学第零定律。

可以推论，相互间处于热平衡的系统，必然具有一个在数值上相等的热力学参数来描

述这一热平衡特性,这个参数就是温度。即:温度是描述热力平衡系统冷热状况的物理量。

从微观上看,温度是标志物质内部大量分子热运动的强烈程度的物理量。热力学温度与分子平移运动平均动能的关系式:

$$\frac{m\overline{w^2}}{2}=BT \tag{1-3}$$

式中 $\frac{m\overline{w^2}}{2}$——分子平移运动的平均动能;其中 m 是一个分子的质量;$\overline{w}$ 是分子平移运动的均方根速度;

B——比例常数;

T——气体的热力学温度。

工程上常要定量测定系统来标定温度,第零定律提供了测温的依据。当被测系统与已标定过的带有数值标尺的温度计达到热平衡时,温度计指示的温度就等于被测系统的温度值。

温度的数值标尺,简称温标。任何温标都要规定基本定点和每度的数值。国际单位制(SI)规定热力学温标,符号用 T,单位代号为 K (Kelvin),中文代号为开。

热力学温标规定纯水三相点温度(即水的汽、液、固三相平衡共存时的温度)为基本定点,并在国际计量会议规定为 273.16K,每 1K 为水三相点温度的 1/273.16。

SI 还规定摄氏(Celsius)温标为实用温标,符号用 t,单位为摄氏度,代号为℃,规定纯水三相点温度为 0.01℃。摄氏温标的每 1℃与热力学温标的每 1K 相同。它的定义式为:

$$t=T-273.15 \tag{1-4}$$

两种温标换算,在工程上采用下式已足够准确。

$$T=273+t \tag{1-5}$$

2. 压力

(1) 压力和压力单位:垂直作用于器壁单位面积上的力称为压力,也称压强。

$$p=\frac{F}{f} \tag{1-6}$$

式中 F——整个容器壁受到的力,单位为牛顿(N);

f——容器壁的总面积(m^2)。

分子运动学说把气体的压力看做是大量气体分子撞击器壁的平均结果,表示为:

$$p=\frac{2}{3}n\frac{m\overline{w^2}}{2}=\frac{2}{3}nBT \tag{1-7}$$

式中 p——单位面积上的压力;

n——分子浓度,即单位体积内含有气体的分子数,$n=\frac{N}{V}$,其中 N 为体积 V 包含的气体分子总数。

式(1-7)把压力的宏观量与微观量联系起来,阐明了气体压力的本质,并揭示了气体压力与温度之间的内在联系。

SI 规定压力单位为帕斯卡(Pa),即 1Pa=1N/m^2。

工程上还曾采用其他压力单位,如巴(bar)、标准大气压(atm)、工程大气压(at)、毫米水柱（mmH₂O）和毫米汞柱（mmHg）等单位。各种压力的换算关系参看附表 5。

(2) 相对压力与绝对压力：根据式 (1-6)、(1-7) 计算的压力是气体的真正压力，这种压力称为气体的绝对压力。

工程上常用测压仪表测定系统中工质的压力。这些仪表的结构是基于力平衡原理，利用液柱的重力或各种类型弹簧的变形，以及用活塞上的载重来平衡工质的压力，因此测压仪表不能直接测定绝对压力，而只能测出气体绝对压力与当地大气压力的差值，这种压力称为相对压力。如图 1-5 所示，当用 U 形压力计测量风机入口段及出口段气体的压力时，压力计指示的压力即为相对压力。

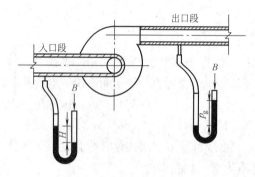

图 1-5　U 形压力计测压

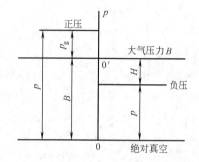

图 1-6　各压力间的关系

由于大气压力随地理位置及气候条件等因素而变化，导致绝对压力相同的工质，在不同大气压力条件下，压力表指示的相对压力并不相同。在本书中如不注明是"相对压力或表压力"，都应理解为"绝对压力"。

注意只有绝对压力才是工质的状态参数。

图 1-5 中风机入口段气体的绝对压力小于外界大气压力，相对压力为负压，又称真空值；风机出口段气体的绝对压力大于外界大气压力，相对压力为正压，又称表压力；如果气体的绝对压力与大气压力相等，相对压力便为零。

绝对压力与相对压力和大气压力之间关系如图 1-6 所示。

当 $p > B$ 时 $\qquad p = B + p_g$ \hfill (1-8a)

$p < B$ 时 $\qquad p = B - H$ \hfill (1-8b)

式中　B——当地大气压力；

p_g——高于当地大气压力时的相对压力，称表压力；

H——低于当地大气压力时的相对压力，称为真空值。

3. 比体积和密度

工质所占有的空间称为工质的体积，单位质量工质所占有的体积称为工质的比体积（又称比容）。如工质的体积为 V，质量为 m，那么比体积则为

$$v = \frac{V}{m} \tag{1-9}$$

v——比体积，单位 m³/kg；

单位体积的工质所具有的质量，称为工质的密度。即

$$\rho = \frac{m}{V} \tag{1-10}$$

ρ——密度，单位是 kg/m³；

显然，工质的比体积与密度互为倒数。即

$$\rho v = 1 \tag{1-11}$$

从式（1-11）可知，比体积与密度不是两个独立的状态参数，如二者知其一，则另一个也就确定了。

三、强度性参数与广延性参数

描述系统状态特性的各种参数，按其与物质数量的关系，可分为两类：

1. 强度性参数：系统中单元体的参数值与整个系统的参数值相同，与质量多少无关，没有可加性，称此单元体参数为强度性参数，如温度 T、压力 p。当强度性参数不相等时，便会发生能量的传递，如在温差作用下发生热量传递，在力差作用下发生功传递。可见，强度性参数在热力过程中起着推动力作用，称为广义力或势。

2. 广延性参数：整个系统的参数值等于系统中各单元体参数值之和，与系统中质量多少有关，具有可加性，称此单元体参数为广延性参数，如系统的体积 V、热力学能 U、焓 H 和熵 S 等。可见广延性参数在热力过程中，起着类似力学中位移的作用，称为广义位移。如传递热量必然引起系统熵的变化；系统对外做膨胀功必然引起系统体积的增加。

广延性参数除以系统的总质量，即得到单位质量的广延性参数或称比参数，如比体积 v、比热力学能 u、比焓 h、比熵 s 等。习惯上常将"比"字省略，简称为热力学能、焓、熵等，比参数没有可加性。

【例 1-1】 容器被分隔成 AB 两室，如图，已知当地大气压 $p_b=0.1013$MPa，气压表 1 的读值为 $p_{g1}=0.294$MPa，气压表 2 的读值为 $p_{g2}=0.04$MPa，求气压表 3 的读值为多少 MPa。

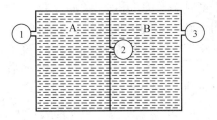

【解】 容器 A 的绝对压力可分别表示为：

$$p_A = p_b + p_{g1} = 0.1013 + 0.294 = 0.3953 \text{MPa}$$

$$p_A = p_B + p_{g2}$$

则：$p_B = p_A - p_{g2} = 0.3953 - 0.04 = 0.3553$MPa

同样，容器 B，当用表 3 测量时，得到：

$$p_{g3} = p_B - p_b = 0.3553 - 0.1013 = 0.254 \text{MPa}$$

第三节 平衡状态、状态公理及状态方程

一、平衡状态

用状态参数描述系统状态特性，只有在平衡状态下才有可能，否则系统各部分状态不同就不可能用确定的参数值描述整个系统的特性，因此平衡的概念是工程热力学的基本

概念。

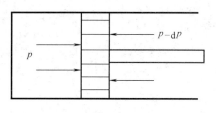

图 1-7 系统膨胀做功

如图 1-7 所示,一个带有活塞的气缸,内部储存着压力稍高于外界压力的气体,开始时活塞在内外压差 dp 作用下向右移动,气体膨胀,并对外做功,直至压力下降至与外界压力相等时为止。此后如果没有新的外力作用,气缸中的气体将始终保持这一状态,而不再发生宏观变化,这时系统即处在力的平衡状态中。

温度差也是热传递的推动力,对处于热平衡的系统间若没有热传递,它们必然具有相同的温度。

系统在不受外界影响的条件下,如果宏观热力性质不随时间变化,系统内外同时建立了热和力平衡,这时系统的状态称为热力平衡状态,简称为平衡状态。如果是有化学反应的系统,还要考虑化学平衡。

无外界作用,是系统平衡的必要条件,有外界作用必然破坏平衡,其原因是系统与外界存在的不平衡势差,包括温差、压差等。

但对于孤立系统,虽无外界任何作用,当系统内部某种势差存在时,也会表现为非平衡状态,可见无外界作用和系统内宏观状态不随时间变化,才是系统平衡的必要和充分条件。

要注意平衡与稳定状态的区别:稳态下虽热力系宏观性质不随时间变化,但外界的作用,也是一种稳定的非平衡状态。可见平衡必稳定,但稳定不一定平衡。

平衡与均匀也是不同的概念,平衡是相对时间而言,而均匀是相对空间而言,因此平衡不一定均匀,例如处于平衡状态下的水和水蒸气。

可见欲使系统达到热力平衡,系统内部及相联系的外界,起推动力作用的强度性参数,如温度、压力等都必须相等,否则在某种势差作用下平衡将被破坏。显然,完全不受外界影响的系统是不存在的,因此平衡状态只是一个理想的概念。对于偏离平衡状态不远的实际状态按平衡状态处理将使分析计算大为简化。

二、状态公理

描述热力系统的每个状态参数都是从不同角度反映系统某方面的宏观特性。这些参数之间存在内在联系。当某些参数确定后,所有其他状态参数也随之确定,系统即处于平衡状态。那么在一定的限定条件下,确定系统平衡状态的独立参数究竟需要几个呢?实践经验表明,对于纯物质系统,与外界发生任何一种形式的能量传递都会引起系统状态的变化,且各种能量传递形式可单独进行,也可同时进行,因此状态公理表述为:

$$\text{确定纯物质系统平衡状态的独立参数} = n+1 \tag{1-12}$$

式中 n 表示传递可逆功的形式。而加 1 表示能量传递中的热量传递。例如,对除热量传递外只有膨胀功(容积功)传递的简单可压缩系统,$n=1$,于是确定系统平衡状态的独立参数为 $1+1=2$。所有状态参数都可表示为任意两个独立参数的函数。

三、状态方程

根据状态公理,纯物质可压缩系统的 3 个基本状态参数有如下函数关系:

$$p = f_1(T, v)$$

$$T = f_2(p, v)$$
$$v = f_3(p, T)$$

以上三式建立了温度、压力、比体积这三个基本状态参数之间的函数关系，称为状态方程。它们也可合并写成如下隐函数形式：

$$F(p, v, T) = 0 \tag{1-13}$$

既然简单可压缩系统的平衡状态可由任意两个独立参数确定，因此，人们常采用由两个参数构成的平面坐标系来描述工质的状态和分析状态变化过程。如图 1-8 所示的 p-v 图，图中每一个点代表一个确定的平衡状态。

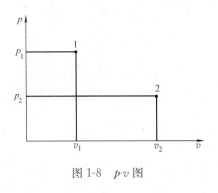

图 1-8　p-v 图

第四节　准静态过程及可逆过程

系统与外界在传递能量的同时，系统工质的热力状态必将发生变化。例如，锅炉中高温烟气由于与水发生热交换，烟气温度由高温降到低温；又如进入汽轮机的高温高压水蒸气，由于对外做功而变为低温低压的蒸汽流出等等。

热力过程就是指工质从某一状态过渡到另一状态所经历的全部状态变化。严格地讲，系统经历的实际过程，由于不平衡势差作用必将经历一系列非平衡状态，这些非平衡状态无法用少数几个状态参数来描述，给热工分析计算带来很大困难。为简化计算，我们在引用平衡概念的基础上，将热力过程理想化为准静态过程和可逆过程。

一、准静态过程

考察系统内部状态变化过程，发现系统内、外都有引起系统状态变化的某种势差，如温差、压差等，所以系统内部状态变化难免偏离平衡状态。例如，系统吸热时靠近热源界面的温度高于系统其他部位的温度；又如活塞式气缸中气体膨胀做功时，靠近活塞顶面的气体压力低于其他部位的压力等。无论是温差或压差在理论上都有做功的能力。但是，系统内部的这种不平衡势差在系统向新的平衡过渡时，并不能对外做功，而是成为一种损失，称为非平衡损失，这种损失很难定量计算。因此，理论研究可以设想这种过程进行得非常缓慢，使过程中系统内部被破坏了的平衡状态有足够的时间恢复到新的平衡态，即整个过程可看作是由一系列非常接近平衡态的状态所组成，这样的过程称为准静态过程。这种过程不必考虑内部不平衡的势差对能量转换造成的影响，没有内部不平衡损失，状态特性可用少数几个参数描述。

准静态过程是理想化了的实际过程，是实际过程进行得非常缓慢时的一个极限。实际过程在通常情况下是可以近似地当做准静态过程来处理。例如：在 0℃时，H_2 分子的均方根平移运动速度达 1828m/s，N_2 分子达 493m/s，O_2 分子达 461m/s，在气体内部的压力传播速度也很大，通常达每秒几百米。而活塞移动速度则通常不足 10m/s，因而工程中的许多热力过程，虽然凭人们的主观标准看来似乎很迅速，但实际上按热力学的时间标尺来衡量，过程的变化还是比较慢的，并不会出现明显的偏离平衡态。

准静态过程在坐标图上可以用一系列平衡状态点的轨迹所描绘的连续曲线表示，如图

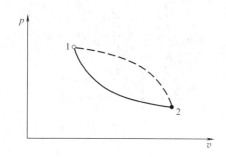

图 1-9 准静态过程和非准静态过程

1-9 所示实线 1-2。如果热力过程除初、终状态外,在过程中的每一瞬间系统状态都不接近平衡态,这种过程称为非准静态过程,在图 1-9 中如虚线 1-2 所示。

二、可逆过程

在分析系统与外界传递能量（功量和热量）的实际效果时,只考察系统内部状态变化过程是不够的,因为在能量传递过程中设备的机械运动和工质的黏性流动都存在摩阻,将使一部分可用功转变为热,虽然能量的总量没有变化,但是可用功却减少了,转变成了低品位的热能,这种由功转变为热的现象称为耗散效应,而造成可用功的损失称为耗散损失,这部分损失在实际计算中也很难确定。

如图 1-10 所示装置中,取气缸中的工质作为系统,设工质进行绝热膨胀,对外做功,工质经历 A-1-2-3-4-B 的准静态过程（如 p-v 图中所示）。假想机器是没有摩擦的理想机器,工质内部也没有摩阻。工质对外做的功全部用来推动飞轮,以动能的形式储存在飞轮中。当活塞逆行时,飞轮中储存的能量逐渐释放出来用于推动活塞沿工质原过程线逆向进行一个压缩过程。由于机器及工质没有任何耗散损失,过程终了将使工质及机器都回复到各自的初始状态,对外界没有留下任何影响,既没有得到功,也没有消耗功。这种过程没有热力学损失,其正向效果与逆向效果恰好相互抵消,这样的过程称为可逆过程。

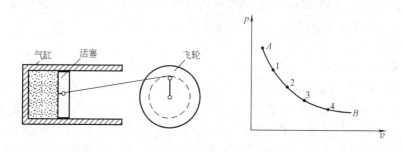

图 1-10 可逆过程图

可逆过程的定义为:当系统进行正、反两个过程后,系统与外界均能完全回复到初始状态,否则为不可逆过程。实现可逆过程的具体条件:一是过程没有势差（或势差无限小）,如传热没有温差,做膨胀功没有压力差等；二是过程没有耗散效应,如机械运动没有摩擦,导电没有电阻等。

显然,可逆过程是理想化过程,是实际过程的一种极限,实际上是不可能实现的。引入可逆过程只是一种研究方法,是一种科学的抽象。工程上许多涉及能量转换的过程,如动力循环、制冷循环、气体压缩、流动等热力过程的理论分析,都常把过程理想化为可逆过程进行分析计算,既简便又可把所得结果作为实际过程能量转换效果的比较标准。而将理论计算值加以适当修正,就可得到实际过程的结果。因此可逆过程的概念在热力学中具有非常重要的作用。

对热力系统而言,准静态过程和可逆过程都是由一系列平衡状态所组成,在 p-v 图上都能用连续曲线来表示；但两者又有一定的区别，可逆过程要求系统与外界随时保持力平衡和热平衡，并且不存在任何耗散效应，在过程中没有任何能量的不可逆损失，而准静态过程的条件仅限于系统内部的力平衡和热平衡。准静态过程在进行中，系统与外界之间可以有不平衡势差，也可能有耗散现象发生，只要系统内部能及时恢复平衡，其状态变化还可以是准静态的。

可见，准静态过程是针对系统内部的状态变化而言的，而可逆过程是针对过程中系统所引起的外部效果而言的。可逆过程必然是准静态过程，而准静态过程则未必是可逆过程，它只是可逆过程的条件之一。

还需指出，非平衡损失和耗散损失不是指能量的数量损失，而是指能量做功能力（即能质）的降低或退化。

第五节　热量和功量

热量和功量都是指系统通过界面与外界传递时的能量，能量从一个物体传递到另一个物体，可有两种方式：一种是做功，另一种是传热。这两个参数与前面提到的状态参数不同，它们是热力过程量，其数值不仅与初终状态有关，还与热力过程有关。

一、功量

功是系统与外界通过界面交换能量的一种形式。力学中，功的定义是系统所受的力与沿力作用方向所产生位移的乘积。但并不是任何情况下都能容易确定与功有关的力与位移。在热力学中，功是系统除温差以外的其他不平衡势差所引起的系统与外界之间传递的能量。由于外界功源有各种不同形式，如电、磁、机械装置等，相应的功也有各种不同的形式，如电功、磁功、机械拉伸功、弹性变形功、表面张力功和膨胀功、轴功等等。

热力学中规定：系统对外做功为正值，外界对系统做功为负值。

国际单位制中，功的单位为 J（焦耳）。$1J=1N \cdot m$（牛顿·米），其他单位功量的换算见附录。由于工程热力学主要研究热能与机械能的转换，膨胀功是热转换为功的必要途径，而热工设备的机械功往往通过机械轴传递，下面先介绍膨胀功和轴功。

1. 膨胀功（也称容积功）

在压力差作用下，由于系统工质容积发生变化而传递的机械功。无论是闭口系统还是开口系统，热转换为功，工质容积都要膨胀，也就是说都有膨胀功。闭口系统膨胀功通过系统界面传递，而开口系统的膨胀功则是技术功的一部分（详见第3章第四节），可通过其他形式（如轴）传递。

系统膨胀过程容积变化 $\Delta v>0$，则 $\Delta w>0$；压缩过程容积变化 $\Delta v<0$，则 $\Delta w<0$，对定容过程 $\Delta v=0$，则 $\Delta w=0$。但是必须指出，工质膨胀过程也可以没有功的输出，例如，在绝热刚性容器中，用隔板将容器分为两部分，一部分存有气体，另一部分为真空，当隔板抽去后，气体作绝热自由膨胀，压力降低，比体积增大，但没有功的输出，这是典型的不可逆过程。因此，容积变化是做膨胀功的必要条件，而不是充分必要条件，做膨胀功除工质的容积变化外，还应当有功的传递和接收机构。

对于可逆过程的膨胀功，如图 1-11 所示热机装置示意图，取气缸内 1kg 气体为闭口热力系统，当工质克服外力 F 推动活塞移动微小距离 dS 时，工质将对外作微小膨胀功。

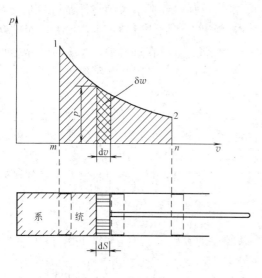

图 1-11 膨胀功

按物理学中功的定义式：功＝力×距离，则有

$$\delta w = F\mathrm{d}S$$

由于热力过程可逆，系统内外没有势差，则作用在活塞上的外力与工质作用在活塞上的力相等，外力就可以用系统内部状态参数来表示，即

$$F = pf$$

式中 f 是活塞的截面积。得到单位质量工质在微元热力过程中所作的膨胀功为：

$$\delta w = pf\mathrm{d}S = p\mathrm{d}v \qquad (1\text{-}14a)$$

可逆过程 1-2 所做膨胀功为：

$$w = \int_1^2 p\mathrm{d}v \ (\mathrm{J/kg}) \qquad (1\text{-}14b)$$

在图 1-11 中面积 12nm1 表示膨胀功，由于在该图上可用过程线与坐标轴之间围成的面积表示功的大小，故又称 p-v 图为示功图。显然，在初、终状态相同情况下，如果过程经历的途径不同，则膨胀功的大小也不相同，这说明膨胀功与过程特性有关，它是过程量而不是状态量，用数学语言表达，微元功 δw 不是全微分，"δ" 表示微小量，而不是微小增量 "d"，故它的积分 $w = \int_1^2 \delta w \neq w_2 - w_1$。

2. 轴功

系统通过机械轴与外界传递的机械功称为轴功。如图 1-12（a）所示，外界功源向刚性绝热闭口系统输入轴功 W_s，该轴功通过耗散效应转换成热量，被系统吸收，增加了系统的热力学能。但是，由于刚性容器中的工质不能膨胀，热量不可能自动地转换为机械功，因此，刚性闭口系统不能向外界输出轴功。

图 1-12（b）是开口系统与外界传递的轴功 W_s（输入或输出）。工程上许多动力机械，如汽轮机、内燃机、风机、压气机等都靠机械轴传递机械功。

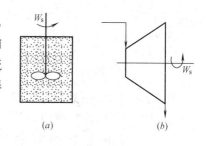

图 1-12 轴功

轴功可来源于能量的转换，如汽轮机中热能转换为机械能，也可源于机械能的直接传递．如水轮机、风车等。

单位质量工质的轴功，采用 w_s。按规定系统输出轴功为正功，输入轴功为负功。

二、热量

热量是系统与外界依靠温差传递时的能量，热量传递中作为推动力的强度性参数是温度，当系统与外界之间达到热平衡时，系统与外界的热量传递随之停止，而热量一旦通过界面传入（或传出）系统，就变成系统（或外界）储存能的一部分，即热力学能，有时习惯上称为热能。显然，热量与热力学能（或热能）之间有原则性的区别，热量是与过程特性有关的过程量,而热力学能是取决于热力状态的状态量。因此,我们不能说系统具有多少热量,而只能说系统具有多少能量。

热力学中规定,系统吸热时,热量为正值,放热时,热量为负值。

在国际单位制中,热量的单位同功的单位一样,均采用 J(焦耳),工程上经常用 cal(卡)为单位,二者的换算关系:

$$1\text{cal}=4.1848\text{J}$$

其他能量单位,如卡、千克力·米、千瓦·时、马力·时等与国际单位的换算关系,参看附表6。

对于可逆过程系统与外界交换的热量,严格推导参见第五章第二节,这里借鉴可逆过程膨胀功的表达式,既然可逆过程膨胀功的标志是广延参数 V 的微小增量 dV,那么可逆过程传热的标志一定也是某个广延参数的微小增量,我们把这个新的广延参数微小增量称为熵,以符号 s 表示,$ds>0$,系统吸热;$ds<0$,系统放热,绝热过程 $ds=0$。

$$\delta q = Tds \quad (\text{J/kg})$$

或

$$\delta Q = TdS \quad (\text{J})$$

可逆过程 1-2 传递的热量:

$$q = \int_1^2 Tds \, (\text{J/kg}) \tag{1-15}$$

如图 1-13 所示,面积 12341 表示可逆过程传递热量,故又称该图为示热图。从图中分析可知,初、终态相同但中间途径不同的各种过程,其传递热量也不相同,说明热量也是过程量,它与过程特性有关。

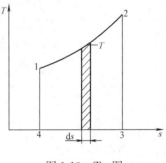

图 1-13 T-s 图

第六节 热力循环

要使工质连续不断地做功,单有一个膨胀过程是不可能的,因为当它与环境压力达到平衡时,便不能再继续膨胀做功了。为了使工质能周而复始地做功,就必须使膨胀后的工质回复到初始状态,如此反复地循环。

工质从某一初态出发,经历一系列状态变化,最后又回复到初始状态的全部过程,称为热力循环,简称循环。如图 1-14 (a) 所示 1-2-3-4-1 为正循环,图 1-14 (b) 中 1-4-3-2-1 为逆循环。

一、正循环

设有 1kg 工质在气缸中进行一个小循环 1-2-3-4-1。过程 1-2-3 表示膨胀过程,所做膨胀功在 p-v 图上为面积 123561。为使工质回复到初态,必须对工质进行压缩,此时所消耗的压缩功为面积 341653。正循环所做净功 w_0 为膨胀功与压缩功之差,即循环所包围的面积 12341(正值)。

对正循环 1-2-3-4-1,在膨胀过程 1-2-3 中工质从热源吸热 q_1,在压缩过程 3-4-1 中工质向冷源放热 q_2。由于在循环过程中,工质回复到初态,工质的状态没有变化,因此,工质内部所具有的能量也没有变化。循环过程中工质从热源吸收的热量 q_1 与向冷源放出的热量 q_2 的差值,必然等于循环 1-2-3-4-1 所做的净功 w_0,即 $w_0 = q_1 - q_2$。

正循环中热转换功的经济性指标用循环热效率表示：

$$\text{循环热效率} = \frac{\text{循环中转换为功的热量}}{\text{工质从热源吸收的总热量}}$$

$$\eta_\text{t} = \frac{w_0}{q_1} = \frac{q_1 - q_2}{q_1} = 1 - \frac{q_2}{q_1} \tag{1-16}$$

从式（1-16）可得出结论：循环热效率总是小于 1。从热源得到的热量 q_1 只能有一部分变为净功 w_0，在这一部分热能转换为功的同时，必然有另一部分的热量 q_2 流向冷源，没有这部分热量流向冷源，热量是不可能连续不断地转变为功的。

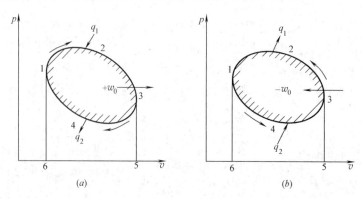

图 1-14　任意循环在 p-v 图上的表示
(a) 正循环；(b) 逆循环

二、逆循环

如图 1-14 (b) 所示，热力循环按逆时针方向进行（即循环 1-4-3-2-1）时，就成了逆循环。由 p-v 图可知，逆循环的净功为负值，即逆循环需消耗功。工程上逆循环有两种用途：如以获得制冷量为目的，称为制冷循环，这时制冷工质从冷源吸取热量 q_2（或称冷量）；如以获得供热量为目的，则称为热泵循环。这时工质将从冷源吸收的热量 q_2，连同循环中消耗的净功 w_0，一并向较高温度的供热系统供给热量 q_1（$q_1 = q_2 + w_0$）。逆循环的经济指标采用工作系数（Coefficient of Performance，缩写为 COP）表示。分别有制冷系数 ε_1（或 COP_R）和供热系数 ε_2（或 COP_H）。即

$$\text{制冷系数} \quad \varepsilon_1 = \frac{q_2}{w_0} = \frac{q_2}{q_1 - q_2} \tag{1-17}$$

$$\text{供热系数} \quad \varepsilon_2 = \frac{q_1}{w_0} = \frac{q_1}{q_1 - q_2} \tag{1-18}$$

从式（1-17）和式（1-18）可知，制冷系数与供热系数之间存在下列关系：

$$\varepsilon_2 = 1 + \varepsilon_1$$

制冷系数可能大于、等于或小于 1，而供热系数总是大于 1。

应当指出：由可逆过程组成的循环称为可逆循环，在 p-v 图上可用实线表示。部分或全部由不可逆过程组成的循环称为不可逆循环，在坐标图中不可逆过程部分可用虚线表示。因此，循环可有可逆正循环、可逆逆循环、不可逆正循环及不可逆逆循环之分。式（1-16）适用于可逆与不可逆正循环，式（1-17）及式（1-18）适用于可逆与不可逆逆循环。

思 考 题

1-1 开口系统与外界有物质交换，而物质与能量又不可分割，所以开口系统一定不是绝热系统，这种观点对否，为什么？

1-2 孤立系统一定是闭口绝热系统，反之是否成立。

1-3 判断下列物理量是强度性参数还是广延性参数：质量、体积、比体积、密度、压力、温度、热力学能、动能、位能。

1-4 温度计测温的基本原理是什么？

1-5 某工质热力状态保持一定，试问，测定该工质的压力表读值能否发生变化？为什么？某容器中气体压力估计在 3MPa 左右，现只有两只最大刻度为 2MPa 的压力表。试问，能否用来测定容器中气体的压力？

1-6 热量和功量有何相同特征，二者的区别是什么。

1-7 平衡态与稳态的区别，不受外界影响的稳定态系统，是否为平衡状态。

1-8 铁棒一端浸入冰水混合物中，另一端浸入沸水中，经过一段时间，铁棒各点温度保持恒定，试问，铁棒是否处于平衡状态？

1-9 有人说，实际的不可逆过程是无法恢复到起始状态的过程，对吗。

1-10 温度高的物体比温度低的物体具有更多的热量，这种说法对吗？

1-11 在简单可压缩系统中气体克服外压力 p_{sur} 而膨胀，其容积变化为 dv。假定膨胀过程为不可逆过程，则此过程中的功量是否可用 $p_{sur}dv$ 表示？是否可用 $p_{sys}dv$ 表示？（p_{sys} 为系统中气体的压力）。假定气体膨胀过程为可逆过程，结果又将如何？

1-12 判断下列过程中哪些是（a）可逆的，（b）不可逆的，并扼要说明不可逆原因。（1）对刚性容器中的水加热，使其在恒温下蒸发；（2）对刚性容器中的水搅拌，使其在恒温下蒸发；（3）一定质量的空气在无摩擦、不导热的气缸和活塞中被缓慢地压缩；（4）100℃的热水与15℃的冷水进行绝热混合。

习 题

1-1 如果气压计读值为 $B=10^5$Pa，试完成下列计算：

(1) 表压力为 1.5MPa 时的绝对压力（MPa）；

(2) 真空表读值为 4kPa 时的绝对压力（kPa）；

(3) 绝对压力为 90kPa 时的真空值（kPa）；

(4) 绝对压力为 1MPa 时的表压力（MPa）。

1-2 蒸汽锅炉压力表读值 $p_g=3.23$MPa；凝汽器真空表读值 $H=95$kPa。若大气压力 $B=101.325$kPa。试求锅炉及凝汽器中蒸汽的绝对压力。

1-3 气体初态 $p_1=0.5$MPa，$v_1=0.172$m³/kg，按 $pv=$常数的规律，可逆膨胀到 $p_1=0.1$MPa，试求膨胀功。

1-4 锅炉烟道中的烟气压力常用上部开口的斜管测量，如图 1-15 所示。若已知斜管倾角 $\alpha=30°$，压力计使用 $\rho=0.8$g/cm³ 的酒精，斜管中液柱 $L=200$mm，当地大气压力 $B=0.1$MPa。求烟气的绝对压力。

1-5 某气缸中有 0.5kg 的气体，从初态 $p_1=0.7$MPa，$V_1=0.02$m³，可逆膨胀到终态 $V_2=0.05$m³，各膨胀过程维持以下关系：(1) $p=$定值；(2) $pV=$定值。试计算各过程所作的膨胀功，并示意在 p-v 图上。

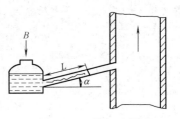

图 1-15 习题 1-4 图

1-6　某蒸汽动力厂，发电量 $P=5\times10^4$ kW，锅炉耗煤量 $m=19\times10^3$ kg/h，煤的发热量 $Q_L=3\times10^4$ kJ/kg，试求该动力厂的热效率。

1-7　某房间冬季通过墙壁和窗子向外散热 70000kJ/h，房内有两只 40W 的电灯照明，其他家电耗电约 100W，为维持室内温度不变，房主购买了供暖系数为 5 的热泵，求驱动热泵所需的功率。

1-8　据统计资料，上海各发电厂平均发 1kWh 的电，耗标煤 372g，若标煤的热值是 29308kJ/kg，试求上海电厂平均热效率是多少。

1-9　热泵供热装置，每小时供热量 $Q_1=10^5$ kJ，消耗功率 $P=7$ kW，试求：

（1）热泵供热系数；

（2）从外界吸取的热量 Q_2；

（3）如改用电炉供热，需用多大功率的电炉。

第二章 气体的热力性质

热能转换为机械能要靠工质的膨胀才能实现。采用的工质应具备显著的胀缩能力，气体具有最好的热膨胀性，是最适宜作为携带热能的工作物质（也简称为工质），气态工质的热力性质影响着热工转换的效果。

本章要求：掌握理想气体和实际气体概念，熟练应用理想气体状态方程及理想气体定值比热进行各种热力计算。了解实际气体状态方程的各种表述形式及应用的适用条件。

第一节 理想气体与实际气体

一、理想气体与实际气体

理想气体是一种经过科学抽象，在实际中根本不存在的假想气体模型，在热力学中占有很重要的地位。它被假设为：气体分子是一些弹性的、不占有体积的质点，分子相互之间没有作用力（引力和斥力）。

在这两个假设条件下，气体分子运动规律大大简化，不但可定性分析气体某些热力学现象，且可定量导出状态参数间存在的简单函数关系。如式（1-3）、（1-7）。但是经这样简化后，能否符合实际情况，需由气体所处具体状态确定。如某种气体分子本身所具有的体积与其所活动的空间相比非常小，分子本身的体积可以忽略，而分子间平均距离很大，分子间相互吸引力小到可以忽略不计时，这种状态的气体便基本符合理想气体模型。因此，理想气体实质上是实际气体的压力 $p \to 0$，或比体积 $v \to \infty$ 时的极限状态的气体。

对于双原子和单原子气体，压力直到 1~2MPa，温度在常温以上，理想气体状态方程式通常是很好的近似方程，在准确度方面，其误差不会超过百分之几。

如果气体的状态处于很高的压力或很低的温度，气体有很高的密度，以致分子本身的体积及分子间的相互作用力不能忽略不计时，就不能当做理想气体看待了，这样的气体称为实际气体。如锅炉中产生的水蒸气、制冷剂蒸气，石油气等都属于实际气体。但是，如果继续对蒸气加热提高其温度，则温度愈高，比体积愈大，就愈接近理想气体。空气及烟气中的水蒸气，因其含量少，比体积大，均可当理想气体看待。可见，理想气体与实际气体没有明显界限，在某种状态下，应视为何种气体，要根据工程计算所容许的误差范围而定。

二 理想气体状态方程

状态方程式 $f(p,v,T)=0$，对理想气体具有最简单的形式，最早由实验定律得出（称为克拉贝龙方程），随着分子运动论的发展，又可从理论上导出，如式（1-7）所示：

$$p = \frac{2}{3}nBT$$

将上式两边同时乘以比体积 v，得

$$pv=\frac{2}{3}nvBT=\frac{2}{3}N'BT$$

式中 $N'=nv$——1kg 质量气体的分子数目，N' 为常数。

上式可写成

$$pv=RT \tag{2-1}$$

式中 p——绝对压力（Pa）；

v——比体积（m^3/kg）；

T——热力学温度（K）。

$R=\frac{2}{3}N'B$ 称为气体常数，与气体种类有关，与气体状态无关，其单位为 J/(kg·K)。

式（2-1）为 1kg 理想气体的状态方程，反映理想气体在某一平衡状态下 p、v、T 之间的关系。

将式（2-1）两边乘以气体总质量 m，得 m kg 气体的状态方程：

$$pmv=mRT$$

或

$$pV=mRT \tag{2-2}$$

式中 V——质量为 m kg 气体所占的体积。

在国际单位制中规定摩尔（mol）是表示物质量的基本单位，1 摩尔表示为物质中包含的基本单元数与 0.012kg 碳 12 的原子数目相等时物质的量，0.012kg 碳 12 的原子数目为 6.0225×10^{23} 个。1mol 的质量称为摩尔质量，用符号 M 表示，单位是 g/mol，或 kg/kmol。将式（2-1）两边乘以摩尔质量 M，即

$$pMv=MRT$$

整理得以 1kmol 物量表示的状态方程式：

$$pV_M=R_0T \tag{2-3}$$

式中 $V_M=Mv$——气体的摩尔体积（$m^3/kmol$）；

$R_0=MR$——通用气体常数（J/(kmol·K)），该参数与气体种类及状态均无关，是一个特定的常数。

若以 n kmol 表示物量，则气体的状态方程式：

$$pV=nR_0T \tag{2-4}$$

式中 V——n kmol 气体所占有的体积（m^3）；

n——气体的摩尔数，$n=\frac{m}{M}$（kmol）。

三、气体常数与通用气体常数

阿佛加德罗（Avogadro）定律指出：在相同压力和相同温度下，1kmol 各种气体均占有相同的体积，由式（2-3）得

$$V_M=\frac{R_0T}{p} \text{（}m^3/kmol\text{）}$$

实验证明，在 $p_0=101.325$ kPa，$t_0=0$℃ 的标准状态下，1kmol 各种气体占有的体积都等于 22.4m^3。于是可以得出通用气体常数：

$$R_0 = \frac{p_0 V_{M_0}}{T_0} = \frac{101325 \times 22.4}{273.15} \approx 8314 \text{J}/(\text{kmol} \cdot \text{K})$$

已知通用气体常数及气体的分子量即可求得气体常数：

$$R = \frac{R_0}{M} = \frac{8314}{M} (\text{J}/(\text{kg} \cdot \text{K})) \tag{2-5}$$

几种常见气体的气体常数如表 2-1。

几种常见气体的气体常数　　　　　表 2-1

物质名称	化学式	分子量	R (J/(kg·K))	物质名称	化学式	分子量	R (J/(kg·K))
氢	H_2	2.016	4124.0	氮	N_2	28.013	296.8
氦	He	4.003	2077.0	一氧化碳	CO	28.014	296.8
甲烷	CH_4	16.043	518.2	二氧化碳	CO_2	44.014	188.9
氨	NH_3	17.031	488.2	氧	O_2	32.0	259.8
水蒸气	H_2O	18.015	461.5	空气	—	28.97	287.0

理想气体状态方程式在热工计算和分析中，有广泛的应用。

【例 2-1】　求空气在标准状态下的比体积和密度。

【解】　查表得空气的气体常数　　$R = 287 \text{J}/(\text{kg} \cdot \text{K})$

由理想气体状态方程式（2-1），求得在标准状态下空气的比体积：

$$v_0 = \frac{RT_0}{p_0} = \frac{287 \times 273.15}{101325} = 0.773 \text{m}^3/\text{kg}$$

密度

$$\rho_0 = \frac{1}{v_0} = \frac{1}{0.773} = 1.293 \text{kg}/\text{m}^3$$

标准状态下的比体积和密度还可以按下式计算：

$$Mv_0 = 22.4 \text{m}^3/\text{kmol}$$

$$v_0 = \frac{22.4}{M} = \frac{22.4}{28.97} = 0.773 \text{m}^3/\text{kg}$$

$$\rho_0 = \frac{M}{22.4} = \frac{28.97}{22.4} = 1.293 \text{kg}/\text{m}^3$$

【例 2-2】　有一充满气体的容器，体积 $V = 4.5 \text{m}^3$，气体压力根据压力表的读数为 $p_g = 245.2 \text{kPa}$，温度计读数为 $t = 40℃$。问在标准状态下气体体积为多少？（大气压力 $B = 100 \text{kPa}$）

【解】　气体绝对压力　　　　　$p = B + p_g$

$$p = 100 + 245.2 = 345.2 \text{kPa}$$

热力学温度　　　　　　$T = 273 + 40 = 313 \text{K}$

按式（2-2），由于气体质量保持不变，得

$$\frac{pV}{T} = \frac{p_0 V_0}{T_0}$$

$$V_0 = V \frac{p}{p_0} \frac{T_0}{T} = 4.5 \times \frac{345.2}{101.325} \times \frac{273}{313} = 13.37 \text{m}^3$$

【例 2-3】　某活塞式压气机将某种气体压入储气箱中。压气机每分钟吸入温度 $t_1 = 15℃$，压力为当地大气压力 $B = 100 \text{kPa}$ 的气体，$V_1 = 0.2 \text{m}^3$。储气箱的容积 $V = 9.5 \text{m}^3$。

问经过多少分钟后压气机才能把箱内压力提高到 $p_3=0.7$MPa 和温度 $t_3=50$℃。压气机开始工作以前，储气箱仪表指示着 $p_{g2}=50$kPa, $t_2=17$℃。

【解】 储气箱内气体的初始压力为：

$$p_2=100+50=150\text{kPa}$$

初始温度 $\qquad T_2=273+17=290$K

储气箱最终温度 $\qquad T_3=273+50=323$K

储气箱内原有气体质量为：

$$m_2=\frac{p_2 V}{RT_2} \quad (\text{kg})$$

储气箱内最终气体质量为：

$$m_3=\frac{p_3 V}{RT_3} \quad (\text{kg})$$

压气机每分钟压入的气体质量（即压气机的质量流量）：

$$m_1=\frac{BV_1}{RT_1} \quad (\text{kg/min})$$

由此得所需时间为：

$$\tau=\frac{m_3-m_2}{m_1}=\frac{p_3V/RT_3-p_2V/RT_2}{BV_1/RT_1}$$

$$=\frac{V(p_3/T_3-p_2/T_2)}{BV_1/T_2}=\frac{9.5(700/323-150/290)}{100\times0.2/288}=225.7\text{min}$$

第二节 理想气体比热容

一、比热容的定义与单位

在分析热力过程时，常涉及气体的热力学能、焓、熵及热量的计算，这些都要借助于气体的比热容来完成。

比热容（有时简称比热）的定义为：单位物量的物质，温度升高或降低 1K（1℃）所吸收或放出的热量。即

$$c=\frac{\delta q}{\text{d}T} \tag{2-6}$$

比热容的单位取决于热量单位和物量单位。对固体、液体而言，物量单位常用质量单位（kg），对于气体除用质量单位外，还常用标准体积（Nm³）和千摩尔（kmol）做单位。因此，相应有质量比热容、体积比热容和摩尔比热容。

质量比热容：符号用 c，单位为 kJ/(kg·K)；
体积比热容：符号用 c'，单位为 kJ/(Nm³·K)；
摩尔比热容：符号用 Mc。单位为 kJ/(kmol·K)。

三种比热容的换算关系如下：

$$c'=\frac{Mc}{22.4}=c\rho_0 \tag{2-7}$$

式中 ρ_0——气体在标准状态下的密度（kg/m³）；

M——气体的 kmol 质量（数值等于分子量）（kg/kmol）。

比热容是重要的物性参数，它不仅取决于气体性质，还与气体的热力过程及所处状态

有关。

二、定容比热容与定压比热容

气体的比热容与热力过程特性有关，在热力计算中定容比热容与定压比热容最为重要。

1. 定容比热容：如图 2-1（a）所示，气体在容积不变的情况下进行加热，加入的热量全部用于增加气体的热力学能，使气体温度升高。可见定容比热容可定义为：在定容情况下，单位物量的气体，温度变化 1K（1℃）所吸收或放出的热量。即

$$c_v = \frac{\delta q_v}{dT} \quad (2\text{-}8)$$

根据物量单位的不同，定容比热容有：定容质量比热容 c_v，定容容积比热容 c'_v 和定容摩尔比热容 Mc_v。

2. 定压比热容：如图 2-1（b）所示，气体在压力不变的情况下进行加热，加入的热量部分用于增加气体的热力学能，使其温度升高，部分用于推动活塞升高而对外做膨胀功。定压比热容可表示为：

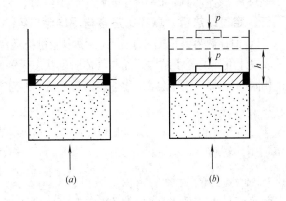

图 2-1 定容加热与定压加热

$$c_p = \frac{\delta q_p}{dT} \quad (2\text{-}9)$$

根据物量单位的不同，定压比热容有：定压质量比热容 c_p、定压容积比热容 c'_p 和定压摩尔比热容 Mc_p。

3. 定压比热容与定容比热容关系：从图 2-1 可知，等量气体升高相同的温度，定压过程吸收热量多于定容过程吸收热量。因此，定压比热容始终大于定容比热容。其关系推导如下：

设 1kg 某理想气体，温度升高 dT，所需热量为：

按定容加热：$\delta q_v = c_v dT$

按定压加热：$\delta q_p = c_p dT$

二者之差为：$\delta q_p - \delta q_v = [p dv]_p = d(pv)_p$

即 $$c_p dT - c_v dT = R dT$$

由此得定压比热容与定容比热容之差为：

$$c_p - c_v = R \quad (2\text{-}10)$$

或

$$c'_p - c'_v = \rho_0 R \quad (2\text{-}10a)$$

$$Mc_p - Mc_v = MR = R_0 \quad (2\text{-}10b)$$

式（2-10）称为梅耶公式，适用于理想气体。

c_p 与 c_v 之比值称为比热容比，它也是一个重要参数。

$$\kappa = \frac{c_p}{c_v} = \frac{c'_p}{c'_v} = \frac{Mc_p}{Mc_v} \quad (2\text{-}11)$$

由式（2-10）和式（2-11）可推导出：

$$c_v = \frac{R}{\kappa - 1} \tag{2-12a}$$

$$c_p = \frac{\kappa R}{\kappa - 1} \tag{2-12b}$$

对于固体和液体而言，因其热膨胀性很小，可认为 $c_p \approx c_v$。

三、定值比热容、真实比热容与平均比热容

1. 定值比热容：根据分子运动学说中能量按运动自由度均分的理论，理想气体的比热容值只取决于气体的分子结构，而与气体所处状态无关。凡分子中原子数目相同因而其运动自由度也相同的气体，它们的摩尔比热容值都相等，称为定值比热容。从理论推导可得到：

摩尔定容比热容　　　　　　　$Mc_v = \frac{i}{2} R_0$ 　　　　　　　(2-13)

摩尔定压比热容　　　　　　　$Mc_p = \frac{i+2}{2} R_0$ 　　　　　　(2-14)

式中　i——是分子运动的自由度数目。

各种气体的定值摩尔比热容和比热容比列于表 2-2 中。

理想气体定值摩尔比热容和比热容比　　　表 2-2

	单原子气体	双原子气体	多原子气体
Mc_v	$\frac{3}{2} R_0$	$\frac{5}{2} R_0$	$\frac{7}{2} R_0$
Mc_p	$\frac{5}{2} R_0$	$\frac{7}{2} R_0$	$\frac{9}{2} R_0$
比热比 $\kappa = \frac{c_p}{c_v}$	1.66	1.4	1.29

实验证明，单原子气体的比热容，理论值与实验数据基本一致。而对双原子气体和多原子气体，实验数据与理论值就有比较明显的偏差，尤其在高温时偏差更大。这种偏差的原因在于分子运动论的比热容理论没有考虑到分子内部原子的振动，多原子气体内部原子振动能更大。因此为了使理论接近实际，表 2-2 中将多原子气体的自由度由 6 增加到 7。

工程计算中，如气体温度不太高，或计算精度要求不高的情况下，可以把比热容看做定值。

2. 真实比热容：理想气体的比热容实际上并非定值，而是温度的函数。比热容随温度的变化关系在 c-t 图上表示为一条曲线，如图 2-2 所示。相应于每一温度下比热容的值称为气体的真实比热容。

为了便于工程应用，通常将比热容与温度的函数关系表示为温度的三次多项式，如定压摩尔质量比热容可写成

$$Mc_p = a_0 + a_1 T + a_2 T^2 + a_3 T^3 \tag{2-15}$$

式中　　　　T——热力学温度（K）；

a_0、a_1、a_2、a_3——与气体性质有关的经验常数。几种理想气体定压摩尔比热与温度关系的系数值列于表 2-3 中。

常用理想气体定压摩尔比热与温度关系的系数值（kJ/(kmol·K)）　　表 2-3

气体	分子式	a_0	$a_1 \times 10^3$	$a_2 \times 10^6$	$a_3 \times 10^9$	温度范围 (K)	最大误差 %
空气		28.106	1.9665	4.8023	−1.9661	273～1800	0.72
氢	H_2	29.107	−1.9159	−4.0038	−0.8704	273～1800	1.01
氧	O_2	25.477	15.2022	−5.0618	1.3117	273～1800	1.19
氮	N_2	28.901	−1.5713	8.0805	−28.7256	273～1800	0.59
一氧化碳	CO	28.160	1.6751	5.3717	−2.2219	273～1800	0.89
二氧化碳	CO_2	22.257	59.8084	−35.0100	7.4693	273～1800	0.647
水蒸气	H_2O	32.238	1.9234	10.5549	−3.5952	273～1800	0.53
乙烯	C_2H_4	4.1261	155.0213	−81.5455	16.9755	298～1500	0.30
丙烯	C_3H_6	3.7457	234.0107	−115.1278	21.7353	298～1500	0.44
甲烷	CH_4	19.887	50.2416	12.6860	−11.0113	273～1500	1.33
乙烷	C_2H_6	5.413	178.0872	−69.3749	8.7147	298～1500	0.70
丙烷	C_3H_8	−4.233	306.264	−158.6316	32.1455	298～1500	0.28

对于定容过程，根据梅耶公式 (2-10b)，可得相应的定容摩尔比热容的三次多项式为：

$$Mc_v = (a_0 - R_0) + a_1 T + a_2 T^2 + a_3 T^3 \tag{2-16}$$

为求过程中的热量，则必须依据不同的过程取不同的比热容，并由 T_1 到 T_2 进行积分：

定压过程
$$Q_p = \frac{m}{M} \int_{T_1}^{T_2} Mc_p \, dT$$
$$= n \int_{T_1}^{T_2} (a_0 + a_1 T + a_2 T^2 + a_3 T^3) \, dT \tag{2-17}$$

定容过程
$$Q_v = \frac{m}{M} \int_{T_1}^{T_2} Mc_v \, dT$$
$$= n \int_{T_1}^{T_2} (a_0 - R_0 + a_1 T + a_2 T^2 + a_3 T^3) \, dT \tag{2-18}$$

3. 平均比热容：如图 2-2 所示，热量计算可表示为：

$$q = \int_{t_1}^{t_2} c \, dt \tag{2-19}$$

这一积分计算结果在 c-t 图上相当于面积 $DEFGD$。但积分计算比较复杂，为了简化计算，从比热与温度曲线图（图 2-2）中可以看出，面积 $DEFGD$ 可用面积相等的矩形 $MNFGM$ 来代替，于是有：

$$q = \int_{t_1}^{t_2} c \, dt = \overline{MG}(t_2 - t_1)$$

矩形高度 $\overline{MG}$ 就是在 t_1 与 t_2 温度范围内真实比热容的平均值，称为平均比热容，用符号

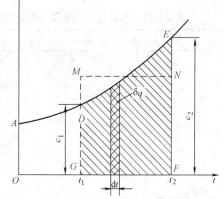

图 2-2　比热与温度的关系

$c_\mathrm{m}\big|_{t_1}^{t_2}$ 表示，因此上式写成：

$$q = \int_{t_1}^{t_2} c\,\mathrm{d}t = c_\mathrm{m}\big|_{t_1}^{t_2} (t_2 - t_1) \tag{2-20}$$

平均比热容：

$$c_\mathrm{m}\big|_{t_1}^{t_2} = \frac{\int_{t_1}^{t_2} c\,\mathrm{d}t}{t_2 - t_1} \tag{2-21}$$

为了应用方便，可将各种常用气体的平均比热容计算出来，并列成表格，然而 $c_\mathrm{m}\big|_{t_1}^{t_2}$ 值随 t_1 和 t_2 的变化而不同，要列出随 t_1 与 t_2 温度范围而变化的平均比热容表将很繁杂。为解决这个问题可选取某一参考温度（通常取 0℃），把式（2-19）改写成

$$q = \int_{t_1}^{t_2} c\,\mathrm{d}t = \int_{0}^{t_2} c\,\mathrm{d}t - \int_{0}^{t_1} c\,\mathrm{d}t$$

即 $q=$ 面积 $AEFOA-$ 面积 $ADGOA$，再用平均比热容的概念，将上式写成

$$q = c_\mathrm{m}\big|_{0}^{t_2}(t_2-0) - c_\mathrm{m}\big|_{0}^{t_1}(t_1-0)$$

即

$$q = c_\mathrm{m}\big|_{0}^{t_2} t_2 - c_\mathrm{m}\big|_{0}^{t_1} t_1 \tag{2-22}$$

式中，$c_\mathrm{m}\big|_{0}^{t_2}$ 及 $c_\mathrm{m}\big|_{0}^{t_1}$ 分别表示由 0℃到 t_2℃及由 0℃到 t_1℃的平均比热容。表 2-4 中列出几种气体的平均定压质量比热容 $c_\mathrm{pm}\big|_{0}^{t}$ 的值。

根据梅耶公式，可求得平均定容质量比热容为

$$c_\mathrm{vm}\big|_{0}^{t} = c_\mathrm{pm}\big|_{0}^{t} - R \tag{2-23}$$

还应指出，实际气体的比热容不仅与温度有关，而且还与压力有关。特别是当气体接近液化时，压力对比热容的影响更加显著。对于一些已知实验数据的实际气体，其比热容值可直接从专用图表中查得。

几种气体在理想气体状态下的平均定压质量比热容 c_pm（曲线关系）（kJ/(kg·K)）　表 2-4

t(℃)	O_2	N_2	H_2	CO	空气	CO_2	H_2O
0	0.915	1.039	14.195	1.040	1.004	0.815	1.859
100	0.923	1.040	14.353	1.042	1.006	0.866	1.873
200	0.935	1.043	14.421	1.046	1.012	0.910	1.894
300	0.950	1.049	14.446	1.054	1.019	0.949	1.919
400	0.965	1.057	14.477	1.063	1.028	0.983	1.948
500	0.979	1.066	14.509	1.075	1.039	1.013	1.978
600	0.993	1.076	14.542	1.086	1.050	1.040	2.009
700	1.005	1.087	14.587	1.098	1.061	1.064	2.042
800	1.016	1.097	14.641	1.109	1.071	1.085	2.075
900	1.026	1.108	14.706	1.120	1.081	1.104	2.110
1000	1.035	1.118	14.776	1.130	1.091	1.122	2.144
1100	1.043	1.127	14.853	1.140	1.100	1.138	2.177
1200	1.051	1.136	14.934	1.149	1.108	1.153	2.211
1300	1.058	1.145	15.023	1.158	1.117	1.166	2.243

续表

$t(℃)$	O_2	N_2	H_2	CO	空气	CO_2	H_2O
1400	1.065	1.153	15.113	1.166	1.124	1.178	2.274
1500	1.071	1.160	15.202	1.173	1.131	1.189	2.305
1600	1.077	1.167	15.294	1.180	1.138	1.200	2.335
1700	1.083	1.174	15.383	1.187	1.144	1.209	2.363
1800	1.089	1.180	15.472	1.192	1.150	1.218	2.391
1900	1.094	1.186	15.561	1.198	1.156	1.226	2.417
2000	1.099	1.191	15.649	1.203	1.161	1.233	2.442
2100	1.104	1.197	15.736	1.208	1.166	1.241	2.466
2200	1.109	1.201	15.819	1.213	1.171	1.247	2.489
2300	1.114	1.206	15.902	1.218	1.176	1.253	2.512
2400	1.118	1.210	15.983	1.222	1.180	1.259	2.533
2500	1.123	1.214	16.064	1.226	1.182	1.264	2.554
密度 $\rho(kg/m^3)$	1.4286	1.2505	0.08999	1.2505	1.2932	1.9648	0.8042

【例 2-4】 烟气在锅炉的烟道中温度从 900℃ 降低到 200℃，然后从烟囱排出。求每标准立方米烟气所放出的热量（这些热量被锅炉中的水和水蒸气所吸收）。比热容取值按以下三种情况：（1）定值比热容；（2）真实比热容；（3）平均比热容。（烟气的成分接近空气，而且压力变化很小，可将烟气当做空气进行定压放热计算）。

【解】（1）按比热容为定值计算

将空气看做双原子气体，其定压摩尔比热容为：

$$Mc_p = \frac{7}{2}R_0 = \frac{7}{2} \times 8.314 = 29.10 \text{kJ/(kmol·K)}$$

空气的定压容积比热容为：

$$c'_p = \frac{Mc_p}{22.4} = \frac{29.10}{22.4} = 1.299 \text{kJ/(m}^3\text{·K)}$$

1 标准立方米烟气放出热量：

$$q_p = c'_p(t_2 - t_1) = 1.299(200 - 900) = -909.3 \text{kJ/m}^3$$

（2）按真实比热容进行计算，查表 2-3：

$$Q_p = \frac{1}{22.4} \int_{T_1}^{T_2} Mc_p dT = \frac{1}{22.4} \left(a_0 T + \frac{a_1}{2}T^2 + \frac{a_2}{3}T^3 + \frac{a_3}{4}T^4 \right)\Big|_{T_1}^{T_2}$$

$$= \frac{1}{22.4}\left[28.106(473 - 1173) + \frac{1.9665 \times 10^{-3}}{2}(473^2 - 1173^2) \right.$$

$$\left. + \frac{4.8023 \times 10^{-6}}{3}(473^3 - 1173^3) - \frac{1.9661 \times 10^{-9}}{4}(473^4 - 1173^4)\right]$$

$$= -996.22 \text{kJ/m}^3$$

（3）按平均比热容进行计算，查表 2-4：

$$c_{pm}\Big|_0^{900} = 1.081 \text{kJ/(kg·K)}$$

$$c_{pm}\Big|_0^{200} = 1.012 \text{kJ/(kg·K)}$$

换算成平均定压容积比热容，查得空气在标准状态下的 $\rho_0 = 1.2932 \text{kg/m}^3$，于是

$$c'_{pm}\Big|_0^{900} = c_{pm}\Big|_0^{900} \rho = 1.081 \times 1.2932 = 1.398 \text{kJ/(m}^3\text{·K)}$$

$$c'_{pm}\Big|_0^{200}=c_{pm}\Big|_0^{200}\rho=1.012\times1.2932=1.309\text{kJ}/(\text{m}^3\cdot\text{K})$$

烟气放出热

$$Q_p=c'_{pm}\Big|_0^{200}t_2-c'_{pm}\Big|_0^{900}t_1=1.309\times200-1.398\times900=-996.4\text{kJ}/\text{m}^3$$

第三节 实际气体状态方程

工程上常用的气态工质,如空气、燃气、湿空气等,由于压力相对较低,温度相对较高,比较接近理想气体的性质,而对于水蒸气、各种制冷剂等工质,由于压力相对较高、温度相对较低,比较接近液态,不遵守理想气体状态方程,这就必须按照实际气体来研究。

目前,据不完全统计描述实际气体的各种状态方程式有数百个之多。这些状态方程式有的是从理论分析出发得出方程的形式,然后根据实验数据拟合出方程中的系数项,属于理论型或半理论型方程;有的则是根据实验数据得出纯经验型状态方程。

实际气体状态方程有繁有简,一般来说,简单的方程不够精确,精确的方程不简单。各种状态方程都有一定的适用范围和精度,在选择和应用实际气体状态方程时必须注意。

下面介绍几种形式比较简单的实际气体状态方程式。

一、范德瓦尔(Van der Waals)方程

1873年范德瓦尔针对实际气体区别于理想气体的两个主要特征,对理想气体状态方程进行了相应的修正,得到适用于实际气体的范德瓦尔状态方程,它为实际气体热物性的研究开辟了道路。

1. 方程式的导出

(1) 考虑分子本身体积的修正项:对于占有一定容积的气体,由于气体分子本身体积占去一定的空间,分子自由运动的空间便减小,因而分子碰撞容器壁的频率增加,于是实际压力将超过按理想气体状态方程计算所得之值。若令 b 表示气体分子体积影响的修正值,它的存在使气体分子自由运动空间减小为 $(v-b)$,则实际气体由于分子运动而引起的动压力便增加到

$$p_a=\frac{RT}{v-b}$$

(2) 考虑分子间相互作用力的修正项:由于分子间吸引力的作用将使分子作用于壁面上的压力减小,压力的减小正比于吸引分子的数目和被吸引分子的数目,即正比于气体密度的平方;此外,还与分子类型有关,若以 a 表示气体分子间作用力强弱的特性常数,则压力减小量(也称内聚压力)为

$$p_i=a\rho^2=\frac{a}{v^2}$$

由动压力减去内聚压力即得到实际的净压力,得到范德瓦尔方程表达式:

$$p=\frac{RT}{v-b}-\frac{a}{v^2} \tag{2-24a}$$

或写成

$$\left(p+\frac{a}{v^2}\right)(v-b)=RT \tag{2-24b}$$

对于 1kmol 实际气体

$$\left(p+\frac{a}{V_M^2}\right)(V_M-b)=R_0T \tag{2-24c}$$

式中，a、b 称为范德瓦尔常数，其值与分子大小及分子间作用力有关，随物质不同而异，可由实验确定。但要注意式（2-24b）与式（2-24c）的单位不同，常数 a、b 的数值也不同。表 2-5 列出了某些气体以 1kmol 物量单位表示的 a、b 常数。

当气体比体积 v 足够大时，两个修正项都可忽略，式（2-24）就与理想气体状态方程式相同了，说明实际气体在压力愈低、温度愈高的情况下，愈接近于理想气体性质。

2. 范德瓦尔方程式的分析

现将范德瓦尔方程式与 1869 年安竺斯（Andrews.）对二氧化碳作定温压缩所得状态变化的结果作一比较。实验结果如图 2-3 所示，当 CO_2 气体温度低于 31.1℃进行定温压缩时，定温线中间有一段是水平线，如线段 5-6、7-8、9-10 等，这些线段相当于气体凝结成液体的过程，这时气、液两相处于平衡共存状态，称为饱和状态。

当 CO_2 气体温度高于 31.1℃定温压缩时，无论压力多高，CO_2 不再能被液化。因此，31.1℃是 CO_2 气体能否液化的分界线，称为临界温度 t_c。临界定温线在 c 点有一转折点称为临界点，对应于该点的参数还有临界压力 p_c、临界比体积 v_c 等。在

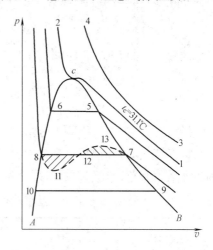

图 2-3　CO_2 的 p-v 图

临界点上气态和液态没有明显差别。当 $p>p_c$ 时，虽然可有气态到液态的转变，但是不存在气、液两相共存状态。临界参数是实际气体的重要参数，某几种气体的临界参数列于表 2-5 中。图 2-3 中 c-6-8-10-A 是不同温度下气体液化终了各点的连线，称为饱和液体线；c-5-7-9-B 是气体开始液化各点的连线，称为干饱和蒸气线。这些界线将图分为三个区域：c-A 曲线与 t_c 线上分支（c-2）左侧为液态区；c-A 与 c-B 曲线之间为气、液共存的湿蒸气区；c-B 曲线与 t_c 线上分支（c-2）右侧为气态区。

将范德瓦尔方程按 v 的降幂展开，写成：

$$pv^3-(bp+RT)v^2+av-ab=0$$

它是 v 的三次方程。按方程所得定温曲线与安竺斯实验曲线作一比较，当 $t>31.1℃$，对应于每一个 p 值，只有一个 v 值，即相应于方程式具有一个实根，两个虚根；当 $t=31.1℃$ 而 $p=p_c$ 时，v 有三个相等实根，即临界状态点。

可见，在气态和液态区域，方程式均能与实验结果基本相符。而当 $t<31.1℃$ 时，按方程式描绘的曲线，如图 2-3 中 7-13-12-11-8 曲线，与实验所得线段 7-8（水平线）不相吻合。这是由于对应该压力，v 有三个不同实根，即 v_7、v_{12}、v_8。范德瓦尔方程式是一个连续函数，它所描述的物质状态和热力性质是连续地逐渐变化的，在全部过程中物质始终是单相的均匀体。而实际上气态与液态的相互过渡，是在一定条件下，分离为物理性质

完全不同的两种相的不连续过程中完成。

3. 临界参数和范德瓦尔常数

考虑到临界点的特征，可从范德瓦尔方程式中推导得临界参数与范德瓦尔常数之间的关系。临界定温线在 c 点的切线与横坐标轴平行，因之有 $(\partial p/\partial v)_{T_c}=0$ 的关系，可得

$$-\frac{RT_c}{(v_c-b)^2}+\frac{2a}{v_c^3}=0 \tag{a}$$

又因定温线 1-c-2 在 c 点有一个转折点。故又有 $(\partial^2 p/\partial v^2)_{T_c}=0$ 的关系，可得

$$-\frac{2RT_c}{(v_c-b)^3}+\frac{6a}{v_c^4}=0 \tag{b}$$

当然临界点的参数也应符合范德瓦尔方程式本身，故又有

$$\left(p_c+\frac{a}{v_c^2}\right)(v_c-b)=RT_c \tag{c}$$

联立求解式 (a)、(b)、(c)，解得

$$v_c=3b; \qquad T_c=\frac{8a}{27Rb}; \qquad p_c=\frac{a}{27b^2} \tag{d}$$

或

$$a=\frac{27R^2T_c^2}{64p_c}; \qquad b=\frac{RT_c}{8p_c}; \qquad R=\frac{8p_cv_c}{3T_c} \tag{e}$$

因 T_c 和 p_c 较易测准，通常总是根据实测的 p_c 和 T_c，再计算 a、b 和 v_c。某些物质的临界参数值和范德瓦尔常数值列于表 2-5 中。

几种气体的临界参数和范德瓦尔常数　　　　　　　　表 2-5

物质名称	T_c (K)	p_c (MPa)	$a\times 10^3$ (MPa·m^6/kmol^2)	$b\times 10^3$ (m^3/kmol)
He	5.3	0.22901	3.5767	24.05
H_2	33.3	1.29702	24.9304	26.68
N_2	126.2	3.39456	136.8115	38.63
O_2	154.8	5.07663	137.6429	31.68
CO_2	304.2	7.38696	365.2920	42.78
NH_3	405.5	11.29830	424.3812	37.30
H_2O	647.3	22.1297	552.1069	30.39
CH_4	190.7	4.64091	228.50	42.69
CO	133.0	3.49589	147.5479	39.53

二、其他几种二常数实际气体状态方程式简介

范德瓦尔将不同气体的常数 a、b 看作是定值，实际上由于分子间相互作用力的复杂性以及分子间会发生缔合和分解，常数 a、b 并不是定值，而与气体所处状态有关。因此，该方程定量计算有时很不准确，只是在压力较低时，计算才比较正确。于是后人在此基础上对该方程进行了修正，从而提出一些精度较高且具有一定实用价值的状态方程式。

1. 伯特洛方程（Berthelot）

$$p=\frac{RT}{v-b}-\frac{a}{Tv^2} \tag{2-25}$$

2. 狄特里奇方程（Dieterici）

$$p = \frac{RT}{v-b} e^{-\frac{a}{RTv}} \tag{2-26}$$

3. 瑞得里奇-邝方程（Redlich-Kwong）

$$p = \frac{RT}{v-b} - \frac{a}{v(v+b)T^{0.5}} \tag{2-27}$$

式中

$$a = 0.42748 \frac{R^2 T_c^{2.5}}{p_c}$$

$$b = 0.08664 \frac{RT_c}{p_c}$$

该方程应用简便，与其他二常数方程相比有较高的精度，因此得到广泛应用。

以上几种方程虽然都有 a、b 两个常数，但是，各个方程的常数值都不相同。

我国学者对实际气体状态方程的研究，也取得了多项世界公认的成果。如浙江大学侯虞钧教授和马丁于 1955 年联合发表的马丁—侯方程，哈尔滨工业大学严家騄教授 1978 年提出的实际气体通用状态方程等。读者可参看有关书籍，关于多常数的实际气体状态方程本书不作介绍。

【例 2-5】 CO_2 温度为 373K，比体积为 $0.012 m^3/kg$，利用范德瓦尔方程式求它的压力，并与从理想气体状态方程式所得结果作一比较。

【解】 由表 2-5 查得

$$a = 0.3652920 (m^6 \cdot MPa)/kmol^2$$

$$b = 0.04278 m^3/kmol$$

按范德瓦尔方程计算

$$p = \frac{R_0 T}{V_M - b} - \frac{a}{V_M^2} = \frac{8.314 \times 373}{0.012 \times 44 - 0.04278} - \frac{0.365292 \times 10^6}{(0.012 \times 44)^2}$$

$$= 5.081 \times 10^6 Pa = 5.081 MPa$$

按理想气体状态方程式计算

$$p = \frac{R_0 T}{V_M} = \frac{8.314 \times 373}{0.012 \times 44} = 5.873 \times 10^6 Pa = 5.873 MPa$$

第四节 对比态定律与压缩因子图

一、引用压缩因子 z 修正的实际气体状态方程式

工程上近似计算时，常采用对理想气体性质引入修正项，得到实际气体性质的简便方法。压缩因子的定义为：在相同温度和压力下，实际气体的比体积 v 与按理想气体状态方程计算得到的比体积值 v_{id} 之比，也称压缩性系数，用符号 z 表示，即 $z = v/v_{id}$

由于 $v_{id} = \frac{RT}{p}$，得到 $z = \frac{v}{v_{id}} = \frac{pv}{RT}$

或

$$pv = zRT \tag{2-28}$$

式（2-28）是引用压缩因子 z 修正的实际气体状态方程。z 的大小表示实际气体性质对理想气体的偏离程度。可大于或小于 1，对于理想气体 $z = 1$。

压缩因子是气体温度和压力的函数,通常采用根据对比态(也称对应态)定律建立的通用性图表—压缩因子图来确定。

二、对比参数与对比态定律

自然界绝大多数物质都有气、液、固三态,而在气、液相变时都存在临界状态。实验表明,很多气体在接近临界点时,都呈现出热力学相似的性质。因此以临界参数作为基点,来衡量流体温度、压力和比容的相对大小,把各状态参数与临界状态同名参数的比值称为对比参数:

$$T_r = \frac{T}{T_c}, \quad p_r = \frac{p}{p_c}, \quad v_r = \frac{v}{v_c}$$

T_r,p_r 和 v_r 分别称为对比温度,对比压力和对比比体积。对比参数都是无因次量,它表明物质所处状态偏离其本身临界状态的程度。

用对比参数表示的状态方程 $f(p_r, T_r, v_r)=0$ 称为对比状态方程。凡是含有两个常数(不包括气体常数 R)的实际气体状态方程式,根据物质特性常数与临界参数之间的关系,可以消去方程中的常数项而转换成具有通用性的对比状态方程式。如范德瓦尔方程将 $a = \frac{27}{64} \cdot \frac{R^2 T_c^2}{p_c}$;$b = \frac{v_c}{3}$;$R = \frac{8}{3} \cdot \frac{p_c v_c}{T_c}$ 代入原方程,即可整理出范德瓦尔对比状态方程:

$$\left(p_r + \frac{3}{v_r^2}\right)(3v_r - 1) = 8T_r \tag{2-29}$$

这一方程不包含表示物质特性的常数,适用于一切符合范德瓦尔方程的气体。

由对比方程式 $f(p_r, T_r, v_r)=0$ 可以推得:对于满足同一对比方程式的各种气体,对比参数 p_r、T_r 和 v_r 中若有两个相等,则第三个对比参数就一定相等,物质也就处于对应状态中,这一规律称为对比态定律。对于满足同一对比状态方程式及服从对比态定律的各种气体,可以认为它们的热力性质相似,称为热力学相似的气体。

热力学相似的气体,它们的物性参数都能表示成对比参数的同一形式的函数。这就是用对比参数通用性图表近似计算实际气体物性参数的依据。

三、压缩因子图

压缩因子图就是一种由对比态定律建立起来的通用性线图,用于近似计算实际气体基本状态参数。

由实际气体状态方程式转化为对比状态方程,则

$$z = \frac{pv}{RT} = \frac{p_c v_c}{RT_c} \cdot \frac{p_r v_r}{T_r} = z_c \cdot \frac{p_r v_r}{T_r}$$

因为 $\qquad v_r = f(p_r, T_r)$

所以 $\qquad z = \varphi(p_r, T_r, z_c)$

式中,$z_c = \frac{p_c v_c}{RT_c}$ 称为临界压缩因子。某些气体的临界压缩因子见表 2-6。

几种气体的临界压缩因子　　　　表 2-6

物质	He	H_2	N_2	O_2	CO_2	NH_3	H_2O	CO	CH_4
z_c	0.300	0.304	0.297	0.292	0.274	0.238	0.230	0.294	0.290

由上表可见,各种气体的临界压缩因子不等,压缩因子 z 是 z_c 和 p_r、T_r 的函数。凡

是 z_c 相近的气体,只要它们的 p_r、T_r 彼此相等,则其压缩因子 z 基本相同。在工程上常用多种 z_c 相近的气体做实验,做出 z 值随 p_r 和 T_r 而变化的线图——压缩因子图,同样可以绘出不同 z_c 值的压缩因子图(如 $z_c=0.25$,0.27,0.29 等)。计算时,要采用与该气体 z_c 相近的压缩因子图。采用常用的压缩因子图($z_c=0.27$),如图 2-4 所示,其计算误差一般小于 4%~6%(临界点附近除外)。

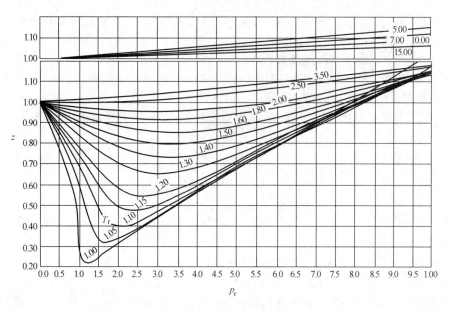

图 2-4 通用压缩因子图

【例 2-6】 试利用通用压缩因子图计算 CH_4 在 $p=9.279$MPa 和 $T=286.1$K 下的千摩尔容积,并与实测值 $V_M=0.211 m^3/kmol$ 作比较。

【解】 从由表 2-5 查出 CH_4:$p_c=4.6409$MPa,$T_c=190.7$K

对比参数:
$$p_r = \frac{p}{p_c} = \frac{9.279}{4.64091} = 2$$
$$T_r = \frac{T}{T_c} = \frac{286.1}{190.7} = 1.5$$

由通用压缩因子图 2-5 查得:$z=0.84$

则
$$V_M = \frac{zR_0 T}{p} = \frac{0.84 \times 8314 \times 286.1}{9.279 \times 10^6} = 0.215 m^3/kmol$$

与实测值比较:
$$相对误差 = \frac{0.215-0.211}{0.211} \times 100\% = 1.2\%$$

思 考 题

2-1 容器内盛有一定质量的理想气体。如果将气体放出一部分后恢复了新的平衡状态,问放气前后两个平衡状态之间参数能否按状态方程表示为下列形式:

(a) $\dfrac{p_1 v_1}{T_1} = \dfrac{p_2 v_2}{T_2}$

(b) $\dfrac{p_1 V_1}{T_1} = \dfrac{p_2 V_2}{T_2}$

2-2 检查下面计算方法有哪些错误？应如何改正？

已知某压缩空气储罐容积为 900L，充气前罐内空气温度为 30℃，压力为 0.5MPa；充气后罐内空气温度为 50℃，压力表读值为 2MPa。充入储气罐的空气质量为：

$$\Delta m = m_2 - m_1 = \dfrac{p_2 V}{R T_2} - \dfrac{p_1 V}{R T_1} = \dfrac{2 \times 900}{287 \times 50} - \dfrac{0.5 \times 900}{287 \times 30} = 0.073 \text{kg}$$

2-3 一氧气瓶内装有氧气，瓶上装有压力表，若氧气瓶内的容积为已知，能否算出氧气的质量。

2-4 夏天，自行车在被晒得很热的马路上行驶时，为何容易引起轮胎爆破？

2-5 为什么气体常数与气体的种类有关，而通用气体常数与种类无关。

2-6 气体的摩尔容积 V_M 是否与气体的种类有关？是否因所处状态不同而变化？

2-7 采用真实比热容和平均比热容计算热量是否一样准确？

2-8 理想气体的 c_p 与 c_V 都随温度而变，那么它的差值 $(c_p - c_V)$ 是否也随温度而变化？而比热容比 $\kappa = \dfrac{c_p}{c_V}$ 则又如何？

习 题

2-1 求 $p = 0.5 \text{MPa}$，$t = 170℃$ 时，N_2 的比体积和密度。

2-2 已知 N_2 的 $M = 28$，求（1）N_2 的气体常数；（2）标准状态下 N_2 的比体积和密度；（3）$p = 0.1 \text{MPa}$，$t = 500℃$ 时的摩尔容积 V_M。

2-3 把 CO_2 压送到容积 3m^3 的储气罐里，起始表压力 $p_{g1} = 30 \text{kPa}$，终了表压力 $p_{g2} = 0.3 \text{MPa}$。温度由 $t_1 = 45℃$ 增至 $t_2 = 70℃$。试求被压入的 CO_2 的质量。当地大气压力 $B = 101.325 \text{kPa}$。

2-4 用压缩空气开动内燃机时，储气罐内空气的压力从 6MPa 降至 4MPa，储气罐的容积为 0.07m^3，空气温度为 27℃。试确定开动内燃机所消耗的空气量。

2-5 当外界为标准状态时，一鼓风机每小时可送 300m^3 的空气，如外界的温度增高到 27℃，大气压力降低至 99.3kPa，而鼓风机每小时的送风量仍为 300m^3，求鼓风机送风量的质量改变多少？

2-6 空气压缩机每分钟自外界吸入温度为 15℃、压力为 0.1MPa 的空气 3m^3，充入容积 8.5m^3 的储气罐内。设开始时罐内的温度和压力与外界相同，问在多长时间内空气压缩机才能将气罐内的表压力升高到 0.7MPa？设充气过程中气罐内温度始终保持不变。

2-7 鼓风机向锅炉炉膛输送的空气，在 $t = 300℃$，$p_g = 15.2 \text{kPa}$ 时流量为 $1.02 \times 10^5 \text{m}^3/\text{h}$，锅炉房大气压力 $B = 101 \text{kPa}$，求鼓风机每小时输送的标准状态风量。

2-8 在一直径为 400mm 的活塞上置有质量为 3000kg 的物体，气缸中空气的温度为 18℃，质量为 2.12kg。加热后其容积增大为原来的两倍（$V_2 = 2 V_1$）大气压力 $B = 101 \text{kPa}$，问：（1）气缸中空气的终温是多少？（2）终态的比体积是多少？（3）初态与终态的密度各是多少？

2-9 压力为 13.7MPa，温度为 27℃ 的氮被储存在 0.05m^3 的钢瓶中，钢瓶被一易熔塞保护防止超压（即温升超过允许温度，易熔塞熔化使气体泄出）。问：（1）钢瓶中容纳多少千克氮？（2）当瓶中压力超过最高压力 16.5MPa 时，易熔塞将熔化，求此时的熔化温度。设气体为理想气体。

2-10 一容器中盛有 0.5MPa、30℃ 的二氧化碳气体 25kg。容器有一未被发现的漏洞，直至压力降至 0.36MPa 时才被发现，这时的温度为 20℃。试计算漏掉的二氧化碳质量。

2-11 某内径为 15.24cm 的金属球抽空后放在一精密的天平上称重，当填充某种气体至 0.76MPa 后又进行了称重，两次称重的重量差为 2.25g，当时的室温为 27℃，试确定这是何种理想气体。

2-12 设计一个稳压箱来储存压缩空气，要求在工作条件下（压力为 0.5～0.6MPa，温度为 40～60℃），至少能储存 15kg 空气，试确定稳压箱的体积。

2-13 在燃气表上读得燃气消耗量为 683.7m^3，若在燃气消耗期间燃气表压力的平均值为 431.2Pa，温度平均值为 17℃，当地大气压力为 $B=100.1\text{kPa}$，试计算：

（1）消耗了多少标准立方米的燃气？

（2）若燃气表读值及压力表读值不变，而燃气温度达到 30℃，消耗燃气量多少标准立方米？

2-14 锅炉空气预热器在定压下将空气由 $t_1=25℃$ 加热到 $t_2=250℃$。空气流量在标准状态下 $V_0=3500\text{m}^3/\text{h}$。求每小时加给空气的热量。（1）按平均比热容计算；（2）按真实比热容经验公式计算；（3）按定值比热容计算。

2-15 氧气在容积为 0.5m^3 的刚性密闭容器中从 20℃ 被加热到 640℃，设加热前的压力为 608kPa。求加热所需的热量。（1）按定值比热容计算；（2）按真实比热容计算；（3）按平均比热容计算。

2-16 0.5kgCH_4 装在 5L 容器内，温度为 100℃；试用（1）理想气体状态方程式；（2）范德瓦尔方程式，分别计算其压力。

2-17 求 1 标准 m^3 氮气在 $P=20\text{MPa}$、$t=-70℃$ 时的容积，用理想气体状态方程式及压缩因子图计算，并作一比较。

2-18 试用通用压缩因子图计算在 $t=-88℃$ 及 $p=4.4\text{MPa}$ 时，1kmol O_2 的容积。

第三章 热力学第一定律

能量守恒与转换定律是自然界的基本定律之一，它可表述为：自然界的一切物质都具有能量，能量既不能被创造，也不能被消灭，只能从一种形式转换成另一种形式，或从一个系统转移到另一个系统，而其总能量保持恒定。

能量守恒与转换定律在热力学中的应用，构成了热力学第一定律，它确定了热力过程中热力系统与外界进行能量交换时，各种形态能量在数量上的守恒关系。

在工程热力学范围内，热力学第一定律可表述为：热能和机械能在转移或转换时，能量的总量必定守恒。根据该定律可以断定，不消耗能量而连续做功的所谓第一类永动机是不可能实现的。

根据热力学第一定律建立起来的能量方程，在各种热力过程的分析和计算中有广泛的应用。分析热力过程，选取热力系统十分重要，同一现象选取不同的热力系统，系统与外界之间的能量关系也不同，由此建立起来的能量方程亦各异。

本章要求：掌握储存能、热力学能、焓的物理意义，掌握膨胀（压缩）功、轴功、技术功、流动功的联系与区别，熟练选取热力系统，应用热力学第一定律解决具体问题。

第一节 热力学能和总能

能量是物质运动的度量。物质处于不同的运动形态，便有不同的能量形式。系统储存能分为两部分：一部分取决于系统本身（内部）的状态，它与系统内工质的分子结构及微观运动形式有关，统称为热力学能；另一部分取决于系统工质与外力场的相互作用（如重力位能）及以外界为参考坐标的系统宏观运动所具有的能量（宏观动能），这两种能量统称为外储存能。

一、热力学能

根据气体分子运动学说，气体分子在不断做不规则的平移运动，如果是多原子分子，则还有旋转运动和振动运动，分子因这种热运动而具有的内动能，是温度的函数，温度的高低是内动能大小的反映，内动能越大，气体的温度就越高。此外由于气体分子之间存在着相互作用力，导致气体内部还具有因克服分子之间的作用力所形成的分子位能，也称气体的内位能，分子位能的大小与分子间的距离有关，亦即与气体的比体积有关。

内动能、内位能及维持一定分子结构的化学能和原子核内部的原子能等一起构成内部储存能，统称热力学能，在无化学反应和原子核反应的过程中，化学能和原子核能都不变化，因此在工程热力学中，通常热力学能是气体内部所具有的内动能和内位能之和，热力学能变化只包括内动能和内位能的变化。

U 表示 m kg 质量气体的热力学能，单位是 J。用 u 表示 1kg 质量气体的热力学能，称比热力学能，单位是 J/kg。

既然气体的内动能取决于气体的温度，内位能取决于气体的比体积，所以气体的热力学能是温度和比体积的函数，即

$$u=f(T,v) \tag{3-1a}$$

又因为 p，v，T 三者之间存在着一定关系，所以热力学能也可以写成

$$u=f(T,p)$$

或

$$u=f(v,p) \tag{3-1b}$$

可见，热力学能也是气体的状态参数。

对于理想气体，因分子间忽略相互作用力，就没有内位能，故其热力学能仅包括分子内动能，所以，理想气体热力学能只是温度的单值函数，即

$$u=f(T) \tag{3-2}$$

二、外部储存能

1. 宏观动能

质量为 m 的物体相对于系统外的参考坐标以速度 c 运动时，该物体具有的宏观运动的动能为：

$$E_k=\frac{1}{2}mc^2$$

2. 重力位能

在重力场中质量为 m 的物体相对于系统外的参考坐标系的高度为 z 时，具有的重力位能为：

$$E_p=mgz$$

式中　　g——重力加速度。

c，z 是力学参数，处与同一热力状态的物体可以有不同的值。

由于 c，z 是独立于热力系统内部状态的外参数，因此将系统的宏观动能和重力位能称为外储存能。

三、系统的总能

系统的总能 E 为内储存能与外储存能之和。

$$E=U+E_k+E_p \tag{3-3}$$

或

$$E=U+\frac{1}{2}mc^2+mgz$$

对 1kg 质量物体的总能，也称比总能，表示为

$$e=u+\frac{1}{2}c^2+gz \tag{3-4}$$

对于没有宏观运动，并且高度为零的系统，系统总能就等于热力学能。

即　　　　　　　　　　　　　　$E=U$

或　　　　　　　　　　　　　　$e=u$

第二节　闭口系统能量方程

一、闭口系统能量方程表达式

按照热力学第一定律，闭口系统能量方程的表述形式为：

输入系统的能量－输出系统的能量＝系统储能的变化

闭口系统与外界没有物质交换，输入输出系统的能量只有热量和功量两种形式。对闭口系统涉及的许多热力过程而言，系统总能中的宏观动能和重力位能一般均不发生变化。因此，热力过程中系统总能的变化，等于系统热力学能的变化。即

$$\Delta E = \Delta U = U_2 - U_1$$

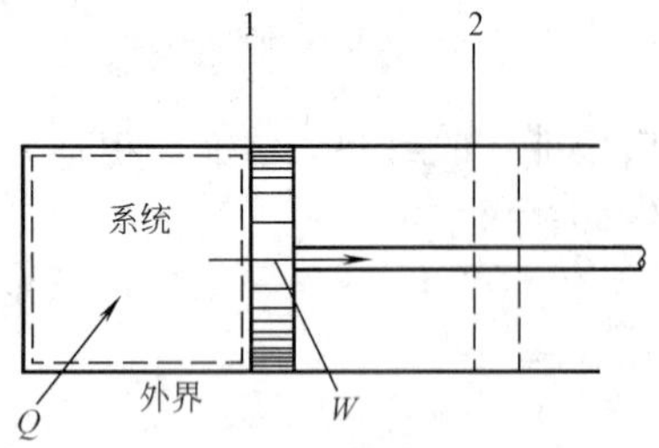

如图 3-1 所示，取气缸中工质为系统，在热力过程中，系统与外界交换的能量包括：从外界热源取得热量 Q，对外界做膨胀功 W，系统总能变化为 ΔU。根据热力学第一定律，建立能量方程：

$$Q - W = \Delta U$$

或写成
$$Q = W + \Delta U \text{ (J)} \tag{3-5a}$$

对于单位质量工质的能量方程：
$$q = \Delta u + w \text{ (J/kg)} \tag{3-5b}$$

对于微元热力过程：$\delta Q = dU + \delta W \tag{3-5c}$

或
$$\delta q = du + \delta w \tag{3-5d}$$

图 3-1 闭口系统的能量转换

（3-5）各式是闭口系统能量方程的表达式。表示加给系统一定量的热量，一部分用于改变系统的热力学能，一部分用于对外做膨胀功（热转换为功）。由于能量方程是直接根据能量守恒原理建立起来，因此方程式（3-5）适用于闭口系统任何工质的各种热力过程，无论过程可逆还是不可逆。

能量方程表达式是代数方程，功和热量的正负取值，按热力学规定执行。

对于可逆过程，由于 $\delta w = pdv$，$\delta q = Tds$，或 $w = \int_1^2 pdv$，$q = \int_1^2 Tds$

于是有：
$$Tds = du + pdv \tag{3-6a}$$

或
$$\int_1^2 Tds = \Delta u + \int_1^2 pdv \tag{3-6b}$$

（3-6）各式仅适用可逆过程。

应当指出，由于热能转换为机械能必须通过工质膨胀才能实现。因此，闭口系统能量方程反映了热功转换的实质，是热力学第一定律的基本方程式。虽然式（3-5）和式（3-6）是从闭口系统推导而得，但其热量、热力学能和膨胀功三者之间的关系也同样适用于开口系统。

二、循环过程能量方程表达式

在动力循环或制冷循环中，工质在设备内部周而复始地使用着，与外界没有物质交换，故属闭口系统。如图 3-2 所示，工质沿 1-2-3-4-1 过程完成一个循环。如循环工质为 1kg，对每一过程，按照热力学第一定律，建立能量方程：

$$q_{12} = u_2 - u_1 + w_{12}$$
$$q_{23} = u_3 - u_2 + w_{23}$$
$$q_{34} = u_4 - u_3 + w_{34}$$
$$q_{41} = u_1 - u_4 + w_{41}$$

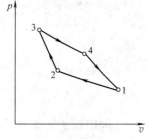

图 3-2 热力循环

对于整个循环：$\sum \Delta u = 0$ 或 $\oint du = 0$

因而
$$q_{12}+q_{23}+q_{34}+q_{41}=w_{12}+w_{23}+w_{34}+w_{41}$$

即
$$\oint \delta q = \oint \delta w \tag{3-7}$$

（3-7）式表明：工质经历一个循环回复到原始状态后，它在整个循环中从外界得到的净热量应等于对外做的净功。式（3-7）称为循环过程能量方程表达式。从式中可见，循环工作的热力发动机向外界不断地输出机械功必须要消耗一定的热能，不消耗能量而能够不断地对外做功的机器，即所谓的第一类永动机是不可能制造出来的。

三、理想气体热力学能变化计算

对于定容过程，由于 $\delta w=0$，于是热力学第一定律能量方程为
$$\delta q_v = du_v = c_v dT_v$$

由上式可得
$$c_v = \left(\frac{\partial u}{\partial T}\right)_v \tag{3-8}$$

式（3-8）也是定容比热容的定义式。

对于理想的气体，热力学能是温度的单值函数，式（3-8）可写成：
$$c_v = \frac{du}{dT}$$

得：
$$du = c_v dT \tag{3-9a}$$

或
$$\Delta u = \int_1^2 c_v dT \tag{3-9b}$$

虽然式（3-9）是通过定容过程推导得出热力学能变化值的计算公式，但是，由于理想气体热力学能仅是温度 T 的单值函数，与比体积或压力无关，只要过程中温度变化相同，热力学能变化也相同。因此该式适用于计算理想气体一切过程的热力学能变化。而对于实际气体而言，该式只适用于计算定容过程的热力学能变化。

工程上通常只需要计算两状态之间的热力学能变化。应用式（3-9a）计算热力学能变化时，类似于定容过程的热量计算。定容比热容可根据具体情况决定采用定值比热容、真实比热容或平均比热容计算，如按定值比热容计算：
$$\Delta u = c_v(T_2 - T_1) \tag{3-9c}$$

按平均比热容计算：
$$\Delta u = \int_{t_1}^{t_2} c_v dt = \int_0^{t_2} c_v dt - \int_0^{t_1} c_v dt = c_{vm}\bigg|_0^{t_2} t_2 - c_{vm}\bigg|_0^{t_1} t_1 \tag{3-9d}$$

按真实比热容计算时，则需知道 $c_v = f(T)$ 的经验公式，然后代入式（3-9a）积分而得。

【**例 3-1**】 气体在某一过程中吸入热量 12kJ，同时热力学能增加 20kJ。问此过程是膨胀过程还是压缩过程？对外所做的功是多少（不考虑摩擦）。

【**解**】

由闭口系能量方程：
$$Q = \Delta U + W$$

又不考虑摩擦，故有
$$Q = \Delta U + \int_1^2 p dv$$

所以 $$\int_1^2 p\mathrm{d}v = Q - \Delta U = 12 - 20 = -8\mathrm{kJ}$$

因此，这一过程是压缩过程，外界需消耗功 8kJ。

【例 3-2】 定量工质，经历一个由四个过程组成的循环，试填充下表中所缺数据，并判断该循环是正循环还是逆循环。

过程	$Q(\mathrm{kJ})$	$W(\mathrm{kJ})$	ΔU
1～2	1390	0	
2～3	0		-395
3～4	-1000	0	
4～1	0		

【解】 根据式（3-5）计算出：
$$\Delta U_{12} = Q_{12} - W_{12} = 1390\mathrm{kJ}$$
$$W_{23} = Q_{23} - \Delta U_{23} = 395\mathrm{kJ}$$
$$\Delta U_{34} = Q_{34} - W_{34} = -1000\mathrm{kJ}$$

因为 $$\oint \mathrm{d}U = 0$$

所以 $$\Delta U_{41} = -(\Delta U_{12} + \Delta U_{23} + \Delta U_{34}) = 5\mathrm{kJ}$$

再由式（3-5）算出 $W_{41} = -5\mathrm{kJ}$

因为循环中 $\oint \delta W = \oint \delta Q = 390\mathrm{kJ} > 0$，所以该循环是正循环。

【例 3-3】 有一绝热刚性容器，有隔板将它分成 A、B 两部分，开始时，A 中盛有 $T_A = 300\mathrm{K}$，$p_A = 0.1\mathrm{MPa}$，$V_A = 0.5\mathrm{m}^3$ 的空气；B 中盛有 $T_B = 350\mathrm{K}$，$p_B = 0.5\mathrm{MPa}$，$V_B = 0.2\mathrm{m}^3$ 的空气，求打开隔板后两容器达到平衡时的温度和压力。

【解】 取 A 和 B 容器中的气体为系统，它是闭口系统。按能量方程 $Q = \Delta U + W$。由题意可知 $Q = 0$，$W = 0$，故：
$$\Delta U = 0$$

即 $$\Delta U_A + \Delta U_B = 0$$

设空气终态温度为 T，空气比热容为定值。则有：
$$m_A c_v (T - T_A) + m_B c_v (T - T_B) = 0$$

而 $m_A = \dfrac{p_A V_A}{R T_A}$，$m_B = \dfrac{p_B V_B}{R T_B}$ 代入上式

整理得：
$$T = T_A T_B \left(\frac{p_A V_A + p_B V_B}{p_A V_A T_B + p_B V_B T_A} \right)$$
$$= 300 \times 350 \left(\frac{0.1 \times 0.5 + 0.5 \times 0.2}{0.1 \times 0.5 \times 350 + 0.5 \times 0.2 \times 300} \right)$$
$$= 331.6\mathrm{K}$$

终态压力
$$P = \frac{mRT}{V_A + V_B} = \frac{(m_A + m_B)RT}{V_A + V_B} = \frac{(p_A V_A T_B + p_B V_B T_A)T}{T_A T_B (V_A + V_B)}$$
$$= \frac{(0.1 \times 0.5 \times 350 + 0.5 \times 0.2 \times 300) \times 331.6}{300 \times 350 (0.5 + 0.2)}$$
$$= 0.214\mathrm{MPa}$$

第三节 开口系统能量方程

热能工程中遇到的许多设备,如汽轮机、压气机、风机、锅炉、换热器及空调机等等,在工作过程中都有工质流进、流出设备,都是开口系统,通常选取控制体进行分析。

工质流入流出开口系统时,需要将本身所具有的各种形式的能量带入或带出系统,可见开口系统除了通过做功和传热方式传递能量外,还可以借助物质的流动来转移能量。

一、流动功(或推动功)

当工质在流进和流出控制体界面时,后面的流体推开前面的流体前进,因工质出入开口系统而传递的功,称为流动功,也称推动功。这种功是维持流体正常流动所必须传递的能量。

流动功计算公式的推导如图 3-3 所示,设有微元质量为 δm 的工质将要进入控制体,在控制体界面处流体的状态参数为压力 p,比体积 v,管道截面积为 f,当流体通过界面时必将从左边流体得到一定数量的流动功。根据力学中功的定义式:流动功=力×距离。即在后面流体的推动下,使 δm 流体移动距离 ds 进入系统,这时流动功为:

$$\delta W_f = pf ds$$

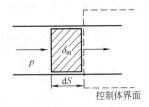

图 3-3 流动功

显然,$f ds$ 为 δm 流体所占有的容积 δV

即

$$f \cdot ds = \delta V = v dm$$

当界面处热力参数恒定时,质量为 m 的流体的流动功为

$$W_f = \int_m pv \delta m = pvm = pV \tag{3-10a}$$

对 1kg 质量的流体,则有:

$$w_f = \frac{W_f}{m} = pv \tag{3-10b}$$

由式(3-10b)可得,推动 1kg 工质进入控制体内所需的流动功,可按入口界面处的状态参数 $p_1 v_1$ 来计算。同理,将 1kg 工质推出控制体外所需的流动功按出口界面处状态参数 $p_2 v_2$ 计算。因此,对移动 1kg 工质进、出控制体的净流动功为:

即

$$w_f = p_2 v_2 - p_1 v_1 \tag{3-11}$$

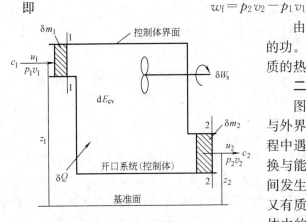

图 3-4 开口系统

由式(3-11)可见,流动功是一种特殊的功。其数值仅取决于控制体进出口界面工质的热力状态,与热力过程无关。

二、开口系统能量方程

图 3-4 表示是一典型的开口系统。系统与外界之间有热量、质量和轴功的交换。工程中遇到的实际过程,系统与外界的质量交换与能量交换并非都是恒定的,有时可随时间发生变化。所以控制体内既有能量变化,又有质量变化,在分析时必须同时考虑控制体内的质量变化和能量变化。

按质量守恒原理：

    进入控制体的质量－离开控制体的质量＝控制体中质量的增量

按热力学第一定律：

    进入控制体的能量－控制体输出的能量＝控制体中储存能的增量

将控制体内质量和能量随时间而变化的过程称为不稳定流动过程，例如储罐的充气或排空就是这种过程。如果系统内的质量和能量不随时间变化，各点参数保持一定，则是稳态稳流过程。

下面从最普遍的不稳定流动过程着手，用热力学第一定律来分析图 3-4 所示的控制体，从而导出开口系统能量方程的普遍式。

设控制体在 τ 到 $(\tau+\mathrm{d}\tau)$ 的时间内进行了一个微元热力过程。在这段时间内，由控制体界面 1-1 处流入的工质质量为 δm_1，由界面 2-2 处流出的工质质量为 δm_2，控制体从热源吸热 δQ，对外作轴功 δW_s。控制体的能量收入与支出情况如下

进入控制体的能量 $= \delta Q + (u_1 + p_1 v_1 + \frac{1}{2} c_1^2 + g z_1) \delta m_1$

离开控制体的能量 $= \delta W_s + (u_2 + p_2 v_2 + \frac{1}{2} c_2^2 + g z_2) \delta m_2$

控制体储存能变化：$\mathrm{d}E_{CV} = (E+\mathrm{d}E)_{CV} - E_{CV}$

根据热力学第一定律建立能量方程：

$$\delta Q + (u_1 + p_1 v_1 + \frac{1}{2} c_1^2 + g z_1)\delta m_1 - (u_2 + p_2 v_2 + \frac{1}{2} c_2^2 + g z_2)\delta m_2 - \delta W_s = \mathrm{d}E_{CV}$$

整理得：

$$\delta Q = (u_2 + p_2 v_2 + \frac{1}{2} c_2^2 + g z_2)\delta m_2 - (u_1 + p_1 v_1 + \frac{1}{2} c_1^2 + g z_1)\delta m_1 + \delta W_s + \mathrm{d}E_{CV} \quad (3\text{-}12)$$

式（3-12）是在普遍情况推导出的，对不稳定流动和稳态稳流，可逆与不可逆过程都适用，对于闭口系统也适用。

对于闭口系统，由于系统边界没有物质流进和流出，所以 $\delta m_1 = \delta m_2 = 0$，而通过界面的功为膨胀功 δW，系统能量变化为 $\mathrm{d}E$，于是式（3-12）变为：

$$\delta Q = \mathrm{d}E + \delta W$$

又因为在闭口系中工质的动能和位能没有变化，$\mathrm{d}E = \mathrm{d}U$ 故得：

$$\delta Q = dU + \delta W$$

上式便是闭口系统能量方程的解析式。它与式（3-5）相一致。

三、焓及其物理意义

为简化计算，将流动工质传递的总能量中，取决于工质热力状态的那部分能量，写在一起，引入一新的物理量，称为焓，定义式为：

$$H = U + PV \text{(J)} \tag{3-13a}$$

或

$$h = u + pv \text{(J/kg)} \tag{3-13b}$$

由于 u 和 p、v 都是工质的状态参数，所以焓也是工质的状态参数。对于流动工质，焓为热力学能和流动功的代数和，具有能量意义，表示流动工质向流动前方传递的总能量（共四项）中取决于热力状态的那部分能量。如果工质的动能和位能可以忽略，则焓代表随流动工质传递的总能量。对于不流动工质，因 pv 不是流动功，焓只是一个复合状态参

数，没有明确的物理意义。

对于理想气体： $h = u + pv = u + RT = f(T)$

可见，理想气体的焓和热力学能一样，也仅是温度的单值函数，焓在热力工程中是一个重要而常用的状态参数，它的引入对热工问题的分析和计算带来很大的便利。

引入焓后，式（3-12）变为：

$$\delta Q = \left(h_2 + \frac{1}{2}c_2^2 + gz_2\right)\delta m_2 - \left(h_1 + \frac{1}{2}c_1^2 + gz_1\right)\delta m_1 + \delta W_s + dE_{CV} \quad (3\text{-}14a)$$

【例3-4】 有一储气罐从压缩空气总管充气，总管内压缩空气的参数恒定。分别为 $p_1 = 1\text{MPa}$，$T_1 = 300\text{K}$。储气罐与总管相连的管段上有配气阀门，如图3-5所示。充气前，阀门关闭着而储气罐内是真空。阀门开启后，压缩空气进入罐内，一直到罐内压力与总管压力相等。如果罐壁是绝热的，压缩空气认为是理想气体，充气过程中储气罐内气体状态均匀变化，求充气后储气罐内压缩空气的温度。

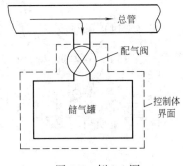

图3-5 例3-4图

【解】 取储气罐为控制体，如图中虚线所示为控制体的界面。从图中及题意可知：

1. 只有一股气流通过控制体界面流进储罐，而没有气流流出界面，故 $\delta m_2 = 0$；
2. 储气罐壁是绝热的，即 $\delta Q = 0$；
3. 系统与外界没有轴功传递，即 $\delta W_s = 0$；
4. 进入系统的动能及位能忽略不计，即 $\left(\frac{1}{2}c_1^2 + gz_1\right)\delta m_1 = 0$；
5. 控制体内动能与位能没有变化。因此，$dE_{CV} = dU_{CV} = d(mu)_{CV}$

由式（3-12）简化后得：

$$h_1 \delta m_1 = d(mu)_{CV}$$

整个充气过程中进入控制体的能量等于控制体中热力学能的增加，对上式积分可得：

$$\int_0^{m_1} h_1 \delta m_1 = \int_1^2 d(mu)_{CV}$$

则 $h_1 m_1 = (mu)_{CV,2} - (mu)_{CV,1}$

针对本例充气前储罐内为真空，即 $(mu)_{CV,1} = 0$。因而 $m_1 = m_{CV,2}$，上式变为：

$$h_1 = u_{CV,2}$$

应用理想气体焓定义式 $h = u + RT$ 及理想气体热力学能计算式 $u = c_v T$ 及 $c_p = c_v + R$ 等关系，最后可得罐内空气温度为

$$T_{CV,2} = \frac{c_p T_1}{c_v} = kT_1 = 1.4 \times 300 = 420\text{K}$$

由此可见，从压缩空气总管中进入储气罐气体的焓，在充气结束后已转变为储气罐内气体的热力学能，因而温度由300K升高为420K。

第四节 开口系统稳态稳流能量方程

一、稳态稳流能量方程表达式

实际的热工设备，通常都是在稳定工况下运行，工质以恒定的流量连续不断地进出系

统，系统内部及界面上各点工质的状态参数和宏观运动参数都保持一定，不随时间变化，这便是稳态稳流工况。

根据稳态稳流工况特征可知：

1. 同一时间内进、出控制体界面及流过系统内任何断面的质量均相等。即：

$$\delta m_1 = \delta m_2 \cdots\cdots = \delta m$$

2. 同一时间内进入控制体的能量和离开控制体的能量相等，因而控制体内能量保持一定。即：

$$dE_{CV} = 0$$

于是，式（3-14）可写成：

$$\delta Q = \left[(h_2 - h_1) + \frac{1}{2}(c_2^2 - c_1^2) + g(z_2 - z_1)\right]\delta m + \delta W_s \tag{3-15a}$$

或

$$Q = \left[(h_2 - h_1) + \frac{1}{2}(c_2^2 - c_1^2) + g(z_2 - z_1)\right]m + W_s \tag{3-15b}$$

对于单位质量工质可写成：

$$q = (h_2 - h_1) + \frac{1}{2}(c_2^2 - c_1^2) + g(z_2 - z_1) + w_s$$
$$= \Delta h + \frac{1}{2}\Delta c^2 + g dz + w_s \tag{3-15c}$$

对于微元热力过程：

$$\delta q = dh + \frac{1}{2}dc^2 + g dz + \delta w_s \tag{3-15d}$$

式（3-15）是开口系统稳态稳流能量方程的表达式，普遍适用于稳态稳流各种热力过程。

二、技术功

稳态稳流能量方程中的动能变化 $\frac{1}{2}\Delta c^2$、位能变化 $g\Delta z$ 及轴功 w_s 都属于机械能，是热力过程中可被直接利用来做功的能量，统称为技术功，即：

技术功
$$w_t = \frac{1}{2}\Delta c^2 + g\Delta z + w_s \tag{3-16a}$$

对于微元热力过程：

$$\delta w_t = \frac{1}{2}dc^2 + g dz + \delta w_s \tag{3-16b}$$

引用技术功概念后，稳态稳流能量方程又可写成：

$$q = \Delta h + w_t \tag{3-17a}$$

及
$$\delta q = dh + \delta w_t \tag{3-17b}$$

由式（3-17a）得：

$$w_t = q - \Delta h = (\Delta u + w) - (\Delta u + p_2 v_2 - p_1 v_1) = w + p_1 v_1 - p_2 v_2 \tag{3-18}$$

上式表明：技术功等于膨胀功与流动功的代数和。

对于稳态稳流的可逆过程，技术功为：

$$\delta w_t = \delta q - dh = (du + p dv) - d(u + pv) = du + p dv - du - p dv - v dp$$

即得
$$\delta w_t = -v dp \tag{3-19a}$$

式（3-19）适用于可逆过程。如图 3-6 所示，微元过程的技术功，在 p-v 图上用斜线所示的微元面积表示。

得到可逆过程 1-2 的技术功为：

$$w_t = -\int_1^2 v\,dp \qquad (3\text{-}19b)$$

在 $p\text{-}v$ 图上用过程线 1-2 与纵坐标轴之间围成的面积表示，即 w_t = 面积 12341。

技术功、膨胀功及流动功之间的关系，由式 (3-18) 及图 3-6 可知：

$w_t = w + p_1 v_1 - p_2 v_2 =$ 面积 12561 + 面积 41604 − 面积 23052

显然，技术功也是过程量，其值取决于初、终状态及过程特性。

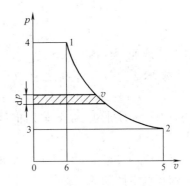

图 3-6 技术功

在一般的工程设备中，往往可以不考虑进、出口工质动能和位能的变化，由式(3-16)可知，此时技术功就等于轴功，即：

$$w_t = w_s = w + p_1 v_1 - p_2 v_2 \qquad (3\text{-}20)$$

三、理想气体焓变计算

对于定压过程，由式（3-19）可知 $\delta w_t = 0$，于是稳态稳流能量方程式（3-15）变为：

$$\delta q_p = dh_p = c_p dT_p$$

由此得出定压比热容的定义式：

$$c_p = \left(\frac{\partial h}{\partial T}\right)_p \qquad (3\text{-}21)$$

由于理想气体焓是温度的单值函数，所以式（3-21）又可写成：

$$c_p = \frac{dh}{dT}$$

从而得理想气体焓的计算公式：

$$dh = c_p dT \qquad (3\text{-}22a)$$

或

$$\Delta h = \int_1^2 c_p dT \qquad (3\text{-}22b)$$

虽然，式（3-22）是通过定压过程推导而得，但因理想气体的焓是温度的单值函数，其他所有热力过程，只要其温度变化与定压过程的温度变化相同，计算所得的焓的变化值就相同，因此式（3-22）可用于理想气体一切热力过程。对于实际气体只适用于计算定压过程焓的变化。

在工程计算中，通常只需要计算两状态之间焓的变化。应用式（3-22），类似定压过程热量的计算方法，根据具体情况适当选取定压比热容，求出焓的变化值。如：

按定值定压比热容计算：

$$\Delta h = c_p (T_2 - T_1) \qquad (3\text{-}22c)$$

按平均定压比热容计算：

$$\Delta h = c_{pm}\big|_0^{t_2} \cdot t_2 - c_{pm}\big|_0^{t_1} \cdot t_1 \qquad (3\text{-}22d)$$

按真实定压比热容计算：

$$\Delta H = \int_{T_1}^{T_2} [a_0 + a_1 T + a_2 + T^2 + a_3 T^3] \mathrm{d}T \quad (\mathrm{kJ/kmol}) \tag{3-22e}$$

对实际气体，如水蒸气、制冷剂等工质的焓值，通常需要查专用图表，也可根据热力学关系式或通用性图表来确定。

【例 3-5】 某气体在压气机中被压缩。压缩前气体的参数是 $p_1 = 100\mathrm{kPa}$，$v_1 = 0.845\mathrm{m}^3/\mathrm{kg}$，压缩后的参数是 $p_2 = 800\mathrm{kPa}$，$v_2 = 0.175\mathrm{m}^3/\mathrm{kg}$。设在压缩过程中每千克气体的热力学能增加 150kJ，同时向外界放出热量 50kJ，压气机每分钟生产压缩气体 10kg。试求：

(1) 压缩过程中对每千克气体所做的压缩功；
(2) 每生产 1kg 压缩气体所需的轴功；
(3) 带动此压气机要用多大功率的电动机；
(4) 压缩前、后气体焓的变化。

【解】 (1) 压缩过程中对每千克气体所做的压缩功 w，由闭口系统热力学第一定律解析式求得：

$$w = q - \Delta u = -50 - 150 = -200 \mathrm{kJ/kg}$$

(2) 每生产 1kg 压缩气体所需的轴功 w_s：

由式（3-19）得 $w_s = w + p_1 v_1 - p_2 v_2$
$$= -200 + 100 \times 0.845 - 800 \times 0.175 = -255.5 \mathrm{kJ/kg}$$

(3) 带动此压气机所需电动机的功率：

$$P = m w_s = \frac{10 \times 255.5}{60} = 42.6 \mathrm{kW}$$

(4) 压缩前、后气体焓的变化：

$$\Delta h = \Delta u + \Delta(pv) = 150 + (800 \times 0.175 - 100 \times 0.845) = 205.5 \mathrm{kJ/kg}$$

第五节　稳态稳流能量方程的应用

稳态稳流能量方程式在工程上有着广泛的应用。根据需要解决的问题，恰当地选取热力系统，仔细分析系统内部与外界传递的能量，建立能量方程，根据不同条件下适当简化，最后，借助于工质的热力性质数据、公式及图表，求解能量方程。

一、动力机

动力机是利用工质在机器中膨胀获得机械功的设备，现以汽轮机为例，应用稳态稳流能量方程计算汽轮机所做的轴功，如图 3-7 所示。由式（3-14）

$$q = (h_2 - h_1) + \frac{1}{2}(c_2^2 - c_1^2) + g(z_2 - z_1) + w_s$$

因为进出口的高度差一般很小，进出口的流速变化也不大，又因工质在汽轮机中停留的时间很短，系统与外界的热交换也可忽略。即：

$$g(z_2 - z_1) \approx 0$$

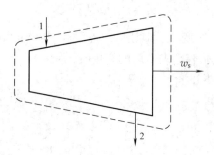

图 3-7　动力机轴功计算示意图

$$\frac{1}{2}(c_2^2-c_1^2)\approx 0$$

$$q\approx 0$$

于是得 $$w_s=h_1-h_2$$

由此得出，在汽轮机中所做的轴功等于工质的焓降。

二、压气机

消耗轴功使气体压缩以升高其压力的设备称为压气机，类似于图 3-7 的反方向作用。同样认为：

$$g(z_2-z_1)\approx 0$$

$$\frac{1}{2}(c_2^2-c_1^2)\approx 0$$

$$q\approx 0$$

故得 $$-w_s=h_2-h_1$$

即压气机绝热压缩消耗的轴功等于压缩气体焓的增加。

三、热交换器

应用稳态稳流能量方程式，可以解决如锅炉、空气加热（或冷却）器、蒸发器、冷凝器等各种热交换器在正常运行时的热量计算问题。由式（3-14）：

$$q=\Delta h+\frac{1}{2}\Delta c^2+g\Delta z+w_s$$

因为在热交换器中，例如图 3-8 所示的锅炉中，系统与外界没有功量交换，即：

$$w_s=0$$

又 $$g\Delta z\approx 0;\frac{1}{2}\Delta c^2\approx 0$$

故得 $$q=h_2-h_1$$

因此，在锅炉等热交换设备中，工质所吸收的热量等于焓的增加

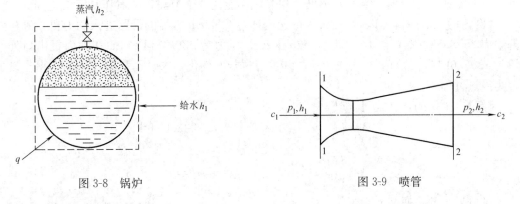

图 3-8　锅炉　　　　　　　　　图 3-9　喷管

四、喷管

喷管是一种使气流加速的设备，如图 3-9 所示。工质流经喷管时与外界没有功量交换，进出口位能差很小，可以忽略，又因为工质流过喷管时速度很高与外界的热交换也可不考虑。

于是得 $$\frac{1}{2}(c_2^2-c_1^2)=h_1-h_2$$

说明在喷管中气流动能之增量是由工质焓降来提供的。

五、流体的混合

两股流体的混合，如图 3-10 所示，其中一股流体的质量流量为 $\dot{m}_1$，单位质量流体的焓为 h_1，另一股流体的质量流量为 $\dot{m}_2$，单位质量焓为 h_2。取混合室为控制体，混合为稳态稳流工况，在绝热条件下进行，且忽略流体动能、位能变化，设混合后单位质量流体焓为 h_3，则控制体的能量方程为：

$$\dot{m}_1 h_1 + \dot{m}_2 h_2 = (\dot{m}_1 + \dot{m}_2) h_3$$

六、绝热节流

如图 3-11 所示，流体在管道内流动，遇到突然变窄的断面，由于存在阻力使流体压力降低的现象称为节流。

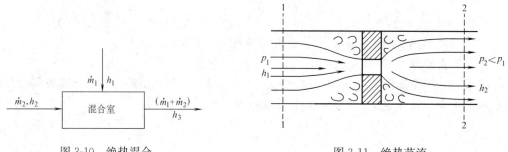

图 3-10　绝热混合　　　　　　　图 3-11　绝热节流

取流体节流前、后稳定段 1-1、2-2 为界面构成控制体，稳态稳流的流体快速流过狭窄断面，来不及与外界换热也没有功量的传递，可理想化称为绝热节流。若忽略流体进、出口界面的动能、位能变化，则控制体能量方程可简化为：

$$h_1 = h_2$$

上式表明，绝热节流前、后焓相等，即能量数量相等。但需指出，由于在节流孔口附近流体的流速变化很大，焓值并不处处相等，不能把整个节流过程看作是定焓过程。

【**例 3-6**】 有一流体以 $c_1=3\text{m/s}$ 的速度通过 7.62cm 直径的管路进入动力机，进口处的焓为 2558.6kJ/kg，热力学能为 2326kJ/kg，压力为 689.48kPa，而在动力机出口处的焓为 1395.6kJ/kg。如果忽略流体动能和重力位能的变化，求动力机所发出的功率。设过程为绝热过程。

【**解**】 由焓的定义式得：

$$p_1 v_1 = h_1 - u_1 = 2558.6 - 2326 = 232.6\text{kJ/kg}$$

在进口处　　　　　　　　$p_1 = 689.48\text{kPa}$

故　　　　　　　　　　　$v_1 = \dfrac{232.6}{689.48} = 0.3373\text{m}^3/\text{kg}$

进口管段的流通截面积为：

$$f = \frac{\pi d^2}{4} = \frac{3.1416 \times 0.0762^2}{4} = 0.0045\text{m}^2$$

流体的质量流量为：

$$\dot{m} = \frac{cf}{v} = \frac{3 \times 0.0045}{0.3373} = 0.04\text{kg/s}$$

取动力机为控制体，稳态稳流工况

由于 $g\Delta z\approx 0;\dfrac{1}{2}\Delta c^2\approx 0;q=0$

故得 $w_s=h_1-h_2=2558.6-1395.6=1163\text{kJ/kg}$

功率为 $P=\dot{m}w_s=0.04\times 1163=46.5\text{kW}$

【例 3-7】 空气的流量可以用一个装在空气管道中的电加热器来测量，如图 3-12 所示。在电加热器前后的空气温度可用两支温度计量出。若所用电加热器的散热率 $\dot{Q}=750\text{W}$，通电后电加热器前后的空气温度分别 $t_1=15℃$，$t_2=18.1℃$。假定电加热器后面的空气压力 $p=116\text{kPa}$，管道直径 $d=0.09\text{m}$。试求：每小时空气的质量流量及空气加热器后面的流速。空气的定压比热容 $c_p=1.01\text{kJ/(kg·K)}$。

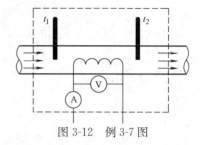

图 3-12 例 3-7 图

【解】 取电加热器管段为控制体

忽略空气动能、位能变化，且对外不做功，则由稳态稳流能量方程得：

$$Q=H_2-H_1$$

或 $\dot{Q}=\dot{m}c_p(T_2-T_1)=\dot{m}c_p(t_2-t_1)$

由此求得空气的质量流量：

$$\dot{m}=\dfrac{\dot{Q}}{c_p(t_2-t_1)}=\dfrac{0.75}{1.01(18.1-15)}=0.24\text{kg/s}$$

加热器后面的容积流量为：

$$\dot{V}=\dfrac{\dot{m}RT}{p}=\dfrac{0.24\times 0.287\times(273+18.1)}{116}=0.173\text{m}^3\text{/s}$$

加热器后面的空气流速：

$$c=\dfrac{\dot{V}}{\dfrac{\pi d^2}{4}}=\dfrac{4\dot{V}}{\pi d^2}=\dfrac{4\times 0.173}{\pi(0.09)^2}=27.2\text{m/s}$$

【例 3-8】 风机连同空气加热器，如图 3-13 所示。空气进入风机时的参数：$p_1=100\text{kPa}$，$t_1=0℃$，风量 $\dot{V}_1=2000\text{m}^3\text{/h}$。通过加热器后空气温度为 $t_2=150℃$，压力保持不变。风机功率 $P=2\text{kW}$。设空气比热容为定值，忽略系统散热损失。

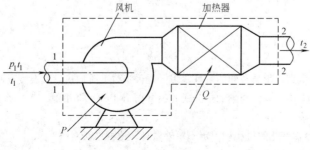

图 3-13 例 3-8 图

试求：(1) 空气在加热器中吸收的热量 Q；

(2) 整个过程中单位质量空气的热力学能和焓的变化。

【解】 取风机和加热器为控制体，考虑为稳态稳流工况，空气的质量流量：

$$\dot{m}=\frac{pV_1}{RT_1}=\frac{100\times 2000}{0.287\times 273}=2552.6\text{kg/h}$$

空气的定容比热容：

$$c_v=\frac{5}{2}R=\frac{5}{2}\times 0.287=0.7175\text{kJ/(kg·K)}$$

空气的定压比热容：

$$c_p=c_v+R=0.7175+0.287$$
$$=1.0045\text{kJ/(kg·K)}$$

空气吸收热量：由稳态稳流能量方程

$$Q=\Delta H+\frac{1}{2}m\Delta c^2+mg\Delta z+W_s$$

忽略动能、位能变化，得：

$$Q=\Delta H+W_s=\dot{m}c_p(t_2-t_1)-3600P$$
$$=2552.6\times 1.0056(150-0)-3600\times 2=377413\text{kJ/h}$$
$$=104.8\text{kW}$$

单位质量空气热力学能及焓的变化：

$$\Delta u=c_v(t_2-t_1)=0.7175(150-0)=107.6\text{kJ/kg}$$
$$\Delta h=c_p(t_2-t_1)=1.0045(150-0)=150.7\text{kJ/kg}$$

思 考 题

3-1 门窗紧闭的房间内有一台电冰箱正在运行，若敞开冰箱的大门就有一股凉气扑面，感到凉爽。于是有人就想通过敞开冰箱大门达到降低室内温度的目的，你认为这种想法可行吗？

3-2 既然敞开冰箱大门不能降温，为什么在门窗紧闭的房间内安装空调器后却能使温度降低呢？

3-3 膨胀功、流动功、轴功和技术功有何差别，相互有无联系？试用 $p\text{-}v$ 图说明之。

3-4 热量和热力学能有什么区别，有何联系。理想气体的热力学能和焓只与温度有关，与压力和体积无关，但根据给定的压力和比体积，又可以确定热力学能和焓，期间有无矛盾，如何解释。

3-5 流动功为何出现在开口系能量方程中，而不出现在闭口系统能量方程中。

3-6 下列各式，适用于何种条件？

$$\delta q=du+\delta w$$
$$\delta q=du+pdv$$
$$\delta q=c_v dT+pdv$$
$$\delta q=dh$$
$$\delta q=c_p dT-vdp$$

3-7 物质的温度愈高，所具有的热量也愈多，对否？对工质加热，其温度反而降低，有否可能？

3-8 能量方程 $\delta q=du+pdv$ 与焓的微分式 $dh=du+d(pv)$ 很相像，为什么热量 q 不是状态参数，而焓 h 是状态参数？

3-9 "任何没有容积变化的过程就一定不对外做功"这种说法对吗？

3-10 说明以下论断是否正确：

(1) 气体吸热后一定膨胀，热力学能一定增加；
(2) 气体膨胀时一定对外做功；
(3) 气体压缩时一定消耗外功；
(4) 应设法利用烟气离开锅炉时带走的热量。

3-11 对如图 3-5 所示的向绝热刚性容器充气的过程，试分别画出取闭口系统、开口系统和孤立系统的示意图，并分析各种系统的能量关系及写出各自的能量方程。

习　题

3-1 安静状态下的人对环境的散热量大约为 400kJ/h，假设能容 2000 人的大礼堂的通风系统坏了；(1) 在通风系统出现故障的最初 20min 内礼堂中空气热力学能增加多少？(2) 把礼堂空气和所有人考虑为一个系统。假设对外界没有传热，系统热力学能变化多少？你如何解释空气温度的升高。

3-2 氧弹量热器可用来测量化学反应释放的能量。量热器是一个封闭容器，内置被测物质，放在量热器中。当被测物质发生反应时，热从氧弹传到量热器中的水，引起水温升高。搅拌器促使水循环。已知输给搅拌器的功率为 0.04kW。在 20min 内，从氧弹传出热量为 1200kJ。由水箱传给外界空气的热量为 60kJ。假设水并无蒸发，求水的热力学能的增加。

3-3 有一封闭的刚性水箱充满了温度为 20℃，质量为 5kg 的水，如图 3-14 所示。水被叶轮和轴的联动机构所搅动，而轮轴则由质量为 450kg 的物体下落 30m 所做的功来带动。若水箱与外界绝热，求在物体降落以后水的平衡温度。取水的比热容为 $c = 4.186$kJ/(kg·K)。

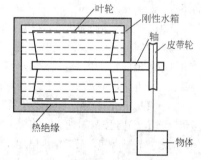

图 3-14 习题 3-3 图

3-4 冬季工厂某车间要使室内维持一适宜温度。在这一温度下，透过墙壁和玻璃窗等处，室内向室外每小时传出 0.3×10^8kJ 的热量。车间机器工作每小时放热 8.2×10^7kJ。另外，室内需有 50 盏 100W 的电灯照明。要使这个车间的温度维持不变，问每小时需供给多少 kJ 的热量？

3-5 有一闭口系统，从状态 1 经过 a 变化到状态 2，如图 3-15 所示，又从状态 2 经过 b 回到状态 1；在这个工程中，热量和功的某些值已知，如下表中所列，还有某些量未知（表中空白栏），试确定这些未知量。

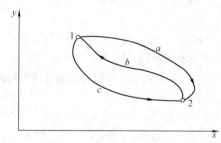

图 3-15 习题 3-5 图

过程	热量 Q(kJ)	膨胀功 W (kJ)
1-a-2	10	
2-b-1	−7	−4
1-c-2		2

3-6 一闭口系统经历了一个由四个过程组成的循环，试填充表中所缺数据。

过程	Q(kJ)	W(kJ)	ΔE
1~2	1100	0	
2~3	0	100	
3~4	−950	0	
4~1	0		

3-7 1.5kg 质量的气体进行一个平衡的膨胀过程，过程按 $p=av+b$ 的关系变化，而 a, b 均是定数。初压和终压分别是 1000kN/m² 和 200kN/m²，相应的容积为 0.2m³ 和 1.2m³，气体的比热力学能给出以下关系 $u=1.5pv-85$（kJ/kg）（采用单位 p：kN/m²，v：m³/kg），计算过程中的传热量。

3-8 容器由隔板分成两部分，如图 3-16 所示，左边盛有压力为 600kPa，温度为 27℃ 的空气，右边则为真空，容积为左边的 5 倍。将隔板抽出后，空气迅速膨胀充满整个容器。试求容器内最终的压力和温度；设膨胀是在绝热条件下进行的。

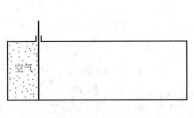

图 3-16 习题 3-8 图

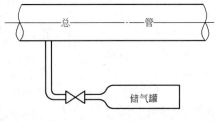

图 3-17 习题 3-9 图

3-9 一个储气罐从压缩空气总管充气，如图 3-17 所示，总管内压缩空气参数为 500kPa，25℃。充气开始时，罐内压缩空气参数恒定为 50kPa，10℃。求充气终了时罐内空气的温度。设充气过程是在绝热条件下进行。

3-10 供暖用风机连同加热器，把温度为 $t_1=0℃$ 的冷空气加热到温度为 $t_3=250℃$，然后送入建筑物的风道内，送风量为 0.56kg/s，风机轴上的输入功率为 1kW，设整个装置与外界绝热。试计算：(1) 风机出口处空气温度 t_2；(2) 空气在加热器中的吸热量；(3) 若加热器中有阻力，空气通过它时产生不可逆的摩擦扰动并带来压力降落，以上计算结果是否正确？

3-11 一只 0.06m³ 的罐，与温度为 27℃、压力为 7MPa 的压缩空气干管相连接，当阀门打开，空气流进罐内，压力达到 5MPa 时，把阀门关闭。这一充气过程进行很迅速，可认为是绝热的。储罐在阀门关闭以后放置较长时间，最后罐内温度恢复到室温。问储罐内最后的压力是多少？

3-12 压力为 1MPa 和温度为 200℃ 的空气在一主管道中稳定流动。现以一绝热容器用带阀门的管道与它相连，慢慢开启阀门使空气从主管道流入容器。设（1）容器开始是真空的；（2）容器装有一个用弹簧控制的活塞，活塞的位移与施加在活塞上的压力成正比，而活塞上面的空间是真空，假定弹簧的最初长度是其自由长度；（3）容器装有一个活塞，其上载有重物，需要 1MPa 的压力举起它。求在每种情况下容器内空气的最终温度。

3-13 1kgCO_2 由 $p_1=800$kPa、$t_1=900℃$，膨胀到 $p_2=120$kPa、$t_2=600℃$，用定值比热容和平均比热容计算其热力学能、焓的变化，如果膨胀中未与外界交换热量，求所做的技术功。

3-14 在封闭的容器内存有 $V=2$m³ 的空气，其温度 $t_1=20℃$ 和压力 $p_1=500$kPa。若使压力提高到 $p_2=1$MPa，问需要将容器内空气加热到多高温度。此间空气将吸收多少热量？

3-15 温度 $t_1=10℃$ 的冷空气进入锅炉设备的空气预热器、用烟气放出来的热量对其加热，若已知 1 标准 m³ 烟气放出 245kJ 的热量，空气预热器没有热损失，烟气每小时的流量按质量计算是空气的 1.09 倍，烟气的气体常数 286.45J/(kg·K)，并且不计空气在预热器中的压力损失，求空气在预热器中受热后达到的温度 t_2。

3-16 带有活塞运动的汽缸，活塞面积为 f，初容积为 V_1 的气缸中充满压力为 P_1，温度为 T_1 的理想气体，与活塞相连的弹簧，其弹性系数为 K，初始时处于自然状态。如对气体加热，压力升高到 P_2。求：气体对外做功量及吸收热量。（设气体比热容 c_V 及气体常数 R 为已知）。

3-17 温度 $t_1=500℃$，质量流率 $\dot{m}_1=120$kg/h 的空气流 I，与温度 $t_2=200℃$，质量流率 $\dot{m}_2=210$kg/h 的空气流 II 相混合，如图 3-18 所示。设混合前后的压力都相等，试求 I 和 II 两股气流混合后的温度。

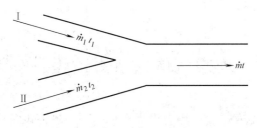

图 3-18 习题 3-17 图

3-18 容积为 0.5m³ 的刚性封闭容器储有 0.65kg 压力为 120kPa 的空气，将其加热到压力为 150kPa，求传给空气的热量。空气 $c_p=1.01$kJ/(kg·K)，$R=0.287$kJ/(kg·K)

3-19 配有活塞的气缸内有 1kg 的空气，容积为 0.03m³，如果使气体在 2068.4kPa 压力下定压膨胀直到温度是原来的两倍。计算空气热力学能的变化、焓的变化及过程中的热量和功量交换。空气 $c_p=1.01$kJ/(kg·K)，$R=0.287$kJ/(kg·K)

3-20 如图 3-19 所示的气缸，其内充以空气。气缸的截面积为 $A=100$cm²，活塞距底面的高度 $H=10$cm。活塞及其上重物的总重量 195kg。当地的大气压力 771mmHg，环境温度 27℃。若当气缸内气体与外界处于热力平衡时，把活塞重物取去 100kg，活塞将突然上升，最后重新达到热力平衡。假定活塞和气缸壁之间无摩擦，气体可以通过气缸壁和外界充分换热，试求活塞上升的距离和气体的换热量。

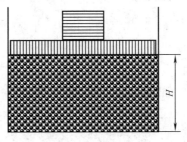

图 3-19 习题 3-20 图

第四章 理想气体的热力过程及气体压缩

系统与外界的能量交换是通过热力过程实现的,如热力设备中进行吸热、膨胀、放热、压缩等,不同过程反映不同的外部条件。研究热力过程的目的,就是要研究外部条件对热能和机械能的影响规律,力求通过有利的外部条件,合理安排热力过程,达到提高热能和机械能转换效率的目的。

本章首先以绝热过程为典型过程进行讨论,然后通过对多变过程的分析来归纳总结简单基本热力过程的特性,最后通过一个实际应用算例,结合压气机工作原理讨论压气过程。本章只讨论以理想气体为工质的热力系统,并把过程理想化为可逆过程。

本章要求:掌握包括理想气体四个基本热力过程,以及多变过程的状态参数和过程参数的热力计算;掌握上述过程在 p-v、T-s 图上的表示,并能在图上定性分析热量和功及热力学能变化的正负;掌握压气机各种压缩过程的热力计算。

第一节 热力过程分析及步骤

一、分析热力过程的目的

工程热力学这门学科是研究热能和机械能相互转换过程中所遵循的规律,而热能和机械能的相互转换,必须通过热力过程来实现。

分析热力过程的目的,就在于揭示各种热力过程中状态参数的变化规律和相应的能量转换状况,从而计算热力过程中工质状态参数的变化以及与外界交换的热量和功量。所用工具是热力学第一定律,状态方程和热力过程特性。具体的说,有两个任务:一是根据过程特点和状态方程来确定过程中状态参数的变化规律,揭示状态变化规律与能量传递之间的关系,二是利用能量方程来分析计算在过程中热力系统与外界交换的能量和质量。

在能量转换过程中,热量、膨胀功和技术功都是过程参数,它们与热力过程有关;而热力学能、焓、熵是状态参数,其增量与工质的热力过程无关,仅与工质的初终状态有关。学习本章时应进一步体会这些特点。

二、分析热力过程的步骤

1. 确定过程特征,即过程方程,过程方程描述过程中状态变化的特征,特别是压力与比体积的变化规律,$p=f(v)$,初、终状态是过程的两个端点,服从过程方程的规律。

2. 确定初、终状态基本参数(p、v、T),依据理想气体状态方程式:
$$pv=RT$$
及
$$\frac{p_1 v_1}{T_1}=\frac{p_2 v_2}{T_2}$$

3. 计算热力过程中热力学能、焓和熵变化,其中理想气体热力学能和焓是温度的单值函数,各种过程都按下式计算,即式(3-9b)和式(3-21b)

热力学能的变化
$$\Delta u = \int_1^2 c_v \mathrm{d}T$$

焓的变化
$$\Delta h = \int_1^2 c_p \mathrm{d}T$$

理想气体熵变化计算，根据熵的定义式

$$\Delta s = \int_1^2 \frac{\delta q}{T}$$

式中，$\delta q = \mathrm{d}u + p\mathrm{d}v = c_v \mathrm{d}T + p\mathrm{d}v$ 代入上式积分求得

$$\Delta s = \int_1^2 c_v \frac{\mathrm{d}T}{T} + \int_1^2 \frac{p}{T}\mathrm{d}v$$

由理想气体状态方程：$\dfrac{p}{T} = \dfrac{R}{v}$ 代入上式，得

$$\Delta s = \int_1^2 c_v \frac{\mathrm{d}T}{T} + R\ln\frac{v_2}{v_1}$$

设 c_v 为定值比定容热容，则有

$$\Delta s = c_v \ln\frac{T_2}{T_1} + R\ln\frac{v_2}{v_1} \tag{4-1}$$

如用 $\delta q = \mathrm{d}h - v\mathrm{d}p = c_p \mathrm{d}T - v\mathrm{d}p$ 代入熵定义式中积分，则可得

$$\Delta s = \int_1^2 c_p \frac{\mathrm{d}T}{T} - R\ln\frac{p_2}{p_1}$$

设 c_p 为定值比定压热容，得

$$\Delta s = c_p \ln\frac{T_2}{T_1} - R\ln\frac{p_2}{p_1} \tag{4-2}$$

又如用状态方程 $\dfrac{p_1 v_1}{T_1} = \dfrac{p_2 v_2}{T_2}$ 消去式（4-1）或式（4-2）中 $\dfrac{T_2}{T_1}$，即可整理得出

$$\Delta s = c_p \ln\frac{v_2}{v_1} + c_v \ln\frac{p_2}{p_1} \tag{4-3}$$

式（4-1）~（4-3）的适用条件是理想气体的任意过程。只要知道过程初、终态 p、v、T 三个参数中的任意两个以及气体比热容，即可根据以上公式求出过程中工质熵的变化。

当理想气体比热容为变值时（温度的函数），可利用气体的热力性质表计算 Δu、Δh 和 Δs。读者可参看有关书籍。

4. 将过程线表示在 p-v 图及 T-s 图上，使过程直观，便于分析讨论。

5. 热力过程中传递能量的计算

热力过程中传递能量的计算首先要考虑能量方程的应用，如闭口系统能量方程：

$$q = \Delta u + w$$

开口系统稳态稳流能量方程

$$q = \Delta h + w_t$$

此外，在可逆过程中膨胀功、技术功及热量的计算式分别为

$$w = \int_1^2 p\mathrm{d}v$$

$$w_t = \int_1^2 T\mathrm{d}p$$

$$q = \int_1^2 T\mathrm{d}s$$

第二节 绝 热 过 程

系统与外界在没有热量交换情况下所进行的状态变化过程（即 $\delta q=0$ 及 $q=0$），称为绝热过程。

绝热过程是为了便于分析计算而进行的简化和抽象，它又是实际过程的一种近似。当过程进行得很快，工质与外界来不及交换热量时，例如，叶轮式压气机和气流流经喷管的过程等均可以近似作绝热过程处理。

一、绝热过程的过程方程式

理想气体绝热过程方程式，可根据过程特点从能量方程导出：

$$\delta q = \mathrm{d}u + p\mathrm{d}v = c_v\mathrm{d}T + p\mathrm{d}v = 0$$

由于 $T=\dfrac{pv}{R}$，代入上式得

$$c_v\mathrm{d}\left(\frac{pv}{R}\right) + p\mathrm{d}v = c_v\frac{p\mathrm{d}v + v\mathrm{d}p}{R} + p\mathrm{d}v = 0$$

即
$$(c_v + R)p\mathrm{d}v + c_v v\mathrm{d}p = 0$$

或
$$c_p p\mathrm{d}v + c_v v\mathrm{d}p = 0$$

整理得出
$$\frac{c_p}{c_v}\frac{\mathrm{d}v}{v} + \frac{\mathrm{d}p}{p} = 0$$

令 $\kappa=\dfrac{c_p}{c_v}$ 称为比热容比或绝热指数，如果近似的把比热容当做定值，则 κ 值也是定值。

对上式积分得：

$$\kappa\ln v + \ln p = 常数$$
$$\ln pv^\kappa = 常数$$
$$pv^\kappa = 常数 \tag{4-4}$$

式 (4-4) 即为绝热过程方程式，适用于理想气体的可逆绝热过程。

二、过程初、终状态参数间的关系

根据状态方程：
$$\frac{p_1 v_1}{T_1} = \frac{p_2 v_2}{T_2}$$

和过程方程式
$$p_1 v_1^\kappa = p_2 v_2^\kappa,\ \frac{p_2}{p_1} = \left(\frac{v_1}{v_2}\right)^\kappa \tag{4-5}$$

联立求解得各状态参数关系为：

$$\frac{T_2}{T_1} = \left(\frac{v_1}{v_2}\right)^{\kappa-1} \tag{4-6}$$

$$\frac{T_2}{T_1} = \left(\frac{p_2}{p_1}\right)^{\frac{\kappa-1}{\kappa}} \tag{4-7}$$

以上关系说明,当系统中气体可逆绝热膨胀时,p、T 均降低;当系统中气体被绝热压缩时,p、T 均升高。

三、过程在 p-v 图及 T-s 图上表示

p-v 图:依据绝热过程方程式 $pv^\kappa=$ 常数,可知绝热过程在 p-v 图上是一条高次双曲线,如图 4-1 所示。图中 1-2 为绝热膨胀过程;1-2' 为绝热压缩过程。对式 (4-4) 微分可求得绝热过程线的斜率

$$\left(\frac{\partial p}{\partial v}\right)_s = -\kappa \frac{p}{v}$$

T-s 图:绝热过程 $q=0$,由 $q=\int_1^2 T\mathrm{d}s$,故有 $\mathrm{d}s=0$

上式表明,可逆绝热过程为定熵过程,但必须注意,定熵过程不一定是绝热过程,这一点在第五章会详细论述。

可逆绝热过程在 T-s 图上为一条垂直线,如图 4-2 所示。图中 1-2 为绝热膨胀过程;1-2' 为绝热压缩过程。

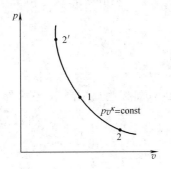

图 4-1 绝热过程 p-v 图

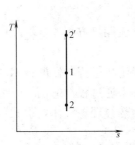

图 4-2 绝热过程 T-s 图

四、绝热过程中的能量转换

1. 焓和热力学能的变化

$$\mathrm{d}h = c_p \mathrm{d}T, \quad \Delta h = \int_1^2 c_p \mathrm{d}t$$

$$\mathrm{d}u = c_v \mathrm{d}T, \quad \Delta u = \int_1^2 c_v \mathrm{d}t$$

2. 热量

$$\delta q = 0 \text{ 及 } q = 0$$

3. 膨胀功

气体在定熵过程中所做膨胀功为

$$w = \int_1^2 p \mathrm{d}v$$

根据

$$p_1 v_1^\kappa = p v^\kappa, \quad 得 \ p = \frac{p_1 v_1^\kappa}{v^\kappa} \text{ 代入}$$

积分得

$$w = p_1 \cdot v_1^{\kappa} \int_1^2 \frac{\mathrm{d}v}{v^{\kappa}} = \frac{1}{\kappa-1}(p_1 v_1 - p_2 v_2) = \frac{R}{\kappa-1}(T_1 - T_2) \tag{4-8}$$

根据式 (4-6)、(4-7) 又可得出

$$w = \frac{RT_1}{\kappa-1}\left[1 - \left(\frac{p_2}{p_1}\right)^{\frac{\kappa-1}{\kappa}}\right] \tag{4-9}$$

$$w = \frac{RT_1}{\kappa-1}\left[1 - \left(\frac{v_1}{v_2}\right)^{\kappa-1}\right] \tag{4-10}$$

以上各式在应用时，可根据已知条件选用。绝热过程的膨胀功还可直接从热力学第一定律能量方程导出：

$$q = \Delta u + w = 0$$
$$w = u_1 - u_2 = c_v(T_1 - T_2) \tag{4-11}$$

上式表明，绝热过程中气体所做膨胀功等于气体热力学能的减小；如外界对气体做压缩功，将全部用于增加气体的热力学能。式 (4-11) 由能量方程直接导出，适用于可逆或不可逆绝热过程。对于理想气体可逆绝热过程，若把比热容近似地当做定值，则因 $c_v = \frac{R}{\kappa-1}$，式 (4-11) 即可变成式 (4-8)。说明两种计算方法所得结果完全相同。

4. 技术功

令稳态稳流能量方程式 (3-17) 中 $q=0$，则得

$$w_t = -\Delta h = h_1 - h_2$$

即工质经绝热过程所做的技术功等于焓的减少（简称绝热焓降），这一结论对任何工质的可逆或不可逆过程都适用。

对于定比热容理想气体，上式可写为

$$w_t = c_p(T_1 - T_2) = \frac{\kappa}{\kappa-1}R(T_1 - T_2) \tag{4-12}$$
$$= \frac{\kappa}{\kappa-1}(p_1 v_1 - p_2 v_2)$$

此式适用于定比热容理想气体的可逆或不可逆绝热过程。将可逆绝热过程方程式代入式 (4-12) 可得

$$w_t = \frac{\kappa}{\kappa-1}RT_1\left[1 - \left(\frac{p_2}{p_1}\right)^{\frac{\kappa-1}{\kappa}}\right] \tag{4-13}$$

比较膨胀式 (4-8) 与技术功式 (4-12)，可得：

$$w_t = \kappa \cdot w \tag{4-14}$$

即绝热过程的技术功等于膨胀功的 κ 倍。

第三节 多变过程的综合分析

一、多变过程方程及多变比热容

凡过程方程符合式 (4-15) 的过程，称为多变过程

$$pv^n = 常数 \tag{4-15}$$

其中 n 为多变指数，对于某一指定的多变过程，n 为一常数，但不同的多变过程有不同的 n 值，如：

$n=0$ 时，$p=$常数，表示定压过程；

$n=1$ 时，$pv=$常数，表示定温过程；

$n=\kappa$ 时，$pv^\kappa=$常数，表示定熵过程；

$n=\pm\infty$ 时，$v=$常数，表示定容过程。

定容、定压、定温和定熵过程为基本热力过程，可见四个基本热力过程是多变过程的特例。n 可在（$0\sim\pm\infty$）范围内变化，每个 n 值代表一个多变过程。由于实际过程往往比较复杂，过程中 n 值可能是变化的。如果变化不大，则仍可用一定的多变过程近似地表示该过程；如果 n 值变化较大，则可把实际过程分作几段，各段 n 值各不相同，但在每一段中 n 值保持不变。当 n 为定值时，由式（4-15）可得

$$\frac{p_2}{p_1}=\left(\frac{v_1}{v_2}\right)^n$$

取对数

$$\ln\frac{p_2}{p_1}=n\ln\frac{v_1}{v_2}$$

最后可得多变指数 n 为

$$n=\frac{\ln(p_2/p_1)}{\ln(v_1/v_2)} \tag{4-16}$$

按上式可根据初、终两个状态求得该过程的 n 值。多变过程方程式与定熵过程方程式的形式相同，只是指数 n 代替了 κ。因此，在分析多变过程时，初、终参数关系式及膨胀功的计算式只需用 n 代替 κ 便可得到。参见表 4-1。

多变过程的热量可根据第一定律能量方程（3-5）来计算，对于理想气体：

$$\begin{aligned} q &= \Delta u+w=c_v(T_2-T_1)+\frac{R}{n-1}(T_1-T_2) \\ &=c_v(T_2-T_1)+\frac{\kappa-1}{n-1}c_v(T_2-T_1) \\ &=\frac{n-\kappa}{n-1}c_v(T_2-T_1)=c_n(T_2-T_1) \end{aligned} \tag{4-17}$$

式中，$c_n=\frac{n-\kappa}{n-1}c_v$ 称为多变比热容。当 $1<n<\kappa$ 时，c_n 为负值。

二、多变过程分析

1. 多变过程在 $p\text{-}v$ 图和 $T\text{-}s$ 图上的分析

（1）$p\text{-}v$ 图

在 $p\text{-}v$ 图上给定任一过程的 n 值，就能确定过程在图上的位置。如图 4-3 表示通过同一状态各多变过程线的相对位置。多变过程线在 $p\text{-}v$ 图上的斜率公式可由过程方程式取微分后整理得到：

$$\frac{\mathrm{d}p}{\mathrm{d}v}=-n\frac{p}{v} \tag{4-18}$$

四个基本热力过程是多变过程的特例，借助于四个基本热力过程在坐标图上的相对位置，便可确定 n 为任意值的多变过程线的大致位置。例如：

$n=0$，$\frac{\mathrm{d}p}{\mathrm{d}v}=0$ 即定压线为一水平线；

$n=1$,$\dfrac{\mathrm{d}p}{\mathrm{d}v}=-\dfrac{p}{v}<0$,即定温线为一斜率为负的等边双曲线;

$n=\kappa$,$\dfrac{\mathrm{d}p}{\mathrm{d}v}=-\kappa\dfrac{p}{v}<0$,即定熵线为一斜率为负的高次双曲线;

由于通过同一状态定熵线斜率的绝对值总是大于定温线斜率绝对值,所以定熵线比定温线陡;

$n=\pm\infty$,$\dfrac{\mathrm{d}p}{\mathrm{d}v}\to\infty$,即定容线为一垂直线。

由此可见,多变指数 n 值愈大,过程线斜率的绝对值也愈大。

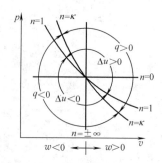
图4-3 多变过程 p-v 图

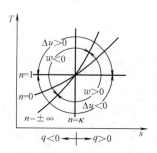
图4-4 多变过程 T-s 图

(2) T-s 图

如图4-4所示。由 $\mathrm{d}s=\dfrac{\delta q}{T}=c_\mathrm{n}\dfrac{\mathrm{d}T}{T}$ 得多变过程线在 T-s 图上的斜率公式:

$$\dfrac{\mathrm{d}T}{\mathrm{d}s}=\dfrac{T}{c_\mathrm{n}}=\dfrac{n-1}{c_\mathrm{v}(n-\kappa)}T \tag{4-19}$$

过程线的斜率同样随 n 而变,例如:

$n=0$,$\dfrac{\mathrm{d}T}{\mathrm{d}s}=\dfrac{T}{c_\mathrm{p}}>0$,即定压线为一斜率为正的指数曲线;

$n=1$,$\dfrac{\mathrm{d}T}{\mathrm{d}s}=0$,即定温线为一水平线;

$n=\kappa$,$c_\mathrm{n}=0$,$\dfrac{\mathrm{d}T}{\mathrm{d}s}\to\infty$,即定熵线为一垂直线;

$n\to\pm\infty$,$\dfrac{\mathrm{d}T}{\mathrm{d}s}=\dfrac{T}{c_\mathrm{v}}>0$,即定容线为一斜率为正的指数曲线,由于 $c_\mathrm{p}>c_\mathrm{v}$,因而通过同一状态的定容线斜率大于定压线斜率,即定容线比定压线陡。

2. 过程中 q、w 和 Δu 正负值的判断

利用 p-v 图、T-s 图,可以定性判断过程中热力学能变化、热量和膨胀功的正负,这对分析热力过程以及判断计算结果正确与否都十分重要。如图4-3及图4-4所示。

(1) Δu 正负的判断

在 p-v 图上,过该热力过程线的初始点,作一条定温线,以该定温线为基准,若过程的终了点落在该定温线上,则热力学能变化为零;若过程的终了点,落在该定温线右边,则热力学能变化为正($\Delta u>0$),这是由于偏离定温线,热力学能即有变化,在 p-v 图上

相对于初始点向右进行的热力过程，温度是升高的，所以热力学能增加；反之温度降低，热力学能减少（$\Delta u<0$）。

（2）w 正负的判断

在 p-v 图上，过该热力过程线的初始点，作一条定容线，以该定容线为基准，若过程的终了点落在该定容线上，则膨胀功为零；若过程的终了点落在该定容线的右边，则膨胀功为正（$w>0$），这是由于自过程初始点开始，在 p-v 图上向右进行的热力过程，比容都是增加的，所以是系统对外做功；反之，若过程的终了点落在定容线的左边，则表示膨胀功为负（$w<0$），即外界对系统做功。

（3）q 正负的判断

在 p-v 图上，过该热力过程线的初始点，作一条绝热线，以该绝热线为基准，若过程的终了点落在该绝热线上，则热量为零；若过程的终了点落在该绝热线的右边，则热量为正（$q>0$），这是由于自过程初始点开始，在 p-v 图上向右进行的热力过程，熵都是增加的，所以是系统吸热；反之，若过程的终了点落在该绝热线的左边，则表示热量为负（$q<0$），即系统放热。

在 T-s 图上的定性判断，同理可自行分析。

【例 4-1】 0.3 标准立方米的氧气，在温度 $t_1=45℃$ 和压力 $p_1=103.2$ kPa 下盛于一个具有可移动活塞的圆筒中，先在定压下对氧气加热、过程为 1-2，然后在定容下冷却到初温 45℃，过程为 2-3。已知在定容冷却终了时氧气的压力 $p_3=58.8$ kPa。试求这两个过程中热力学能、焓和熵的变化，以及所加入的热量和所做的功。

【解】 将过程 1-2-3 表示在 p-v 图上，如图 4-5 所示。氧气的气体常数：

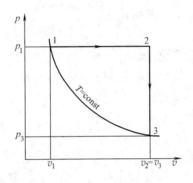

图 4-5　例题 4-1 图

$$R=259.8 \text{J/(kg·K)}$$

各状态点基本参数：

$$v_1=\frac{RT_1}{p_1}=\frac{259.8(273+45)}{103.2\times 10^3}=0.8 \text{m}^3/\text{kg}$$

因为

$$T_3=T_1, p_3v_3=p_1v_1$$

所以

$$v_3=\frac{p_1v_1}{p_3}=\frac{103.2\times 10^3\times 0.8}{58.8\times 10^3}=1.40 \text{m}^3/\text{kg}$$

又因为

$$p_2=p_1, v_2=v_3=1.40 \text{m}^3/\text{kg}$$

所以

$$T_2=T_1\frac{v_2}{v_1}=318\times\frac{1.4}{0.8}=556.5 \text{K}$$

氧气的质量：

$$m=\frac{p_0V_0}{RT_0}=\frac{101325\times 0.3}{259.8\times 273}=0.4286 \text{kg}$$

氧气的定值比热容：

$$c_V=\frac{5}{2}R=\frac{5}{2}\times 0.2598=0.6495 \text{kJ/(kg·K)}$$

$$c_\mathrm{p}=\frac{7}{2}R=\frac{7}{2}\times 0.2598=0.9093\mathrm{kJ/(kg\cdot K)}$$

(1) 定压过程 1-2：

热力学能变化：
$$\Delta U=mc_\mathrm{v}(T_2-T_1)=0.4286\times 0.6495(556.5-318)=66.39\mathrm{kJ}$$

焓变化：
$$\Delta H=mc_\mathrm{p}(T_2-T_1)=0.4286\times 0.9093(556.5-318)=92.95\mathrm{kJ}$$

熵变化：
$$\Delta S=mc_\mathrm{p}\ln\frac{T_2}{T_1}=0.4286\times 0.9093\ln\frac{556.5}{318}=0.218\mathrm{kJ/K}$$

热量：
$$Q_\mathrm{p}=\Delta H=92.95\mathrm{kJ}$$

膨胀功：
$$W=Q-\Delta U=92.95-66.39=26.56\mathrm{kJ}$$

(2) 定容过程 2-3：

热力学能变化：
$$U=mc_\mathrm{v}(T_3-T_2)=0.4286\times 0.6495(318-556.5)=-66.39\mathrm{kJ}$$

焓变化：
$$\Delta H=mc_\mathrm{p}(T_3-T_2)=0.4286\times 0.9093(318-556.5)=-92.95\mathrm{kJ}$$

熵变化：
$$\Delta S=mc_\mathrm{v}\ln\frac{T_3}{T_2}=0.4286\times 0.6495\ln\frac{318}{556.5}=-0.156\mathrm{kJ/K}$$

热量：
$$Q_\mathrm{v}=\Delta U=-66.39\mathrm{kJ}$$

膨胀功：
$$W=0$$

由于理想气体热力学能和焓都是温度的单值函数。而过程 1-2-3 中 $T_1=T_3$，所以
$$\Delta U_{13}=\Delta U_{12}+\Delta U_{23}=0$$
$$\Delta H_{13}=\Delta H_{12}+\Delta H_{23}=0$$

【例 4-2】 质量为 4kg 的空气由初状态 $p_1=0.4\mathrm{MPa}$，$t_1=25℃$，经过下列不同过程膨胀到同一终压力 $p_2=0.1\mathrm{MPa}$：(1) 定温过程；(2) 定熵过程。试计算这两个过程中空气对外做的膨胀功、所进行的热量交换、终态参数和空气熵的变化。

【解】 (1) 定温过程：$T_1=T_2=273+25=298\mathrm{K}$

空气的气体常数：
$$R=0.287\mathrm{kJ/(kg\cdot K)}$$

膨胀功：
$$W=mRT\ln\frac{p_1}{p_2}=4\times 0.287\times 298\ln\frac{0.4}{0.1}=474.3\mathrm{kJ}$$

热量：
$$Q=\Delta U+W=0+474.3=474.3\mathrm{kJ}$$

终态温度：
$$T_2=T_1=298\mathrm{K}$$

熵变化：
$$\Delta S=mR\ln\frac{p_1}{p_2}=4\times 0.287\ln\frac{0.4}{0.1}=1.59\mathrm{kJ/K}$$

(2) 定熵过程：

膨胀功：
$$W = \frac{mRT_1}{\kappa-1}\left[1-\left(\frac{p_2}{p_1}\right)^{\frac{\kappa-1}{\kappa}}\right] = \frac{4\times 0.287\times 298}{1.4-1}\left[1-\left(\frac{0.1}{0.4}\right)^{\frac{1.4-1}{1.4}}\right] = 279.7\text{kJ}$$

热量：$$Q=0$$

终温：$$T_2 = T_1\left(\frac{p_2}{p_1}\right)^{\frac{\kappa-1}{\kappa}} = 298\left(\frac{0.1}{0.4}\right)^{\frac{1.4-1}{1.4}} = 200.5\text{K}$$

熵变化：$$\Delta S = 0$$

【例 4-3】 空气的容积 $V_1 = 2\text{m}^3$，由 $p_1 = 0.2\text{MPa}$，$t_1 = 40\text{℃}$，压缩到 $p_2 = 1\text{MPa}$，$V_2 = 0.5\text{m}^3$。求过程的多变指数、压缩功、气体在过程中所放出的热量，以及气体熵的变化。设空气的比热容为定值 $c_v = 0.7174\text{kJ/(kg·K)}$，空气的气体常数 $R = 287\text{J/(kg·K)}$。

【解】 多变指数：
$$n = \frac{\ln(p_2/p_1)}{\ln(V_1/V_2)} = \frac{\ln(1/0.2)}{\ln(2/0.5)} = 1.16$$

压缩功：
$$W = \frac{1}{n-1}(p_1V_1 - p_2V_2)$$
$$= \frac{1}{1.16-1}(0.2\times 10^3\times 2 - 1\times 10^3\times 0.5)$$
$$= -625\text{kJ}$$

气体的终态温度：$$T_2 = T_1\left(\frac{V_1}{V_2}\right)^{n-1} = 313\left(\frac{2}{0.5}\right)^{1.16-1} = 390.7\text{K}$$

气体的质量：$$m = \frac{p_1V_1}{RT_1} = \frac{0.2\times 10^6\times 2}{287\times 313} = 4.453\text{kg}$$

热力学能变化：
$$\Delta U = mc_v(T_2-T_1)$$
$$= 4.453\times 0.717(390.7-313)$$
$$= 248.2\text{kJ}$$

热量：$$Q = \Delta U + W = 248.2 + (-625) = -376.8\text{kJ}$$

熵变化：$$\Delta S = m\left(c_v\ln\frac{T_2}{T_1} + R\ln\frac{V_2}{V_1}\right)$$
$$= 4.453\left(0.7174\ln\frac{390.7}{313} + 0.287\ln\frac{0.5}{2}\right) = -1.063\text{kJ/K}$$

为应用方便，将常用的基本热力过程的主要计算公式汇总在表 4-1 中。

气体主要热力过程的基本公式 表 4-1

过程	定容过程	定压过程	定温过程	定熵过程	多变过程
过程指数 n	∞	0	1	κ	n
过程方程	$v=$ 常数	$p=$ 常数	$pv=$ 常数	$pv^\kappa=$ 常数	$pv^n=$ 常数
P、v、T 关系	$\dfrac{T_2}{T_1}=\dfrac{p_2}{p_1}$	$\dfrac{T_2}{T_1}=\dfrac{v_2}{v_1}$	$p_1v_1=p_2v_2$	$p_1v_1^\kappa=p_2v_2^\kappa$ $\dfrac{T_2}{T_1}=\left(\dfrac{v_1}{v_2}\right)^{\kappa-1}=\left(\dfrac{p_2}{p_1}\right)^{\frac{\kappa-1}{\kappa}}$	$p_1v_1^n=p_2v_2^n$ $\dfrac{T_2}{T_1}=\left(\dfrac{v_1}{v_2}\right)^{n-1}=\left(\dfrac{p_2}{p_1}\right)^{\frac{n-1}{n}}$

续表

过程	定容过程	定压过程	定温过程	定熵过程	多变过程
Δu、Δh、ΔS 计算式	$\Delta u = c_v(T_2-T_1)$ $\Delta h = c_p(T_2-T_1)$ $\Delta S = c_v \ln \frac{T_2}{T_1}$	$\Delta u = c_v(T_2-T_1)$ $\Delta h = c_p(T_2-T_1)$ $\Delta S = c_p \ln \frac{T_2}{T_1}$	$\Delta u = 0$ $\Delta h = 0$ $\Delta S = R\ln\frac{v_2}{v_1}$ $= R\ln\frac{p_1}{p_2}$	$\Delta u = c_v(T_2-T_1)$ $\Delta h = c_p(T_2-T_1)$ $\Delta S = 0$	$\Delta u = c_v(T_2-T_1)$ $\Delta h = c_p(T_2-T_1)$ $\Delta S = c_v \ln \frac{T_2}{T_1} + R\ln\frac{v_2}{v_1}$ $= c_p \ln \frac{T_2}{T_1} - R\ln\frac{p_2}{p_1}$ $= c_p \ln \frac{v_2}{v_1} + c_v\ln\frac{p_2}{p_1}$
膨胀功 $w = \int_1^2 p dv$	$w = 0$	$w = p(v_2-v_1)$ $= R(T_2-T_1)$	$w = RT\ln\frac{v_2}{v_1}$ $= RT\ln\frac{p_1}{p_2}$	$w = -\Delta u = \frac{1}{\kappa-1}(p_1v_1-p_2v_2)$ $= \frac{1}{\kappa-1}R\times(T_1-T_2)$ $= \frac{RT_1}{\kappa-1}\left[1-\left(\frac{p_2}{p_1}\right)^{\frac{\kappa-1}{\kappa}}\right]$	$w = \frac{1}{n-1}(p_1v_1-p_2v_2)$ $= \frac{1}{n-1}R\times(T_1-T_2)$ $= \frac{RT_1}{n-1}\left[1-\left(\frac{p_2}{p_1}\right)^{\frac{n-1}{n}}\right]$ $(n\neq 1)$
热量 $q = \int_1^2 cdT$ $= \int_1^2 Tds$	$q = \Delta u$ $= c_v(T_2-T_1)$	$q = \Delta h$ $= c_p(T_2-T_1)$	$q = T\Delta s$ $= w$	$q = 0$	$q = \frac{n-\kappa}{n-1}\times c_v(T_2-T_1)$ $(n\neq 1)$
比热容	c_v	c_p	∞	0	$c_n = \frac{n-\kappa}{n-1}c_v$

备注：表中比热容为定值比热容。

第四节 压气机的理论压缩轴功

工程中用来压缩气体的设备称为压气机。气体经压气机压缩后，压力升高，称为压缩气体。压缩气体在工程上应用很广泛，如用于各种气动机械的动力、颗粒物料的气力输送。冶金炉鼓风、高压氧舱、制冷工程以及化工生产中对气体或蒸汽的压缩等等。

压气机按其工作原理及构造形式可分为：活塞式、叶轮式（离心式、轴流式、回转容积式）及引射式压缩器等，活塞式压气机中，气体在气缸内由往复运动的活塞来进行压缩，通常用于压力高、排气量小的场所。在叶轮式压气机中，气体的压缩主要依靠离心力作用，通常用于压力低、排量大的地方。

压气机以其产生压缩气体压力的高低大致可分为：通风机（<115kPa）、鼓风机（115～350kPa）和压气机（350kPa 以上）三类。

各种类型压气机就其热力学原理而言都一样，对它们进行热力学分析的主要任务是计算定量气体自初态压缩到预定的终压时，压气机所耗的轴功，并探讨省功的途径。本节只讨论活塞式压气机。

一、单级活塞式压气机工作原理

图 4-6 为单级活塞式压气机的示意图。活塞式压气机为要安置气阀，在活塞的左止点（行程终点）位置与气缸头之间必须留有间隙，这一间隙称为余隙容积。

单级活塞式压气机,其工作过程可分为三个阶段。

吸气过程:当活塞自左止点向右移动时、进气阀 A 开启,排气阀 B 关闭,初态为 p_1,T_1 的气体被吸入气缸。活塞到达右止点时进气阀关闭,吸气过程完毕。气体自缸外被吸入缸内的整个吸气过程中状态参数 p_1、T_1 没有变化,但质量不断增加。

压缩过程:进、排气阀均关闭,活塞在外力的推动下自右止点向左运动,缸内气体被压缩升压。在压缩过程中质量不变,压力及温度由 p_1、T_1 变为 p_2、T_2。

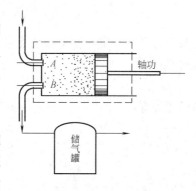

图 4-6 单级活塞式压气机

排气过程:活塞左行到某一位置时,气体压力升高到预定压力 p_2(相当于储气罐压力),排气阀被顶开,活塞继续左行,把压缩气体排至储气罐或输气管道,直到左止点,排气完毕。排气过程中气体的热力状态 p_2、T_2 没有变化。活塞每往返一次,完成以上三个过程。

为了便于研究,假定活塞在左止点时,活塞与气缸盖之间没有余隙存在,即整个气缸容积均为工作容积。还假定压缩过程是可逆的,气体流过进、排气阀时没有阻力损失,气缸中排气压力等于储气罐压力。在这些假定条件下的压气机工作过程,称为理论压气过程(或理论工作循环)。

如图 4-7 所示的 p-v 图(示功图)表示活塞式压气机理论压气过程中气缸容积变化与缸内气体压力相应变化的曲线,图中 4-1 和 2-3 过程只是气体被吸入或排出气缸的质量迁移过程,热力状态不发生变化,只有 1-2 压缩过程才是闭口系统的热力过程。压缩过程中,气体终压 p_2 与 p_1 之比 p_2/p_1 称为升压比(或压力比)β。

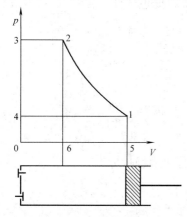

图 4-7 理论压气过程示功图

二、单级活塞式压气机理论压气轴功的计算

将气体自初态 p_1、T_1 提高到预定的终压 p_2,压气机所耗的压气轴功应等于热力过程 1-2 的压缩功(膨胀功的负值)和进气、排气所耗流动功之代数和。

如图 4-7 所示,压缩 m kg 气体的理论压气轴功可表示为:

$$W_c = p_1 V_1 + \int_1^2 p dV - p_2 V_2$$

因为
$$p_2 V_2 - p_1 V_1 = \int_1^2 d(pV) = \int_1^2 p dV + \int_1^2 V dp$$

故得
$$W_c = -\int_1^2 V dp \qquad (4-20)$$

式(4-20)与式(3-18)相同,这里表示压气机的理论轴功可写成

$$W_c = W_t = W_s = -\int_1^2 V\mathrm{d}p$$

若按热力学第一定律稳定流动能量方程,这里略去压气机进出口气体的动能和位能变化,可写出:

$$Q = \Delta H + W_s$$

对可逆过程

$$Q = \Delta H - \int_1^2 V\mathrm{d}p$$

则

$$W_s = -\int_1^2 V\mathrm{d}p$$

压气机的理论轴功在图 4-7 中用面积 12341 表示。由式(4-20)看到压气机所耗轴功取决于压缩过程的初、终状态和压缩过程的性质。压缩过程 1-2,存在两种极端情况:一种是过程进行极快,机械能转变的热能来不及通过气缸传给外界,或传出热量极少,可以忽略不计,近似于定熵压缩,如图 4-8 中的线 1-2s,压缩终了温度 $T_2 = T_1 (p_2/p_1)^{\frac{\kappa-1}{\kappa}}$。另一种是过程进行很慢,气缸冷却效果很好,机械功转换成的热能随时从气缸壁传出,气体的温度保持不变,属于定温压缩。如图 4-8 中的线 1-2$_T$。实际压气机都采用冷却措施,所以压缩过程为定温与绝热之间的多变过程。

图 4-8 所示为三种压缩过程的 p-v 和 T-s 图。设工质为理想气体,将式(4-20)积分可得三种压缩过程的轴功。

1. 定温压缩轴功

将 $V = \dfrac{p_1 V_1}{p}$ 代入式(4-20)积分得

$$W_{s,T} = -\int_1^2 V\mathrm{d}p = -p_1 V_1 \ln\frac{p_2}{p_1} = mRT_1 \ln\frac{p_1}{p_2} \tag{4-21}$$
$$= p\text{-}v \text{ 图上面积} 12_T 341$$

从式(4-21)可知,计算所得结果为负值,即压气过程外界消耗轴功。

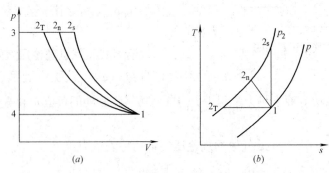

图 4-8 三种压缩过程的 p-V 和 T-s 图

按稳定流动能量方程计算:

$$Q_\tau = \Delta H + W_{s,T}$$
$$-W_{s,T} = (H_2 - H_1) - Q_T = Q_\tau$$

上式说明,压气机所消耗的轴功,一部分用于增加气体的焓,一部分转化为热能向外放出。对于理想气体定温压缩，$H_2 = H_1$，故 $W_{s,T} = Q_T$，表示消耗的轴功全部转化成热能向外界放出。

2. 定熵压缩轴功

将 $V = p_1^{\frac{1}{\kappa}} V_1 / p^{\frac{1}{\kappa}}$ 代入式（4-20）积分得

$$W_{s,s} = -\int_1^2 V dp = \frac{\kappa}{\kappa-1} p_1 V_1 \left[1 - \left(\frac{p_2}{p_1}\right)^{\frac{\kappa-1}{\kappa}}\right]$$
$$= \frac{\kappa}{\kappa-1} mR(T_1 - T_2) \quad (4\text{-}22)$$
$$= p\text{-}v \text{ 图上面积 } 12_s341$$

按稳定流动能量方程式，因 $Q_s = 0$，故

$$-W_{s,s} = H_2 - H_1 \quad (4\text{-}23)$$

上式表示绝热压缩消耗的轴功全部用于增加气体的焓，使气体的温度升高。式(4-23) 由能量方程直接导出，不仅适用于定熵，也适用于不可逆绝热过程。

3. 多变压缩轴功

将 $V = p_1^{\frac{1}{n}} V_1 / p^{\frac{1}{n}}$ 代入式（4-20）积分得

$$W_{s,n} = -\int_1^2 V dp = \frac{n}{n-1} p_1 V_1 \left[1 - \left(\frac{p_2}{p_1}\right)^{\frac{n-1}{n}}\right] = \frac{n}{n-1} mR(T_1 - T_2) \quad (4\text{-}24)$$
$$= p\text{-}v \text{ 图上面积 } 12_n341$$

按稳定流动能量方程式

$$-W_{s,n} = (H_2 - H_1) - Q_n \quad (4\text{-}25)$$

说明多变压缩消耗轴功，部分用于增加气体的焓，部分对外放热。

由图 4-8 可知，当初态及终压给定时

$$W_{s,T} < W_{s,n} < W_{s,s}$$

定温压缩的压气机耗功量最小，压缩终温也最低。绝热压缩的压气机耗功量最大且终温最高。为了减少压气机耗功量，应采取措施使压缩过程尽量接近于定温压缩。所以改善压气机的工作性能主要在于采用有效冷却措施，降低多变指数 n 值。

在开口系统中轴功的计算式为 $W_s = -\int V dp$，在闭口系统中膨胀功的计算式为 $W = \int p dV$，两者之间有内在联系。对 $pV^n = $ 常数求导，其结果是 $-V dp = np dV$，因此可得

$$W_s = -\int V dp = n \int p dV = nW$$

上式说明，轴功等于多变指数 n 乘以膨胀功。在压气机三种不同压缩的轴功计算结果中已清楚地说明了上述结果的正确性。在定温压缩中，由于 $n=1$，如式（4-21）所示，$W_{s,T} = W$；在绝热压缩过程中，如式（4-22）所示，$W_{s,s} = \kappa W$；在多变压缩过程中，如式（4-24）所示，$W_{s,n} = nW$。

【**例 4-4**】 理想的活塞式压气机吸入 $p_1 = 0.1\text{MPa}$、$t_1 = 20℃$ 的空气 $1000\text{m}^3/\text{h}$，并将其压缩到 $p_2 = 0.6\text{MPa}$，设压缩指数分别为 $n=1$、$n=1.25$、$n=\kappa=1.4$ 的各种可逆过程，求理想压气机的耗功率。

【解】

(1) 当 $n=1$ 时，为可逆定温压缩过程

$$W_{s.T}=-p_1V_1\ln\frac{p_2}{p_1}=-0.1\times10^6\times\frac{1000}{3600}\ln\frac{0.6\times10^6}{0.1\times10^6}$$

$$=-49771\text{W}=-49.77\text{kW}$$

(2) 当 $n=1.4$ 时，为可逆绝热压缩过程

$$W_{s.s}=\frac{\kappa}{\kappa-1}p_1V_1\left[1-\left(\frac{p_2}{p_1}\right)^{\frac{\kappa-1}{\kappa}}\right]$$

$$=\frac{1.4}{1.4-1}0.1\times10^6\frac{1000}{3600}\left[1-\left(\frac{0.6\times10^6}{0.1\times10^6}\right)^{\frac{1.4-1}{1.4}}\right]$$

$$=-65077\text{W}=-65.08\text{kW}$$

(3) 当 $n=1.25$ 时，为可逆多变压缩过程

$$W_{s.n}=\frac{n}{n-1}p_1V_1\left[1-\left(\frac{p_2}{p_1}\right)^{\frac{n-1}{n}}\right]$$

$$=\frac{1.25}{1.25-1}0.1\times10^6\frac{1000}{3600}\left[1-\left(\frac{0.6\times10^6}{0.1\times10^6}\right)^{\frac{1.25-1}{1.25}}\right]$$

$$=-59857\text{W}=-59.86\text{kW}$$

第五节 活塞式压气机的余隙影响

实际的活塞式压气机，为了运转平稳，避免活塞与气缸盖撞击以及便于安排进气阀和排气阀等，当活塞处于左止点时，活塞顶面与缸盖之间必须留有一定的空隙，这一空隙称为余隙容积，如图 4-9 所示。余隙容积的相对大小用余隙百分比 c 表示：

$$c=\frac{V_3}{V_1-V_3}\times100\% \tag{4-26}$$

式中　V_3——余隙容积；
V_1-V_3——活塞排量。

一、余隙对排气量的影响

由于余隙容积的存在，活塞不可能将高压气体全部排出，当活塞达到左止点时，必然有一部分高压气体残留在余隙容积内。因此，活塞在下一个吸气行程中，必须等待余隙容积中残留的高压气体膨胀到进气压力 p_1（即点 4）时，才能从外界吸入新气。图 4-9 中 3—4 表示余隙容积中剩余气体的膨胀过程；4-1 表示新气吸入过程。(V_1-V_3) 为活塞排量，(V_1-V_4) 为有效吸气量。显然 $(V_1-V_4)<(V_1-V_3)$，两者之比称为容积效率 λ_v，它反映活塞排量的有效利用程度。其定义式为

$$\lambda_v=\frac{V_1-V_4}{V_1-V_3}=1-\frac{V_4-V_3}{V_1-V_3}=1-\frac{V_3}{V_1-V_3}\left(\frac{V_4}{V_3}-1\right)$$

利用余隙百分比

$$c=\frac{V_3}{V_1-V_3}\text{ 及 }\frac{V_4}{V_3}=\left(\frac{p_2}{p_1}\right)^{\frac{1}{n}}\text{ 的关系代入上式}$$

$$\text{则 }\lambda_v=1-c\left[\left(\frac{p_2}{p_1}\right)^{\frac{1}{n}}-1\right] \tag{4-27}$$

如图 4-10 所示,当余隙容积 V_3 一定时,如升压比增大,则有效吸气量减少,即容积效率 λ_v 要减小。当升压比达到某一极限,如 $\dfrac{p_2'''}{p_1}$ 时,压缩线 1-2''' 与膨胀线 2'''-1 重合,则新气完全不能进入气缸,$\lambda_v=0$,可见,余隙使一部分气缸容积不能被有效利用,压力比越大越不利。因此,当需要获得较高压力时,必须采用多级压缩。

二、余隙对理论压气轴功的影响

由图 4-9 可见,有余隙时的理论压气轴功为

$$W_{s.n}=\frac{n}{n-1}p_1V_1\left[1-\left(\frac{p_2}{p_1}\right)^{\frac{n-1}{n}}\right]-\frac{n}{n-1}p_4V_4\left[1-\left(\frac{p_3}{p_4}\right)^{\frac{n-1}{n}}\right]$$

由于 $p_1=p_4$、$p_3=p_2$,所以

$$W_{s.n}=\frac{n}{n-1}p_1(V_1-V_4)\left[1-\left(\frac{p_2}{p_1}\right)^{\frac{n-1}{n}}\right]=\frac{n}{n-1}p_1V\left[1-\left(\frac{p_2}{p_1}\right)^{\frac{n-1}{n}}\right]$$

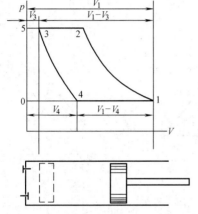

图 4-9 具有余隙容积的压气机示功图

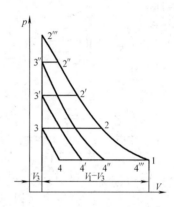

图 4-10 余隙容积对排气量的影响

式中,$V=V_1-V_4$,是实际吸入的气体容积,其压力为 p_1,温度为 T_1,故 $p_1V=mRT_1$,代入上式得

$$W_{s.n}=\frac{n}{n-1}mRT_1\left[1-\left(\frac{p_2}{p_1}\right)^{\frac{n-1}{n}}\right]$$

或

$$w_{s.n}=\frac{n}{n-1}RT_1\left[1-\left(\frac{p_2}{p_1}\right)^{\frac{n-1}{n}}\right]$$

上式表明,不论压气机有无余隙,压缩每千克气体所需的理论压气轴功相同。然而,有余隙容积时,进气量减小,气缸容积不能充分利用,因此,当压缩同量气体时,必须采用气缸较大的机器,而且这一有害的余隙影响将随压力比的增大而增加。故在设计制造活塞式压气机时,应该尽量减小余隙容积。

第六节 多级压缩及中间冷却

气体压缩终了温度过高将影响气缸润滑油的性能,并可能造成运行事故。因此,各种气体的压气机对气体压缩终了温度都有限定数值。例如,空气压缩机的排气温度一般不允

许超过 160~180℃。由 $T_2 = T_1 \left(\dfrac{p_2}{p_1}\right)^{\frac{n-1}{n}}$ 可知，升压比（p_2/p_1）越大，气体压缩终了温度越高。另外，压缩终了温度过高还会影响压气机的容积效率。因此，为要获得较高压力的压缩气体时，常采用具有中间冷却设备的多级压气机。

一、多级活塞式压气机的工作过程

多级压气机是将气体依次在几个气缸中连续压缩。同时，为了避免过高的温度和减小气体的比体积，以降低下一级所消耗的压缩功，在前一级压缩之后。将气体引入一个中间冷却器进行定压冷却，然后再进入下一级气缸继续压缩直至达到所要求的压力。

图 4-11 为具有中间冷却的两级压气机设备示意图及工作过程的 $p\text{-}v$ 图和 $T\text{-}s$ 图。图 4-11（b）中，6-1 为低压气缸吸气过程；1-2 为低压气缸中的气体的压缩过程；2-5 为低压气缸向中间冷却器的排气过程；2-2' 相当于气体在冷却器中的定压冷却过程；5-2' 为冷却后的气体被吸入高压气缸的过程；2'-3 为高压气缸中气体的压缩过程；3-4 为高压气缸排气过程。

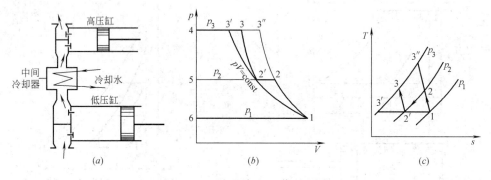

图 4-11　两级压气机工作过程图
(a) 设备示意图；(b) p-V 图；(c) T-s 图

采用多级压缩和中间冷却具有下列优点：

(1) 降低了排气温度。如图 4-11（c）所示，如果采用单级压缩，压缩过程将沿 1-3″ 线进行，压缩终了温度 T_3'' 显然高于 T_3。因此，一定数量的气体，从相同的初状态压缩到相同的终压力，如采用多级压缩和中间冷却，排气温度比单级压缩时低。

(2) 节省功的消耗。如图 4-11（b）所示，如果采用单级压缩，消耗的功相当于面积 613″46；当采用两级压缩时，消耗的功相当于面积 61256 与面积 52'345 之和。节省的功相当于面积 2'23″32。但与等温压缩相比，仍多耗了面积 122'1 加面积 2'33'2″ 的功量。如果多级压缩级数越多，节省功也越多，并且整个压缩过程越接近于定温压缩。但是，级数过多又带来机构复杂，造价增高，阻力损失增加等不利因素。所以，实际上不宜分级太多，视总压力比的大小，一般为两级、三级，高压压气机有的可多达四到六级。

二、级间压力的确定

级间压力不同，所需的总轴功也不同，最有利的级间压力应使所需的总轴功最小。例如，两级压缩所需总轴功（参见图 4-11）为

$$W_s = W_{s,l} + W_{s,h} = \frac{n}{n-1} p_1 V_1 \left[1 - \left(\frac{p_2}{p_1}\right)^{\frac{n-1}{n}} \right] + \frac{n}{n-1} p_2 V_{2'} \left[1 - \left(\frac{p_3}{p_2}\right)^{\frac{n-1}{n}} \right]$$

式中　W_s——两级压缩所需的总轴功；
　　　$W_{s.l}$——低压气缸所需的轴功；
　　　$W_{s.h}$——高压汽缸所需的轴功。

设 $T_{2'}=T_1$ 则 $p_1V_1=p_2V_{2'}$ 可得

$$W_s=\frac{n}{n-1}p_1V_1\left[2-\left(\frac{p_2}{p_1}\right)^{\frac{n-1}{n}}-\left(\frac{p_3}{p_2}\right)^{\frac{n-1}{n}}\right]$$

由上式可见，W_s 随 p_2 而变化，求总轴功 W_s 为最小时的 p_2，可令 $dW_s/dp_2=0$，得

$$p_2=\sqrt{p_1p_3}$$

即

$$\frac{p_2}{p_1}=\frac{p_3}{p_2}$$

此式表示当两级的升压比相等时，两级压缩所需的总轴功为最小。

若令 $\beta_1=\dfrac{p_2}{p_1}$；$\beta_2=\dfrac{p_3}{p_2}$；

则

$$\beta_1\beta_2=\beta^2=\frac{p_2}{p_1}\frac{p_3}{p_2}=\frac{p_3}{p_1}$$

$$\beta=\sqrt{\frac{p_3}{p_1}}$$

依此类推，对于 z 级压气机，每级升压比 β 应为

$$\beta=\sqrt[z]{p_{z+1}/p_1} \tag{4-28}$$

式中　p_{z+1}——压缩终了时气体的压力；
　　　p_1——气体的初始压力。

根据 p_1、p_{z+1} 和级数 z 按上式计算出 β 后，即可确定各级间压力 p_2、p_3……

按上述原则选择中间压力，尚可得到其他有利效果：

1. 各级气缸的排气温度相等。对两级压缩

$$\frac{T_2}{T_1}=\left(\frac{p_2}{p_1}\right)^{\frac{n-1}{n}},\frac{T_3}{T_{2'}}=\left(\frac{p_3}{p_2}\right)^{\frac{n-1}{n}}$$

因

$$p_2/p_1=p_3/p_2；T_1=T_{2'}$$

故

$$T_2=T_3$$

说明每个气缸的温度条件相同。

2. 各级所消耗的轴功相等。如两级压缩，压缩 1kg 质量气体，各级消耗的轴功分别为

第一级

$$w_{s.1}=\frac{n}{n-1}(p_1v_1-p_2v_2)=\frac{n}{n-1}R(T_1-T_2)$$

第二级

$$w_{s.2}=\frac{n}{n-1}R(T_{2'}-T_3)$$

因为

$$T_{2'}=T_1,T_2=T_3$$

故

$$w_{s.1}=w_{s.2}$$

两级压缩所需轴功

$$w_s=2w_{s.1}$$

同理，对于 z 级压缩所需的轴功为：$w_s=zw_{s.1}$

3. 每级向外散出的热量相等，而且每级通过中间冷却器向外放出的热量也相等。

4. 分级压缩对提高容积效率有利，在每一级中升压比缩小，其容积效率比不分级时大。

综上所述，对实际的活塞式压气机，为了减少功耗和运行可靠，都尽可能采用冷却措施，力求接近定温压缩。

三、压气机的效率

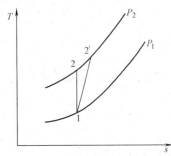

图 4-12 绝热压缩机的定熵过程和实际过程在 T-s 图上的表示

工程上通常采用压气机的定温效率来评价活塞式压气机性能优劣的指标。当压缩前气体的状态相同、压缩后气体的压力相同时，可逆定温压缩过程所耗的功 $w_{s,T}$ 和实际压缩过程所消耗的功 w'_s 之比，称为压气机的定温效率，用 $\eta_{c,T}$ 表示，即

$$\eta_{c,T} = \frac{w_{s,T}}{w'_s}$$

如图 4-12 所示，绝热压缩机的定熵过程（可逆过程）是 1-2，由摩擦扰动等存在的实际不可逆过程是 1-2'，图中 $\Delta s = s_2 - s_1$ 是由于过程的不可逆而产生的熵增，称为熵产，将在第五章详述。熵产的存在，使实际压缩过程要比理想的可逆定温过程耗功多，故 $\eta_{c,T}$ 总是 <1。

对于压缩时不采取冷却措施的实际压气机（如叶轮式压气机等），压缩过程可以认为是绝热的，而理想的绝热压缩过程为可逆绝热过程，

即定熵过程，所以常采用绝热压缩效率 $\eta_{c,s}$ 来表示，即

$$\eta_{c,s} = \frac{w_{s,s}}{w'_{s,s}}$$

式中 $w_{s,s}$——由初始状态到终了压力的定熵压缩轴功；

$w'_{s,s}$——由初始状态到终了压力的实际绝热压缩轴功。

当忽略被压缩气体进出口动能和位能的变化，则上式可以写成 $\eta_{c,s} = \dfrac{h_1 - h_2}{h_1 - h_{2'}}$

对于理想气体，若比热容为定值，则 $\eta_{c,s} = \dfrac{T_1 - T_2}{T_1 - T_{2'}}$

【例 4-5】 已知图 4-13 中空气的初态为 $p_1 = 0.1\text{MPa}$，$t_1 = 20℃$，经过三级压气机压缩后，压力提高到 12.5MPa。假定气体进入各级气缸时的温度相同，各级间压力按最有利情况确定，且各级压缩指数 n 均为 1.25。试求生产 1kg 压缩空气所需的轴功和各级的排气温度。如果改用单级压气机，一次压缩到 12.5MPa，压缩指数 n 也是 1.25，那么所需的轴功和气缸的排气温度将是多少？

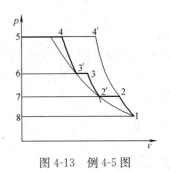

图 4-13 例 4-5 图

【解】 三级压气机各级压力比为

$$\beta = \sqrt[z]{\frac{p_{z+1}}{p_1}} = \sqrt[3]{\frac{12.5 \times 10^6}{0.1 \times 10^6}} = 5$$

各级气缸的排气温度：

$$T_2 = T_3 = T_4 = T_1 \left(\frac{p_2}{p_1}\right)^{\frac{n-1}{n}}$$

$$=(273+20)\times\left(\frac{0.5\times10^6}{0.1\times10^6}\right)^{\frac{1.25-1}{1.25}}=404\text{K}$$

三级压气所需轴功：

$$w_s=3w_{s,1}=3\frac{n}{n-1}RT_1\left[1-\left(\frac{p_2}{p_1}\right)^{\frac{n-1}{n}}\right]$$

$$=3\times\frac{1.25}{1.25-1}\times287\times293\left[1-\left(\frac{0.5\times10^6}{0.1\times10^6}\right)^{\frac{1.25-1}{1.25}}\right]$$

$$=-479000\text{J/kg}=-479\text{kJ/kg}$$

单级压气机排气温度：

$$T_{4'}=T_1\left(\frac{p_4}{p_1}\right)^{\frac{n-1}{n}}=293\times\left(\frac{12.5\times10^6}{0.1\times10^6}\right)^{\frac{1.25-1}{1.25}}=769.6\text{K}$$

$t_{4'}=769.6-273=496.6℃$（超过规定值）。

单级压气机消耗轴功：

$$w_s=\frac{n}{n-1}RT_1\left[1-\left(\frac{p_{z+1}}{p_1}\right)^{\frac{n-1}{n}}\right]$$

$$=\frac{1.25}{1.25-1}\times287\times293\times\left[1-\left(\frac{12.5\times10^6}{0.1\times10^6}\right)^{\frac{1.25-1}{1.25}}\right]$$

$$=-683000\text{J/kg}=-683\text{kJ/kg}$$

计算结果表明，单级压气机不仅比多级压气机消耗更多的功，而且由于排气温度的限制，不可能用单级压缩产生压力如此高的压缩空气。

思 考 题

4-1 如图 4-14 所示，容器被闸板分隔为 A、B 两部分。A 中气体参数为 p_A、T_A，B 为真空。现将隔板抽去，气体做绝热自由膨胀，终压降为 p_2。试问终了温度 T_2 是否可用下式计算？为什么？

$$T_2=T_A\left(\frac{p_2}{p_A}\right)^{\frac{\kappa-1}{\kappa}}$$

4-2 今有任意两过程 a-b、a-c，b、c 两点在同一条定熵线上，如图 4-15 所示，试问：Δu_{ab} 与 Δu_{ac} 哪个大？再设 b、c 在同一条定温线上结果又如何？

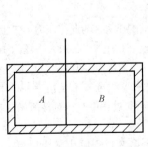

图 4-14 思考题 4-1 图

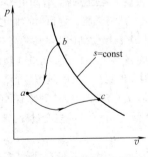

图 4-15 思考题 4-2 图

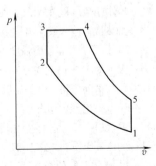

图 4-16 思考题 4-4 图

4-3 将满足下列要求的多变过程表示在 p-v 图及 T-s 图上（工质为空气）。

(1) 工质既升压、又升温、又放热；

(2) 工质既膨胀、又降温、又放热；

77

(3) $n=1.6$ 的膨胀过程，并判断 q、w、Δu 的正负。

(4) $n=1.3$ 的压缩过程，并判断 q、w、Δu 的正负。

4-4 将 p-v 图表示的循环，如图 4-16 所示，表示在 T-s 图上。

图中：2-3、5-1 为定容过程，1-2、4-5 为定熵过程，3-4 为定压过程。

4-5 试在 p-v 图上画出理想气体的如下可逆过程：定容加热过程、定压加热过程、定温加热过程和绝热膨胀过程。

4-6 等压过程和不做技术功的过程有何区别与联系。

4-7 分析在定压过程中加给空气的热量有多少用来做功，有多少用来改变热力学能。

4-8 举例说明比体积和压力同时增大或同时减小的过程是否可能，如果可能，它们做功（包括膨胀功和技术功，不考虑摩擦）和吸热的情况如何？如果它们是多变过程，那么多变指数在什么范围内？

4-9 以空气为工质所进行的某过程中，加热量的一半转变为功，试问过程的多变指数 n 为多少？试在 p-v 图及 T-s 图上划出该过程线的大致位置（比热容可视为定值）。

4-10 如果采用了有效的冷却方法后，使气体在压气机气缸中实现了定温压缩，这时是否还需要采用多级压缩？为什么？

4-11 一个气球在太阳光下晒热，里面空气进行的是什么过程？在 p-v 图及 T-s 图上面画出过程线的大致位置。如不考虑气球薄膜在膨胀过程中的弹性力作用，气体进行的过程又将如何表示？

习 题

4-1 1kg 空气在可逆多变过程中吸热 40kJ，其容积增大为 $v_2=10v_1$，压力降低为 $p_2=\frac{1}{8}p_1$，设比热容为定值，求过程中热力学能的变化、膨胀功、轴功以及焓和熵的变化。

4-2 有 1kg 空气、初始状态为 $p_1=0.5\text{MPa}$，$t_1=150\text{℃}$，进行下列过程：

(1) 可逆绝热膨胀到 $p_2=0.1\text{MPa}$；

(2) 不可逆绝热膨胀到 $p_2=0.1\text{MPa}$，$T_2=300\text{K}$；

(3) 可逆等温膨胀到 $p_2=0.1\text{MPa}$；

(4) 可逆多变膨胀到 $p_2=0.1\text{MPa}$，多变指数 $n=2$；

试求出上述各过程中的膨胀功及熵的变化，并将各过程的相对位置画在同一张 p-v 图和 T-s 图上。

4-3 具有 1kmol 空气的闭口系统，其初态容积为 1m^3，终态容积为 10m^3，当初态和终态温度均为 100℃时，试计算该闭口系统对外所做的功及熵的变化。该过程为：(1) 可逆定温膨胀；(2) 向真空自由膨胀。

4-4 质量为 5kg 的氧气，在 30℃温度下定温压缩，容积由 3m^3 变成 0.6m^3，问该过程中工质吸收或放出多少热量？输入或输出了多少功量？热力学能、焓和熵的变化各为多少？

4-5 为了试验容器的强度，必须使容器壁受到比大气压力高 0.1MPa 的压力。为此把压力等于大气压力，温度为 13℃的空气充入受试验的容器内，然后关闭进气阀门并把空气加热。已知大气压力 $B=101.3\text{kPa}$，试问应将空气的温度加热到多少度？空气的热力学能、焓和熵的变化为多少？

4-6 6kg 空气由初态 $p_1=0.3\text{MPa}$，$t_1=30\text{℃}$，经过下列不同的过程膨胀到同一终压 $p_2=0.1\text{MPa}$：(1) 定温过程；(2) 定熵过程；(3) 指数为 $n=1.2$ 的多变过程。试比较不同过程中空气对外所做的功，所进行的热量交换和终态温度。

4-7 已知空气的初态为 $p_1=0.6\text{MPa}$，$v_1=0.236\text{m}^3/\text{kg}$。经过一个多变过程后状态变化为 $p_2=0.12\text{MPa}$，$v_2=0.815\text{m}^3/\text{kg}$。试求该过程的多变指数，以及每 kg 气体所做的功、所吸收的热量以及热力学能、焓和熵的变化。

4-8 1kg 理想气体由初状态按可逆多变过程从 400℃降为 100℃，压力降为 $p_2=\frac{1}{6}p_1$，已知该过程的膨胀功为 200kJ，吸热量为 40kJ，设比热容为定值，求该气体的 c_p 及 c_v。

4-9 如图 4-17 所示，将空气从初状态 1，$t_1=20℃$，定熵压缩到它开始时容积的 1/3，然后定温膨胀。经过这两个过程后，空气的容积和开始时的容积相等。求 1kg 空气所做的功。

4-10 如图 4-18 所示。1kg 氮气从初状态 1 定压膨胀到状态 2，然后定熵膨胀到状态 3。设已知以下各参数：$t_1=500℃$；$v_2=0.25m^3/kg$；$p_3=0.1MPa$；$v_3=1.73m^3/kg$。求（1）1、2、3 三点的温度、比体积和压力的值；（2）在定压膨胀和定熵膨胀过程中热力学能的变化和所做的功。

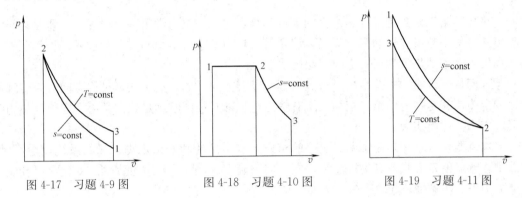

图 4-17　习题 4-9 图　　　图 4-18　习题 4-10 图　　　图 4-19　习题 4-11 图

4-11 1 标准 m^3 的空气从初状态 1（$p_1=0.6MPa$，$t_1=300℃$）定熵膨胀到状态 2，且 $v_2=3v_1$。空气由状态 2 继续被定温压缩，直到比体积的值和开始时相等，$v_3=v_1$，如图 4-19 所示。求 1、2、3 三点的参数（p、v、T）和气体所做的总功。

4-12 压气机抽吸大气中的空气，并将其定温压缩至 $p_2=5MPa$。如压缩 150 标准 m^3 空气，试求用水冷却压气机气缸所必须带走的热量。设大气处于标准状态。

4-13 活塞式压气机吸入温度 $t_1=20℃$ 和压力 $p_1=0.1MPa$ 的空气，压到 $p_2=0.8MPa$，压气机每小时吸气量为 600 标准 m^3。如压缩按定温过程进行，问此压气机所需的理论功率为多少千瓦？若压缩按定熵过程进行，则所需的理论功率又为多少千瓦？

4-14 某工厂生产上需要每小时供应压力为 0.6MPa 的压缩空气 $600m^3$；设空气的初始温度为 20℃，压力为 0.1MPa。求压气机需要的最小理论功率和最大理论功率。若按 $n=1.22$ 的多变过程压缩，需要的理论功率为多少？

4-15 实验室需要压力为 6MPa 的压缩空气，应采用一级压缩还是二级压缩？若采用二级压缩，最佳中间压力应等于多少？设大气压力为 0.1MPa，大气温度为 20℃，压缩过程多变指数 $n=1.25$。采用中间冷却器能将压缩气体冷却到初温，试计算压缩终了空气温度。

4-16 有一离心式压气机，每分钟吸入 $p_1=0.1MPa$，$t_1=16℃$ 的空气 $400m^3$，排出时 $p_2=0.5MPa$，$t_2=75℃$。设过程为可逆，试求：

（1）此压气机所需功率为多少千瓦？

（2）该压气机每分钟放出的热量为多少千焦？

4-17 三台空气压缩机的余隙容积比均为 6%，进气状态均为 0.1MPa，27℃，出口压力均为 0.5MPa，但压缩过程的指数不同，分别为：$n_1=1.4$、$n_2=1.25$、$n_3=1$。试求各压气机的容积效率（假设膨胀过程的指数和压缩过程的指数相同）。

4-18 压气机中气体压缩后的温度不宜过高，取极限温度为 150℃。求在理想单级压气机中可能达到的最高压力及压气机所需功率。已知压气机水套中冷却水的流量为 465kg/h，水温在气缸水套中升高 14℃，吸入空气的压力和温度为 $p_1=0.1MPa$，$t_1=20℃$，吸入空气的流量为 $250m^3/h$。

第五章 热力学第二定律

热力学第二定律是工程热力学的重点和难点之一。热力学第一定律揭示了能量在转换与传递过程中数量守恒的客观规律，但是符合热力学第一定律的现象和过程是否都能够存在和发生，显然热力学第一定律无法解决。

人们从无数实践中总结出，自然过程都是有方向性的，揭示热力过程方向、条件和限度的定律，就是热力学第二定律，所有热力过程都必须同时满足热力学第一定律和热力学第二定律，才能实现。

本章要求：掌握热力学第二定律的实质，卡诺循环和卡诺定理；孤立系统熵增原理；深刻理解熵的定义式及其物理意义；熟练应用熵方程，计算任意过程熵的变化，以及做功能力损失。了解㶲、㶫的概念及物理意义。

第一节 热力学第二定律的实质与表述

一、热力过程的方向、条件和限度

热力过程具有方向性，例如，一个烧红了的高温锻件，在车间中自然冷却，直至锻件温度与室内温度相等，散热停止。但设想这个已冷却的锻件从周围空气中收回散失的热量重新热起来，这一过程并不违反第一定律，但经验告诉人们，这是不可能的。还比如热量可以没有外界干预，由高温物体传递给低温物体，但反向把热量从低温物体传递给高温物体，就必须依靠外界的帮助才能进行。

不需要任何外界条件就可以自然进行的过程，称为自发过程，例如：（1）热量自高温物体传递给低温物体；（2）机械运动摩擦生热，即由机械能转换为热能；（3）高压气体膨胀为低压气体；（4）两种不同种类或不同状态的气体放在一起相互扩散混合；（5）电流通过导线时发热；（6）燃料的燃烧等等，这些都属于自发过程。显然，这些过程都具有一定方向性，它们的反向过程不可能自发地进行，因此，自发过程都是不可逆过程。

自发过程的反向过程称为非自发过程，它们必须要有附加条件才能进行，例如热力循环中，热能转换为机械能，如图 5-1 所示，工质从热源吸取热量 Q_1，其中只有一部分转换为功，即 $W=Q_1-Q_2$，而另一部分 Q_2 则排放给了冷源。Q_2 自高温热源（T_1）传递到低温冷源（T_2）是自发过程，它是热转换为功的补偿条件。而在制冷或热泵循环中，如图 5-2 所示，热量 Q_2 由低温冷源（T_2）传递至高温热源（T_1），必须消耗功 W。这部分功转换为热连同 Q_2 一起传递至高温热源，即 $Q_1=Q_2+W$。功转换为热是这一过程的补偿条件。

热力过程的条件，是指自发和非自发两大类热力过程中，自发过程不用借助外界条件，仅依靠系统内部不平衡势差，即可完成热力过程；而非自发过程，如热量从低温物体传到高温物体，这一非自发过程的实现，是以另一自发过程的进行为代价的（制冷机消耗功来工作）；再比如在压气机中气体被压缩，这一非自发过程，是以消耗一定数量机械能的自发过程为补偿条件的，所以说一些热力过程的进行都是有条件的。

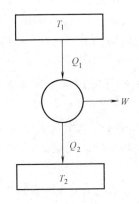

图 5-1　热转换为功

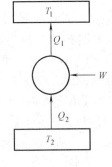

图 5-2　热自低温传至高温

热力过程的限度，对热机而言，这个过程的限度就是热机效率问题。自卡特发明蒸汽机后，经过许多人的努力，热机热效率一直在提高，但热机热效率的提高是否有限度？直到十九世纪法国杰出的年轻工程师卡诺，提出了著名的卡诺热机和卡诺循环，指明了热机效率是有限度的，即使当今社会，卡诺的热机理论仍具有划时代的指导意义。

二、热力学第二定律的实质

热力学第二定律的实质，就是阐明与热现象相关的各种热力过程，所进行的方向、条件和进行的限度。除指明自发过程进行的方向外，还包括对实现非自发过程所需要的条件，以及过程进行的最大限度等内容。

热力过程所遵循的这种客观规律，归根结底是由于不同类型或不同状态下的能量具有质的差别，而过程的方向性正缘于较高位能质向较低位能质的转化。热量由高温传至低温，机械能转化为热能，按热力学第一定律能量的数量保持不变，但是，以做功能力为标志的能质却降低了，称之为能质的退化或贬值。因此热力学第二定律也是论述热力过程能质退化或贬值的客观规律。

热力学第二定律同热力学第一定律一样，是根据无数实践经验得出的经验定律，自然界的物质和能量只能沿着一个方向转换，即从可利用到不可利用，从有效到无效，这说明了节能的必要性。只有热力学第二定律才能充分解释事物变化的性质和方向，以及变化过程中所有事物的相互关系。热力学第二定律除广泛应用于分析热力过程和能源工程外，还被应用于分析生物化学、生命现象、信息理论、低温物理以及气象等许多领域，可以预料该定律今后还将得到更广泛的应用。

三、热力学第二定律的表述

热力学第二定律有各种不同的表述。经典的表述是 1850～1851 年间，从工程应用角度归纳总结出来的两种说法，即：

克劳修斯（Clausius）说法：不可能把热量从低温物体传到高温物体而不引起其他变化。

开尔文-浦朗克（Kelvin-Plank）说法：不可能制造只从一个热源取热使之完全变成机

械能而不引起其他变化的循环发动机。只冷却单一热源而连续做功的机器称为第二类型永动机，实践证明这种发动机是造不出来的。

上述两种经典说法虽然表述方法不同，但是可以证明其实质是一致的。

如图 5-3（a）所示，假如制冷机 R 能使热量 Q_2 从冷源自发地流向热源（这是违反克劳修斯说法的），同时热机 H 进行一个正循环，从热源取热量 Q_1，向外界做功 $W_0 = Q_1 - Q_2$，向冷源放出热量 Q_2。这样联合的结果，也就是从热源取热 $Q_1 - Q_2$ 而全部变成了净功 W_0 这是违反开尔文-浦朗克说法的。所以，违反克劳修斯的说法，意味着也必然违反开尔文-浦朗克的说法，这正说明两种说法的一致性。

反之，如违反开尔文-浦朗克说法，从热源取热量 Q_1，在热机 H 中全部变成净功 W_0，则用这部分 W_0 带动制冷机 R 工作，联合运行的结果是使热量 Q_2 从冷源自发地流向热源，如图 5-3（b）所示，这是违反克劳修斯说法的。

热力学第二定律的其他表述，如能量降级原理、微观说法等、就其实质而言都是说明过程的方向性，也都是一致的。

以上是对热力学第二定律定性的论述，定量的计算要通过状态参数熵或㶲的计算，称为熵法或㶲法。

热量由高温传至低温，功不断变为热，能质在贬值，克劳修斯由此推论得出"热寂说"：总有一天宇宙运动的能量趋于停息，宇宙进入静止的热死亡状态。但近年来科技的发展，证明"热寂说"是错误的，这是因为热力学第二定律揭示的是论述有限空间中客观现象的规律，不能任意推广到无限空间的宇宙中去，近年来发现在宇宙中蕴藏着极大能量的黑洞现象，就是对"热寂说"的否定。

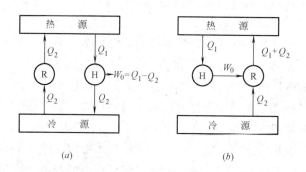

图 5-3　热力学第二定律两种经典说法的一致性

第二节　卡诺循环与卡诺定理

热功转换是热力学的主要研究内容，按照热力学第二定律，热不能连续地全部转换为功。那么，在一定的高温热源和低温热源范围内，其最大限度的转换效率是多少呢？1824 年法国年轻工程师卡诺（Carnot）解决了这个问题。

一、卡诺循环

卡诺依据蒸汽机运行多年的实践经验，经过科学抽象提出由以下四个过程组成的理想循环，如图 5-4 所示。图中：

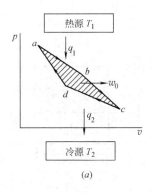 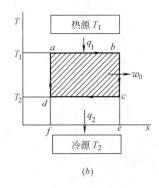

图 5-4 卡诺循环的 p-v 图及 T-s 图

a-b：工质从热源（T_1）可逆定温吸热；
b-c：工质可逆绝热（定熵）膨胀；
c-d：工质向冷源（T_2）可逆定温放热；
d-a：工质可逆绝热（定熵）压缩回复到初始状态。

工质在整个循环中从热源吸热 q_1，向冷源放热 q_2，对外界做功 w_1，外界对系统做功 w_2。按热力学第一定律：$\oint \delta q = \oint \delta w$ 即 $q_1 - q_2 = w_1 - w_2 = w_0$（循环净功）

循环热效率：

$$\eta_t = \frac{w_0}{q_1} = 1 - \frac{q_2}{q_1}$$

$$q_1 = T_1(S_b - S_a) = 面积\ abefa$$
$$q_2 = T_2(S_c - S_d) = 面积\ cdfec$$

因为 $S_b - S_a = S_c - S_d$

则：卡诺循环热效率
$$\eta_{tc} = 1 - \frac{T_2}{T_1} \tag{5-1}$$

从卡诺循环热效率公式（5-1）可得到以下结论。

1. 卡诺循环热效率的大小只决定于热源温度 T_1 及冷源温度 T_2，要提高其热效率可通过提高 T_1 及降低 T_2 的办法来实现。

2. 卡诺循环热效率总是小于 1。只有当 $T_1 = \infty$ 或 $T_2 = 0$ 时，热效率才能等于 1，但这都是不可能的。

3. 当 $T_1 = T_2$ 时，即只有一个热源时，$\eta_{tc} = 0$。这就是说，只冷却一个热源是不能进行循环的，即单一热源的循环发动机是不可能实现的。

4. 在推导式（5-1）的过程中，未涉及工质的性质，因此，卡诺循环的热效率与工质的性质无关，式（5-1）适用于任何工质的卡诺循环。

二、逆卡诺循环

逆向进行的卡诺循环称为逆卡诺循环，它由下列四个理想过程所组成，如图 5-5 所示。

图中：c-b 工质被可逆绝热（定熵）压缩；
b-a 工质向热源（T_1）可逆定温放热；

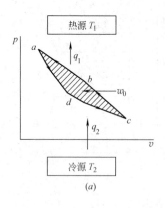 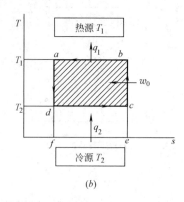

图 5-5 逆卡诺循环的 $p\text{-}v$ 图及 $T\text{-}s$ 图

$a\text{-}d$ 工质可逆绝热（定熵）膨胀；

$d\text{-}c$ 工质从冷源（T_2）可逆定温吸热。

在整个逆循环中，工质向热源放热 q_1，从冷源吸热 q_2（即冷量），外界消耗功 w_1，对外界做功 w_2。

如逆卡诺循环用做制冷循环，其制冷系数为：

$$\varepsilon_{1,c}=\frac{q_2}{w_0}=\frac{q_2}{q_1-q_2}=\frac{T_2(S_c-S_d)}{T_1(S_b-S_a)-T_2(S_c-S_d)}$$

因为 $S_b-S_a=S_c-S_d$

则
$$\varepsilon_{1,c}=\frac{T_2}{T_1-T_2} \tag{5-2}$$

如逆卡诺循环用于供热（热泵）循环，其供热系数为：

$$\varepsilon_{2,c}=\frac{q_1}{w_0}=\frac{q_1}{q_1-q_2}=\frac{T_1}{T_1-T_2} \tag{5-3}$$

从式（5-2）及式（5-3）可得下列结论

1. 逆卡诺循环的性能系数只决定于热源温度 T_1 及冷源温度 T_2，它随 T_1 的降低及 T_2 的提高而增大。

2. 逆卡诺循环的制冷系数 ε_{1c} 可以大于 1，等于 1 或小于 1，但其供热系数 ε_{2c} 总是大于 1，二者之间的关系为 $\varepsilon_{2c}=1+\varepsilon_{1c}$

3. 在一般情况下，由于 $T_2>(T_1-T_2)$，因此，逆卡诺循环的制冷系数 ε_{1c}，通常也大于 1。

4. 逆卡诺循环可以用来制冷，也可以用来供热，这两个目的可以单独实现，也可以在同一设备中交替实现，即冬季用来作为热泵采暖，夏季作为制冷机用于空调制冷。

三、卡诺定理

卡诺定理表达为：工作于同温热源与同温冷源之间的所有热机，以可逆热机的热效率为最高。

证明卡诺定理可用反证法。设有两部热机 A 及 B，B 为可逆热机，A 为不可逆热机，两热机在相同的热源 T_1 及冷源 T_2 之间工作，如图 5-6 所示。

因为 B 是可逆热机，使其按逆循环（制冷机）工作。利用不可逆热机带动可逆制冷机 B 工作。即可得

$$W_0 = Q_1 - Q_2 = Q_1' - Q_2' \qquad (a)$$

若 $\eta_{tA} > \eta_{tB}$，则按循环热效率公式可得

$$\frac{W_0}{Q_1} > \frac{W_0}{Q_1'} \qquad (b)$$

从式（b）可知 $Q_1' > Q_1$，将这一结果代入式（a）则

$$Q_1' - Q_1 = Q_2' - Q_2 > 0 \qquad (c)$$

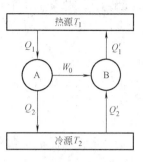

图 5-6 卡诺定理证明

从式（c）可得出结论：不可逆机 A 与可逆机 B 及联合运行的结果，使热量 $Q_2' - Q_2$ 自动地从冷源 T_2 流向热源 T_1，这违反热力学第二定律，因此 $\eta_{tA} > \eta_{tB}$ 的假设不能成立。剩下的可能是 $\eta_{tA} \leqslant \eta_{tB}$ 了。其实 $\eta_{tA} = \eta_{tB}$ 也是不可能的，若 $\eta_{tA} = \eta_{tB}$，用不可逆机 A 带动可逆机 B，二者联合的结果，使工质、热源、冷源都回复到初态而不留下任何变化。这一结果与 A 热机不可逆的假设相矛盾，因此，$\eta_{tA} = \eta_{tB}$ 也不能成立。唯一可能的是 $\eta_{tA} \leqslant \eta_{tB}$，即在相同的热源与相同的冷源之间，可逆热机的热效率总是大于不可逆热机的热效率。用同样的方法也可以证明相同热源与相同冷源之间的一切可逆热机其热效率均应相等。设有两个可逆热机 A 和 B。因为 A 是可逆机，必然是 $\eta_{tA} \geqslant \eta_{tB}$。但 B 也是可逆热机，则 $\eta_{tB} \geqslant \eta_{tA}$。在这种情况下，唯一的结果是 $\eta_{tA} = \eta_{tB}$。

由卡诺定理可得出两个推论：

1. 所有工作于同温热源与同温冷源之间的一切可逆热机，其热效率都相等，与采用工质性质无关。

2. 在同温热源与同温冷源之间的一切不可逆热机的热效率，必小于可逆热机的热效率。

卡诺循环与卡诺定理在热力学研究中具有重要的理论和实际意义，它解决了热机热效率的极限值问题，并从原则上指出提高热效率的途径是以卡诺循环热效率为最高标准，也就是说，虽然设计制造高于卡诺循环热效率的热机是不可能的，但可以通过改进实际热机循环，使之尽可能接近卡诺循环，达到提高热机循环热效率的目的。可见卡诺循环及卡诺定理在指导热机实践中具有重大理论价值。

【例 5-1】 有一循环发动机，工作于热源 $T_1 = 1000\text{K}$ 及冷源 $T_2 = 400\text{K}$ 之间，从热源取热 1000kJ 而做功 700kJ。问该循环发动机能否实现？

【解】 热机可能达到的最高热效率为卡诺循环的热效率，由式（5-1）可得

$$\eta_{tc} = 1 - \frac{T_2}{T_1} = 1 - \frac{400}{1000} = 0.6$$

该热机实际的热效率为：

$$\eta_t = \frac{W_c}{Q} = \frac{700}{1000} = 0.7$$

由上述结果可以看出，实际热机在相同温度范围内的热效率高于热效率最高的卡诺循环热效率，因此该循环发动机是不可能实现的。

【例 5-2】 冬天用一热泵向室内供热，使室内温度保持 20℃。已知房屋的散热损失是 50000kJ/h，室外环境温度为 −10℃。问带动该热泵所需的最小功率是多少千瓦？

【解】 该热泵工作于冷源 -10℃ 及热源 20℃ 之间,在理想情况下可按逆卡诺循环进行计算,根据式(5-3)可得热泵的供热系数为

$$\varepsilon_{2,c} = \frac{T_1}{T_1-T_2} = \frac{20+273}{(20+273)-(-10+273)} = 9.77$$

带动该热泵每小时所需的净功为

$$W_0 = \frac{Q_1}{\varepsilon_{2,c}} = \frac{50000}{9.77} = 5120 \text{kJ/h}$$

最后可得所需最小功率为

$$P = \frac{5120}{3600} = 1.42 \text{kW}$$

由上述结果可以看出,在可逆循环中,供热系数 ε_{2c} 是很大的。消耗 1kJ 的功可得到近 10kJ 的热量。当然实际热泵的供热系数远小于上述数值。但如采用电热直接供热,则所需功率 $P = \frac{50000}{3600} = 13.89 \text{kW}$。因此,直接用电热采暖是很不经济的。

第三节 状态参数熵及熵方程

前几章中已提到熵是系统的状态参数,理想气体熵变计算,以及 T-s 图的应用等内容。本节在热力学第二定律基础上,严格导出熵参数。

一、熵的导出

状态参数熵的导出有各种方法。这里只介绍一种经典方法,它是 1865 年克劳修斯提出来的。图 5-7 表示一任意可逆循环 a-b-c-d。假设用许多可逆绝热线分割该循环,使任意两条相邻的绝热线紧密得足以用等温线来连接,从而构成一系列微元卡诺循环。取其中一个微元卡诺循环(如图中斜影线所示),则有

$$\eta_{tc} = 1 - \frac{\delta q_2}{\delta q_1} = 1 - \frac{T_2}{T_1}$$

考虑到 δq_2 为负值,即得

$$\frac{\delta q_1}{T_1} + \frac{\delta q_2}{T_2} = 0$$

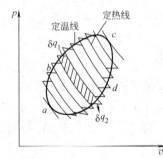

图 5-7 任意可逆循环

对于整个可逆循环:

$$\int_{abc} \frac{\delta q_1}{T_1} + \int_{cda} \frac{\delta q_2}{T_2} = \oint \left(\frac{\delta q}{T}\right)_{re} = 0 \tag{5-4}$$

式(5-4)称为克劳修斯等式。式中被积函数 $\left(\frac{\delta q}{T}\right)_{re}$ 的循环积分为零,表明该函数与积分路径无关,是一个状态函数。令

$$ds = \left(\frac{\delta q}{T}\right)_{re} \quad \text{(J/(kg·K))} \tag{5-5}$$

式中,s 系对单位质量工质而言,称为比熵。对系统总质量而言的总熵则为:

$$S = ms \quad (\text{J/K}) \tag{5-6}$$

式（5-5）表明在可逆吸热或放热时，工质熵变等于传热量与热源温度的比值，因为是可逆过程，工质温度等于热源温度。

于是式（5-4）可写成：

$$\oint ds = 0 \tag{5-7a}$$

对有限过程：

$$\int_1^2 ds = s_2 - s_1 \tag{5-7b}$$

对于不可逆循环，如图 5-8 所示，图中虚线 1-a-2 表示不可逆过程，根据卡诺定理，对于微元不可逆循环

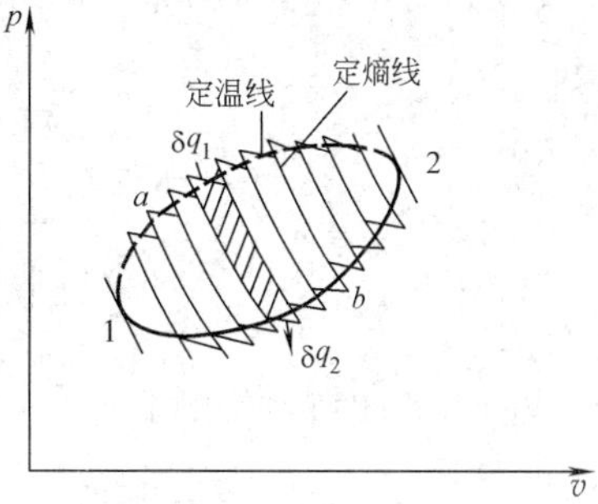

$$\eta_t = 1 - \frac{\delta q_2}{\delta q_1} < 1 - \frac{T_2}{T_1}$$

得

$$\frac{\delta q_1}{T_1} + \frac{\delta q_2}{T_2} < 0$$

对于整个不可逆循环：

$$\int_{1a2} \frac{\delta q_1}{T_1} + \int_{2b1} \frac{\delta q_2}{T_2} = \oint \left(\frac{\delta q}{T}\right)_{\text{irr}} < 0 \tag{5-8}$$

综合式（5-4）式（5-8）得克劳修斯不等式：

$$\oint \left(\frac{\delta q}{T}\right) \leqslant 0 \tag{5-9a}$$

即

$$\oint \left(\frac{\delta q}{T}\right) \leqslant \oint ds = 0 \tag{5-9b}$$

图 5-8 不可逆循环

式中 T——热源温度（K）。

式（5-9）中等号对可逆循环而言，不等号对不可逆循环而言。

对有限过程，如图 5-8 所示的 1-a-2 不可逆过程和 2-b-1 可逆过程。按克劳修斯不等式（5-9b）有：

$$\oint \left(\frac{\delta q}{T}\right)_{\text{irr}} = \int_1^2 \left(\frac{\delta q}{T}\right)_{\text{irr}} + \int_2^1 \left(\frac{\delta q}{T}\right)_{\text{re}} = \int_1^2 \left(\frac{\delta q}{T}\right)_{\text{irr}} - \int_1^2 \left(\frac{\delta q}{T}\right)_{\text{re}} < 0$$

因为 1-b-2 为可逆过程有：

$$\int_1^2 \left(\frac{\delta q}{T}\right)_{\text{re}} = s_2 - s_1$$

因而：

$$\int_1^2 \left(\frac{\delta q}{T}\right)_{\text{irr}} - (s_2 - s_1) < 0$$

即

$$s_2 - s_1 > \int_1^2 \left(\frac{\delta q}{T}\right)_{\text{irr}} \tag{5-10}$$

式（5-10）说明当过程不可逆时，系统熵变大于克劳修斯积分。

必须指出熵作为系统的状态参数，其值大小只取决于状态特性，过程中熵的变化，只与过程初终状态有关而与过程的路径及过程是否可逆无关。那么为何在过程不可逆时，系统熵变大于克劳修斯积分呢，从下面熵方程可以得到合理的解释。

二、熵方程

1. 闭口系统熵方程

将研究对象取为闭口热力系统，建立能量方程：

对于 1kg 工质的可逆过程，有： $T\mathrm{d}s=\delta q=\delta w+\mathrm{d}u$ (a)

式中，δq 与 δw 为可逆过程的传热量和膨胀功。

对于发生在与上述相同初、终态的不可逆过程，有：
$$\delta' q=\delta w'+\mathrm{d}u \quad (b)$$

式中，$\delta q'$ 与 $\delta w'$ 为不可逆过程的传热量和膨胀功。

考虑到热力学能作为状态量，与过程无关，将式（b）代入式（a）中，得到

$$\mathrm{d}s=\frac{\delta q'}{T}+\frac{\delta w-\delta w'}{T}$$

令 $\delta s_\mathrm{f}=\dfrac{\delta q'}{T}$，称为熵流，是由热量的流动带来的熵变，故吸热为正；放热为负；绝热为零。

令 $\delta s_\mathrm{g}=\dfrac{\delta w-\delta w'}{T}$，称为熵产，是由闭口系统内部任何不可逆因素带来的熵变。称 $\Delta\delta w=\delta w-\delta w'$ 为由于过程不可逆带来的做功能力的损失。显然 δs_g 在不可逆时为正；可逆时为零。

从而得到闭口系统的熵方程为：

$$\mathrm{d}s_\mathrm{sys}=\delta s_\mathrm{f}+\delta s_\mathrm{g} \quad (5\text{-}11a)$$

对有限过程：

$$\Delta s_\mathrm{sys}=s_\mathrm{f}+s_\mathrm{g} \quad (5\text{-}11b)$$

或写成

$$\Delta s_\mathrm{sys}=\int_1^2\frac{\delta q'}{T}+s_\mathrm{g} \quad (5\text{-}11c)$$

式（5-11）表明：闭口系统的熵变是由熵流和熵产两部分组成。对不可逆过程，系统的熵变除了热量的流动引起的熵流外，还应包括不可逆过程导致的熵产，若去掉熵产项，式（5-11c）即变为式（5-10），显然系统熵变就大于克劳修斯积分了。

熵是系统的状态参数，系统熵变仅取决于系统的初、终状态，与过程的性质及途径无关。然而熵流与熵产均取决于过程的特性，在 Δs_sys 一定的情况下，s_f 和 s_g 的变化视过程的特性可以有不同的组合。

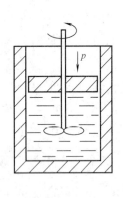 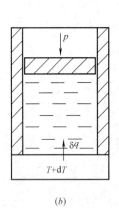

图 5-9 熵变、熵流与熵产
(a) 绝热搅拌；(b) 可逆传热

设图 5-9 所示 (a)、(b) 两容器中盛有相同状态 (p,T_1) 和相同质量的某种工质，在定压条件下通过以下两种不同的途径达到相同的终态 (p,T_2)。其中 (a) 采用绝热搅拌方法，(b) 采用容器底部与变温热源在无限小温差下进行传热的方法。取容器中的工质为系统，该系统为闭口系统，(a)、(b) 的熵方程均可表示为式（5-11b）。

由于 (a)、(b) 的初、终状态均相同，故二者的熵变应该相等，即 $\Delta s_\mathrm{a}=\Delta s_\mathrm{b}$，然而，

(a) 为绝热搅拌，$s_f=0$，故 $\Delta s_a=s_g$，说明（a）系统的熵变是由耗散效应的熵产所致；
(b) 为可逆传热，$s_g=0$，即 $\Delta s_b=s_f$，说明系统熵变是由随热流传递的熵流所致。由于系统熵变取决于初、终状态，无论过程是否可逆，系统熵变均可通过可逆的途径计算得出，设工质的定压比热容 c_p 为定值，则有：

$$\Delta s_a = \Delta s_b = \int_1^2 \frac{\delta q}{T} = \int_1^2 \frac{c_p dT}{T} = c_p \ln \frac{T_2}{T_1} \quad (\text{J}/(\text{kg}\cdot\text{K}))$$

【例 5-3】 1kg 空气从压力 3MPa 和温度 800K，进行一不可逆膨胀过程到达终态，终态压力为 1.5MPa，温度为 700K。计算空气熵的变化。

【解】 由于熵是状态参数，因此状态 1 与状态 2 间工质熵的变化与经历的途径无关，可直接代入理想气体熵变化计算式得到，即

$$\Delta s = c_p \ln \frac{T_2}{T_1} - R \ln \frac{p_2}{p_1} = \frac{7}{2} \times 287 \ln \frac{700}{800} - 287 \ln \frac{1.5}{3.0} = 64.8 \text{J}/(\text{kg}\cdot\text{K})$$

在求解不可逆过程 1-2 中工质熵的变化，也可以假拟一个或几个可逆过程，然后通过这些可逆过程，来计算初、终态之间工质熵的变化。如假拟可逆过程 1-a-2，1-a 为定容过程，a-2 为定压过程，如图 5-10 所示。在可逆过程 1-a-2 中工质熵的变化为

$$\Delta s = c_v \ln \frac{T_a}{T_1} + c_p \ln \frac{T_2}{T_a}$$

根据定容过程 1-a 中 $T_1=800$K，$p_1=3$MPa，$p_a=p_2=1.5$MPa，而 $T_a=400$K，代入上式得

$$\Delta s = \frac{5}{2} \times 287 \ln \frac{400}{800} + \frac{7}{2} \times 287 \ln \frac{700}{400} = 64.8 \text{J}/(\text{kg}\cdot\text{K})$$

除上述两个途径外，也可以沿 1-c-2 等进行计算，所得工质熵的变化都相同。可见工质熵的变化只决定于初终态，与状态变化途径和过程是否可逆无关，这是由于熵是状态参数导致的。

2. 开口系统熵方程

穿过控制体边界传递的熵流，除随热流传递的熵流外，还包括随物质流传递的熵流。如图 5-11 所示，进入控制体的质流熵为 $s_1 \delta \dot{m}_1$，输出控制体的质流熵为 $s_2 \delta \dot{m}_2$。

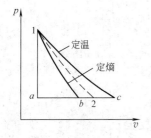

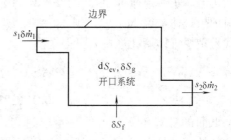

图 5-10 不可逆过程熵变化计算　　图 5-11 开口系统熵方程示意图

按熵方程的一般形式，控制体熵方程可写成：

$$(s_1 \delta \dot{m}_1 - s_2 \delta \dot{m}_2) + \delta S_f + \delta S_g = dS_{cv} \tag{5-12a}$$

式中　s_1, s_2——进出系统每 kg 工质的熵；
$\delta \dot{m}_1, \delta \dot{m}_2$——$d\tau$ 时间内进出系统的质量；

δS_f——开口系由于热交换而引起熵流;

δS_g——开口系由于不可逆引起的熵产;

$\text{d}S_\text{cv}$——开口系（控制体）熵的变化。

对于有限过程，由（5-12a）式积分得：

$$\Delta S_\text{cv} = S_\text{f} + S_\text{g} + \int s_1 \delta \dot{m}_1 - \int s_2 \delta \dot{m}_2 \tag{5-12b}$$

对于稳态稳流的开口系：

$\Delta S_\text{cv}=0$，且 $\dot{m}_1=\dot{m}_2=\dot{m}$，$\int s_1 \delta \dot{m}_1 - \int s_2 \delta \dot{m}_2 = s_1 \dot{m}_1 - s_2 \dot{m}_2 = (s_1-s_2)\dot{m}$，则可得单位质量工质表示的稳态稳流熵方程：

$$s_\text{f}+s_\text{g}+(s_1-s_2)=0$$

或

$$s_\text{g}=(s_2-s_1)-s_\text{f} \tag{5-13}$$

3. 孤立系统熵方程

孤立系统与外界没有任何能量和质量的传递，因此，由式（5-11b）或式（5-12b）得到：

$$\Delta S_\text{iso}=S_\text{g} \tag{5-14}$$

上式说明：孤立系统的熵变等于孤立系统的熵产，也就是说孤立系统的熵产可以通过该系统各组成部分的熵变进行计算。

即

$$S_\text{g}=\Delta S_\text{iso}=\sum \Delta S_i \tag{5-15}$$

式中 ΔS_i——组成孤立系统的任一子系统的熵变。

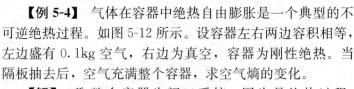

图 5-12 绝热自由膨胀

【例 5-4】 气体在容器中绝热自由膨胀是一个典型的不可逆绝热过程。如图 5-12 所示。设容器左右两边容积相等，左边盛有 0.1kg 空气，右边为真空，容器为刚性绝热。当隔板抽去后，空气充满整个容器，求空气熵的变化。

【解】 取整个容器为闭口系统，因为是绝热过程，$S_\text{f}=0$，所以按式（5-11）其熵的变化应是

$$\Delta S_\text{sys}=S_\text{f}+S_\text{g}$$

根据熵是状态参数的特点，只要知道初、终态参数值，就可计算不可逆绝热自由膨胀过程中工质熵的变化了。

从热力学第一定律可知 $Q=\Delta U+W$。因为 $Q=0$，$W=0$。所以 $\Delta U=0$。

对理想气体来说 $\Delta U=0$，则 $\Delta T=0$，即 $T_2=T_1$。已知 $V_2=2V_1$。

代入理想气体熵计算式，可得

$$S_\text{g}=\Delta S_\text{ad}=m\left(c_\text{v}\ln\frac{T_2}{T_1}+R\ln\frac{v_2}{v_1}\right)$$

$$=0.1\times287\ln 2=19.89\text{J/K}$$

从上面的计算可知，虽然是绝热过程，但熵却增加，增加的部分是由于不可逆膨胀的熵产引起的。

【例 5-5】 压缩空气通过汽轮机进行绝热膨胀并对外做功，如图 5-13 所示。已知汽轮机进气参数为 $p_1=400\text{kPa}$，$T_1=400\text{K}$，排气参数为 $p_2=200\text{kPa}$，$T_2=350\text{K}$。设空气为定比热容理想气体，试求每流过 1kg 气体造成的熵产。

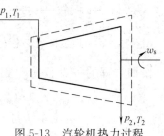

图 5-13 汽轮机热力过程

【解】 取汽轮机为控制体,连同它的外界空气质源及功源构成孤立系统,对1kg气体列熵方程:

$$\Delta s_{iso} = \Delta s_{c,v} + \Delta s_{sur}$$

因为汽轮机为稳态稳流工况,所以 $\Delta s_{c,v} = 0$

汽轮机入口处空气源(外界)随1kg气体流出了熵 s_1(为负),排气处空气(外界)流入了熵 s_2(为正),而外界功源没有熵的变化,于是 $\Delta s_{sur} = s_2 - s_1$

则
$$\Delta s_{iso} = 0 + s_2 - s_1 = c_p \ln \frac{T_2}{T_1} - R \ln \frac{p_2}{p_1}$$

$$= 1.01 \ln \frac{350}{400} - 0.287 \ln \frac{200}{400} = 0.064 \text{kJ/(kg·K)}$$

第四节 孤立系统熵增原理与做功能力损失

一、孤立系统熵增原理

根据系统熵变计算式与克劳修斯不等式 $\Delta s \geq \int_1^2 \left(\frac{\delta q}{T}\right)$ 不难看出:当闭口系统进行绝热过程时,$\Delta q = 0$,则有

$$\Delta s_{ad} \geq 0 \tag{5-16}$$

对于孤立系统,因其与外界没有任何能量和物质的交换,由式(5-4)$\Delta S_{iso} = S_g$ 得到

$$\Delta S_{iso} \geq 0 \tag{5-17a}$$

或
$$dS_{iso} \geq 0 \tag{5-17b}$$

式(5-16)和式(5-17)表明:绝热闭口系统或孤立系统的熵只能增加(不可逆过程)或保持不变(可逆过程),而绝不能减少。任何实际过程都是不可逆过程,只能沿着使孤立系统熵增加的方向进行,这就是熵增原理。

熵增原理的理论意义:

(1) 自然界过程总是朝着熵增加的方向进行,可通过孤立系统熵增原理判断过程进行的方向;

(2) 当熵达到最大值时,系统处于平衡状态,可用孤立系统熵增原理作为系统平衡的判据;

(3) 不可逆程度越大,熵增也越大,可用孤立系统熵增原理定量地评价过程的热力学性能的完善性。

综上所述,熵增原理表达了热力学第二定律的基本内容。因此常把热力学第二定律称为熵定律,把式(5-17)视为热力学第二定律的数学表达式,它有着极其广泛的应用。

【例5-6】 压气机空气由 $p_1 = 100 \text{kPa}$,$T_1 = 400 \text{K}$,定温压缩到终态 $p_2 = 1000 \text{kPa}$,过程中实际消耗功比可逆定温压缩消耗轴功多25%。设环境温度为 $T_0 = 300 \text{K}$。

求:压缩每kg气体的总熵变。

【解】 取压气机为控制体。按可逆定温压缩消耗轴功:

$$w_{s,T} = RT \ln \frac{v_2}{v_1} = RT \ln \frac{p_1}{p_2} = 0.287 \times 400 \ln \frac{100}{1000} = -264.3 \text{kJ/kg}$$

实际消耗轴功：
$$w_s = 1.25(-264.3) = -330.4 \text{kJ/kg}$$

由开口系统能量方程，忽略动能、位能变化：$w_s + h_2 = q + h_1$

因为理想气体定温过程：$h_1 = h_2$

故：$q = w_s = -330.4 \text{kJ/kg}$

孤立系统熵增：$\Delta s_{\text{iso}} = \Delta s_{\text{sys}} + \Delta s_{\text{sur}}$

稳态稳流：$\Delta s_{\text{sys}} = 0$

$$\Delta s_{\text{sur}} = s_2 - s_1 + \frac{q}{T_0} = R\ln\frac{p_1}{p_2} + \frac{q}{T_0}$$
$$= 0.287 \ln\frac{100}{1000} + \frac{330.4}{300} = 0.44 \text{kJ/(kg·K)}$$

二、做功能力损失

根据热力学第二定律的论述，一切实际过程都是不可逆过程，都伴随着熵的产生和做功能力的损失，这二者之间必然存在着内在的联系。通常取环境状态作为衡量系统做功能力大小的参考状态，即认为系统达到与环境状态相平衡时，系统不再有做功能力。做功能力损失与熵产之间的关系可表示为：

$$L = T_0 S_g \quad (\text{J}) \tag{5-18}$$

对于孤立系统，由于 $\Delta S_{\text{iso}} = S_g$，所以

$$L_{\text{iso}} = T_0 \Delta S_{\text{iso}} \quad (\text{J}) \tag{5-19}$$

式中 T_0——环境温度（K）。

下面举例证明上述结论的正确性。仍针对 1kg 工质，图 5-14 所示为一可逆循环，图 5-15 所示为工质从热源吸热时存在温差（$T-T'$）的不可逆循环。假设两种循环从热源 T 吸取相同的热量 q，经可逆热机对外做功后，向相同的冷源 T_0（即环境）放热，现比较两种循环的做功能力大小。

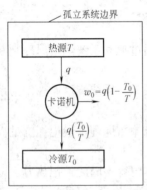

图 5-14 孤立系统中进行可逆循环

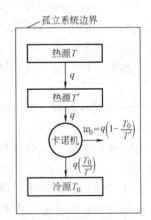

图 5-15 孤立系统中存在着不可逆过程

将两种循环同时表示在 T-s 图上，如图 5-16 所示，a-b-c-d-a 为可逆循环，用 a'-b'-c'-d'-a' 代替不可逆循环。

对两种循环分别取孤立系统进行分析：

（1）可逆循环：

对外做最大功：$w_0 = q\left(1 - \dfrac{T_0}{T_1}\right)$

熵方程：$\Delta s_{\text{iso}} = 0$

（2）不可逆循环（相当于 T' 与 T_0 间的可逆循环）：

对外做最大功：$w_0' = q\left(1 - \dfrac{T_0}{T'}\right)$

熵方程：$\Delta s_{\text{iso}} = \Delta s_1 + \Delta s_0 + \Delta s_{2'}$

式中　Δs_1——热源 T 的熵变，$\Delta s_1 = -\dfrac{q}{T}$；

　　　Δs_0——工质循环的熵变，$\Delta s_0 = 0$；

　　　$\Delta s_{2'}$——冷源 T_0 的熵变，$\Delta s_{2'} = \dfrac{q_0'}{T_0}$。

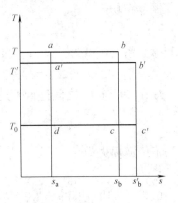

图 5-16　两种循环比较

因为　　$q_0' = q - w_0' = q - q\left(1 - \dfrac{T_0}{T'}\right) = \dfrac{T_0}{T'} q$

所以　　　　　　　　　　　$\Delta s_{2'} = \dfrac{q}{T'}$

于是　　　　　　　　　　　$\Delta s_{\text{iso}} = \left(\dfrac{1}{T'} - \dfrac{1}{T}\right) q$

不可逆循环比可逆循环少做的功，即做功能力损失为：

$$l = w_0 - w_0' = T_0\left(\dfrac{1}{T'} - \dfrac{1}{T}\right) q = T_0 \Delta s_{\text{iso}}$$

此例证明了式（5-19）的正确性。

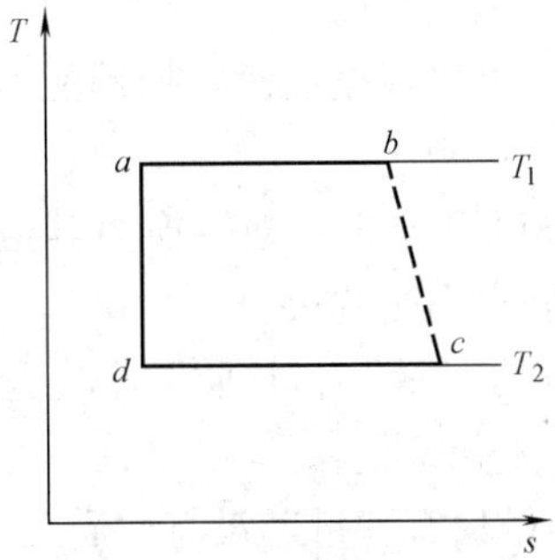

【**例 5-7**】　某热机循环工作于热源 $t_1 = 500℃$ 及冷源 $t_2 = 20℃$ 之间，它进行的是一个 a-b-c-d-a 不可逆循环，如图 5-17 所示。a-b 为可逆等温吸热，b-c 为不可逆绝热膨胀，工质熵增加 0.1kJ/(kg·K)，c-d 为可逆等温放热过程，d-a 为定熵压缩过程。循环工质为 1kg 空气，热源放热量 $q_1 = 1000$kJ/kg。求循环净功及孤立系统做功能力损失，它是否符合式（5-19）。

图 5-17　例题 5-7 图

【**解**】　热源放热 $q_1 = 1000$kJ/(kg·K)，熵减小为

$$\Delta s_1 = -\dfrac{q_1}{T_1} = -\dfrac{1000}{273 + 500} = -1.294\,\text{kJ/(kg·K)}$$

冷源吸热 q_2，熵增加为

$$\Delta s_2 = \dfrac{q_2}{T_2} = |\Delta s_1| + 0.1 = 1.294 + 0.1 = 1.394\,\text{kJ/(kg·K)}$$

冷源吸热量 q_2 为

$$q_2 = T_2 \Delta s_2 = 293 \times 1.394 = 408.4\,\text{kJ/(kg·K)}$$

因此可得不可逆循环 a-b-c-d-a 的热效率为

$$\eta_t = 1 - \dfrac{q_2}{q_1} = 1 - \dfrac{408.4}{1000} = 0.5916$$

循环净功

$$w_o = q_1 - q_2 = q_1\eta_t = 1000 \times 0.5916 = 591.6 \text{kJ/kg}$$

孤立系统熵增为

$$\Delta s_{iso} = \Delta s_1 + \Delta s_0 + \Delta s_2 = -1.294 + 0 + 1.394 = 0.1 \text{kJ/(kg·K)}$$

如在 T_1 与 T_2 之间进行可逆循环，则可得最大循环净功

$$w_{o.\max} = q_1\eta_{tc} = 1000 \times \left(1 - \frac{293}{773}\right) = 620.9 \text{kJ/(kg·K)}$$

不可逆损失为

$$l = w_{o.\max} - w_o = 620.9 - 591.6 = 29.3 \text{kJ/kg}$$

由式（5-19）可得

$$l = T_2\Delta s_{iso} = 293 \times 0.1 = 29.3 \text{kJ/kg}$$

以上计算再次验证了式（5-19）的正确性。

第五节 㶲 与 㷻

㶲与㷻是近年来在热力学及能源科学领域中广泛用来评价能量利用价值的新参数。是能量可用性、可用能、有效能的统称，它把能量的"量"和"质"结合起来评价能量的价值，解决了热力学和能源科学中长期以来没有任何一个参数可单独评价能量价值的问题，更深刻地揭示了能量在传递和转换过程中能质退化的本质，为合理用能、节约用能指明了方向。

一、㶲与㷻的定义

能量"质"的指标是根据它的做功能力来判断的。因此，可以根据能量转换的能力分为三种不同质的能量类型。

1. 可以完全转换的能量，如机械能，电能等，理论上可以百分之百地转换为其他形式的能量，这种能量的"量"和"质"完全统一，它的转换能力不受约束。

2. 可部分转换的能量，如热量、热力学能等，这种能量的"量"和"质"不完全统一，它的转换能力受热力学第二定律约束。

3. 不能转换的能量。如环境状态下的热力学能，这种能量只有"量"没有"质"。由于能量的转换与环境条件及过程特性有关，为了衡量能量的最大转换能力，人们规定环境状态作为基态（其能质为零），而转换过程应为没有热力学损失的可逆过程。由此得出的定义。

当系统由任意状态可逆转变到与环境状态相平衡时，能最大限度转换为功的那部分能量称为㶲(exergy)。不能转换为功的那部分能量称为㷻(anergy)。

显然，按能量转换能力分类的第一种能量便是㶲，第二种能量包括㶲与㷻，第三种能量为㷻，即：能量=㶲+㷻，或 $E_n = Ex + An$。

应用㶲与㷻的概念，可将能量转换规律表述为：

1. 㶲与㷻的总能量守恒，可表示为热力学第一定律：

$$(\Delta Ex + \Delta An)_{iso} = 0$$

2. 一切实际热力过程中不可避免地发生部分㶲退化为㷻，称为㶲损失，而㷻不能再

转化为㶲,可表示热力学第二定律,也可称孤立系统㶲降原理,即:
$$\Delta Ex_{iso} \leqslant 0$$
由此可见,㶲与熵都可作为过程方向性及热力学性能完善性的判据。

二、热量㶲与冷量㶲

1. 热量㶲:当热源温度 T 高于环境温度 T_0 时,从热源取得热量 Q,通过可逆热机可对外界做出的最大功称为热量㶲。

如图 5-18 所示,可逆循环做的最大功为:
$$Ex_Q = \int_Q \delta W_{max} = \int_Q \left(1 - \frac{T_0}{T}\right)\delta Q = Q - T_0 S_f \tag{5-20}$$

式中 $S_f = \int_Q \frac{\delta Q}{T}$ ——随热流携带的熵流。

热量㶲除与热量有关外,还与温度有关,在环境温度 T_0 一定时,T 越高,转换能力越强,热量中的㶲值越高。

热量㷲:
$$An_Q = Q - Ex_Q = T_0 S_f \tag{5-21}$$

上式表明,在 T_0 一定的情况下,热量㷲与熵流成正比。㷲是不可用能(或无效能),因此,熵从能量转换的角度可以理解为不可用能的度量。对系统加热,既增加了系统的可用能,也增加了系统的不可用能。

单位质量物质的热量㶲与热量㷲在 T-s 图上表示,如图5-19所示。

2. 冷量㶲:当系统温度 T 低于环境温度 T_0 时,从制冷角度理解,按逆循环进行,从冷源系统获取冷量 Q_0,外界消耗一定量的功,将 Q_0 连同消耗的功一起转移到环境中去。在可逆条件下,外界消耗的最小功即为冷量㶲。反之,如果低于环境温度的系统吸收冷量 Q_0 时,向外界提供冷量㶲,即可以用它做出有用功。

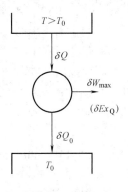

图 5-18 热量㶲

如图 5-20 所示,按逆卡诺循环:
$$\varepsilon_c = \frac{\delta Q_0}{\delta W_{min}} = \frac{T}{T_0 - T}$$

即:$\delta Ex_{Q_0} = \delta W_{min} = \frac{T_0 - T}{T}\delta Q_0 = \left(\frac{T_0}{T} - 1\right)\delta Q_0$

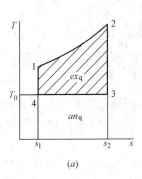
(a)

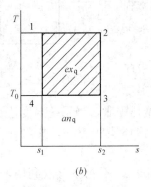
(b)

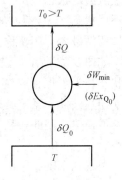

图 5-19 热量㶲与热量㷲
(a) 变温热源;(b) 恒温热源㷲

图 5-20 冷量㶲

或
$$Ex_{Q_0} = T_0 S_f - Q_0 \tag{5-22}$$

式中 $S_f = \int_{Q_0} \dfrac{\delta Q_0}{T}$ —— 冷量携带的熵流。

冷量炕：由热力学第一定律，$Q = Q_0 + Ex_{Q_0} = T_0 S_f$，该能量是为获取制冷量 Q_0 而必须传给环境的能量，此能量不能再转化为㶲，称为冷量炕。即

$$An_{Q_0} = T_0 S_f \tag{5-23}$$

单位质量工质的冷量、冷量㶲与冷量炕在 T-s 图上表示，如图 5-21 所示。

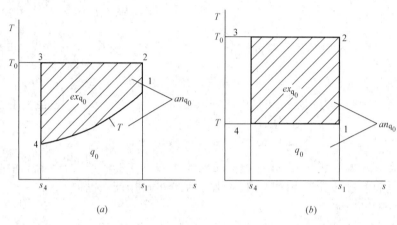

图 5-21　冷量㶲、冷量炕、冷量
(a) 变温冷源；(b) 恒温冷源

由 T-s 图可见，系统温度越低，冷量㶲越大，即外界消耗的功越多。工程上冷库在满足工艺要求的低温度条件下，为节约能源尽量不要使系统在更低的低温下运行。同时要重视回收利用低温物质具有的㶲值。

还需指出，由于热量或冷量是过程量，因此，热量㶲、冷量㶲及其热量炕和冷量炕都是过程量。

三、热力学能㶲

当闭口系统所处状态不同于环境状态时都具有做功能力，即有㶲值。闭口系统从给定状态 (p, T) 可逆地过渡到与环境状态 (p_0, T_0) 相平衡时，系统对外所做最大有用功称为热力学能㶲。

如图 5-22 所示，设系统状态高于环境状态，为了保证系统与环境之间实现

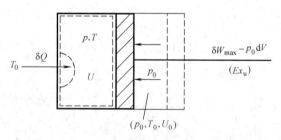

图 5-22　热力学能㶲

可逆换热条件，系统必须首先进行绝热膨胀，当系统温度达到与环境温度相等时，才能进行可逆换热，因此，系统可逆过渡到环境状态，首先经历一个定熵过程，然后是定温过程。

考虑到系统膨胀时对环境做功 $p_0 \mathrm{d}V$ 不能被有效利用，故最大有用功（即热力学能㶲）为

$$\delta W_{\max, u} = \mathrm{d}Ex_u = \delta W_{\max} - p_0 \mathrm{d}V$$

按热力学第一定律：
$$\delta Q = dU + \delta W_{max} = dU + p_0 dV + \delta W_{max,u} \quad (a)$$
按热力学第二定律：由闭口系统与环境组成的孤立系统，进行可逆过程其熵增为零
即 $dS_{iso} = dS + dS_{sur} = 0$
则：$\delta Q_{sur} = T_0 dS_{sur} = -T_0 dS$，而 $\delta Q_{sur} + \delta Q = 0$
由此可得出：
$$\delta Q = T_0 dS \quad (b)$$
合并式（a）、（b），并由初态（p，T）积分至终态（p_0，T_0），得
$$T_0(S_0 - S) = (U_0 - U) + p_0(V_0 - V) + W_{max,u} \quad (5\text{-}24a)$$
或
$$Ex_u = W_{max,u} = (U - U_0) - T_0(S - S_0) + p_0(V - V_0) \quad (5\text{-}24b)$$
当环境状态一定时，热力学能㶲仅取决于系统状态，因此，热力学能㶲是状态参数。热力学能㶲的微分形式为：
$$dEx_u = dU - T_0 dS + p_0 dV \quad (5\text{-}25a)$$
单位质量热力学能㶲的微分形式：
$$dex_u = du - T_0 ds + p_0 dv \quad (5\text{-}25b)$$
热力学能㶲表示在 p-v 图、T-s 图上，如图 5-23 所示。

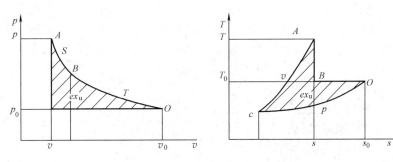

图 5-23 热力学能㶲 p-v 图、T-s 图

图中：A 点是系统所处初状态（p，T），O 点是环境状态（p_0，T_0）
系统首先进行可逆绝热过程（A-B），然后进行可逆定温过程（B-O）过渡到环境状态。图中带有斜影线的面积为热力学能㶲 ex_u。

热力学能㡀： $an_u = (u - u_0) - ex_u = T_0(s - s_0) - p_0(v - v_0) \quad (5\text{-}26a)$

或： $dan_u = T_0 ds - p_0 dv \quad (5\text{-}26b)$

四、焓㶲

开口系统稳态稳流工质的总能量包括焓、宏观动能和位能，其中动能和位能属机械能，本身便是㶲，为确定流动工质的焓㶲，故不考虑工质动能、位能及其变化。

如图 5-24 所示，忽略动能、位能变化。工质流从初态（p，T）可逆过渡到环境状态（p_0，T_0），单位质量工质焓降

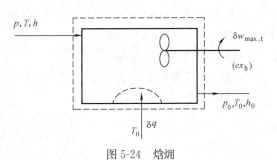

图 5-24 焓㶲

($h-h_0$)可能做出的最大技术功便是工质流的焓㶲。

同样,为了使系统与环境之间进行可逆换热,工质首先必须进行一个定熵过程,温度达到 T_0,然后再与环境进行定温换热。总之,过程仍然是先定熵,后定温。

按热力学第一定律:
$$\delta q = dh + \delta w_{max,t} \tag{a}$$

按热力学第二定律:
$$\delta q = T_0 ds \tag{b}$$

合并式(a)、(b),并从工质流初态(p,T)积分至环境状态(p_0,T_0),得焓㶲为:
$$ex_h = w_{max,t} = h - h_0 - T_0(s - s_0) \tag{5-27}$$

微分形式:
$$dex_h = dh - T_0 ds$$

当环境状态一定时,焓㶲为状态参数,工程上遇到的大多数是稳态稳流工况,因此,式(5-27)有着广泛的应用。

焓㶲在 p-v 图与 T-s 图上表示,如图 5-25 所示。图中:1 为工质流的初态(p,T),0 为环境状态(p_0,T_0),1-2 为定熵线,2-0 为定温线,5-0 为定焓线(h_0),5-1 为定压线。图中斜影线面积所示为焓㶲。

稳态稳流工质所带的能量(焓)中,不能转换为有用功(㶲)的那部分能量即为焓㸕:
$$an_h = h - h_0 - ex_h = T_0(s - s_0) \tag{5-28a}$$

或
$$dan_h = T_0 ds \tag{5-28b}$$

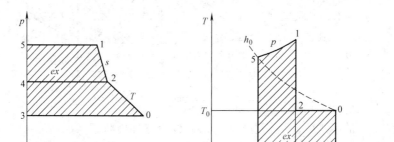

图 5-25 焓㶲 p-v 图,T-s 图

【**例 5-8**】 容积 $V=0.3m^3$ 的刚性容器中储有空气,初态 $p_1=3MPa$,$t_1=t_0=25℃$,当连接容器的阀门打开后,空气压力迅速降低至 $p_2=1.5MPa$,然后关闭阀门。试求:(1) 容器中空气初态的㶲值;(2) 刚关闭阀门时空气的㶲值。设环境状态 $p_0=100kPa$,$T_0=298K$,$c_v=0.717kJ/(kg·K)$。

【**解**】 (1) 空气初态的㶲值:

取刚性容器为系统,空气㶲值为闭口系统的热力学能㶲。

容器中的空气初态质量:
$$m_1 = \frac{p_1 V}{RT_1} = \frac{3000 \times 0.3}{0.287 \times 298} = 10.523 kg$$

初态空气比体积：$v_1 = \dfrac{V}{m_1} = \dfrac{0.3}{10.523} = 0.0285 \text{m}^3/\text{kg}$

环境状态空气比体积：$v_0 = \dfrac{RT_0}{p_0} = \dfrac{0.287 \times 298}{100} = 0.8553 \text{m}^3/\text{kg}$

空气初态㶲值：$Ex_1 = m_1 ex_1$

$$\begin{aligned} Ex_1 &= m_1[(u_1 - u_0) + p_0(v_1 - v_0) - T_0(s_1 - s_0)] \\ &= m_1\left[c_v(T_1 - T_0) + p_0(v_1 - v_0) - T_0\left(c_p \ln\dfrac{T_1}{T_0} - R\ln\dfrac{p_1}{p_0}\right)\right] \\ &= 10.523\left[0 + 100(0.0285 - 0.8553) - 298\left(0 - 0.287\ln\dfrac{3}{0.1}\right)\right] = 2191 \text{kJ} \end{aligned}$$

（2）刚关闭阀门时空气的㶲值：

迅速排气可理想化为可逆绝热过程，空气终态温度：

$$T_2 = T_1\left(\dfrac{p_2}{p_1}\right)^{\frac{\kappa-1}{\kappa}} = 298\left(\dfrac{1.5}{3}\right)^{\frac{1.4-1}{1.4}} = 244.4\text{K}$$

终态比体积：$v_2 = \dfrac{RT_2}{p_2} = \dfrac{0.287 \times 244.4}{1500} = 0.0468 \text{m}^3/\text{kg}$

终态空气质量：$m_2 = \dfrac{V}{v_2} = \dfrac{0.3}{0.0468} = 6.41 \text{kg}$

终态㶲值：$Ex_2 = m_2 ex_2$

$$\begin{aligned} Ex_2 = 6.41 &\left[0.717(244.4 - 298) + 100(0.0468 - 0.8553)\right. \\ &\left. - 298\left(1.004\ln\dfrac{244.4}{298} - 0.287\ln\dfrac{1.5}{0.1}\right)\right] = 1101 \text{kJ} \end{aligned}$$

【**例 5-9**】 质量流量为 $\dot{m} = 12.5 \text{kg/s}$ 的烟气，定压地流过换热器，温度从 300℃降低至 200℃。设烟气定压比热容 $c_p = 1.09 \text{kJ/(kg·K)}$，环境温度 $t_0 = 25$℃。试求烟气流过换热器前、后的㶲值。

【**解**】 烟气稳态稳流通过换热器，烟气的㶲值为焓㶲。

流进换热器前的㶲值：$Ex_1 = \dot{m} ex_1$

$$\begin{aligned} Ex_1 &= \dot{m}[(h_1 - h_0) - T_0(s_1 - s_0)] = \dot{m}\left[c_p(T_1 - T_0) - T_0\left(c_p\ln\dfrac{T_1}{T_0}\right)\right] \\ &= 12.5\left[1.09(573 - 298) - 298\left(1.09\ln\dfrac{573}{298}\right)\right] \\ &= 1092.4 \text{kW} \end{aligned}$$

通过换热器后的㶲值：$Ex_2 = \dot{m} ex_2$

$$Ex_2 = 12.5\left[1.09(473 - 298) - 298 \times \left(1.09\ln\dfrac{473}{298}\right)\right] = 508.5 \text{kW}$$

第六节　㶲分析与㶲方程

正如一切不可逆过程要产生熵产一样，一切不可逆过程都会造成㶲损失。二者从不同角度揭示不可逆过程中能质的退化、贬值。利用熵分析法和㶲分析法所得结果是一致的。

一、㶲分析与能量分析的比较

对能量系统进行用能分析,通常有两种方法:其一,依据热力学第一定律的能量分析法;其二,依据热力学第二定律的熵分析法或热力学第一定律与热力学第二定律相结合的㶲分析法。下面举例说明能量分析法与㶲分析法的区别。

如图 5-26 所示,工质流为稳态稳流。

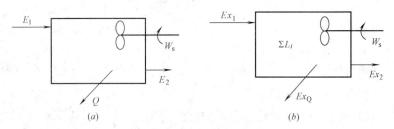

图 5-26 㶲分析与能量分析比较
(a) 能量分析;(b) 㶲分析

图 (a) 表示控制体输入能量 (E_1) 和输出能量 (E_2, W_s, Q) 的数量关系;(b) 表示对应于图 (a) 各项能量的㶲值。输出项中除对外做功 W_s 为有效利用能量外,其余各项均作为控制体的能量或㶲的损失。两种分析列于表 5-1。

表 5-1

名称	能量分析	㶲分析
依据	热力学第一定律	热力学第一、第二定律
平衡式	$E_1 = W_s + E_2 + Q$	$E_{x1} = W_s + E_{x2} + E_{xQ} + \sum L_i$
效率	$\eta = \dfrac{W_s}{E_1} = 1 - \dfrac{Q - E_2}{E_1}$	$\eta_{ex} = \dfrac{W}{E_{x1}} = 1 - \dfrac{E_{x2} + E_{xQ} + \sum L_i}{E_{x1}}$

表中:$\sum L_i$——控制体内各项㶲损失;

η_{ex}——㶲效率,$\eta_{ex} = \dfrac{\text{收益㶲}}{\text{支付㶲}}$。

从表中可以看出两种分析方法具有不同的特点:

(1) 能量分析是功量、热量等不同质的能量的数量平衡或比值;而㶲分析是同质能量的平衡式或比值。说明㶲分析比能量分析更科学、合理。

(2) 能量分析仅反映出控制体输入与输出能量之间的平衡关系;而㶲分析除考虑控制体输入与输出的可用能外,还要考虑控制体内各种不可逆因素造成的㶲损失 $\sum L_i$,然后建立起他们之间的平衡关系,这说明㶲分析比能量分析更全面,更能深刻指示能量损耗的本质,找出各种损失的部位、大小、原因,从而指明减少损失的方向与途径。

由于能量分析存在局限性,有时可能得出错误的信息。例如,现代化电站锅炉按能量分析其热效率高达 90% 以上,似乎能量已被充分利用,节能已无多少潜力可挖。然而,按㶲分析㶲效率约为 40%,锅炉内部的燃料燃烧及烟气与水系之间的温差传热造成很大的不可逆㶲损失,表明直接采用燃料燃烧加热水发生蒸汽的方式,不是最理想的用能方式。再如,蒸汽动力循环按能量分析,其最大能量损失发生在凝汽器(约占 50%),而按㶲分析凝汽器中虽然损失的能量数量很大,但因其温度接近环境温度,㶲损失却很小(约占 1%~2%),已没有多大利用价值。可见两种分析方法所得结论可能完全不同,㶲分析更科学、更全面。

第六节 㶲分析与㶲方程

尽管能量分析存在一定的缺陷，但是，它能确定系统能量的外部损失，为节能指明一定方向，同时，能量分析也为㶲分析提供能量平衡的依据，因此，对用能系统的全面分析需同时作能量分析和㶲分析，以寻求提高用能效率和节能的有效途径。

二、㶲方程

对能量系统进行㶲分析时，必须确定系统各部位的㶲损失，采用类似于建立能量方程和熵方程的方法建立㶲方程。这时需将㶲损失列入方程中，其一般形式为：

$$输入㶲 - 输出㶲 - 㶲损失 = 系统㶲变$$

或

$$㶲损失 = 输入㶲 - 输出㶲 - 系统㶲变$$

1. 闭口系统㶲方程

如图 5-27 所示，取气缸中气体做系统，气体由初态 (p_1, T_1) 膨胀到终态 (p_2, T_2)，系统与外界有热量和功量交换，输入系统㶲为热量㶲 Ex_Q，输出㶲为 $(W - p_0 \Delta V)$，其中 $p_0 \Delta V$ 是系统对环境做功，不能被有效利用。

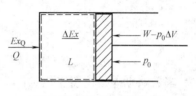

图 5-27 闭口系统㶲方程

按㶲方程的一般形式可写成：

㶲损失
$$L = Ex_Q - (W - p_0 \Delta V) - \Delta Ex \tag{5-29}$$

式中 ΔEx——系统㶲变

$$-\Delta Ex = (U_1 - U_2) - T_0(S_1 - S_2) + p_0(V_1 - V_2) \tag{a}$$

Ex_Q——热量㶲

$$Ex_Q = Q - T_0 S_f \tag{b}$$

$$Q = (U_2 - U_1) + W \tag{c}$$

将式 (a)(b)(c) 代入式 (5-29) 经整理而得

$$L = T_0[(S_2 - S_1) - S_f] = T_0 S_g \tag{5-30}$$

上式表明：闭口系统内不可逆过程造成的㶲损失等于环境温度 (T_0) 与系统熵产之乘积。该式与由熵产求做功能力损失的式 (5-18) 相同，说明熵法和㶲法分析结果的一致性。

2. 开口系统㶲方程

如图 5-28 所示，控制体输入㶲：包括随质流进入控制体传递的㶲 $\left(ex_1 + \frac{1}{2}c_1^2 + gz_1\right)\delta \dot{m}_1$ 和热量㶲 δEx_Q。输出㶲：包括离开控制体质流的㶲 $\left(ex_2 + \frac{1}{2}c_2^2 + gz_2\right)\delta \dot{m}_2$ 和输出功 δW_s。

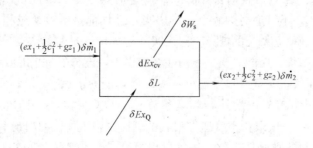

图 5-28 开口系统㶲方程

对于微元热力过程，按㶲方程的一般形式可写成：

控制体㶲增：

$$dEx_{cv} = \delta Ex_Q - \left[\left(ex_2 + \frac{1}{2}c_2^2 + gz_2\right)\delta \dot{m}_2 - \left(ex_1 + \frac{1}{2}c_1^2 + gz_1\right)\delta \dot{m}_1\right] - \delta W_s - \delta L \tag{5-31}$$

式（5-31）为开口系统㶲方程的一般式，适用于稳态和非稳态过程。

对于稳态稳流：$dEx_{cv} = 0$，且 $\delta \dot{m}_1 = \delta \dot{m}_2 = \delta \dot{m}$

于是可整理得单位质量工质有限过程的㶲方程：

$$ex_q - (ex_2 - ex_1) - \frac{1}{2}(c_2^2 - c_1^2) - g(z_1 - z_2) - w_s - l = 0$$

或

$$ex_q - \Delta ex = \frac{1}{2}\Delta c^2 + g\Delta z + w_s + l \tag{5-32}$$

式（5-32）左方为热量㶲与工质㶲降之和，右方为技术功与㶲损失之和。

当忽略动能、位能变化时：

$$ex_q - \Delta ex = w_s + l$$

$$\begin{aligned} \text{或} \quad l &= ex_q - \Delta ex - w_s \\ &= (q - T_0 s_f) - (\Delta h - T_0 \Delta s) - w_s \\ &= q - (\Delta h + w_s) + T_0(\Delta s - s_f) \\ &= T_0(\Delta s - s_f) = T_0 s_g \end{aligned} \tag{5-33}$$

式（5-33）表明，开口系统㶲损失仍然等于环境温度（T_0）与熵产（s_g）之乘积。

3. 孤立系统㶲方程

取闭口系统与开口系统进行㶲分析所求的㶲损失，仅是系统内部不可逆造成的可用能损失，不包括系统外部的㶲损失。欲求整个装置或全过程的㶲损失时，应取孤立系统进行㶲分析。孤立系统没有㶲的输入与输出，按㶲方程的一般形式可表示为：

$$L_{iso} = -\Delta Ex_{iso} = -\sum_{i=1}^{n} \Delta Ex_i \tag{5-34}$$

式中 $-\Delta Ex_i$——组成孤立系统的任一子系统的㶲降。

意即：孤立系统的不可逆损失（㶲损失）等于所有子系统㶲降之和。

孤立系统㶲损失也可以通过孤立系统熵增进行计算，即（参看式（5-19））

$$L_{iso} = T_0 \Delta S_{iso} \tag{5-35}$$

由于㶲损失 $L_{iso} \geq 0$，可逆时等于零，不可逆时大于零。因此，孤立系统㶲变 $\Delta Ex_{iso} \leq 0$，可逆时㶲不变，不可逆时㶲减小。一切实际过程都是不可逆过程，所以孤立系统的㶲只能减少。这就是孤立系统的㶲降原理。实际过程中能量数量总是守恒的，而㶲却不断地减少，节能实为节㶲。用能时要尽量减少㶲的损失，充分发挥㶲的效益。

【例 5-10】 压气机空气入口处温度 $t_1 = 17℃$，压力 $p_1 = 100 kPa$，经不可逆绝热压缩至 $p_2 = 400 kPa$，$t_2 = 207℃$，设外界环境参数 $t_0 = 17℃$，$p_0 = 100 kPa$，空气定压比热容 $c_p = 1.01 kJ/(kg·K)$。试求：空气压缩过程的㶲损失和压气机的㶲效率。

【解】 取压气机为控制体，整个压气过程为稳态稳流工况。

列能量方程：压气机轴功为

$$w_s = h_2 - h_1 = c_p(t_2 - t_1) = 1.01(207 - 17) = 191.9 \text{kJ/kg}$$

列㶲方程：$ex_1 + w_s - ex_2 - l = \Delta ex_{cv}$

稳态稳流工况：$\Delta ex_{cv} = 0$

㶲损失：
$$\begin{aligned}
l &= ex_1 - ex_2 + w_s \\
&= (h_1 - h_2) - T_0(s_1 - s_2) + h_2 - h_1 \\
&= T_0(s_2 - s_1) = T_0 \left(c_p \ln \frac{T_2}{T_1} - R \ln \frac{p_2}{p_1} \right) \\
&= 290 \left(1.01 \ln \frac{480}{290} - 0.287 \ln \frac{400}{100} \right) \\
&= 32.2 \text{kJ/kg}
\end{aligned}$$

㶲效率：
$$\eta_{ex} = \frac{ex_2 - ex_1}{w_s} = \frac{(h_2 - h_1) - T_0(s_2 - s_1)}{h_2 - h_1}$$
$$= 1 - \frac{T_0(s_2 - s_1)}{h_2 - h_1} = 1 - \frac{32.2}{191.9} = 83.2\%$$

【例 5-11】 为使刚性容器内的 1kg N_2，从 $T_1 = 310$K 升高至 $T_2 = 390$K，可采用下列两种方案，其一，采用叶轮搅拌方法；其二，采用从 $T = 450$K 的热源对容器加热的方法。已知 N_2 的初压 $p_1 = 200$kPa，定容比热容 $c_v = 0.7442 \text{kJ/(kg·K)}$，环境温度 $T_0 = 298$K。试从热力学观点分析两种方案之优劣。

【解】 取刚性容器为热力系统

1. 按热力学第一定律分析，列能量方程

方案一：$q = 0$，加入轴功等于 N_2 热力学能的增加，
$$w_s = h_1 - h_2 \tag{a}$$

方案二：$w_s = 0$，加入热量等于 N_2 热力学能的增加，
$$q = h_2 - h_1 \tag{b}$$

两种方案中 N_2 的初、终态均相同，加入能量的数量相等，出现正负号的不同是因为 (a) 式为系统消耗外界耗功，为负；(b) 式为系统吸热为正所致。因此，依据热力学第一定律分析，不能区别两种方案之优劣。

2. 按热力学第二定律分析，采用㶲分析法

方案一，取刚性容器及相关外界（功源）为孤立系统，列㶲方程：
$$\Delta ex_{iso} = \Delta ex_{N_2} + \Delta ex_{功源}$$

式中 $\Delta ex_{N_2} = (u_2 - u_1) + p_0(v_2 - v_1) - T_0(s_2 - s_1)$

对于刚性容器：$v_2 = v_1$

$\Delta ex_{功源} = -w_s = -(u_2 - u_1)$ （功源支付㶲，其㶲变为负值）

$$\Delta ex_{iso} = (u_2 - u_1) - T_0(s_2 - s_1) - (u_2 - u_1) = -T_0(s_2 - s_1)$$
$$= -T_0 c_v \ln \frac{T_2}{T_1} = -298 \times 0.7442 \ln \frac{390}{310} = -50.91 \text{kJ/kg}$$

即㶲损失： $l_1 = -\Delta ex_{iso} = 50.91 \text{kJ/kg}$

方案二：取刚性容器及相关外界（热源）为孤立系统，列㶲方程
$$\Delta ex_{iso} = \Delta ex_{N_2} + \Delta ex_{热源}$$

式中， $\Delta ex_{N_2} = (u_2 - u_1) + P_0(v_2 - v_1) - T_0(s_2 - s_1)$

$$\Delta ex_{热源} = -ex_q = -(q - T_0 s_f) = -(u_2 - u_1) + T_0 \frac{q}{T}$$

$$\Delta ex_{iso} = (u_2 - u_1) - T_0(s_2 - s_1) - (u_2 - u_1) + T_0 \frac{q}{T}$$

因而可得：
$$= -T_0(s_2 - s_1) + T_0 \frac{q}{T}$$

$$= -50.91 + 298 \times \frac{0.7442(390-310)}{450} = -11.48 \text{kJ/kg}$$

即㶲损失：$l_2 = -\Delta ex_{iso} = 11.48$ kJ/kg。

㶲分析表明方案二的㶲损失小于方案一，且由计算公式可见㶲损失与热源温度 T 有关，T 越高，即传热温差越大，㶲损失也越大，但总比方案一好。热力学第二定律分析的结果表明，将功转换成热加以利用，不是用能的好办法。

思 考 题

5-1 热力学第二定律的下列说法能否成立？
(1) 功量可以转换成热量，但热量不能转换成功量。
(2) 自发过程是不可逆的，但非自发过程是可逆的。
(3) 从任何具有一定温度的热源取热，都能进行热变功的循环。

5-2 下列说法是否正确？
(1) 系统熵增大的过程必须是不可逆过程。
(2) 系统熵减小的过程无法进行。
(3) 系统熵不变的过程必须是绝热过程。
(4) 系统熵增大的过程必然是吸热过程，它可能是放热过程吗？
(5) 系统熵减少的过程必须是放热过程。可以是吸热过程吗？
(6) 对不可逆循环，工质熵的变化 $\oint ds \geqslant 0$。
(7) 在相同的初、终态之间，进行可逆过程与不可逆过程，则不可逆过程中工质熵的变化大于可逆过程中工质熵的变化。
(8) 在相同的初、终态之间，进行可逆过程与不可逆过程，则两个过程中，工质与外界之间传递的热量不相等。

5-3 循环的热效率越高，则循环净功越大，反之，循环的净功越多，则循环的热效率也越高，对吗？

5-4 两种理想气体在闭口系统中进行绝热混合，问混合后气体的热力学能，焓及熵与混合前两种气体的热力学能、焓及熵之和是否相等？

5-5 任何热力循环的热效率均可用下列公式来表达 $\eta_t = 1 - \frac{q_2}{q_1} = 1 - \frac{T_2}{T_1}$，这一说法对吗？为什么？

5-6 与大气温度相同的压缩气体可以从大气中吸热而膨胀做功（依靠单一热源做功），这是否违背热力学第二定律。

5-7 闭口系进行一过程后，如果熵增加了，是否肯定它从外界吸收了热量，如果熵减少了，是否肯定它向外界放出了热量。

5-8 自然界中一切过程都是不可逆过程，那么研究可逆过程又有什么意义呢。

5-9 第二类永动机与第一类永动机有何不同。

5-10 $T\text{-}s$ 图在热力学应用中有什么重要作用？不可逆过程能否在 $T\text{-}s$ 图上准确地表示出来？

5-11 每千克工质在开口系统及闭口系统中,从相同的状态 1 变化到相同的状态 2,而环境状态都是 p_0,T_0,问两者的最大有用功是否相同?

5-12 闭口系统经历一个不可逆过程,系统对外做功 10kJ,并向外放热 5kJ,问该系统熵的变化是正、是负还是可正可负?

5-13 闭口系统从热源取热 5000kJ,系统的熵增加为 20kJ/K,如系统在吸热过程中温度保持为 300K,问这一过程是可逆的、不可逆的还是不能实现的。

5-14 为什么不可逆绝热稳定流动过程,系统(控制体)熵的变化为零,既然是一个不可逆绝热过程,熵必然有所增加,增加的熵到哪里去了。

习 题

5-1 卡诺循环工作于 600℃ 及 40℃ 两个热源之间,设卡诺循环每秒钟从高温热源取热 100kJ,求(1)卡诺循环的热效率;(2)卡诺循环产生的功率;(3)每秒钟排向冷源的热量。

5-2 有一热机工作于 500℃ 及环境温度 30℃ 之间,试求该热机可能达到的最高热效率?如从热源吸热 10000kJ,那么能产生多少净功。

5-3 某一动力循环工作于温度为 1000K 及 300K 的热源与冷源之间,循环过程为 1-2-3-1,其中 1-2 为定压吸热过程,2-3 为绝热膨胀过程,3-1 为定温放热过程。点 1 的参数是 $p_1=0.1$MPa,$T_1=300$K;点 2 的参数是 $T_2=1000$K。如循环中是 1kg 空气,其 $c_p=1.01$kJ/(kg·K),求循环热效率及净功。

5-4 如上题,在热源及冷源之间进行一个卡诺循环 1-2′-3′-4′-1,其中 1-2′ 是绝热压缩过程;2′-3′ 是定温吸热过程;3′-4′ 是绝热膨胀过程,4′-1 是定温放热过程。点 1 的参数与上题相同,也是 $p_1=0.1$MPa,$T_1=300$K。吸热过程 2′-3′ 中的热量等于上题中定压过程 1-2 中的吸热量。如循环中也是 1kg 空气。求循环热效率及净功,并将本题及上题两个循环过程画在同一张 T-s 图上进行比较。

5-5 假定利用一逆卡诺循环作为一住宅采暖设备,室外环境温度为 -10℃,为使住宅内保持 20℃。每小时需供给 100000kJ 的热量。试求(1)该热泵每小时从室外吸取多少热量;(2)热泵所需的功率;(3)如直接用电炉采暖,则需要多大功率。

5-6 有一热泵用来冬季采暖和夏季降温,室内要求保持 20℃,室内外温度每相差 1℃,每小时通过房屋围护结构的热损失是 1200kJ,热泵按逆卡诺循环工作。求(1)当冬季室外温度为 0℃ 时,该热泵需要多大功率;(2)在夏季如仍用上述功率使其按制冷循环工作,问室外空气温度在什么极限情况下还能维持室内为 20℃。

5-7 如果用热效率为 30% 的热机来拖动供热系数为 5 的热泵,将热泵的排热量用于加热某采暖系统的循环水。如热机每小时从热源取热 10000kJ,则建筑物将得到多少热量?

5-8 如上题中热机的排热量也作为建筑物的供热量。则建筑物将总共得到多少热量?

5-9 0.1kg 空气进行不可逆绝热压缩,由 $p_1=0.1$MPa,$T_1=300$K 增加到 0.3MPa。不可逆压缩过程所消耗的功是可逆过程的 1.1 倍,试求压缩终了时的温度及空气熵的变化。

5-10 从温度为 20℃ 的周围环境传给温度为 -15℃ 的冷藏室的热量为 125700kJ/h。由于制冷机的作用,使该冷藏室维持在 -15℃,并把从冷藏室吸收的热量排给 20℃ 的冷却水,求制冷机的理论功率为多少?假如冷却水的温度上升 7℃,求每小时所需要的冷却水量?$c_{H_2O}=4.19$kJ/(kg·K)。

5-11 某气缸中气体,首先经历了一个不可逆过程,从温度为 600K 的热源中吸取 100kJ 的热量,使其热力学能增加 30kJ,然后再通过一可逆过程,使气体回复到初始状态。该过程中只有气体与 600K 热源发生热交换。已知热源经历上述两个过程后熵变化为 0.026kJ/K。求:(1)第一个过程(不可逆的)中气体对外所做的功。(2)第二个过程(可逆的)中气体与热源交换的热量,气体所完成的功量。

5-12 有一台可逆热机,工质为理想气体,在其循环 1-2-3-1 中:1-2 为定容加热过程;2-3 为绝热膨胀过程;3-1 为定压放热过程;试证明该循环的热效率为

105

$$\eta_t = 1 - k\frac{v_3/v_1 - 1}{p_2/p_1 - 1}$$

并将该循环过程表示在 $p\text{-}v$ 图上及 $T\text{-}s$ 图上。式中 $k=\dfrac{c_p}{c_v}$。

5-13 在热源 T_1 与冷源 T_2 之间进行 1-2-3-4-1 循环，其中 1-2 为定温吸热过程（T_1=常数）、2-3 为定容放热过程，温度由 T_1 降为 T_2，3-4 定温放热过程（T_2=常数），4-1 为定熵压缩过程。试求该循环热效率的计算式，并将该循环过程表示在 $p\text{-}v$ 图及 $T\text{-}s$ 图上。

5-14 在高温热源 T_1=2000K 及低温冷源 T_2=600K 之间进行一个不可逆循环。若工质在定温吸热过程中与 T_1 热源存在 60K 温差，在定温放热过程中与冷源 T_2 也存在 60K 温差，而其余两个为定熵膨胀与定熵压缩过程。试求（1）循环热效率（2）若热源供给 1000kJ 的热量，则做功能力损失多少？

5-15 某一刚性绝热容器，有一隔板将容器分为容积相等的两部分，每一部分容积均为 0.1m^3。如容器一边是温度为 40℃，压力为 0.4MPa 的空气，另一边是温度为 20℃，压力为 0.2MPa 的空气。当抽出隔板后，两部分空气均匀混合而达到热力平衡。求混合过程引起的空气熵的变化。

5-16 1kg 空气由 t_1=127℃ 定容加热，使压力升高到初压的 2.5 倍（$p_2=2.5p_1$），然后绝热膨胀，使容积变为原来的 10 倍（$v_3=10v_1$），再定温压缩到初态而完成一个循环。若 p_3=0.15MPa，试求（1）循环热效率；（2）循环净功；（3）将循环 1-2-3-1 表示在 $p\text{-}v$ 图及 $T\text{-}S$ 图上。

5-17 流量为 0.5kg/s 的压缩空气流过汽轮机，如进行的是不可逆绝热膨胀过程，进入汽轮机时空气的温度为 25℃，流出汽轮机的压力 $p_2=\dfrac{1}{2.5}p_1$。如汽轮机的实际功率为 20kW，求气体的出口温度。如空气在汽轮机中进行定熵膨胀出口压力 $p_2=\dfrac{1}{2.5}p_1$，则可得到理论功率为多少 kW？用 $T\text{-}s$ 图表示出这两种膨胀过程。

5-18 空气在气缸中被压缩，由 p_1=0.1MPa，t_1=30℃ 经多变过程到 p_2=1MPa，如多变指数 n=1.3，在压缩过程中放出的热量全部为环境所吸收，环境温度 T_0=290K。如压缩 1kg 空气，求由环境与空气所组成的孤立系统的熵变化。

5-19 如果室外温度为 -10℃，为保持车间内最低温度为 20℃，需要每小时向车间供热 36000kJ，求：(1) 如采用电热器供暖，需要消耗电功率多少。(2) 如采用热泵供暖，供给热泵的功率至少是多少。(3) 如果采用热机带动热泵进行供暖，热机所需的供热率至少为多少。假设：向热机的供热温度为 600K，热机在大气温度下放热。

5-20 氮气在气缸内进行可逆绝热膨胀，由 p_1=1MPa，T_1=800K 膨胀到 p_2=0.2MPa。求 1kg 氮气所做的膨胀功。如环境状态 p_0=0.1MPa，T_0=300K，求 1kg 氮气从上述状态变化到环境状态所出的最大有用功（㶲）。两者相比谁大？试说明理由。

5-21 氮气在气缸内进行多变膨胀，由 p_1=1MPa，T_1=800K 膨胀到 p_2=0.2MPa，如多变指数 n=1.2，求 1kg 氮的膨胀功。如环境状态 T_0=300K，p_0=0.1MPa，求 1kg 氮从上述初态变化到环境状态所作出的最大有用功（㶲）。两者相比谁大，试说明其理由。

5-22 闭口系统中有压力 p_1=0.2MPa，温度 T_1=500K 的空气 10m^3，在定压下加热到 600K，如环境温度 T_0=300K，问空气所吸收的热量中有多少是可用能？有多少是不可用能？

5-23 某一空气涡轮机，空气进口参数 p_1=0.5MPa，T_1=500K，经过绝热膨胀，p_2=0.1MPa，T_2=320K。试 (1) 确定每 kg 空气所产生的轴功；如环境状态 p_0=0.1MPa，T_0=300K，求：(2) 初终状态空气的㶲值；(3) 整个过程的㶲损失及㶲效率。

5-24 设工质在热源 T=1000K 与冷源 T_0=300K 之间进行不可逆循环。当工质从热源 T 吸热时存在 20K 温差，向冷源 T_0 放热时也存在 20K 温差，其余两个为定熵膨胀及定熵压缩过程。求 (1) 循环热效率；(2) 热源每提供 1000kJ 的热量，做功能力损失是多少？(3) 该孤立系统做功能力损失是否符合 $l=T_0\Delta s_{\text{iso}}$。

第六章 热力状态参数的微分关系式

工质的热力性质是分析热力过程和热力循环的基础。表达工质热力性质的状态参数主要有温度、压力、比体积、热力学能、焓、熵、定压比热容等。其中，温度、压力、比体积、定压比热容可以直接通过实验测量或通过简单转换得到，而热力学能、焓、熵等状态参数无法直接测量得到。热力状态参数的微分关系式是根据热力学第一定律与热力学第二定律，运用数学工具导出的各种热力学状态参数间关系的方程式，是由上述可测状态参数确定不可测状态参数的理论基础。有时也称为热力学一般关系式。本章讨论的热力状态参数的微分关系式普遍适用于简单可压缩系统中的单相工质。

本章要求：掌握由可测实验数据求取不能用实验直接测定的热力状态参数（如热力学能、焓和熵等），以及运用热力学理论指导实验设计和整理实验数据；理解由简单可压缩系统的热力学第一定律表达式与热力学第二定律表达式，转变为工质的状态参数间关系式的基本原理。

第一节 主要数学关系式

根据状态公理，可使用任意两个独立状态参数确定简单可压缩系统的平衡状态，即当两个独立状态参数有了确定值后，所有其他状态参数也随之有了确定的值。那么，对于简单可压缩系统，每个状态参数都是两个独立状态参数的函数。假设 x、y 是两个独立的状态参数，则任意的第三个状态参数 z 是 x、y 的函数，即 $z=f(x,y)$。在数学上，若 z 是独立变量 x、y 的连续函数，它的各偏导数都存在且连续，则函数 z 的全微分为

$$dz = \left(\frac{\partial z}{\partial x}\right)_y dx + \left(\frac{\partial z}{\partial y}\right)_x dy \tag{6-1}$$

或

$$dz = Mdx + Ndy$$

式中，$M=\left(\frac{\partial z}{\partial x}\right)_y$，$N=\left(\frac{\partial z}{\partial y}\right)_x$。

若 M、N 是 x、y 的连续函数，对 M、N 分别求 y、x 的偏导数，则有

$$\left(\frac{\partial M}{\partial y}\right)_x = \frac{\partial^2 z}{\partial y \partial x}; \quad \left(\frac{\partial N}{\partial x}\right)_y = \frac{\partial^2 z}{\partial x \partial y}$$

如果上述混合偏导数连续，则混合偏导数与求导顺序无关，即

$$\left(\frac{\partial M}{\partial y}\right)_x = \left(\frac{\partial N}{\partial x}\right)_y \tag{6-2}$$

式（6-2）是检验函数微分 dz 是不是全微分的充要条件。

$z=f(x,y)$ 亦可写成 $x=f(y,z)$，函数 x 的全微分为

$$dx = \left(\frac{\partial x}{\partial y}\right)_z dy + \left(\frac{\partial x}{\partial z}\right)_y dz \tag{6-3}$$

第六章 热力状态参数的微分关系式

将式（6-3）代入式（6-1），得

$$dz = \left[\left(\frac{\partial z}{\partial x}\right)_y \left(\frac{\partial x}{\partial y}\right)_z + \left(\frac{\partial z}{\partial y}\right)_x\right]dy + \left(\frac{\partial x}{\partial z}\right)_y \left(\frac{\partial z}{\partial x}\right)_y dz$$

整理得

$$\left[\left(\frac{\partial z}{\partial x}\right)_y \left(\frac{\partial x}{\partial y}\right)_z + \left(\frac{\partial z}{\partial y}\right)_x\right]dy = \left[1 - \left(\frac{\partial x}{\partial z}\right)_y \left(\frac{\partial z}{\partial x}\right)_y\right]dz \tag{6-4}$$

由于 y、z 均是独立变量，上式等号两端分别是 y、z 的微分，要使得上式成立，只有

$$1 - \left(\frac{\partial x}{\partial z}\right)_y \left(\frac{\partial z}{\partial x}\right)_y = 0$$

$$\left(\frac{\partial z}{\partial x}\right)_y \left(\frac{\partial x}{\partial y}\right)_z + \left(\frac{\partial z}{\partial y}\right)_x = 0$$

即

$$\left(\frac{\partial x}{\partial z}\right)_y \left(\frac{\partial z}{\partial x}\right)_y = 1 \quad \left(\frac{\partial x}{\partial z}\right)_y = \frac{1}{(\partial z/\partial x)_y}$$

$$\left(\frac{\partial z}{\partial x}\right)_y \left(\frac{\partial x}{\partial y}\right)_z = -\left(\frac{\partial z}{\partial y}\right)_x$$

$$\left(\frac{\partial x}{\partial y}\right)_z \left(\frac{\partial y}{\partial z}\right)_x \left(\frac{\partial z}{\partial x}\right)_y = -1 \tag{6-5}$$

式（6-5）称为循环关系式，它是一个基本关系式，具有普遍适用性。在热力学分析中经常需要互换给定的状态参数，或者将其更换为一组新的参数时，就会用到循环关系式。

第二节 简单可压缩系统的基本关系式

针对简单可压缩系统，根据热力学第一定律和热力学第二定律，以及某些状态参数的定义式可以导出热力学基本关系式。

一、四个基本关系式

1. 热力学能的基本关系式

简单可压缩系统中，可逆过程的能量方程（单位质量）为

$$\delta q = du + \delta w$$

对可逆过程

$$\delta q = Tds; \quad \delta w = pdv$$

联合上述二式可得

$$du = Tds - pdv \tag{6-6}$$

2. 焓的基本关系式

根据焓的定义式 $h = u + pv$，则可得

$$dh = du + pdv + vdp$$

代入式（6-6）则得

$$dh = Tds + vdp \tag{6-7}$$

3. 自由能的基本关系式

令 $f=u-Ts$,f 称为比自由能,简称自由能,或称亥姆霍兹（Helmholtz）函数,则可得
$$df=du-Tds-sdT$$
将式（6-6）代入,则得自由能的基本关系式
$$df=-sdT-pdv \tag{6-8}$$

4. 自由焓的基本关系式

令 $g=h-Ts$,g 称为比自由焓,简称自由焓,或称吉布斯（Gibbs）函数,则可得
$$dg=dh-Tds-sdT$$
将式（6-7）代入,则得自由焓的基本关系式
$$dg=-sdT+vdp \tag{6-9}$$

自由能和自由焓是研究化学反应和相变过程的两个重要状态参数,其物理意义及应用将在第十二章中进一步介绍。

式（6-6）～(6-9)是由简单可压缩系统能量微分方程转换而来的,全部由状态参数组成,反映了简单可压缩系统处于平衡状态时各状态参数之间的基本关系,称之为热力学基本关系式。如果系统从一个平衡状态变化到另一个平衡状态,不论经历可逆过程或不可逆过程,只要初、终状态相同,不同热力过程的状态参数变化量是相同的,状态参数间的关系式也是相同的。这是由状态参数的点函数特性决定的。如果热力过程是不可逆的,则上述方程中的 Tds 不是系统的传热量,pdv 也不是系统的膨胀功。

应当指出,对上述四个基本关系式 du、dh、df 及 dg 积分时,可以在始末两个平衡态之间任意选择一条或几条可逆过程的路径计算,所得结果是一样的。

二、麦克斯韦关系式

从四个热力学基本关系式（6-6）～(6-9)对照全微分表达式（6-1）可导出四组状态参数的定义式：

从式（6-6）可得
$$T=\left(\frac{\partial u}{\partial s}\right)_v \text{ 及 } p=-\left(\frac{\partial u}{\partial v}\right)_s \tag{6-10}$$

从式（6-7）可得
$$T=\left(\frac{\partial h}{\partial s}\right)_p \text{ 及 } v=\left(\frac{\partial h}{\partial p}\right)_s \tag{6-11}$$

从式（6-8）可得
$$s=-\left(\frac{\partial f}{\partial T}\right)_v \text{ 及 } p=-\left(\frac{\partial f}{\partial v}\right)_T \tag{6-12}$$

从式（6-9）可得
$$s=-\left(\frac{\partial g}{\partial T}\right)_p \text{ 及 } v=\left(\frac{\partial g}{\partial p}\right)_T \tag{6-13}$$

从式（6-10）～(6-13)可知,当相应的独立状态参数选定后,只要已知基本关系式 $u(s,v)$、$h(s,p)$、$f(T,v)$ 和 $g(T,p)$ 中的一个,则其余的状态参数均可以被确定。例如,当以 T、v 为独立状态参数,已知函数 $f(T,v)$,则由式（6-12）得到状态方程 $p(T,v)=-\left(\frac{\partial f}{\partial v}\right)_T$ 和状态参数 $s(T,v)=-\left(\frac{\partial f}{\partial T}\right)_v$,按照自由能定义式可得热力学能 $u(T,v)=f(T,v)+Ts(T,v)$,焓 $h(T,v)=u(T,v)+p(T,v)V$ 和自由焓 $g(T,v)=h$

$(T,v)-Ts(T,v)$。因此说，四组基本关系式反映了系统平衡状态下工质状态参数之间的定量特征，常称 $u(s,v)$、$h(s,p)$、$f(T,v)$ 和 $g(T,p)$ 为特征函数。可以看出，通过特征函数研究工质的热力性质是非常方便的。但是，这些特征函数都包含不可测状态参数熵 s 和热力学能 u 等，不可能用实验测量方法直接得到特征函数。

由于状态参数都是点函数，因此，du，dh，df 及 dg 都是全微分。利用全微分的充要条件关系式 (6-2)，$\left(\frac{\partial M}{\partial y}\right)_x = \left(\frac{\partial N}{\partial x}\right)_y$，由式 (6-6)～式 (6-9) 可得下列四组关系式：

由式 (6-6) 可得
$$\left(\frac{\partial T}{\partial v}\right)_s = -\left(\frac{\partial p}{\partial s}\right)_v \tag{6-14}$$

由式 (6-7) 可得
$$\left(\frac{\partial T}{\partial p}\right)_s = \left(\frac{\partial v}{\partial s}\right)_p \tag{6-15}$$

由式 (6-8) 可得
$$\left(\frac{\partial s}{\partial v}\right)_T = \left(\frac{\partial p}{\partial T}\right)_v \tag{6-16}$$

由式 (6-9) 可得
$$-\left(\frac{\partial s}{\partial p}\right)_T = \left(\frac{\partial v}{\partial T}\right)_p \tag{6-17}$$

上述四个关系式称为麦克斯韦关系式，它们给出了简单可压缩系统 p、v、T 及 s 间的四个偏导数关系式，其中式 (6-16) 和式 (6-17) 将不可测状态参数熵的偏导数与可测的状态方程 $f(p,v,T)$ 建立了联系。

三、热系数

状态方程 $f(p,v,T)=0$ 给出了三个可测量的基本状态参数 p、v、T 之间存在的函数关系，于是，应用循环关系式 (6-5)，可得

$$\left(\frac{\partial v}{\partial p}\right)_T \left(\frac{\partial p}{\partial T}\right)_v \left(\frac{\partial T}{\partial v}\right)_p = -1$$

或

$$\frac{\left(\frac{\partial v}{\partial p}\right)_T \left(\frac{\partial p}{\partial T}\right)_v}{\left(\frac{\partial v}{\partial T}\right)_p} = -1 \tag{6-18}$$

式 (6-18) 中三个偏导数不仅可以通过实验测定，而且具有明显的物理意义。因此，定义如下三个热物性系数

$$\left. \begin{array}{l} \alpha = \dfrac{1}{p}\left(\dfrac{\partial p}{\partial T}\right)_v \\[4pt] \beta = \dfrac{1}{v}\left(\dfrac{\partial v}{\partial T}\right)_p \\[4pt] \mu = -\dfrac{1}{v}\left(\dfrac{\partial v}{\partial p}\right)_T \end{array} \right\} \tag{6-19}$$

式中 α——压力温度系数；

$\left(\frac{\partial p}{\partial T}\right)_v$ ——物质在定容下压力随温度的变化率；

β ——容积膨胀系数，或称热膨胀系数；

$\left(\frac{\partial v}{\partial T}\right)_p$ ——物质在定压下比体积随温度的变化率；

μ ——定温压缩系数，或简称压缩系数；

$\left(\frac{\partial v}{\partial p}\right)_T$ ——物质在定温下比体积随压力的变化率，表示物质在定温条件下受压后的压缩性。这个偏导数为负值，加负号后，μ 为正值。

上述物质的三个热系数只要知道其中的两个，就可通过式（6-18）求得第三个热系数。

【**例 6-1**】 求理想气体状态方程 $pv=RT$ 以及范德瓦尔方程 $\left(p+\frac{a}{v^2}\right)(v-b)=RT$ 的容积膨胀系数 β 及定温压缩系数 μ。

【**解**】 对理想气体，由状态方程 $pv=RT$ 可得

$$\left(\frac{\partial v}{\partial T}\right)_p = \frac{R}{p} \ \text{及} \ \left(\frac{\partial v}{\partial p}\right)_T = -\frac{v}{p}$$

代入式（6-19）可得

$$\beta = \frac{1}{v}\left(\frac{R}{p}\right) = \frac{1}{T}$$

$$\mu = -\frac{1}{v}\left(-\frac{v}{p}\right) = \frac{1}{p}$$

将范氏方程改写为

$$p = \frac{RT}{v-b} - \frac{a}{v^2}$$

对上式求偏导数得

$$\left(\frac{\partial p}{\partial T}\right)_v = \frac{R}{v-b} \tag{a}$$

$$\left(\frac{\partial p}{\partial v}\right)_T = -\frac{RT}{(v-b)^2} + \frac{2a}{v^3} \tag{b}$$

根据式（6-18）

$$\left(\frac{\partial v}{\partial T}\right)_p = -\left(\frac{\partial v}{\partial p}\right)_T \left(\frac{\partial p}{\partial T}\right)_v = -\frac{\left(\frac{\partial p}{\partial T}\right)_v}{\left(\frac{\partial p}{\partial v}\right)_T}$$

把式（a）及式（b）代入上式得

$$\left(\frac{\partial v}{\partial T}\right)_p = -\frac{\frac{R}{(v-b)}}{-\frac{RT}{(v-b)^2} + \frac{2a}{v^3}} = \frac{\frac{R}{(v-b)}}{\frac{RTv^3 - 2a(v-b)^2}{(v-b)^2 v^3}} = \frac{R(v-b)v^3}{RTv^3 - 2a(v-b)^2}$$

最后可得容积膨胀系数

$$\beta = \frac{1}{v}\left(\frac{\partial v}{\partial T}\right)_p = \frac{R(v-b)v^2}{RTv^3 - 2a(v-b)^2}$$

通过式（b）取倒数得

$$\left(\frac{\partial v}{\partial p}\right)_T = \frac{1}{-\frac{RT}{(v-b)^2}+\frac{2a}{v^3}} = -\frac{(v-b)^2 v^3}{RTv^3 - 2a(v-b)^2}$$

所以定温压缩系数为

$$\mu = -\frac{1}{v}\left(\frac{\partial v}{\partial p}\right)_T = \frac{(v-b)^2 v^2}{RTv^3 - 2a(v-b)^2}$$

如果不考虑由于气体分子体积及分子之间相互作用力的修正，则范德瓦尔方程中 $a=b=0$。范氏方程变为理想气体方程，上述结果将变为 $\beta=\frac{1}{T}$，$\mu=\frac{1}{p}$。

第三节 熵、焓及热力学能的微分方程式

一、熵方程

单相工质的状态参数熵可以表示为基本状态参数 p,v,T 中任意两个参数的函数，于是可以得到三个普遍适用的函数式，即 $s=s(T,v)$，$s=s(T,p)$ 和 $s=s(p,v)$。

1. 以 T、v 为独立变量

以 T、v 为独立变量时，熵的全微分式为

$$ds = \left(\frac{\partial s}{\partial T}\right)_v dT + \left(\frac{\partial s}{\partial v}\right)_T dv$$

对可逆定容过程，$v=$ 常数，存在下列关系

$$c_v dT_v = T ds_v$$

即

$$\left(\frac{\partial s}{\partial T}\right)_v = \frac{c_v}{T}$$

再利用麦克斯韦关系式（6-16）

$$\left(\frac{\partial s}{\partial v}\right)_T = \left(\frac{\partial p}{\partial T}\right)_v$$

将上述两个偏导数代入熵的全微分式，即可得到以状态参数 T、v 为独立变量的熵的微分方程式

$$ds = \frac{c_v}{T} dT + \left(\frac{\partial p}{\partial T}\right)_v dv \tag{6-20}$$

对式（6-20）积分得

$$s_2 - s_1 = \int_{T_1}^{T_2} \frac{c_v}{T} dT + \int_{v_1}^{v_2} \left(\frac{\partial p}{\partial T}\right)_v dv \tag{6-21}$$

2. 以 T、p 为独立变量

以 T、p 为独立变量时，熵的全微分式为

$$ds = \left(\frac{\partial s}{\partial T}\right)_p dT + \left(\frac{\partial s}{\partial p}\right)_T dp$$

对可逆定压过程，$p=$ 常数，存在下列关系

$$c_p dT_p = T ds_p$$

即
$$\left(\frac{\partial s}{\partial T}\right)_p = \frac{c_p}{T}$$

利用麦克斯韦关系式（6-17）
$$\left(\frac{\partial s}{\partial p}\right)_T = -\left(\frac{\partial v}{\partial T}\right)_p$$

将上述两个偏导数代入熵的全微分式，即可得到以状态参数 T、p 为独立变量的熵的微分方程式

$$ds = \frac{c_p}{T}dT - \left(\frac{\partial v}{\partial T}\right)_p dp \tag{6-22}$$

对式（6-22）积分得

$$s_2 - s_1 = \int_{T_1}^{T_2} \frac{c_p}{T}dT - \int_{p_1}^{p_2} \left(\frac{\partial v}{\partial T}\right)_p dp \tag{6-23}$$

3. 以 p、v 为独立变量

以 p、v 为独立变量时，熵的全微分为

$$ds = \left(\frac{\partial s}{\partial p}\right)_v dp + \left(\frac{\partial s}{\partial v}\right)_p dv$$

因为

$$\left(\frac{\partial s}{\partial p}\right)_v = \left(\frac{\partial s}{\partial T}\right)_v \left(\frac{\partial T}{\partial p}\right)_v = \frac{c_v}{T}\left(\frac{\partial T}{\partial p}\right)_v$$

$$\left(\frac{\partial s}{\partial v}\right)_p = \left(\frac{\partial s}{\partial T}\right)_p \left(\frac{\partial T}{\partial v}\right)_p = \frac{c_p}{T}\left(\frac{\partial T}{\partial v}\right)_p$$

将上述两个偏导数代入熵的全微分式，即可得到以状态参数 p、v 为独立变量的熵的全微分方程式

$$ds = \frac{c_v}{T}\left(\frac{\partial T}{\partial p}\right)_v dp + \frac{c_p}{T}\left(\frac{\partial T}{\partial v}\right)_p dv \tag{6-24}$$

对式（6-24）积分得

$$s_2 - s_1 = \int_{p_1}^{p_2} \frac{c_v}{T}\left(\frac{\partial T}{\partial p}\right)_v dp + \int_{v_1}^{v_2} \frac{c_p}{T}\left(\frac{\partial T}{\partial v}\right)_p dv \tag{6-25}$$

式（6-20）~式（6-25）分别是计算单相工质熵变化的三组热力学微分方程式或积分方程式。这些式子中的右边只有比热容和反映 p、v、T 关系的偏导数，只要通过实验测量得到比热容和状态方程式，就不难算出工质熵的变化。

二、焓方程

根据上述单相工质的状态参数熵的三个微分方程式，可相应地得到焓的三个微分方程式。在这三个焓的微分方程中，以 T、p 为独立变量的微分方程最简单。

对简单可压缩系统，由式（6-7）可知
$$dh = Tds + vdp$$

将熵的第二个微分方程式（6-22）代入上式，即得

$$dh = c_p dT + \left[v - T\left(\frac{\partial v}{\partial T}\right)_p\right]dp \tag{6-26}$$

式（6-26）就是以 T、p 为独立变量的单相工质焓的微分方程式。由此式可知，对定压过程，$dh_p = c_p dT_p$；对定温过程，$dh_T = \left[v - T\left(\frac{\partial v}{\partial T}\right)_p\right]dp_T$。注意，对相变过程中的

工质，上述公式不成立。

在已知定压比热容 c_p 及状态方程的条件下，积分式（6-26）可求得工质焓的变化量。

$$h_2 - h_1 = \int_{T_1}^{T_2} c_p \mathrm{d}T + \int_{p_1}^{p_2} \left[v - T \left(\frac{\partial v}{\partial T} \right)_p \right] \mathrm{d}p \tag{6-27}$$

三、热力学能的微分方程式

根据上述单相工质的状态参数熵的三个微分方程，也可以相应地得到热力学能的三个微分方程式。在这三个微分方程式中，以 T、v 为独立变量的热力学能微分方程最简单。

对简单可压缩系统，由式（6-6）可知

$$\mathrm{d}u = T\mathrm{d}s - p\mathrm{d}v$$

将熵的第一个微分方程式（6-20）代入上式，即得

$$\mathrm{d}u = c_v \mathrm{d}T + \left[T \left(\frac{\partial p}{\partial T} \right)_v - p \right] \mathrm{d}v \tag{6-28}$$

式（6-28）就是以 T、v 为独立变量的热力学能微分方程式。在定容过程中，$\mathrm{d}u_v = c_v \mathrm{d}T_v$，在定温过程中，$\mathrm{d}u_T = \left[T \left(\frac{\partial p}{\partial T} \right)_v - p \right] \mathrm{d}v_T$。注意，对相变过程中的工质，上述公式不成立。

在已知定容比热容 c_v 及状态方程的条件下，积分式（6-28）可求得工质热力学能变化量。

$$u_2 - u_1 = \int_{T_1}^{T_2} c_v \mathrm{d}T + \int_{v_1}^{v_2} \left[T \left(\frac{\partial p}{\partial T} \right)_v - p \right] \mathrm{d}v \tag{6-29}$$

当然，如果应用式（6-27）已算出 $(h_2 - h_1)$，也可直接应用下式计算热力学能的变化。

$$u_2 - u_1 = (h_2 - h_1) - (p_2 v_2 - p_1 v_1)$$

四、热量的微分方程式

如将式（6-20）、式（6-22）两端乘以 T，则可得可逆微元过程中的热量

$$\delta q = T\mathrm{d}s = c_v \mathrm{d}T + T \left(\frac{\partial p}{\partial T} \right)_v \mathrm{d}v$$

$$\delta q = T\mathrm{d}s = c_p \mathrm{d}T - T \left(\frac{\partial v}{\partial T} \right)_p \mathrm{d}p$$

上述两式适用于单相工质的任何可逆过程。

【例 6-2】 应用理想气体方程 $pv = RT$，求理想气体熵变化量的计算式。

【解】 根据理想气体状态方程 $pv = RT$，可得到下列偏导数

$$\left(\frac{\partial p}{\partial T} \right)_v = \frac{R}{v}; \quad \left(\frac{\partial v}{\partial T} \right)_p = \frac{R}{p}$$

$$\left(\frac{\partial T}{\partial p} \right)_v = \frac{v}{R}; \quad \left(\frac{\partial T}{\partial v} \right)_p = \frac{p}{R}$$

将这些关系式代入式（6-20）、式（6-22）及式（6-24），并应用理想气体状态方程即可得到理想气体熵的微分方程式

$$\mathrm{d}s = c_v \frac{\mathrm{d}T}{T} + R \frac{\mathrm{d}v}{v}$$

$$\mathrm{d}s = c_p \frac{\mathrm{d}T}{T} - R \frac{\mathrm{d}p}{p}$$

$$\mathrm{d}s = c_v \frac{\mathrm{d}p}{p} + c_p \frac{\mathrm{d}v}{v}$$

将这些式子积分，可得理想气体熵变化的计算式：

$$\Delta s = \int_1^2 c_v \frac{dT}{T} + R\ln\frac{v_2}{v_1}$$

$$\Delta s = \int_1^2 c_p \frac{dT}{T} - R\ln\frac{p_2}{p_1}$$

$$\Delta s = \int_1^2 c_v \frac{dp}{p} + \int_1^2 c_p \frac{dv}{v}$$

【例 6-3】 已知某气体的状态方程为 $v = \frac{RT}{p} - \frac{c}{T^3}$，$c$ 为常数，如定压比热容 $c_p = a + bT$。试计算过程 1-2 中每千克工质焓及熵的变化。状态参数 $p_1 > p_2$，$T_2 > T_1$，如图 6-1 所示。

【解】 根据状态参数的特点可将过程 1-2 分解为定温过程 1-x 及定压过程 x-2，分别求出它们的焓和熵的变化量，然后再相加，即可求得过程 1-2 中 Δh 及 Δs 的值

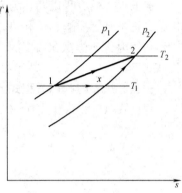

图 6-1　例题 6-3 示意图

对状态方程 $v = \frac{RT}{p} - \frac{c}{T^3}$ 求偏导数

$$\left(\frac{\partial v}{\partial T}\right)_p = \frac{R}{p} + \frac{3c}{T^4}$$

对定温过程 1-x，由式（6-26）可知其焓的变化为

$$\Delta h_{T_1} = \int_{p_1}^{p_2} \left[v - T\left(\frac{\partial v}{\partial T}\right)_p\right]_{T_1} dp = \int_{p_1}^{p_2} \left[\frac{RT_1}{p} - \frac{c}{T_1^3} - T_1\left(\frac{R}{p} + \frac{3c}{T_1^4}\right)\right] dp$$

$$= \int_{p_1}^{p_2} -\frac{4c}{T_1^3} dp = -\frac{4c}{T_1^3}(p_2 - p_1)$$

对定压过程 x-2，由式（6-26）可知其焓的变化为

$$\Delta h_{p_2} = \int_{T_1}^{T_2} c_p dT = \int_{T_1}^{T_2} (a + bT) dT = a(T_2 - T_1) + \frac{b}{2}(T_2^2 - T_1^2)$$

综合上述两式，可得过程 1-2 之间焓的变化为

$$\Delta h = h_2 - h_1 = \Delta h_{T_1} + \Delta h_{p_2}$$

$$= -\frac{4c}{T_1^3}(p_2 - p_1) + a(T_2 - T_1) + \frac{b}{2}(T_2^2 - T_1^2)$$

对定温过程 1-x，按式（6-22）可得熵的变化

$$\Delta s_{T_1} = \int_{p_1}^{p_2} -\left(\frac{\partial v}{\partial T}\right)_p dp = \int_{p_1}^{p_2} -\left(\frac{R}{p} + \frac{3c}{T_1^4}\right) dp$$

$$= -R\ln\frac{p_2}{p_1} - \frac{3c}{T_1^4}(p_2 - p_1)$$

对定压过程 x-2，按式（6-22）可得熵的变化

$$\Delta s_{p_2} = \int_{T_1}^{T_2} c_p \frac{dT}{T} = \int_{T_1}^{T_2} (a + bT) \frac{dT}{T} = a\ln\frac{T_2}{T_1} + b(T_2 - T_1)$$

综合上述两式，可得过程 1-2 之间熵的变化为
$$\Delta s = s_2 - s_1 = \Delta s_{T_1} + \Delta s_{p_2}$$
$$= -R\ln\frac{p_2}{p_1} - \frac{3c}{T_1^4}(p_2 - p_1) + a\ln\frac{T_2}{T_1} + b(T_2 - T_1)$$

第四节 比热容的微分关系式

熵方程、焓方程以及热力学能方程中都含有比热容。如果已知比热容的函数关系式和状态方程，则工质熵、焓和热力学能的变化量即可求出。本节将推导得出一般纯物质的比热容与压力、比体积和温度的一般关系式，并得出定压比热容 c_p 与定容比热容 c_v 之差的关系式。

一、比热容与状态方程式的关系

根据式（6-20）和式（6-22），由全微分充要条件关系式（6-2），分别可得

$$\frac{1}{T}\left(\frac{\partial c_v}{\partial v}\right)_T = \left(\frac{\partial^2 p}{\partial T^2}\right)_v \tag{6-30}$$

$$\frac{1}{T}\left(\frac{\partial c_p}{\partial p}\right)_T = -\left(\frac{\partial^2 v}{\partial T^2}\right)_p \tag{6-31}$$

式（6-30）和式（6-31）表明：在温度不变条件下，定容比热容对比体积的偏导数和定压比热容对压力的偏导数与状态方程存在一定的关系。如果已经求得定容比热容函数 $c_v(T, v)$ 或定压比热容 $c_p(T, p)$ 以及状态方程，则可以通过式（6-30）和式（6-31）检验上述函数的精确程度。

积分式（6-31），可得

$$(c_{p_2} - c_{p_1})_T = -T\int_{p_1}^{p_2}\left(\frac{\partial^2 v}{\partial T^2}\right)_p \mathrm{d}p \tag{6-32}$$

上式表明，如果已经通过实验求得较为准确的状态方程，则只需要测得某一压力 p_1 下的定压比热容 c_{p_1} 关系式，就可以求得同一温度、任意压力 p_2 下的定压比热容 c_{p_2} 关系式，而无须进行各种压力下的定压比热容 c_p 的测定实验。

反之，如果已经通过实验求得较为准确的定压比热容 $c_p(T, p)$ 的关系式，则可以通过两次积分式（6-31）求得状态方程。这是由实验得到状态方程的方法之一。

二、定压比热容与定容比热容的关系

由式（6-20）和式（6-22），得

$$\frac{c_v}{T}\mathrm{d}T + \left(\frac{\partial p}{\partial T}\right)_v \mathrm{d}v = \frac{c_p}{T}\mathrm{d}T - \left(\frac{\partial v}{\partial T}\right)_p \mathrm{d}p$$

整理得

$$\mathrm{d}T = \frac{T(\partial p/\partial T)_v}{c_p - c_v}\mathrm{d}v + \frac{T(\partial v/\partial T)_p}{c_p - c_v}\mathrm{d}p$$

由状态方程 $T = T(v, p)$ 得

$$\mathrm{d}T = \left(\frac{\partial T}{\partial v}\right)_p \mathrm{d}v + \left(\frac{\partial T}{\partial p}\right)_v \mathrm{d}p$$

通过全微分系数比较，得

$$c_p - c_v = T\left(\frac{\partial p}{\partial T}\right)_v \left(\frac{\partial v}{\partial T}\right)_p \tag{6-33}$$

应用式（6-18）$\left(\dfrac{\partial p}{\partial T}\right)_v = -\left(\dfrac{\partial v}{\partial T}\right)_p \left(\dfrac{\partial p}{\partial v}\right)_T$，得

$$c_p - c_v = -T\left(\dfrac{\partial v}{\partial T}\right)_p^2 \left(\dfrac{\partial p}{\partial v}\right)_T \tag{6-34}$$

应用热系数表示为

$$c_p - c_v = \dfrac{Tv\beta^2}{\mu} \tag{6-35}$$

式（6-33）~式（6-35）表明，定压比热容 c_p 与定容比热容 c_v 之差可由状态方程或热系数求得。一般情况下，定压比热容 c_p 容易由实验精确测定，而精确测定 c_v 的值则比较困难，尤其是液体和固体。有了定压比热容 c_p 与定容比热容 c_v 之差的关系式后，就可以通过定压比热容 c_p 求得定容比热容 c_v。

另外，从式（6-34）和式（6-35）还可以得出以下结论：

(1) 对于所有已知工质，$\left(\dfrac{\partial p}{\partial v}\right)_T$ 总是为负（或者 μ 总是为正），而 $\left(\dfrac{\partial v}{\partial T}\right)_p$ 或者 β 可正可负（例如低于4℃的水 β 为负值），但是 $\left(\dfrac{\partial v}{\partial T}\right)_p^2$ 或 β^2 恒为正数，因此，$c_p - c_v \geqslant 0$。

(2) 对于不可压缩工质，$v=$ 常数，则 $\left(\dfrac{\partial v}{\partial T}\right)_p = 0$，故 $c_p = c_v$。一般情况下，可认为固体和液体的 $c_p \approx c_v$。但是，高温环境下两者之间存在较为明显的差别。

(3) 当热力学温度趋近于 0K 时，c_p 与 c_v 之差趋近于 0。

【例 6-4】 求理想气体的定压比热容 c_p 与定容比热容 c_v 之差。

【解】 由理想气体状态方程 $pv=RT$，得

$$\left(\dfrac{\partial p}{\partial T}\right)_v = \dfrac{R}{v}, \quad \left(\dfrac{\partial v}{\partial T}\right)_p = \dfrac{R}{p}$$

代入式（6-33）则得

$$c_p - c_v = T\dfrac{R}{v}\dfrac{R}{p} = R$$

这一结果是已经熟知的梅耶公式。

【例 6-5】 试证明理想气体和不可压缩工质的热力学能是温度的单值函数，即 $u = u(T)$。

【解】 由热力学能微分关系式（6-28）可知，$du = c_v dT + \left[T\left(\dfrac{\partial p}{\partial T}\right)_v - p\right]dv$

(1) 由理想气体状态方程 $pv=RT$，得

$$T\left(\dfrac{\partial p}{\partial T}\right)_v - p = T\dfrac{R}{v} - p = 0$$

因此，$du = c_v dT$

由 $\left(\dfrac{\partial p}{\partial T}\right)_v = \dfrac{R}{v}$，得 $\left(\dfrac{\partial^2 p}{\partial T^2}\right)_v = 0$

而由式（6-30）$\dfrac{1}{T}\left(\dfrac{\partial c_v}{\partial v}\right)_T = \left(\dfrac{\partial^2 p}{\partial T^2}\right)_v$，得 $\left(\dfrac{\partial c_v}{\partial v}\right)_T = 0$，表明 c_v 与比体积没有关系，即 c_v 不是比体积的函数。由此可得，理想气体的热力学能是温度的单值函数，即 $u = u(T)$。

(2) 对不可压缩工质，$v=$ 常数，则 $dv=0$，$c_p = c_v = c$，故 $du = cdT$。而由式

(6-31) 得：

$$\left(\frac{\partial c_p}{\partial p}\right)_T = -T\left(\frac{\partial^2 v}{\partial T^2}\right)_p = 0$$

即比热容 c 不是压力 p 的函数。因此，不可压缩工质的热力学能仅是温度的单值函数，即 $u = u(T)$。

第五节 克拉贝龙方程

纯物质在定压相变过程中（如蒸发、熔化和升华等），它的温度保持不变，说明相变时压力和温度存在着函数关系。在平衡状态下，由两相组成的纯物质的温度和压力不是相互独立的变量，它们之间的关系可由麦克斯韦关系式推出，即式（6-16）：

$$\left(\frac{\partial p}{\partial T}\right)_v = \left(\frac{\partial s}{\partial v}\right)_T$$

相变过程中，已知压力仅是温度的函数，与共存相的体积无关，所以偏导数 $(\partial p/\partial T)_v$ 可用全导数 $\mathrm{d}p_s/\mathrm{d}T_s$ 代替，下标 s 表示饱和状态，$\mathrm{d}p_s/\mathrm{d}T_s$ 表示 $p\text{-}T$ 图中某饱和状态下的饱和曲线斜率。由上式可得

$$\frac{\mathrm{d}p_s}{\mathrm{d}T_s} = \frac{s^{(\beta)} - s^{(\alpha)}}{v^{(\beta)} - v^{(\alpha)}} \tag{6-36}$$

式中，上标（α）和（β）分别代表两个共存相。

相变过程中，饱和压力 p_s、饱和温度 T_s 保持为常数，由式（6-11）可知

$$\left(\frac{\partial h}{\partial s}\right)_p = T$$

积分上式，得

$$h^{(\beta)} - h^{(\alpha)} = T(s^{(\beta)} - s^{(\alpha)})$$

将上式代入式（6-36），得

$$\frac{\mathrm{d}p_s}{\mathrm{d}T_s} = \frac{h^{(\beta)} - h^{(\alpha)}}{T(v^{(\beta)} - v^{(\alpha)})} \tag{6-37}$$

上式即为克拉贝龙方程（Clapeyron Equation）。

克拉贝龙方程是热力学中非常重要的方程之一。它可以预示相变时压力对温度的影响和计算相变潜热。它不仅适用于物质的液体和蒸汽之间的平衡转化，而且适用于固体和蒸汽之间、固体和液体之间以及两个不同固相之间的平衡转变。

当将克拉贝龙方程用于液体－蒸汽（或固体－蒸汽）的平衡转化时，在压力较低时由于蒸汽的体积远大于液体（或固体）的体积，一般可忽略液体（或固体）的体积，这时如果在气、液相中用理想气体定律来近似描述蒸汽的体积，以上标"'"表示饱和液相，上标"''"表示饱和气相，并考虑到汽化潜热 $r = h'' - h'$，则克拉贝龙方程可简化为

$$\frac{\mathrm{d}p_s}{\mathrm{d}T_s} = \frac{h'' - h'}{T_s(v'' - v')} = \frac{r}{T_s(v'' - v')} \approx \frac{pr}{RT_s^2} \tag{6-38}$$

或

$$\frac{1}{p_s}\frac{\mathrm{d}p_s}{\mathrm{d}T_s} = \frac{\mathrm{d}(\ln p_s)}{\mathrm{d}T_s} = \frac{r}{RT_s^2} \tag{6-39}$$

式（6-39）称为克劳修斯-克拉贝龙方程。它表述了压力对相变温度的影响，可用于计算低压环境下的蒸发潜热 r。当此方程用于固体-蒸汽平衡转变时，由于升华或凝华时一般蒸汽压力都很低，接近于理想气体，因而可据此计算升华潜热。

当温度变化不大时，可认为汽化潜热 r 为定值，积分式（6-39），可得

$$\ln p_s = -\frac{r}{RT_s} + C \tag{6-40}$$

或

$$\ln \frac{p_{2s}}{p_{1s}} = -\frac{r}{R}\left(\frac{1}{T_{2s}} - \frac{1}{T_{1s}}\right) = \frac{r}{R}\left(\frac{1}{T_{1s}} - \frac{1}{T_{2s}}\right) \tag{6-41}$$

由式（6-40）可知 $\ln p_s$ 对 $\frac{1}{T_s}$ 作图为一直线，其斜率为 $-\frac{r}{R}$，当汽化潜热已知时，通过测定一组 p_s、T_s 实验值便可以确定积分常数 C。利用式（6-41），可通过已知的两个相近温度及两个相应的蒸汽压值求得该温度区间汽化潜热的平均值。

【**例 6-6**】 根据下列实验数据，试计算 170℃时水的潜热。

饱和温度(℃)	饱和压力(kPa)	比 体 积	
		液体 v'(m³/kg)	蒸汽 v''(m³/kg)
169	772.7	0.0011130	0.2485
170	791.7	0.0011143	0.2428
171	811.0	0.0011155	0.2373

【**解**】 设在给定温度下，温度与压力成线性变化，根据式（6-38）

$$r = (v'' - v')T\frac{\mathrm{d}p_s}{\mathrm{d}T_s} \approx (v'' - v')T\frac{\Delta p}{\Delta T}$$

$$= (0.2428 - 0.0011143) \times (273 + 170) \times \frac{811.0 - 772.7}{171 - 169} = 2050 \text{kJ/kg}$$

所得 r 值与由水的饱和蒸汽表查得170℃时汽化潜热 2048.9kJ/kg 极为接近。

思 考 题

6-1 本章中所导出的各种关系式是否具有普遍适用性？这普遍适用性的含义是什么？

6-2 什么叫热系数？它们在研究物质热力性质中有什么意义？

6-3 热力学微分方程式对工质热物性的研究有何用途？

6-4 比热容关系式（6-33）是否适用于气体、液体及固体？如用于液体及固体将产生什么结果。

6-5 从可逆过程导出的 $\mathrm{d}u$、$\mathrm{d}h$、$\mathrm{d}f$ 及 $\mathrm{d}g$ 的关系式（6-6）、（6-7）、（6-8）及（6-9）能否适用于不可逆过程？为什么？

6-6 $\mathrm{d}s$、$\mathrm{d}h$ 及 $\mathrm{d}u$ 的热力学微分关系式（6-20）、（6-26）及（6-28）能否适用于不可逆过程？

6-7 计算微元过程中的热量公式对不可逆过程是否适用？为什么？

6-8 试讨论由实验确定的热系数，对求解物质熵变化、焓变化及热力学能变化起什么作用？

6-9 某一气体的容积膨胀系数和等温压缩系数分别为

$$\beta = \frac{nR}{pV}, \mu = \frac{1}{p} + \frac{a}{V}$$

式中，a 为常数，n 为物质的量，R 为摩尔气体常数。求此气体的状态方程。

习 题

6-1 试推导 $\left(\frac{\partial u}{\partial p}\right)_T$ 和 $\left(\frac{\partial h}{\partial v}\right)_T$ 与 p、v 和 T 的关系式。

6-2 如气体符合克劳修斯方程 $p(v-b)=RT$（其中 b 为常数），试证：(1)该气体热力学能 $du=c_v dT$；(2)其焓 $dh=c_p dT+b dp$；(3)其 c_p-c_v 为常数；(4)该气体的可逆绝热过程的过程方程式为 $p(v-b)^\kappa=\text{const}$。

6-3 试证明符合范德瓦尔方程的气体具有下列关系：

(1) $(h_2-h_1)_T=(p_2 v_2-p_1 v_1)+a\left(\dfrac{1}{v_1}-\dfrac{1}{v_2}\right)$

(2) $(s_2-s_1)_T=R\ln\left(\dfrac{v_2-b}{v_1-b}\right)$

(3) $c_p-c_v=\dfrac{R}{1-\dfrac{2a(v-b)^2}{RTv^3}}$

6-4 如气体符合范德瓦尔方程，试证明其热力学能及熵的微分方程式为

$$du=c_v dT+\frac{a}{v^2}dv \qquad ds=\frac{c_v}{T}dT+\frac{R}{v-b}dv$$

6-5 试证明 h-s 图的单相区内，容积膨胀系数 $\beta\geqslant 0$ 的物质在任一状态点上的定压线斜率大于定温线的斜率，小于定容线的斜率。

6-6 计算 1kmol 范德瓦尔方程的气体在容积由 V_1 等温膨胀到 V_2 的过程中所吸收的热量。

6-7 证明简单可压缩系统具有下列关系式

(1) $du=c_v dT+\left(\dfrac{\beta T}{\mu}-p\right)dv$

(2) $dh=c_p dT+(v-\beta Tv)dp$

(3) $ds=\dfrac{\mu c_v}{\beta T}dp+\dfrac{c_p}{\beta v T}dv$

6-8 证明符合范德瓦尔方程的气体，其定容比热容只是温度的函数。

6-9 定温压缩系数 $\mu=-\dfrac{1}{v}\left(\dfrac{\partial v}{\partial p}\right)_T$，绝热压缩系数 $\mu_s=-\dfrac{1}{v}\left(\dfrac{\partial v}{\partial p}\right)_s$。求证比热容比 $k=\dfrac{c_p}{c_v}=\dfrac{\mu}{\mu_s}$

6-10 1kmol 氧，在 $T=500$K 下，由 $V_1=5\text{m}^3$ 定温膨胀到 $V_2=20\text{m}^3$。如氧气符合范德瓦尔方程，求此定温膨胀过程中氧气所吸收的热量及所做的膨胀功。

6-11 已知水的三相点温度 $T_1=273.16$K，压力为 $p_1=611.2$Pa，升华潜热 $r_{sv}=2833.4$kJ/kg，如忽略三相点以下升华潜热随温度的变化，试按蒸汽压方程计算 $T_2=258.15$K 时的饱和蒸汽压力 p_2。

6-12 某理想气体变化过程中比热容 c_n 为常数，试证明其过程方程为 $pv^n=\text{const}$，其中 $n=\dfrac{c_x-c_p}{c_x-c_v}$，$c_p$，$c_v$ 为定值定压比热容和定容比热容。

第七章 水 蒸 气

由于水蒸气容易获得，热力参数适宜和不污染环境，所以它是工业上广泛使用的重要工质。如热电厂以水蒸气作为工质完成能量的转换，用水蒸气作为热源加热供热网路中的循环水，空调工程中用水蒸气对空气进行加热或加湿。此外，制冷用的工质如氨、氟利昂等蒸汽，燃气工程中用的液化石油气如丙烷、丁烷等，其热力性质与水蒸气的性质及物态变化规律基本相同，仅是物态变化时参数不同而已。因此，充分掌握水蒸气的性质，对熟悉其他蒸汽的性质可以具举一反三之功。

水蒸气是由液态水经汽化而来的一种气体，离液态较近，不能把它当做理想气体处理，它的性质比一般实际气体还要复杂。而且可用于工程计算的方程也很复杂，应用起来很不方便。为此，专门研究物性的科学工作者研究编制出常用水蒸气的热力性质表和图，供工程计算时查用。这些图表是多年来采用理论分析和实验相结合的方法编制而成的。

本章要求：掌握水蒸气的产生过程；水蒸气状态参数的确定，水蒸气性质图表的结构和应用以及水蒸气在热力过程中功量和热量的计算。

第一节 水的相变及相图

自然界中大多数纯物质都以三种聚集态存在：固相、液相和气相。例如水、制冷剂中的氨、氟利昂、二氧化碳等。在热力工程中，水作为携带能量的工质，其应用最为广泛，下面以水为例来分析纯物质的三态变化。

在一定压力下，对固态冰加热，冰逐渐被加热至融点温度，开始融化为液态水，在全部融化之前保持融点温度不变，此过程称为融解过程。对水继续加热升温至沸点温度，水开始汽化，温度保持不变，直至全部变为水蒸气，此过程称为汽化过程；若再进一步加热，温度逐渐升高变为过热水蒸气。上述过程在 p-t 图上由水平线 a-b-e-l 表示，如图 7-1 所示，其中 b、b' 点等为对应不同压力下冰、水平衡共存的饱和状态，e、e' 点等为对应不同压力下水、水蒸气平衡共存的饱和状态，线段 a-b、b-e 和 e-l 相应为冰、水和蒸汽的定压加热过程。

连接 b、b' 诸点得曲线 AB，它显示了融点温度与压力的关系，并在 p-t 图上划分了固态与液态的区域，称为融解曲线，注意融解曲线不是某个热力过程的过程线。对于凝固时体积缩小的物质（如 CO_2），融解曲线斜率为正（如图 7-2 所示）。对于凝固时体积增大的物质（如水），融解曲线斜率为负（如图 7-1 所示），表明压力升高，融点温度降低。因此，滑冰时冰刀与冰面接触，在很小作用面上受到很大的压力，使凝固点降低，冰被融化为水产生润滑作用而大幅度减少了冰刀与冰面的滑动阻力。

连接 e、e' 诸点得曲线 AC，它显示了沸点温度与压力的关系，并在 p-t 图上划分了液态和气态的区域，称为汽化曲线，同样，汽化曲线也不是某个热力过程的过程线。所有纯物质的汽化曲线斜率均为正,说明沸点温度随压力增大而升高。AC 线上方端点 C 是临界点,此时饱和液和饱和气不仅具有相同的温度和压力,还具有相同的比体积、比热力学能、比焓、比熵,即饱和液和饱和气具有相同的热力学性质。当压力高于临界点的压力时,定压加热(冷却)过程中液−气两相的转变不经历两相平衡共存的饱和状态,而是在连续渐变中完成的,变化中物质总是呈现为均匀的单相。因而在临界压力以上液、气两个相区不存在明显确定的界线。习惯上,常把临界定温线(过 C 点的定温线)当做临界压力以上液、气两个相区的分界。

当压力降低时,AB 和 AC 两线逐渐接近,并交于 A 点,图 7-1、图 7-2 中,A 点是固、液、气三相平衡共存的状态,叫做三相态,三相态是气液共存曲线的最低点,也称三相点。每种纯物质都有唯一的一个气、液、固三相平衡共存的三相点。

例如 　　　　　　　水　$p_A = 611.2\text{Pa}$、$t_A = 0.01℃$
　　　　　　　　　　氢气　$p_A = 719.4\text{Pa}$、$t_A = -259.4℃$
　　　　　　　　　　氧气　$p_A = 12534\text{Pa}$、$t_A = -210℃$

若在低于三相点的压力下对冰定压加热,如图 7-1 中,由 m 点加热,则当冰的温度升高到 d 点时,开始出现冰直接转变为水蒸气现象,这个过程称为升华,而由水蒸气直接变为冰的过程称为凝华。将纯物质不同压力下对应的固态、气态平衡共存的饱和状态 d、d' 诸点连接起来,得曲线 AD,称为升华曲线,它反映了升华温度与压力的关系,并在 p-t 图上划分了固态与气态的区域。秋冬之交的霜冻就是凝华现象。

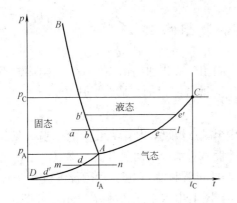

图 7-1　凝固时体积膨胀的物质的 p-t 图

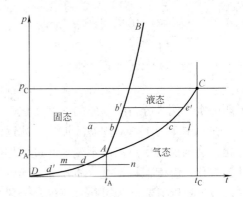

图 7-2　凝固时体积缩小的物质的 p-t 图

水和水蒸气具有良好的流动性能,是热力过程中能量输运与转换的主要载体。以下重点关注水和水蒸气的热力性质与相变过程。

汽化有蒸发和沸腾两种形式。蒸发是指液体表面的汽化过程,通常在任何温度下都可以发生,沸腾是指液体内部的汽化过程,它只能在达到沸点温度时才会发生。

从微观上看,汽化是液体分子脱离液面束缚,跃入气相空间的过程。由于分子跃离液面不仅需要克服界面表层液体分子的引力做功,而且还要扩大体积占据气相空间而做功,故汽化过程需要吸收热量。汽化速度取决于液体温度的高低。与汽化过程相反的是凝结过程,即气相空间的蒸汽分子不断冲撞液面,而被液体分子重新捕获变为液体。凝结速度的快慢与气相空间蒸汽分子密度大小有关,而密度与蒸汽压力成正比,所以凝结速度取决于蒸汽的压力。

日常遇到的蒸发现象都是在自由空间中进行的，液面以上的空间中不仅有蒸汽分子还有大量其他气体。蒸汽分子的密度很小，因而分压力低，其汽化速度往往大于凝结速度，宏观上呈现汽化过程。提高液体温度、增加蒸发表面积和加速液面通风都将提高蒸发速度。

对于在封闭容器中进行的蒸发过程，情况有所不同。随着蒸发的进行，气相空间蒸汽分子的浓度不断增大，返回液体的分子也不断增多，当汽化分子数和凝结分子数处于动态平衡时，宏观上蒸发现象将停止。这种汽化和凝结的动态平衡状况称为饱和状态。饱和状态的压力称为饱和压力，温度称为饱和温度。处于饱和状态下的蒸汽和液体分别称为饱和蒸汽和饱和水。饱和蒸汽和饱和水的混合物称为湿饱和蒸汽，简称湿蒸汽；不含饱和水的饱和蒸汽称为干饱和蒸汽。从 p-t 图可见，纯物质的饱和温度和饱和压力存在单值对应关系：

$$t_s = f(p_s) \tag{7-1}$$

式中，t_s 既是饱和液体温度也是饱和蒸汽温度；p_s 为饱和蒸汽压力。当气相空间有多种气体时，p_s 是该液体的饱和蒸汽分压力，即气相空间该蒸汽的分压力达到该液体温度所对应的饱和压力时，该蒸汽及其液体达到饱和状态。

在一定压力 p 下，当液体加热到压力 p 所对应的饱和温度时，在液体内部和器壁上涌现大量气泡。这种在液体内部进行的汽化过程称为沸腾（如图 7-3 所示）。因为沸腾时在器壁和液体内部产生气泡，气泡在承受住液面压力和气泡上面液柱压力总和的同时，不断有液体汽化进入气泡，从而使气泡体积不断增大并上升进入气相空间。如果忽略液柱的压力，则当液体达到液面上总压力所对应的饱和温度时，就会发生沸腾过程，这个饱和温度也称为该压力下液体的沸点温度。应当指出，该压力是蒸汽的分压力和其他气体分压力的总和。

热力过程中，如果将高温水减压，使其压力降低到对应热水温度的饱和压力以下时，也会使水中产生大量气泡而达到沸腾状态。因此，对高温热水网路，必须采用定压装置，以防止系统内局部发生减压而沸腾汽化，影响安全生产。

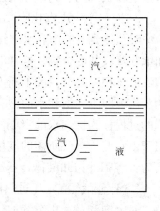

图 7-3 水的沸腾现象

第二节 水蒸气的定压发生过程

一、水蒸气的定压发生过程

工程上所用的水蒸气多是由锅炉、蒸汽发生器、蒸煮设备等在压力近似不变的情况下产生的。其产生过程可通过图 7-4 来说明。在定压容器中盛有定量（假定 1kg）温度为 0.01℃❶的纯水，容器的活塞上加载一定的重量，使水处在不变的压力下。根据水在定压

---

❶ 0.01℃是水的三相点温度，水的热力学能和熵都以这一状态作为计算的起点。

第七章 水蒸气

下变为蒸汽时状态参数变化的特点,水蒸气的发生过程可分为三个阶段,包含五种状态。

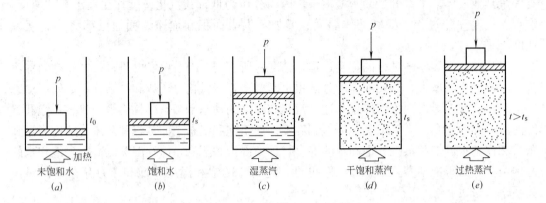

图 7-4 水蒸气定压发生过程示意图

1. 定压预热阶段

水温低于饱和温度的水称为未饱和水(也称过冷水),如图 7-4(a)所示。对未饱和水加热,水温逐渐升高,水的比体积稍有增大,比熵增大,当水温达到压力 P 所对应的饱和温度 t_s 时,水将开始沸腾,这时的水称为饱和水,如图 7-4(b)所示。水在定压下从未饱和状态加热到饱和状态,称为水的定压预热阶段。

2. 饱和水定压汽化阶段

对预热到 t_s 的饱和水继续加热,饱和水开始沸腾,在定温下产生蒸汽而形成饱和液体和饱和蒸汽的混合物,这种混合物称为湿饱和蒸汽,简称湿蒸汽,如图 7-4(c)所示。湿蒸汽的体积随着蒸汽的不断产生而逐渐加大,直至水全部变为蒸汽,这时的蒸汽称为干饱和蒸汽(即不含饱和水的饱和蒸汽),如图 7-4(d)所示。把饱和水定压加热为干饱和蒸汽的过程称为饱和水的定压汽化阶段。在这一阶段中,容器内的温度不变,所加入的热量用于由水变为蒸汽所需的能量和容积增大对外做出的膨胀功。这一热量称为汽化潜热,定义为:将 1kg 饱和液体转变成同温度的干饱和蒸汽所需的热量。

3. 干饱和蒸汽定压过热阶段

对干饱和蒸汽再继续加热时,蒸汽温度自饱和温度起不断升高,比体积和比熵增人。这一过程就是干饱和蒸汽的定压过热阶段,如图 7-4(e)所示。由于这时蒸汽的温度已超过相应压力下的饱和温度,故称为过热蒸汽。其温度超过饱和温度之值称为过热度,$\Delta t = t - t_s$。

二、$p\text{-}v$ 图与 $T\text{-}s$ 图中的水蒸气定压过程线

上述水蒸气的定压发生过程表示在 $p\text{-}v$ 图和 $T\text{-}s$ 图上,如图 7-5 和图 7-6 所示。定压过程线在 $p\text{-}v$ 图上为一水平线,相应的状态点 a_0 是未饱和水,状态点 a' 是饱和水,a'' 点表示干饱和蒸汽,a 点表示过热蒸汽,a' 和 a'' 点间的任一状态点为湿饱和蒸汽。而 $T\text{-}s$ 图中的定压线在预热段 $a_0\text{-}a'$ 和过热段 $a''\text{-}a$ 近似为一上凹的对数曲线。在液汽共存的两相区内,由于相变时的压力和温度都不变,其间的定压线 $a'\text{-}a''$ 也是定温线,因而是水平线。

同样,图 7-5 和图 7-6 中的过程线 $b_0\text{-}b'\text{-}b''\text{-}b$、$d_0\text{-}d'\text{-}d''\text{-}d$ 等是不同压力值下的定压线。由于水的压缩性极小,故压力虽然提高,只要温度不变(仍为 0.01℃),其比体积就基本

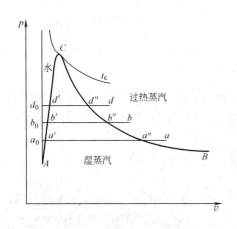
图 7-5 水蒸气的 p-v 图

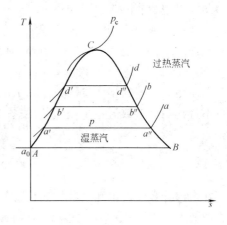
图 7-6 水蒸气的 T-s 图

保持不变,所以在 p-v 图上 0.01℃ 的各种压力下水的状态点 a_0、b_0、d_0 等几乎均在一条垂直线上。由于水受热膨胀的影响大于压缩的影响,压力增大时,水的比体积变化甚小,而随着饱和温度的升高,水的比体积明显增大。因此,饱和水的比体积随温度升高而有所增大。所以,p-v 图上由饱和水状态点构成的曲线斜率为正。由于 $p_s = f(t_s)$ 函数关系中 p_s 比 t_s 增长得快,蒸汽比体积受热膨胀的影响小于受压缩的影响,因而压力较高时的干蒸汽比体积小于压力较低时的比体积。所以,p-v 图上由干饱和蒸汽状态点构成的曲线斜率为负。综上,随着压力与饱和温度的提高,水的预热过程比体积变化率增加,汽化过程的比体积变化率减小,直到某一压力时,汽化过程线缩为一点,该点称为临界点,如图 7-5 和 7-6 中的 C 点。临界点的状态参数称为临界参数。各种物质的临界参数是不同的,如表 2-5 所示。连接 p-v 图上各压力下的饱和水状态点 a'、b'、d'、…和 C 得曲线 AC,称为饱和液体线(又称下界线);连接各压力下的干饱和蒸汽状态点 a''、b''、d''、…和 C 得曲线 BC,称饱和蒸汽线(又称上界线)。两线会合于临界点 C。饱和液体线 AC 与临界定温线 t_c 左侧是未饱和液体区,饱和蒸汽线 BC 与临界定温线 t_c 右侧为过热蒸汽区,两饱和线间(AC 和 BC 之间)称湿饱和蒸汽区。

由于不同压力下液态水的比体积几乎相同,液态水的比热容亦不受压力的影响,所以 T-s 图上不同压力下未饱和水的定压线几乎重合,与曲线 AC 很靠近。

在湿饱和蒸汽区,湿蒸汽的成分常用干度 x 表示,定义为:湿饱和蒸汽中,干饱和蒸汽占湿蒸汽的质量份数,即:湿蒸汽中干饱和蒸汽的含量。

$$x = \frac{m_v}{m_v + m_w} \tag{7-2}$$

式中:m_v 为湿蒸汽中干饱和蒸汽的质量;m_w 为湿蒸汽中饱和水的质量;$m_v + m_w$ 为湿蒸汽的总质量。

$(1-x)$ 称为湿度,它表示湿蒸汽中饱和水的含量。因此,饱和液体线 AC 为 $x=0$ 的定干度线,饱和蒸汽线 BC 为 $x=1$ 的定干度线。

水蒸气的定压发生过程在 p-v 图和 T-s 图上所呈现的特征归纳起来为:

一点:临界点 C;

两线：饱和液体线、饱和蒸汽线；

三区：未饱和液体区、湿饱和蒸汽区、过热蒸汽区；

五种状态：未饱和水状态、饱和水状态、湿饱和蒸汽状态、干饱和蒸汽状态和过热蒸汽状态。

上面是关于水的相变过程特征和结论。其他工质如氨、氟利昂，亦有类似的特征和结果，不过其临界参数值、p_s 与 t_s 的关系以及 p-v 图、T-s 图上各曲线的斜率等各不相同。

第三节　水蒸气表和焓-熵（h-s）图

在工程计算中，水和水蒸气的状态参数可根据水蒸气表和图查得。为了能正确应用图表查取数据，需了解水蒸气表和图所列参数及参数间的一般关系，并在需要时能根据查得的数据进行计算。

一、水蒸气参数的计算

在蒸汽性质表中，通常列出状态参数 p、v、T、h 和 s，而比热力学能 u 则不列出，因为工程上水或水蒸气作为能量输运和转换的载体，流入或流出不同的热力设备，其热力过程计算中热力学能用得较少。如果需要知道热力学能的值，可以根据公式 $u = h - pv$ 计算得到。下面以表中一些特殊状态点参数计算为例来说明参数间的一般关系，以方便应用。

1. 零点的规定

在工程计算中，对于没有化学反应的热力系统通常不需要计算 u、h、s 等参数的绝对值，仅需要计算它们的变化量 Δu、Δh、Δs，故在水蒸气表中可确定一个基准点。根据 1963 年第六届国际水蒸气会议的决定，以纯水在三相（冰、水和汽）平衡共存状态下的饱和水作为基准点。规定在三相态时饱和水的热力学能和熵为零。其参数为：

$$t_0 = 0.01℃$$
$$p_0 = 0.6112 \text{kPa}$$
$$v_0' = 0.00100022 \text{m}^3/\text{kg}$$
$$u_0' = 0 \text{kJ/kg}$$
$$s_0' = 0 \text{kJ/(kg·K)}$$
$$h_0' = u_0' + p_0 v_0' = 0.00061 \text{kJ/kg} \approx 0 \text{kJ/kg}$$

如图 7-5 和图 7-6 所示，A 点为三相态时饱和水的坐标点。

应予指出，各国编制的其他工质蒸汽表的基准点有所不同，数据差异较大，应注意各自的基准点，但并不影响工质状态间的参数变化量。因此，不同基准点的表格数据不能混用。

2. 温度为 0.01℃，压力为 p 的未饱和水

如图 7-5 和图 7-6 所示的状态点 a_0，由于水的压缩性小，可以认为水的比体积与压力无关。因此温度为 0.01℃ 时，不同压力下水的比体积可以近似地认为相等，即 $V_0 \approx 0.001 \text{m}^3/\text{kg}$。因温度相同、比体积相同，所以比热力学能也相同，即 $u_0 = u_0' = 0$，从而比熵也相同，$s_0 = s_0' = 0$。当压力不太高时，焓也可近似认为相同，$h_0 = u_0 + pv_0 = 0$。因此，a_0 点的熵将等于 A 点的熵，在图 7-7 所示 T-s 图上，a_0 点与 A 点将重合。所以，可以认

为在不同压力下，0.01℃的未饱和水状态点 a_0、b_0、d_0、…在 T-s 图上都近似地与 A 点重合，而不同压力下的定压预热过程线 a_0-a'、b_0-b'、d_0-d'、…都近似地落在下界线 AC 上。

3. 温度为 t_s℃，压力为 p 的饱和水

0.01℃的水在定压 p 下加热至 t_s℃成为饱和水，所加入的热量称为液体热，用 q_l 表示。在 T-s 图上相当于预热阶段 a_0-a' 下面的面积（如图 7-7 所示）。

$$q_l = h' - h_0 \approx h'$$

当温度 T 不是很高、压力 p 不是很大时，可按水的平均比热容 $c_{pm} = 4.1868\text{kJ}/(\text{kg}\cdot\text{K})$ 计算

$$q_l = h' = c_{pm}(t_s - 0.01) \approx 4.1868 t_s \quad (\text{kJ/kg})$$

随着压力的升高，t_s 也升高，因而 q_l 也增大。

饱和水的熵 s'

$$s' = \int_{273.16}^{T} c_p \frac{\mathrm{d}T}{T} = c_{pm} \ln \frac{T_s}{273.16} = 4.1868 \ln \frac{T_s}{273.16} \quad (\text{kJ}/(\text{kg}\cdot\text{K}))$$

当压力与温度较高时，由于水的 c_p 变化较大，而且 h_0 也不能再认为等于零，因而不能用上式计算 q_l 和 s'，而只能查表。

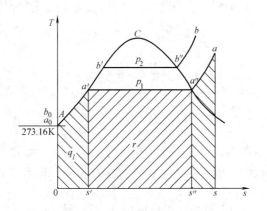

图 7-7　水蒸气的 T-s 图

4. 压力为 p 的干饱和蒸汽

将饱和水继续加热，使之全部汽化成为压力为 p，温度为 t_s 的干饱和蒸汽。汽化过程中加入的热量称为汽化潜热，用 r 表示，在 T-s 图上相当于汽化段 a'-a'' 下面的面积（如图 7-7 所示）。

$$r = T_s(s'' - s') = h'' - h'$$
$$h'' = h' + r$$
$$u'' = h'' - pv''$$
$$s'' = s' + \frac{r}{T_s}$$

5. 压力为 p 的湿饱和蒸汽

对于湿饱和蒸汽，由于压力与饱和温度 t_s 有对应的函数关系，它们不是互相独立的参

数，仅知道 p 和 t_s 还不能确定湿蒸汽的状态，必须再有一个表示湿蒸汽成分的参数才能确定，这个参数就是前面已经提及的干度 x。

有关湿饱和蒸汽的参数值，可以利用表中饱和水和饱和水蒸气的参数值，根据干度 x 计算得出。湿蒸汽的参数为

$$v_x = xv'' + (1-x)v' = v' + x(v'' - v')$$

$$v_x \approx xv'' \text{（当 } p \text{ 不太大，} x \text{ 不太小时）}$$

$$h_x = xh'' + (1-x)h' = h' + x(h'' - h') = h' + xr$$

$$s_x = xs'' + (1-x)s' = s' + x(s'' - s') = s' + x\frac{r}{T_s}$$

$$u_x = h_x - pv_x$$

6. 压力为 p 的过热蒸汽

a''-a 为定压过热阶段，过程中加入的热量称为过热热量。在 T-s 图上相当于 a''-a 下的面积 $a''ass''a''$（如图 7-7 所示）。要确定过热蒸汽的状态，除压力外，还应知道其过热度或过热蒸汽的温度。

过热蒸汽的焓

$$h = h'' + c_{pm}(t - t_s)$$

其中 $c_{pm}(t-t_s)$ 是过热热量，t 为过热蒸汽的温度，c_{pm} 为过热蒸汽由 t 到 t_s 的平均定压比热容。

过热蒸汽的热力学能

$$u = h - pv$$

过热蒸汽的熵

$$s = s' + \frac{r}{T_s} + \int_{T_s}^{T} c_p \frac{\mathrm{d}T}{T} = s' + \frac{r}{T_s} + c_{pm} \ln \frac{T}{T_s}$$

由于过热蒸汽的定压比热容 c_p 是温度 t 和压力 p 的复杂函数，计算起来比较麻烦，上述焓和熵的计算式在工程中一般并不应用，常直接查水蒸气热力性质表和图。

二、水蒸气表

水蒸气表一般有三种：按温度排列的饱和水与饱和水蒸气表；按压力排列的饱和水与饱和水蒸气表；按压力和温度排列的未饱和水与过热蒸汽表。这三种水蒸气表的整套数据，详见本书附录中附表 1、附表 2 和附表 3。

1. 饱和水与饱和蒸汽表

因为在饱和液体线、饱和蒸汽线上以及湿饱和蒸汽区内压力和温度是一一对应的，两者只有一个是独立变量，因而可以用 t_s 为独立变量列表，如附表 1 所示；也可以以 p_s 为独立变量列表，如附表 2 所示。这两种表中的独立变量都按整数值列出，使用起来很方便。只有在三相点以上、临界点以下才存在液-气平衡的饱和状态，故饱和水和饱和蒸汽表的参数范围为三相点至临界点。

2. 未饱和水与过热蒸汽表

由于液体和过热蒸汽都是单相物质，此时温度和压力不再相互关联，且由于压力和温度是较易测定的参数，故将它们作为独立变量，v、h 和 s 等参数作为它们的函数，并将未饱和水的数据与过热蒸汽的数据列入同一张表，如附表 3 所示。该表中粗黑线的上方代表

未饱和水的参数值，粗黑线的下方是过热蒸汽的参数值。

水蒸气表是离散的数值表。若查取表中未列出的状态点参数，需要根据相邻同相状态点的参数值做线性内插计算。应予指出，在相变区域（粗黑线两侧），不能用粗黑线两侧的参数值做内插计算。

由于液体压缩性很小，在低压下可以近似认为未饱和液体的参数不随压力而变，只是温度的函数。工程计算中当一时缺乏资料时，可用饱和水的数据近似代替同温度下未饱和水的数据。

同理，对其他的蒸汽工质也有相应的三种表，为此附录中还列出了制冷工质 R134a 的蒸汽表，即附表7～附表9，以供计算时查用。

三、水蒸气的焓熵图

由于水蒸气表所给出的数据是不连续的，在求表中未列出的状态点参数时，需用内插法；尤其是在分析可能发生跨越相态变化的热力过程，使用水蒸气表很不方便。如果根据水蒸气各参数间的关系及试验数据制成图线，则使用起来更加明了、简便，而且可以形象地表示水或水蒸气的热力过程。水蒸气线图有很多种，如前已讨论过 p-v 图和 T-s 图，这里重点介绍水蒸气的焓熵（h-s）图，如图7-8所示。

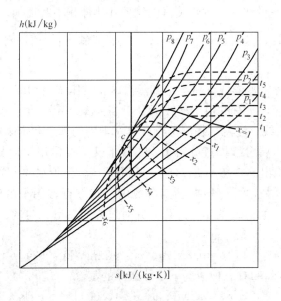

图7-8 水蒸气的 h-s 图

根据水蒸气表中的数据，可以确定某一状态在 h-s 图上的位置，然后分别给定温度、压力和比体积，绘出定温、定压和定容线簇。将相应于各压力下的饱和水状态点连成曲线即是下界线；由于饱和水的焓、熵随饱和温度（或压力）的升高而增大，故在 h-s 图中下界线是一条单调上升的曲线。将相应于各压力下的饱和蒸汽状态点连成曲线便是上界线，两界线会合于临界点 c。从图中可见临界点低于干饱和蒸汽线的最高点，它的焓不是饱和蒸汽焓的极大值（3MPa饱和蒸汽的焓值最大），这是 h-s 图与 p-v、T-s 图的一个显著差别。

由热力学关系式 $Tds = dh - vdp$ 可得到 h-s 图上定压线、定容线和定温线的斜率分别为

第七章 水蒸气

定压线斜率 $\left(\dfrac{\partial h}{\partial s}\right)_p = T$

定容线斜率 $\left(\dfrac{\partial h}{\partial s}\right)_v = T + v\left(\dfrac{\partial p}{\partial s}\right)_v$

定温线斜率 $\left(\dfrac{\partial h}{\partial s}\right)_T = T + v\left(\dfrac{\partial p}{\partial s}\right)_T$

在定容过程中，$\left(\dfrac{\partial h}{\partial s}\right)_v > 0$，因此$\left(\dfrac{\partial h}{\partial s}\right)_v > \left(\dfrac{\partial h}{\partial s}\right)_p$，这说明在 $h\text{-}s$ 图上，在同一状态点上定容线的斜率大于定压线的斜率，即定容线将比定压线陡。为醒目起见，定容线一般用红色示出（见附图1）。

在湿饱和蒸汽区域的汽化过程中，温度保持不变，则压力也保持不变，即$\left(\dfrac{\partial p}{\partial s}\right)_T = 0$，$\left(\dfrac{\partial h}{\partial s}\right)_p = \left(\dfrac{\partial h}{\partial s}\right)_T$，也就是说在湿饱和蒸汽区域，过同一状态点的定压线与定温线重合，并且定压线的斜率不变，其斜率数值等于湿饱和蒸汽的热力学温度。但进入过热蒸汽区域后，由于$\left(\dfrac{\partial p}{\partial s}\right)_T < 0$，因此$\left(\dfrac{\partial h}{\partial s}\right)_p > \left(\dfrac{\partial h}{\partial s}\right)_T$，此时定压线较陡，而定温线较为平坦。定温过程中，随着所吸收热量增加，过热蒸汽的比熵和比体积不断增加，压力降低，蒸汽愈来愈接近理想气体的特性，这时$\left(\dfrac{\partial p}{\partial s}\right)_T \to -\dfrac{T}{v}$，定温线斜率$\left(\dfrac{\partial h}{\partial s}\right)_T \to 0$，即定温线将趋于水平直线。

定干度线，即 $x=$ 常数的线。将湿饱和蒸汽区各定压线上相应的等分点相连，就可得出 $x=$ 常数的定干度线。所有的定干度线汇合于临界点。定干度线包括 $x=0$ 的饱和液体线和 $x=1$ 的饱和蒸汽线。注意，在湿蒸汽区才有干度的概念和定干度线。

由于干度小于 0.5 部分线图过分密集，工程上又不经常用这部分线簇，为清晰可见，一般用的 $h\text{-}s$ 图均只绘出 $x > 0.6$ 的部分（见附图1）。至于水的参数只能用表查取。

应用水蒸气的 $h\text{-}s$ 图，可以根据已知参数确定状态点在图上的位置，并查得其余参数；也可以在图上表示水蒸气的热力过程，并对过程的热量、功量、热力学能变化等进行计算。

【例 7-1】 试确定：(1) $p=0.8\text{MPa}$、$v=0.22\text{m}^3/\text{kg}$；(2) $p=0.6\text{MPa}$、$t=190℃$；(3) $p=1\text{MPa}$、$t=179.92℃$ 三种情况下是什么样的蒸汽？

【解】 (1) 查附表 2，$p=0.8\text{MPa}$ 时 $v'=0.0011148\text{m}^3/\text{kg}$，$v''=0.24037\text{m}^3/\text{kg}$，$v' < v < v''$，故此压力下 $v=0.22\text{m}^3/\text{kg}$ 的蒸汽为湿饱和蒸汽。

(2) 由附表 2 可知，$p=0.6\text{MPa}$ 时，$t_s=158.863℃$，$t > t_s$。故第二种情况下蒸汽为过热蒸汽。因附表 3 中没有 $p=0.6\text{MPa}$、$t=190℃$ 直接对应的状态参数，需要使用内插法计算。

(3) 由附表 2 可知，$p=1\text{MPa}$ 时，$t_s=179.92℃$，$t=t_s$。故第三种情况是饱和状态。但因 p 和 t_s 不是两个独立的状态参数，故无法说明是干饱和蒸汽、湿饱和蒸汽还是饱和水。

【例 7-2】 在容积为 85L 的容器中，盛有 0.1kg 的水及 0.7kg 的干饱和蒸汽，求容器中的压力。

【解】
$$v_x = \dfrac{V}{m_v + m_w} = \dfrac{0.085}{0.1+0.7} = 0.10625\text{m}^3/\text{kg}$$

$$x = \frac{m_v}{m_v + m_w} = \frac{0.7}{0.1 + 0.7} = 0.875$$

按近似公式计算

$$v'' = \frac{v_x}{x} = \frac{0.10625}{0.875} = 0.12143 \text{m}^3/\text{kg}$$

从附表 2 查得：

$$v'' = 0.12375 \text{m}^3/\text{kg} \text{ 时 } p = 1.6 \text{MPa}$$
$$v'' = 0.11668 \text{m}^3/\text{kg} \text{ 时 } p = 1.7 \text{MPa}$$

用内插法求出干饱和蒸汽在 $v'' = 0.12143 \text{m}^3/\text{kg}$ 时的压力。

$$p = 1.6 + \frac{0.12375 - 0.12143}{0.12375 - 0.11668} \times 0.1$$
$$= 1.633 \text{MPa}$$

第四节　水蒸气的基本热力过程

水蒸气的基本热力过程也是定容、定压、定温和可逆绝热四种。计算水蒸气热力过程的任务与求解理想气体热力过程一样，即要求确定：(1) 过程初态与终态的参数；(2) 过程中的热量、功量和焓、热力学能的变化量。但在方法上却与理想气体有所不同，凡是涉及应用理想气体状态方程 $pv = RT$ 的公式不能应用于分析水蒸气的热力过程，主要是由于蒸汽没有适当而简单的状态方程式，不能用分析方法求得各个参数；再因蒸汽的 c_p、c_v 以及 h 和 u 都不是温度 T 的单值函数，而是 p 或 v 和 T 的复杂函数，所以不能采用分析法计算求解状态参数，而采用查图、表的方法。因此应用蒸汽性质图表，再结合热力学的基本关系式、热力学第一定律来计算蒸汽的热力过程是准确、实用的工程计算方法。

一般工程应用中，锅炉中水的加热过程和水蒸气的冷凝过程可忽略管路中的压力损失，而视为定压过程；汽轮机中的蒸汽膨胀做功过程、制冷剂工质在膨胀机中的膨胀降温过程、水或制冷剂工质的压缩过程可以忽略工质与外界的热量传递，而视为绝热过程，如若不考虑各种损耗则为可逆绝热过程。

分析蒸汽热力过程的一般步骤为：

(1) 用蒸汽图表由初态的两个已知参数求得其他状态参数；

(2) 根据题示的过程性质，如压力不变、容积不变、温度不变或绝热（可逆绝热即为熵不变）等，加上另一个终态参数即可在图上确定过程进行的方向和终态，并读得终态参数，以上查得的初终态参数可在图（h-s、T-s、p-v 图）上标出。采用何种图视解题要求而定。

(3) 根据已求得的初、终态参数，应用热力学第一、第二定律等基本方程计算 q、w。

下面在 h-s 图上逐一分析水蒸气的四个基本过程。

一、定压过程

如图 7-9 所示。

$$q = \Delta h = h_2 - h_1$$
$$\Delta u = h_2 - h_1 - p(v_2 - v_1)$$
$$w = q - \Delta u \text{ 或 } w = p(v_2 - v_1)$$

$$w_t = -\int v\mathrm{d}p = 0$$

二、定容过程

如图 7-10 所示。

$$w = \int p\mathrm{d}v = 0$$
$$q = \Delta u$$
$$\Delta u = h_2 - h_1 - v(p_2 - p_1)$$
$$w_t = -\int v\mathrm{d}p = v(p_1 - p_2)$$

三、定温过程

如图 7-11 所示。

$$q = T(s_2 - s_1)$$
$$w = q - \Delta u$$
$$w_t = q - \Delta h$$
$$\Delta u = h_2 - h_1 - (p_2 v_2 - p_1 v_1)$$

从图 7-11 可以看出，湿蒸汽定温膨胀时，起初是沿定压线（即定温线）变为干饱和蒸汽，并且保持压力不变。变为干饱和蒸汽后，若再膨胀则压力下降，变为过热蒸汽。

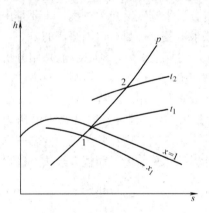

图 7-9　水蒸气的定压过程

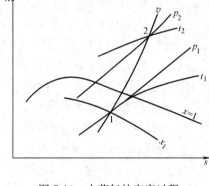

图 7-10　水蒸气的定容过程

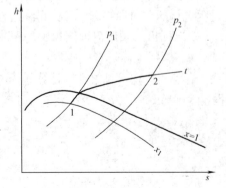

图 7-11　水蒸气的定温过程

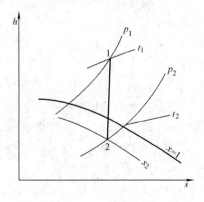

图 7-12　水蒸气的定熵过程

四、可逆绝热过程

对可逆绝热过程（定熵线）如图 7-12 所示。若过程不可逆，则确定过程变化方向和终态时尚需知道不可逆过程的熵增 s_2-s_1（如图 7-13 所示）。

$$q=0$$
$$w=-\Delta u$$
$$w_t=-\Delta h$$
$$\Delta u=h_2-h_1-(p_2v_2-p_1v_1)$$

从图 7-12 和图 7-13 可以看出，若蒸汽初态为过热蒸汽，经绝热膨胀，过热度减小，逐渐变为干饱和蒸汽。若继续膨胀，则变为湿蒸汽，同时干度会随着减小。

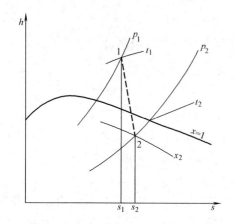

图 7-13　水蒸气的不可逆绝热过程

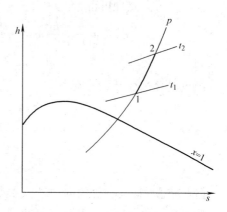

图 7-14　例 7-3 图

【例 7-3】　经测定，某锅炉锅筒出来的蒸汽压力 $p=18.0\text{MPa}$，干度 $x=0.98$，在过热器中定压加热，温度升高至 $t_2=540℃$，求每 kg 蒸汽在过热器中吸收的热量，以及比体积的增大量。

【解】　根据蒸汽压力 p 和干度 x，由附表 3 可知

$p=18.0\text{MPa}$ 时，$h'=1732.0\text{kJ/kg}$，$h''=2509.5\text{kJ/kg}$，则 $h_1=h'+x(h''-h')=1732.0+0.98\times(2509.9-1732.0)=2494.0\text{kJ/kg}$

$p=18.0\text{MPa}$，$t_2=540℃$，由附表 3 知，$h_2=3387.2\text{kJ/kg}$

蒸汽在过热器中吸收热量为

$$q=h_2-h_1=3387.2-2494.0=893.2\text{kJ/kg}$$

$p=18.0\text{MPa}$ 时，$v'=0.0018402\text{m}^3/\text{kg}$，$v''=0.0075033\text{m}^3/\text{kg}$，则 $v_1=v'+x(v''-v')=0.0018402+0.98\times(0.0075033-0.0018402)=0.007390\text{m}^3/\text{kg}$

$p=18.0\text{MPa}$，$t_2=540℃$，由附表3知，$v_2=0.018309\text{m}^3/\text{kg}$

蒸汽经过热器定压加热后，比体积增大量为

$$\Delta v=v_2-v_1=0.018309-0.007390=0.010919\text{m}^3/\text{kg}$$

比体积增大率 $v_2/v_1=0.018309/0.007390=2.48$

【例 7-4】　热力型除氧器的工作原理是用汽轮机抽汽将锅炉给水加热到对应除氧器工作压力下的饱和温度，以除去溶解于给水的氧及其他气体。现用压力 $p_1=0.5\text{MPa}$、温度 $t_1=200℃$ 的过热蒸汽与压力 $p_2=0.5\text{MPa}$、温度 $t_2=110℃$ 的未饱和水绝热混合成相同

压力下的饱和水,流出除氧器的饱和水总流量 $m=1020\text{t/h}$。试求流入除氧器的过热蒸汽流量 m_1 和绝热混合过程导致的熵产 S_g。

【解】 由饱和水和饱和水蒸气表查得 $p=0.5\text{MPa}$ 下,$h'=640.35\text{kJ/kg}$,$s'=1.8610\text{kJ/(kg·K)}$;由未饱和水及过热蒸汽表查得 $p_1=0.5\text{MPa}$,$t_1=200℃$ 的过热蒸汽,$h_1=2854.9\text{kJ/kg}$,$s_1=7.0585\text{ kJ/(kg·K)}$;$p_2=0.5\text{MPa}$、$t_2=110℃$ 的未饱和水,$h_2=461.7\text{ kJ/kg}$,$s_2=1.4170\text{ kJ/(kg·K)}$。

稳态稳流的绝热混合过程进口总焓与出口总焓相等,即
$$m_1 h_1 + m_2 h_2 = mh'$$
按质量守恒原理有
$$m = m_1 + m_2$$
代入上式,整理可得
$$m_1 = \frac{h'-h_2}{h_1-h_2}m = \frac{640.35-461.7}{2854.9-461.7} \times 1020 = 76.14\text{t/h}$$
则
$$m_2 = m - m_1 = 1020 - 76.14 = 943.86\text{t/h}$$
绝热混合过程导致的熵产
$$\begin{aligned}S_g &= ms - (m_1 s_1 + m_2 s_2)\\&= 1020 \times 10^3 \times 1.8610 - (76.14 \times 10^3 \times 7.0585 + \\&\quad 943.86 \times 10^3 \times 1.4170)\\&= 23.34 \times 10^3\text{ kJ/(K·h)}\end{aligned}$$

【例 7-5】 某汽轮机的入口蒸汽参数为 $p_1=16.0\text{MPa}$,$t_1=540℃$,汽轮机出口蒸汽压力为 $p_2=0.006\text{MPa}$。若汽轮机内蒸汽做可逆绝热膨胀,问每千克蒸汽的做功量为多少?若汽轮机内蒸汽做不可逆绝热膨胀,汽轮机出口蒸汽压力不变,蒸汽比熵增加 1.0kJ/(kg·K),问此时每千克蒸汽的做功量为多少?

【解】 若汽轮机内蒸汽进行可逆绝热膨胀,则做功前后的比熵相同。查附表 3 得,$p_1=16\text{MPa}$,$t_1=540℃$ 时,$h_1=3410.0\text{kJ/kg}$,$s_1=6.4459\text{kJ/(kg·K)}$。查附表 2 得,$p_2=0.006\text{MPa}$,$s'=0.5208\text{kJ/(kg·K)}$,$s''=8.3283\text{kJ/(kg·K)}$;$h'=151.47\text{kJ/kg}$,$h''=2566.48\text{kJ/kg}$。

由于 $s_2=s_1=6.4459\text{kJ/(kg·K)}$,则
$$x_2 = \frac{s_2-s'}{s''-s'} = \frac{6.4459-0.5208}{8.3283-0.5208} = 0.759$$
$$h_2 = h' + x(h''-h') = 151.47 + 0.759 \times (2566.48-151.47) = 1984.5\text{kJ/kg}$$
每千克蒸汽在汽轮机内进行可逆绝热膨胀的做功量为
$$w_t = h_1 - h_2 = 3410.0 - 1984.5 = 1425.5\text{kJ/kg}$$
若汽轮机内蒸汽进行不可逆绝热膨胀,则 $s_2 = s_1 + \Delta s = 6.4459 + 1.0 = 7.4459\text{kJ/(kg·K)}$,则
$$x_2 = \frac{s_2-s'}{s''-s'} = \frac{7.4459-0.5208}{8.3283-0.5208} = 0.887$$
$$h_2 = h' + x(h''-h') = 151.47 + 0.887 \times (2566.48-151.47) = 2293.6\text{kJ/kg}$$
每千克蒸汽在汽轮机内进行不可逆绝热膨胀的做功量为
$$w_t = h_1 - h_2 = 3410.0 - 2293.6 = 1116.4\text{kJ/kg}$$

思 考 题

7-1 水的临界点与三相点各代表什么状态？

7-2 是否有 400℃ 的液态水？有没有 0℃ 或温度为负摄氏度的水蒸气？

7-3 若压力为 25MPa，加热过程中是否存在液态水、水蒸气平衡共存的状态？为什么？

7-4 定压过程中 $dh_p = c_p dT$；如果将此式应用于水蒸气的定压发生过程，由于汽化时 $dT = 0$ 而得到 $dh_p = 0$ 的推论。请问这一推论的错误在哪里？

7-5 在 $h\text{-}s$ 图上，你能指出水和蒸汽所处部位吗？
(a) 焓为 h_1 的未饱和水
(b) 焓为 h_2 的饱和水
(c) 参数为 p_1、t_1 的湿饱和蒸汽
(d) 压力为 p_1 的干饱和蒸汽
(e) 水、汽性质相同的状态

7-6 湿蒸汽的 $h_x = xh'' + (1-x)h'$，仿此规律，对干度为 x 的湿蒸汽的密度 ρ_x，写为 $\rho_x = x\rho'' + (1-x)\rho'$ 成立否？

7-7 为什么锅炉汽包里的排污水（高压热水）排放到低压容器（连续排污扩容器）后，部分热水会变为蒸汽？

7-8 在密闭刚性容器内，盛有 120℃、干度为 0.6 的湿饱和蒸汽，当它缓慢冷却至室温 25℃ 时，容器内的汽水发生了什么变化？试在 $p\text{-}v$ 图和 $h\text{-}s$ 图上画出该过程线。

7-9 对盛有水、水蒸气、空气的刚性密闭容器加热，试判断下列两种情况下容器内混合气体的总压力和水蒸气的分压力各为多少。
(1) 容器中水受热蒸发，此时水温为 T_1 但未沸腾；(2) 容器中加热到沸腾，沸点温度为 T_2。

习 题

7-1 当水的温度 $t=80$℃，压力分别为 0.01、0.05、0.1、0.5 及 1MPa 时，各处于什么状态并求出该状态下的焓值。

7-2 已知湿蒸汽的压力 $p = 3$MPa，干度 $x = 0.9$。试分别用水蒸气表和 $h\text{-}s$ 图求出 h_x、v_x、u_x 及 s_x。

7-3 压力 p 为 100kPa、干度 x 为 0.85 的湿饱和蒸汽，在密闭刚性容器中被加热至压力为 150kPa。求每千克工质的吸热量。如果加热热源的温度为 1000℃，求加热每千克工质孤立系统的熵增。

7-4 一容积为 10m^3 的汽包内装有 2MPa 的汽水混合物，初始时，饱和水和饱和蒸汽的容积比为 1:1。如果从底部阀门放走 300kg 饱和水，为了使汽包内的汽水混合物温度保持不变，需要加入多少热量？假如从顶部阀门放出饱和蒸汽 300kg 且保持汽水混合物温度不变，需要加入多少热量？

7-5 2kg 水储存于某活塞一气缸装置中，压力为 3MPa、温度为 200℃。对工质缓慢定压加热至温度为 350℃，求：(1) 举起负载活塞所做的功；(2) 外界加热的热量。

7-6 有一台采暖锅炉，每小时能生产压力 $p=1$MPa（绝对），$x=0.95$ 的蒸汽 1500kg。当蒸汽的流速 $c \leqslant 25\text{m/s}$ 时，管道中的压力损失可以不计，求输汽管的内径最小应多大。

7-7 某空调系统采用 $p = 0.3$MPa，$x = 0.94$ 的湿蒸汽来加热空气。暖风机空气的流量为每小时 40000 标准 m^3，空气通过暖风机从 20℃ 被加热至 70℃。设蒸汽流过暖风机后全部变为 $p=0.3$MPa 的凝结水。求每小时需要多少千克蒸汽（视空气的比热容为定值）。

7-8 两个容积为 0.003m^3 的刚性容器，一个充满 0.5MPa 的饱和水，一个储有 0.5MPa 的饱和蒸汽。若发生爆炸时，哪个更危险？

7-9 有一刚性容器，用一薄板将它分隔为 A、B 两部分。在 A 中盛有 1kg、压力 $p_A = 0.5$MPa 的干

饱和蒸汽，B 中盛有 2kg、p_B=1MPa、x=0.80 的湿蒸汽。当隔板抽去后，经过一段时间容器中的压力稳定在 p_3=0.7MPa。求：(1) 容器的总容积及终了时蒸汽的干度；(2) 由蒸汽传给环境的热量。

7-10 某锅炉过热器将 1kg、p_1=18.0MPa、t_1=400℃的蒸汽定压加热到 t_2=540℃，求此定压加热过程加入的热量和比焓、比热力学能的变化量。若将此蒸汽再送入汽轮机中可逆绝热膨胀至 p_3=0.005MPa，求此膨胀过程所做的功量。

7-11 某中压参数的汽轮机进气参数为：p_1=3.8MPa，t_1=450℃，蒸汽在汽轮机中可逆绝热膨胀到 p_2=5kPa 后排入冷凝器。求：(1) 可逆绝热膨胀时蒸汽的终参数及汽轮机所做的功；(2) 若蒸汽在汽轮机中为不可逆绝热膨胀，引起的熵产为 0.25kJ/(kg·K)，则汽轮机做的功将为多少？

7-12 有一台工业锅炉，每小时能生产压力 p=1.4MPa，t=300℃的过热蒸汽 10t。已知给水的温度为 25℃；从锅筒引出的湿蒸汽的干度 x=0.96；湿蒸汽在过热器中加热至 300℃；煤的发热值为 29400kJ/kg。试求：(1) 若锅炉的耗煤量 B=1430kg/h，求锅炉效率；(2) 湿蒸汽在过热器中所吸收的热量。

7-13 有一废热锅炉，进入该锅炉的烟气温度为 t_{y1}=650℃，烟气定压比热容 c_p=1.079kJ/(kg·K)，排烟温度为 t_{y2}=140℃。此锅炉每小时可产生 t_s=188℃的干饱和蒸汽 200kg，锅炉进水温度为 50℃，锅炉效率为 80%。(1) 求每小时通过的烟气量；(2) 试将锅炉中烟气的放热过程与蒸汽的吸热过程定性地表示在同一 T-s 图上。

7-14 利用绝热节流前后焓值相等的原理可制成湿蒸气干度计。已知湿蒸汽进入干度计前的压力 p_1=1.5MPa，经节流后的压力 p_2=0.2MPa，温度 t_2=130℃，试用 h-s 图确定湿蒸汽的干度。

7-15 汽轮机的乏汽在真空度为 0.095MPa、x=0.90 的状态下进入冷凝器，被定压凝结为饱和水。试计算乏汽凝结为水时体积缩小的倍数，并求每千克乏汽在冷凝器中放出的热量。已知大气压力为 0.1MPa。

7-16 我国南方某核电厂蒸汽发生器内产生的新蒸汽压力 6.53MPa，干度为 0.9956，蒸汽的流量为 608.47kg/s，若蒸汽发生器中蒸汽管内流速不大于 20m/s，求新蒸汽的焓及蒸汽发生器内蒸汽管内径。

第八章 混合气体及湿空气

自然界存在的气体通常是由几种不同种类气体组成的混合物,例如,空气是由氧气、氮气、水蒸气等组成的混合气体;燃料燃烧生成的烟气,是由二氧化碳、水蒸气、一氧化碳、氧气、氮气等组成。这些混合气体中各组成气体之间不发生化学反应,是一种均匀混合物。混合物的性质取决于混合物气体中各组成气体的成分及热力性质。由理想气体组成的混合气体,仍具有理想气体特性,服从理想气体各种定律。

湿空气是由水蒸气和干空气组成的一种特殊混合气体,一方面由于湿空气中水蒸气含量很少,其分压力很低,可视为理想气体;另一方面,湿空气中水蒸气的含量及相态都可能发生变化,大气中发生的雨、雪、霜、雹、雾、露等自然现象都是由于湿空气中水蒸气的相态变化所致,因此必须对湿空气的一些热力学性质进行研究。

本章要求:掌握理想混合气体状态参数的确定,分压力、分容积的概念;掌握理想混合气体相对分子质量和气体常数的计算;掌握湿空气状态参数的物理意义及定义式;熟练使用湿空气的焓湿图;掌握湿空气的基本热力过程的计算和分析。

第一节 混合气体的性质

一、混合气体分压力和道尔顿分压定律

分压力是假定混合气体中组成气体单独存在,并且具有与混合气体相同的温度及容积时的压力,如图 8-1 (b)、(c) 所示

道尔顿(Dalton)分压定律指出:混合气体的总压力 p,等于各组成气体分压力 p_i 之和。

即
$$p = p_1 + p_2 + p_3 + \cdots + p_n = \left[\sum_{i=1}^{n} p_i\right]_{T,V} \tag{8-1}$$

二、混合气体的分容积和阿密盖特分容积定律

分容积是假想混合气体中组成气体具有与混合气体相同的温度和压力时,单独存在所占有的容积,如图 8-1 (d)、(e) 所示。

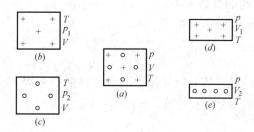

图 8-1 混合气体的分压力与分容积示意图

混合气体的总体积 V 与分体积 V_i 的关系服从阿密盖特（Amagat）分容积定律。

混合气体的总容积 V，等于各组成气体分容积 V_i 之和。

即
$$V = V_1 + V_2 + \cdots V_n \left[\sum_{i=1}^{n} V_i\right]_{T,p} \tag{8-2}$$

三、混合气体的成分表示方法及换算

要确定混合气体的性质，必须要知道混合气体的成分。混合气体中各组成气体的含量与混合气体总量之比值，称为混合气体的成分。按物理量单位的不同，混合气体成分有质量成分、容积成分和摩尔成分。

1. 混合气体成分

（1）质量成分：混合气体中某组成气体的质量 m_i 与混合气体总质量 m 的比值，称为该组成气体的质量成分。即

$$g_i = \frac{m_i}{m} \tag{8-3}$$

因为
$$m + m_1 + m_2 + \cdots\cdots + m_n$$

所以
$$g_1 + g_2 + \cdots\cdots g_n = \sum_{i=1}^{n} g_i = 1 \tag{8-4}$$

（2）容积成分：混合气体中某组成气体的分容积 V_i 与混合气体总容积 V 之比值，称为该组成气体的容积成分。即

$$r_i = \frac{V_i}{V} \tag{8-5}$$

根据分容积定律：$V = V_1 + V_2 + \cdots V_n = \left[\sum_{i=1}^{n} V_i\right]_{T,p}$

则有
$$r = r_1 + r_2 + \cdots r_n = \sum_{i=1}^{n} r_i = 1 \tag{8-6}$$

（3）摩尔成分：混合气体中某组成气体的摩尔数 n_i 与混合气体总摩尔数 n 之比值，称为该组成气体的摩尔成分。即

$$x_i = \frac{n_i}{n} \tag{8-7}$$

因为
$$n = n_1 + n_2 + \cdots\cdots n_n = \sum_{i=1}^{n} n_i$$

所以
$$x = x_1 + x_2 + \cdots\cdots + x_n = \sum_{i=1}^{n} x_i = 1 \tag{8-8}$$

2. 各组成气体成分间的换算关系

（1）容积成分与摩尔成分数值相等

由
$$r_i = \frac{V_i}{V} = \frac{n_i V_{mi}}{n V_m}$$

式中 V_{mi} 与 V_m 分别表示某组成气体与混合气体的摩尔容积。根据阿佛加得罗定律，同温同压下，各种气体的摩尔容积相等。即 $V_{mi} = V_m$。

于是得
$$r_i = \frac{n_i}{V} = x_i \tag{8-9}$$

(2) 质量成分与容积成分（或摩尔成分）的换算：

由
$$g_i = \frac{m_i}{m} = \frac{n_i M_i}{nM} = x_1 \frac{M_i}{M} = r_i \frac{M_i}{M}$$

式中　M_i 与 M——分别表示某组成气体与混合气体的摩尔质量（即分子量）。根据通用气体常数 $MR = M_i R_i = R_0$，以及阿佛加得罗定律：同温同压下，气体密度与分子量成正比，可得

$$g_i = r_i \frac{M_i}{M} = r_i \frac{R}{R_i} = r_i \frac{\rho_i}{\rho} \tag{8-10}$$

四、混合气体的折合分子量与气体常数

混合气体不能用一个化学分子式表示，因而没有真正的分子量。所谓混合气体的分子量，是各组成气体的折合分子量或称平均分子量，它取决于组成气体的种类与成分。

1. 折合分子量

(1) 如已知各组成气体的容积成分及各组成气体的分子量，求混合气体的折合分子量：

$$M = \frac{m}{n} = \frac{\sum_{i=1}^{n} n_i M_i}{n} = \sum_{i=1}^{n} x_i M_i = \sum_{i=1}^{n} r_i M_i \tag{8-11}$$

即混合气体折合分子量等于各组成气体容积成分（或摩尔成分）与其分子量乘积之总和。

(2) 如已知各组成气体的质量成分与分子量，求混合气体的折合分子量：

根据
$$n = n_1 + n_2 + \cdots n_n$$

$$\frac{m}{M} = \frac{m_1}{M_1} + \frac{m_2}{M_2} + \cdots + \frac{m_n}{M_n}$$

整理得
$$M = \frac{1}{\frac{g_1}{M_1} + \frac{g_2}{M_2} + \cdots + \frac{g_n}{M_n}} = \frac{1}{\sum_{i=1}^{n} \frac{g_i}{M_i}} \tag{8-12}$$

2. 折合气体常数

(1) 若已求出混合气体折合分子量，根据通用气体常数，即可求得混合气体的折合气体常数：

$$R = \frac{R_0}{M} = \frac{8314}{M} \quad \text{J/(kg·K)} \tag{8-13}$$

(2) 已知各组成气体的质量成分及气体常数，求混合气体折合气体常数：

$$R = \frac{R_0}{M} = \frac{nR_0}{m} = \frac{\sum_{i=1}^{n} n_i R_0}{m} = \frac{\sum_{i=1}^{n} m_i \frac{R_0}{M_i}}{m} = \sum_{i=1}^{n} g_i R_i \tag{8-14}$$

(3) 已知各组成气体的容积成分及气体常数，求混合气体折合气体常数：

$$R = \frac{R_0}{M} = \frac{R_0}{r_1 M_1 + r_2 M_2 + \cdots + r_n M_n} = \frac{1}{\frac{r_1}{R_1} + \frac{r_2}{R_2} + \cdots + \frac{r_n}{R_n}} = \frac{1}{\sum_{i=1}^{n} \frac{r_i}{R_i}} \tag{8-15}$$

五、混合气体参数的计算

1. 分压力的确定

分别根据某组成气体的分压力与分容积，可写出该组成气体的状态方程式如下：

$$p_i V = m_i R_i T$$

第八章 混合气体及湿空气

$$pV_i = m_i R_i T$$

由此得
$$p_i = \frac{V_i}{V}p = r_i p \tag{8-16}$$

即某组成气体的分压力，等于混合气体的总压力与该组成气体容积成分的乘积。

将 $r_i = g_i \dfrac{\rho}{\rho_i}$ 代入式（8-16）得：

$$p_i = g_i \frac{\rho}{\rho_i}p = g_i \frac{M}{M_i}p = g_i \frac{R_i}{R}p \tag{8-17}$$

式（8-17）是根据组成气体的质量成分确定分压力的关系式。

2. 混合气体的比热容

混合气体的比热容与它的组成气体有关，混合气体温度升高所需的热量，等于各组成气体相同温升所需热量之和。由此可以得出混合气体比热容的计算公式。

若各组成气体的质量比热容分别为 c_1、c_2……c_n，质量成分分别为 g_1、g_2……g_n，则混合气体的质量比热容为：

$$c = g_1 c_1 + g_2 c_2 + \cdots + g_n c_n = \sum_{i=1}^{n} g_i c_i \tag{8-18}$$

同理可得混合气体的容积比热容：

$$c' = r_1 c_1' + r_2 c_2' + \cdots + r_n c_n' = \sum_{i=1}^{n} r_i c_i' \tag{8-19}$$

将混合气体的质量比热容乘以混合气体的摩尔质量 M 即得摩尔比热容；也可根据各组成气体的摩尔成分及摩尔比热容求混合气体的摩尔比热容。即

$$Mc = M\sum_{i=1}^{n} g_i c_i = \sum_{i=1}^{n} x_i M_i c_i \tag{8-20}$$

3. 混合气体的热力学能、焓和熵

热力学能、焓和熵都是具有可加性的物理量，所以混合气体的热力学能、焓和熵等于各组成气体的热力学能、焓和熵之和，即

$$U = \sum_{i=1}^{n} U_i \quad \text{或} \quad U = \sum_{i=1}^{n} m_i u_i \tag{8-21}$$

$$H = \sum_{i=1}^{n} H_i \quad \text{或} \quad H = \sum_{i=1}^{n} m_i h_i \tag{8-22}$$

$$S = \sum_{i=1}^{n} S_i \quad \text{或} \quad S = \sum_{i=1}^{n} m_i s_i \tag{8-23}$$

混合气体单位质量的热力学能、焓和熵：

$$u = \sum_{i=1}^{n} g_i u_i \tag{8-24}$$

$$h = \sum_{i=1}^{n} g_i h_i \tag{8-25}$$

$$s = \sum_{i=1}^{n} g_i s_i \tag{8-26}$$

式（8-24）和式（8-25）表明：虽然每种组成气体的单位质量热力学能和焓，是温度

的单值函数，但是混合气体的单位质量热力学能和焓，不仅取决于温度，而且与各组成气体的质量成分有关。混合气体单位质量的热力学能只是当各组成气体的成分一定时，才是温度的单值函数。

【例 8-1】 由 3kg 氧气、5kg 氮气和 12kg 甲烷所组成的混合气体，试确定：(1) 每种组成的质量成分；(2) 每种组成的摩尔成分；(3) 混合气体的平均分子量和气体常数。

【解】 (1) 混合气体的总质量

$$m = m_{O_2} + m_{N_2} + m_{CH_4} = 3 + 5 + 12 = 20 \text{kg}$$

各组成气体的质量成分

$$g_{O_2} = \frac{m_{O_2}}{m} = \frac{3}{20} = 0.15$$

$$g_{N_2} = \frac{m_{N_2}}{m} = \frac{5}{20} = 0.25$$

$$g_{CH_4} = \frac{m_{CH_4}}{m} = \frac{12}{20} = 0.60$$

(2) 各组成气体的摩尔数

$$n_{O_2} = \frac{m_{O_2}}{M_{O_2}} = \frac{3}{32} = 0.094 \text{kmol}$$

$$n_{N_2} = \frac{m_{N_2}}{M_{N_2}} = \frac{5}{28} = 0.179 \text{kmol}$$

$$n_{CH_4} = \frac{m_{CH_4}}{M_{CH_4}} = \frac{12}{16} = 0.750 \text{kmol}$$

混合气体的总摩尔数

$$n = n_{O_2} + n_{N_2} + n_{CH_4} = 0.094 + 0.179 + 0.750 = 1.023 \text{kmol}$$

各组成气体的摩尔成分

$$x_{O_2} = \frac{n_{O_2}}{n} = \frac{0.094}{1.023} = 0.092$$

$$x_{N_2} = \frac{n_{N_2}}{n} = \frac{0.179}{1.023} = 0.175$$

$$x_{CH_4} = \frac{n_{CH_4}}{n} = \frac{0.750}{1.023} = 0.733$$

(3) 混合气体的平均分子量和气体常数

按分子量的定义

$$M = \frac{\text{混合气体质量}}{\text{摩尔数}} = \frac{20}{1.023} = 19.6 \text{kg/kmol}$$

或按公式

$$M = \sum x_i M_i = x_{O_2} M_{O_2} + x_{N_2} M_{N_2} + x_{CH_4} M_{CH_4}$$
$$= 0.092 \times 32 + 0.175 \times 28 + 0.733 \times 6 = 19.6 \text{kg/kmol}$$

同样

$$R = \frac{R_0}{M} = \frac{8.314}{19.6} = 0.424 \text{kJ/(kg·K)}$$

【例 8-2】 混合气体中，各组成气体的容积成分如下：

$$r_{CO_2}=12\%; r_{O_2}=6\%; r_{N_2}=75\%; r_{H_2O}=7\%$$

混合气体的总压力 $p=98.066\text{kPa}$。求混合气体的折合分子量、气体常数及各组成气体的分压力。

【解】 $M=\sum_{i=1}^{n} r_i M_i = 0.12\times44+0.06\times32+0.75\times28+0.07\times18=29.46$

$$R=\frac{8314}{29.46}=282.2\text{J/(kg·K)}$$

$$p_{CO_2}=r_{CO_2}p=0.12\times98.066=11.768\text{kPa}$$

$$p_{O_2}=r_{O_2}p=0.06\times98.066=5.884\text{kPa}$$

$$p_{N_2}=r_{N_2}p=0.75\times98.066=73.549\text{kPa}$$

$$p_{H_2O}=r_{H_2O}p=0.07\times98.066=6.685\text{kPa}$$

【例 8-3】 混合气体的质量成分为空气 $g_1=95\%$，煤气 $g_1=5\%$。已知空气的气体常数 $R_1=287\text{J/(kg·K)}$，煤气的气体常数 $R_2=400\text{J/(kg·K)}$。试求混合气体的气体常数、容积成分和标准状态下的密度。

【解】 $R=\sum_{i=1}^{n} g_i R_i = 0.95\times287+0.05\times400=292.7\text{J/(kg·K)}$

$$M=\frac{R_0}{R}=\frac{8314}{292.7}=28.4\text{kg/mol}$$

$$r_i=g_1\frac{R_1}{R}=0.95\times\frac{287}{292.7}=93.2\%$$

$$r_2=g_2\frac{R_2}{R}=0.05\times\frac{400}{292.7}=6.8\%$$

$$\rho_0=\frac{M}{22.4}=\frac{28.4}{22.4}=1.268\text{kg/m}^3$$

第二节 湿空气性质

一、湿空气的成分及压力

地球上的大气是由氮、氧、氩、二氧化碳、水蒸气和极微量的其他气体所组成的一种混合气体，大气中干空气的成分会随时间、地理位置、海拔、环境污染等因素而发生微小的变化。为便于计算，可将干空气标准化，不考虑微量的其他气体。表 8-1 列出标准化的干空气的容积成分。

干空气的组成表　　　　表 8-1

成分	分子量	容积成分（摩尔成分）	组成气体的部分分子量
O_2	32.000	0.2095	6.704
N_2	28.016	0.7809	21.878
Ar	39.944	0.0093	0.371
CO_2	44.01	0.0003/1.0000	0.013/28.996

地球上大气的压力也随地理位置、海拔及季节等因素的影响而变化，主要是随海拔升高而减小。当地当时的大气压力 B 可通过大气压力计来测量，每日每月每年的平均大气

压力可查阅当地气象台站的记录资料。

完全不含有水蒸气的空气，称为干空气；含有水蒸气的空气，称为湿空气，设湿空气的总压力 p，可表示为干空气压力 p_a 及水蒸气分压力 p_v 之和，即

$$p = p_a + p_v$$

在通风空调及干燥工程中，一般采用大气作为工质，这时湿空气的总压力就是当地的大气压力 B，因而上式可写成

$$B = p = p_a + p_v \tag{8-27}$$

二、饱和湿空气与未饱和湿空气

湿空气中的水蒸气，由于其含量不同（表现为分压力的高低不同）及温度不同，使湿空气中水蒸气的状态或者处于过热状态，或者处于饱和状态。因而湿空气有饱和湿空气与未饱和湿空气之分。

在水蒸气的 $p\text{-}v$ 图上（图 8-2），湿空气中水蒸气的状态由其分压力 p_v 和湿空气的温度 t 确定，湿空气中水蒸气的状态点为点 a。此时水蒸气分压力 p_v 低于温度 t 所对应的水蒸气的饱和分压力 p_s，水蒸气处在过热蒸汽状态。这种由干空气与过热水蒸气（状态点 a）所组成的湿空气称为未饱和空气。

若在温度 t 不变的情况下，向湿空气继续增加水蒸气量，则水蒸气分压力将不断增加，水蒸气状态将沿定温线 a-b 变化，直至点 b 而达到饱和状态，此时水蒸气的分压力达到最大值，即饱和分压力 p_s，水蒸气为饱和水蒸气。这种由干空气与饱和水蒸气（状态点 b）组成的湿空气称为饱和空气。如在温度 t 不变的情况下，继续向饱和空气加入水蒸气，则将有水滴出现而析出，而湿空气将保持饱和状态。

对未饱和的湿空气，若在水蒸气分压力 p_v 不变的情况下加以冷却，使未饱和空气的温度 t 下降，这时，虽然湿空气中水蒸气的含量不

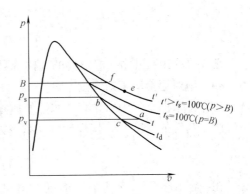

图 8-2 湿空气中水蒸气的 $p\text{-}v$ 图

会变化，但水蒸气的状态将按 p_v 定压线 a-c 变化，直至点 c 而达到饱和状态。点 c 的温度称为露点温度，简称露点，用 t_d 表示。露点 t_d 是对应于水蒸气分压力 p_v 的饱和温度。如再进行冷却，将有水蒸气变为凝结水而析出。湿空气露点 t_d 在工程中是一个十分有用的参数，如在冬季供暖季节，房屋建筑外墙内表面的温度必须高于室内空气的露点温度，否则，外墙内表面会产生蒸汽凝结现象。

可见两种常用途径，可将未饱和湿空气变为饱和湿空气：其一是定温加湿过程，如图中 a-b 过程，其二是定压降温过程，如图中 a-c 过程。

在干燥过程中，空气的温度往往超过大气压力 B 下所对应的水蒸气饱和温度。例如 $B = 101325\text{Pa}$ 时，水蒸气所能达到的饱和温度最高为 $100℃$。当湿空气温度 $t' > 100℃$ 时，如图 8-2 中点 e 所示，水蒸气分压力不可能达到对应于 t' 的饱和压力，因为此时的饱和压力将超过大气压力 B。所以水蒸气的分压力最多只能达到点 f，此时水蒸气分压力已等于大气压力 B，而干空气分压力 p_a 则等于零了。实际上，湿空气作为混合气体，水蒸气分

压力一般是不会等于 B 的。但在湿空气的计算中,有时需要这一极限概念。

三、湿空气的分子量及气体常数

湿空气是由干空气和水蒸气所组成的理想混合气体,它们在一定的组分下有确定的折合分子量和气体常数。

湿空气的折合分子量可按混合气体的容积成分 r_i 或摩尔成分 x_i 进行计算

$$\begin{aligned}
M &= r_a M_a + r_v M_v \\
&= \frac{p_a}{B} M_a + \frac{p_v}{B} M_v = \frac{B - p_v}{B} M_a + \frac{p_v}{B} M_v \\
&= M_a - \frac{p_v}{B}(M_a - M_v) = 28.97 - (28.97 - 18.02)\frac{p_v}{B} \\
&= 28.97 - 10.95 \frac{p_v}{B}
\end{aligned} \tag{8-28}$$

从式(8-28)可知,湿空气的分子量 M 将随着水蒸气分压力 p_v 的增大而减小,而始终小于干空气的分子量。这是因为水蒸气分子量($M_v = 18.02$)小于干空气分子量($M_a = 28.97$)。水蒸气分压力愈大,水蒸气相对含量愈多,湿空气的平均分子量就愈小。

湿空气的气体常数为

$$R = \frac{8314}{M} = \frac{8314}{28.97 - 10.95\frac{p_v}{B}} = \frac{287}{1 - 0.378\frac{p_v}{B}} \tag{8-29}$$

从式(8-29)可知,湿空气的气体常数将随水蒸气分压力的提高而增大。

四、绝对湿度与相对湿度

每立方米湿空气中所含有的水蒸气质量,称为湿空气的绝对湿度。绝对湿度也就是湿空气中水蒸气的密度 ρ_v,按理想气体状态方程,其计算式为

$$\rho_v = \frac{m_v}{V} = \frac{p_v}{R_v T} \quad (\text{kg/m}^3) \tag{8-30}$$

在一定温度下,饱和空气的绝对湿度达到最大值,称为饱和绝对湿度 ρ_s,其计算式为

$$\rho_s = \frac{p_s}{R_v T} \quad (\text{kg/m}^3) \tag{8-31}$$

绝对湿度只能说明湿空气中实际所含的水蒸气质量的多少,而不能说明湿空气干燥或潮湿的程度及吸湿能力的大小。

湿空气的绝对湿度 ρ_v 与同温度下饱和空气的饱和绝对湿度 ρ_s 的比值,称为相对湿度 φ:

$$\varphi = \frac{\rho_v}{\rho_s}$$

相对湿度 φ 反映了湿空气中水蒸气含量接近饱和的程度。在某温度 t 下,φ 值小,表示空气干燥,具有较大的吸湿能力;φ 值大,表示空气潮湿,吸湿能力小。当 $\varphi = 0$ 时为干空气,$\varphi = 1$ 时则为饱和空气。未饱和空气的相对湿度在 0 到 1 之间($0 < \varphi < 1$)。应用理想气体状态方程,相对湿度又可表示为

$$\varphi = \frac{\rho_v}{\rho_s} = \frac{p_v}{p_s} \tag{8-32}$$

五、含湿量（比湿度）

在通风空调及干燥工程中，需要确定对湿空气的加湿及减湿的数量，若对湿空气取单位体积或单位质量为基准进行计算，则会由于湿空气在处理过程中体积及质量二者皆随温度及湿度改变而给计算带来麻烦。湿空气中只有干空气的质量，不会随湿空气的温度和湿度而改变。为方便起见，在湿空气中对某些参数的计算均以 1kg 干空气作为计算的基准。

在含有 1kg 质量干空气的湿空气中，所混有水蒸气的质量（常以克表示），称为湿空气的含湿量（或称比湿度），用符号 d 表示

$$d = \frac{m_v}{m_a} = \frac{\rho_v}{\rho_a} \quad \text{g/kg(a)}$$

利用理想气体状态方程式 $p_a V = m_a R_a T$ 及 $p_v V = m_v R_v T$，V 表示湿空气的体积，m^3，也是干空气及水蒸气在各自分压力下所占有的体积。干空气及水蒸气的气体常数分别为

$$R_a = \frac{8314}{28.97} = 287 \text{J/(kg·K)}; R_v = \frac{8314}{18.02} = 461 \text{J/(kg·K)}$$

故含湿量式可写成

$$d = 1000 \frac{R_a}{R_v} \times \frac{p_v}{p_a} = 1000 \frac{287}{461} \times \frac{p_v}{p_a}$$
$$= 622 \frac{p_v}{p_a} = 622 \frac{p_v}{B - p_v} \quad \text{(g/kg(a))} \tag{8-33a}$$

上式也可写成

$$d = 622 \frac{\varphi p_s}{B - \varphi p_s} \quad \text{(g/kg(a))} \tag{8-33b}$$

式中 kg（a）表示每 kg 干空气。

六、饱和度

饱和度是表示湿空气饱和程度的另一个参数。它是湿空气的含湿量 d 与同温下饱和空气的含湿量 d_s 的比值，用符号 D 表示

$$D = \frac{d}{d_s} = \frac{622 \frac{p_v}{B - p_v}}{622 \frac{p_s}{B - p_s}} = \varphi \frac{B - p_s}{B - p_v} \tag{8-34}$$

由上式可知，饱和度 D 略小于相对湿度 φ，即 $D \leqslant \varphi$，如 $p - p_v \approx p - p_s$，则 $D \approx \varphi$。

七、湿空气的比体积

湿空气的比体积是以 1kg 干空气为基准定义的，它表示在一定温度 T 和总压力 p 下，1kg 干空气和 $0.001d$ 水蒸气所占有的体积，即 1kg 干空气的湿空气比体积，它也可看做是用总压力 p 和含湿量 d 计算所得的干空气的比体积，即

$$v = \frac{V}{m_a} = v_a \quad \text{m}^3/\text{kg(a)} \tag{8-35}$$

对体积为 V、温度为 T 的湿空气分别写出干空气和水蒸气的状态方程：

$$p_a V = m_a R_a T$$
$$p_v V = 0.001 m_v R_v T$$

将上两式相加后，利用道尔顿定律得：

$$pV = T(m_a R_a + 0.001 m_v R_v)$$

等式两边同除以 m_a 后，经整理可得
$$v=\frac{V}{m_a}=\frac{R_a T}{p}\left(1+\frac{R_v}{R_a}\times 0.001d\right)$$

即
$$V=\frac{R_a T}{p}(1+0.001606d) \quad (\text{m}^3/\text{kg(a)}) \tag{8-36}$$

显然，在一定的大气压力 p 之下，湿空气的比体积与温度和含湿量有关。对饱和湿空气的比体积为

$$v_s=\frac{R_a T}{p}(1+0.001606d_s) \quad (\text{m}^3/\text{kg(a)}) \tag{8-37}$$

应当指出，由于湿空气的比体积是以 1kg 干空气为基准定义，因而湿空气的密度是

$$\rho=\frac{1+0.001d}{v} \tag{8-38}$$

即：$\rho v=1+0.001d$，它与通常 $\rho v=1$ 有所区别。

八、焓

湿空气的焓也是以 1kg 干空气为基准来表示的，它是 1kg 干空气的焓和 $0.001d$ kg 水蒸气的焓的总和即

$$h=h_a+0.001dh_v \quad (\text{kJ/kg(a)})$$

焓的计算基准点，对干空气来说，取 0℃ 的干空气焓为零。对水蒸气取 0℃ 的水的焓为零。因此，温度为 t 的干空气其焓值为

$$h_a=c_p t=1.01t \quad (\text{kJ/kg})$$

对水蒸气，焓可按下式计算

$$h_v=2501+1.85t \quad (\text{kJ/kg})$$

因为焓是状态参数，焓的变化与途径无关，所以在计算水蒸气焓 h_v 时，可以假定水在 0℃ 下汽化，其汽化潜热为 2501kJ/kg，然后蒸汽再从 0℃ 加热到 t，取水蒸气的定压平均质量比热容 $c_{pm}=1.85$kJ/(kg·K)，因此，可得上列所示的水蒸气焓的计算式。

将干空气焓 h_a 及水蒸气焓 h_v 的计算式代入湿空气焓的定义式，则

$$h=1.01t+0.001d(2501+1.85t) \quad (\text{kJ/kg(a)}) \tag{8-39}$$

在开口系统的通风空调工程中，由于可以不考虑动能及位能的变化，而各种热交换器又不对外做功。因此，根据稳定流动能量方程，对通风量为 V，温度为 T 的湿空气，其热交换量的计算式可写成

$$Q=m_a(h_2-h_1) \quad (\text{kJ})$$

式中 m_a 为湿空气中干空气的质量。如应用理想气体状态方程，则 m_a 为

$$m_a=\frac{p_a V}{R_a T}=\frac{(B-p_v)V}{R_a T}=\frac{(B-p_v)V}{287T} \tag{8-40}$$

必须指出：在利用上式计算风量 V（m³）中干空气的质量 m_a 时，必须用干空气的分压力 p_a，而不能用湿空气的总压力 B。

九、绝热饱和温度

对工程和气象科学中经常应用的相对湿度和含湿量，并不能像温度、压力等参数能方便的测量。前面曾讨论过一种通过测定空气露点温度来确定相对湿度的方法，即：已知露点温度，进而确定水蒸气分压力，然后由式（8-32）、式（8-33）求出 φ 和 d，这一方法虽

然简单，但并不方便实用。

相对湿度和含湿量可以采用间接的测量方法，即通过绝热饱和的空气加湿过程来测定。

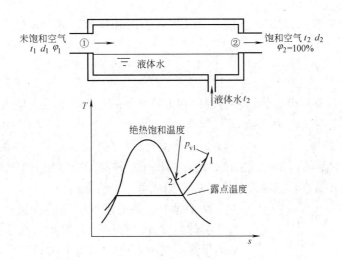

图 8-3 空气的绝热饱和

如图 8-3 所示，测量系统由一个包含水池和绝热的长水槽组成，有一稳态稳流的未饱和空气流，其温度为 t_1，而含湿量为 d_1（未知），通过此长水槽，当空气流经水表面时，将有部分水蒸发混入气流，由于水蒸发时所需要的汽化潜热取自空气，因此这一过程将使空气流的含湿量增加而温度降低。假定水槽有充分足够的长度，空气流流出时将是 $\varphi_2=100\%$，温度为 t_2 的饱和空气，这一温度称为绝热饱和温度，在 T-s 图上可以显示这一过程。

假定供给水槽的补充水保持与 t_2 温度下的水蒸发速率相等，则上述绝热饱和过程可视为稳态稳流过程，同时由于过程中系统与外界没有热量和功量的作用，且空气流进出口动能和位能变化可以忽略不计，于是可列出以下质量和能量关系式：

物质守恒：绝热饱和器进口空气中的水蒸气质量＋水槽水面蒸发的水质量＝绝热饱和器出口空气中的水蒸气质量

即：
$$\dot{m}_{v_1}+\dot{m}_e=\dot{m}_{v_2}$$

或
$$\dot{m}_a d_1+\dot{m}_e=\dot{m}_a d_2$$

于是
$$\dot{m}_e=\dot{m}_a(d_2-d_1)$$

能量平衡：绝热饱和器进口未饱和空气的焓＋水槽水面温度为 t_2 蒸发带入气流的液体水的焓＝绝热饱和器出口饱和空气的焓（温度为 t_2）

即
$$\dot{m}_a h_1+\dot{m}_e h_{l_2}=\dot{m}_a h_2$$

或
$$\dot{m}_a h_1+\dot{m}_a(d_2-d_1)h_{l_2}=\dot{m}_a h_2$$

用 $\dot{m}_a$ 除上式各项得：
$$h_1+(d_2-d_1)h_{l_2}=h_2 \tag{8-41}$$

或
$$c_p t_1+d_1 h_{v_1}+(d_2-d_1)h_{l_2}=c_p t_2+d_2 h_{v_2}$$

整理后可得：

$$d_1 = \frac{c_p(t_2-t_1)+d_2(h_{v_2}-h_{l_2})}{h_{v_2}-h_{l_2}}$$

$$= \frac{c_p(t_2-t_1)+d_2 r_2}{h_{v_2}-h_{l_2}} \tag{8-42}$$

因为绝热饱和器出口空气已是 $\varphi_2=100\%$ 的饱和空气，式（8-41）中的 d_2 可由式（8-33b）得：

$$d_2 = 0.622\frac{p_{s2}}{B-P_{s2}} \tag{8-43}$$

由此可得，只要测出绝热饱和器进口和出口空气的压力和温度，就可由式（8-42）和式（8-43）确定湿空气的 d_1（或 φ_1）。

十、湿球温度

图 8-4 所示的绝热饱和空气加湿过程，提供了一种测定空气相对湿度的方法，但是为了达到出口的饱和条件，它需要一个长的水槽或者一个喷雾机构。

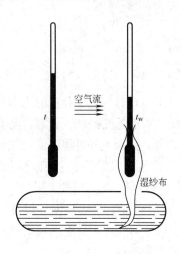

图 8-4 干、湿球温度计

在工程中一种更接近实用的方法，如图 8-4 所示称为干湿球温度计，是用两支相同的水银温度计，一支用来测量湿空气的温度，称为干球温度计，另一支的水银柱球部用浸在水中的湿纱布包裹起来，置于通风良好的湿空气中，测量的就是湿球温度 t_w，这种测量方法在空调工程中得到广泛应用。

在干、湿球温度计中，如果湿纱布中的水分不蒸发，两支温度计的读数应该是相等的。但由于空气是未饱和空气，湿球纱布上的水分将蒸发，水分蒸发所需的热量来自两部分：一部分是吸收湿纱布上水分本身温度降低而放出热量，另一部分是由于空气温度 t 高于湿纱布表面温度，通过对流换热空气将热量传给湿球。湿纱布上水分不断蒸发的结果，使湿球温度计的读数不断降低。最后，当达到热湿平衡时，湿纱布上水分蒸发的热量全部来自空气的对流换热，纱布上水分温度不再降低。此时，湿球温度计的读数就是湿球温度 t_w。

一般地讲，绝热饱和温度和湿球温度是不相同的，然而在大气压力条件下，对空气-水-蒸汽的混合物，湿球温度刚好近似等于绝热饱和温度，所以可以用湿球温度 t_w 替代式（8-42）中的 t_2 来确定空气的含湿量 d_1。

由于干、湿球温度计受风速及测量环境的影响，在相同的空气状态下，可能会出现不同的湿球温度的数值。为此，应防止干、湿球温度计与周围环境之间的辐射换热，以及保证 4m/s 以上的风速。这样测得的 t_w 值，才能非常接近绝热饱和温度 t_2 的值，否则就会产生较大的误差。

最后绝热饱和加湿过程的能量平衡关系式（8-41）可改写成

$$h_1+(d_2-d_1)c_p t_w \times 10^{-3} = h_2 \tag{8-44}$$

式中 h_1，d_1——湿空气的焓及含湿量；

h_2，d_2，t_w——湿球纱布表面饱和空气层的焓、含湿量及湿球温度。

由于湿纱布上水分蒸发的数量只有几克（对每千克干空气所吸收的水蒸气而言），而湿球温度计的读数 t_w 又比较低，再乘上 10^{-3} 之后，式（8-44）中等号左边第二项的值是很小的，在一般的通风空调工程中可以忽略不计。因此，式（8-44）可简化为

$$h_1 = h_2 \tag{8-45}$$

从上式可知，通过湿球的湿空气在加湿过程中，湿空气的焓不变，是一个等焓过程。对这个等焓过程我们可以这样来理解，湿纱布水分的蒸发，在达到热湿平衡时，水汽化所需的潜热完全来自空气，最后这部分潜热又由水蒸气带回到空气中去了，所以对湿空气来说，可以近似地认为焓不变，这是在不考虑蒸发掉的水本身焓值的情况下得出的近似结果。

【例 8-4】 有温度 $t=30℃$、相对湿度 $\varphi=60\%$ 的湿空气 10000m^3，当时的大气压力 $B=0.1\text{MPa}$。求露点温度 t_d，绝对湿度 ρ_v，含湿量 d，干空气的密度 ρ_a，湿空气的比体积，干空气的比体积，湿空气的密度 ρ，湿空气总焓及湿空气的质量 m。

【解】 （1）露点温度

根据水蒸气表，当 $t=30℃$，查得水蒸气的饱和压力 $p_s=4242\text{Pa}$，由式（8-32）得水蒸气分压力为

$$p_v = \varphi p_s = 0.6 \times 4242 = 2545\text{Pa}$$

查水蒸气表，当 $p_v=2545\text{Pa}$ 时，饱和温度，亦即露点为

$$t_d = 21.5℃$$

（2）绝对湿度

由理想气体状态方程得水蒸气的绝对湿度为

$$\rho_v = \frac{p_v}{R_v T} = \frac{2545}{461 \times 303} = 0.0182 \text{kg/m}^3$$

或从水蒸气表查得，当 $t=30℃$ 时可得

$$\rho_s = \frac{1}{v''} = \frac{1}{32.929} = 0.03037 \text{kg/m}^3$$

代入式（8-32）则可得

$$\rho_v = \varphi \rho_s = 0.6 \times 0.03037 = 0.0182 \text{kg/m}^3$$

（3）含湿量

应用式（8-33）可得

$$d = 622 \frac{p_v}{B - p_v} = 622 \frac{2545}{10^5 - 2545} = 16.24 \text{g/kg(a)}$$

（4）干空气的密度

$$\rho_a = \frac{p_a}{R_a T} = \frac{B - p_v}{R_a T} = \frac{10^5 - 2545}{287 \times 303} = 1.1206 \text{kg/m}^3$$

（5）湿空气的比体积及干空气的比体积

由式（8-36）可得湿空气的比体积，它也是干空气的比体积：

$$v = v_a = \frac{R_a T}{p}(1 + 0.001606 \times d)$$

$$= \frac{287 \times 303}{10^5}(1 + 0.001606 \times 16.24) = 089 \text{m}^3/\text{kg}$$

其倒数 $\dfrac{1}{v_a}$ 即干空气的密度 $\rho_a = \dfrac{1}{v_a} = 1.1206\text{kg/m}^3$

(6) 湿空气的密度

由式 (8-38) $\quad \rho = \dfrac{1+0.001d}{v} = \dfrac{1+0.001\times 16.24}{0.89} = 1.142\text{kg/m}^3$

(7) 湿空气的焓

由式 (8-39) 可得湿空气的焓为

$h = 1.01t + 0.001d(2501+1.85t) = 1.01\times 30 + 0.001\times 16.24(2501+1.85\times 30)$
$= 71.8\text{kJ/kg (a)}$

当 $V = 10000\text{m}^3$ 时，干空气的质量为

$$m_a = \dfrac{p_a V}{R_a T} = \dfrac{(10^5 - 2545)\times 10000}{287\times 303} = 11206\text{kg}$$

或

$$m_a = V\rho_a = 10000\times 1.1206 = 11206\text{kg}$$

因此，可得 $V = 10000\text{m}^3$ 时，湿空气的总焓为

$$H = m_a h = 11206\times 71.8 = 804590\text{kJ}$$

(8) 湿空气的质量

由式 (8-29) 得湿空气的气体常数为

$$R = \dfrac{287}{1-0.378\dfrac{p_v}{B}} = \dfrac{287}{1-0.378\dfrac{2545}{10^5}} = 289.8\text{J/(kg·K)}$$

应用理想气体状态方程，可得湿空气的质量为

$$m = \dfrac{BV}{RT} = \dfrac{10^5\times 10000}{289.8\times 303} = 11388\text{kg}$$

或应用下式也可得湿空气的质量为

$$m = m_a(1+0.001d) = 11206(1+0.01624) = 11388\text{kg}$$

【例 8-5】 在标准大气压下，由干湿球温度计测得空气的干球和湿球温度分别为 25℃ 和 15℃。试求：(1) 含湿量；(2) 相对湿度；(3) 空气的焓值。

【解】 (1) 空气的含湿量 d_1 可由式 (8-42) 确定

$$d_1 = \dfrac{c_p(t_2 - t_1) + d_2 r_2}{h_{v_1} - h_{l_2}}$$

式中　t_2 ——湿球温度；

d_2 ——对应湿球温度时空气含湿量；

$d_2 = \dfrac{0.622 p_{s2}}{B - p_{s2}} = \dfrac{0.622\times 1.705}{101.325 - 1.705} = 0.01065\text{kg/kg (a)}$；

p_{s2} ——对应湿球温度时饱和水蒸气分压力，$p_{s2} = 1.705\text{kPa}$；

h_{v_1} ——对应干球温度时饱和水蒸气焓值，$h_{v_1} = 2546.3\text{kJ/kg}$；

h_{l_2} ——对应湿球温度时饱和水的焓值，$h_{l_2} = 62.95\text{kJ/kg}$；

r_2 ——对应湿球温度时，饱和水蒸气汽化潜热，$r_2 = 2465.1\text{kJ/kg}$；代入得：

$$d_1 = \dfrac{1.005(15-25) + 0.01065\times 2465.1}{2546.3 - 62.95} = 0.006525\text{kg/kg(a)}$$

(2) 空气的相对湿度

$$\varphi_1 = \frac{d_1 B}{(0.622+d_1)P_{sl}} = \frac{0.006525 \times 101.325}{(0.622+0.006525) \times 3.169} = 0.332 \text{ 或 } 33.2\%$$

(3) 空气的焓

$$h_1 = h_{a_1} + d_1 h_{v_1} = c_p t_1 + d_1 h_{v_1}$$
$$= 1.005 \times 25 + 0.006525 \times 2546.3 = 41.74 \text{kJ/kg (a)}$$

第三节　湿空气的焓湿图

在工程计算中，为方便分析计算，人们绘制了湿空气的各种线算图，最常用的是焓湿图（h-d 图）。在焓湿图上（图 8-5），不仅可以表示湿空气的状态，确定其状态参数，而且还可以方便地表示出湿空气的状态变化过程以及处理过程。下面对焓湿图的绘制及构成作一简单介绍。

一、定焓线与定含湿量线

焓湿图是以 1kg 干空气为基准，并在一定的大气压力 B 下，取焓 h 与含湿量 d 为坐标而绘制的。为使图面开阔清晰，h 与 d 坐标轴之间成 135°的夹角，如图 8-5 所示。在纵坐标轴上标出零点，即 $h=0$，$d=0$。故纵坐标轴即为 $d=0$ 的等含湿量线，该纵坐标轴上的读数也是干空气的焓值。在确定坐标轴的比例后，就可以绘制一系列与纵坐标轴平行的等 d 线，与纵轴成 135°的一系列等 h 线。在实用中，为避免图面过长，可取一水平线来代替 d 轴，如图 8-5 所示。

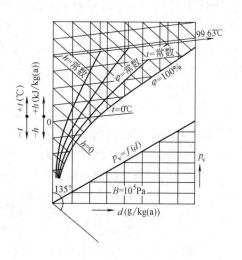

图 8-5　湿空气的 h-d 图

二、定温（干球温度）线

根据 $h=1.01t+0.001d(2501+1.85t)$ 的关系式，可以看出当 t 为定值时、h 与 d 成线性关系，其斜率 $0.001(2501+1.85t)$ 为正值并随 t 的升高而增大。由于各定温线的温度不同，每条定温线的斜率不等，所以各定温线不是平行的。但斜率中的 2501 远远大于 $1.85t$ 的值，所以各定温线又几乎是平行的，如图 8-5 所示。

三、定相对湿度线

根据式（8-33）$d=622\dfrac{\varphi p_s}{B-\varphi p_s}$ 的关系式。在一定的大气压力 B 下，当 φ 值一定时，含湿量 d 与水蒸气饱和分压力 p_s 之间有一系列的对应值，而 p_s 又是温度 t 的单值函数。因此，当 φ 为某一定值时，把不同温度 t_s 的饱和分压力 p_s 值代入式（8-33），就可得到相应温度 t 下的一系列 d 值。在 h-d 图上可得到相应的状态点，连接这些状态点，就可得出某一条定相对湿度线。显然，$\varphi=0$ 的定相对湿度线就是干空气，亦即纵坐标轴；$\varphi=100\%$ 的相对湿度线是饱和空气线。在纵坐标轴与 $\varphi=100\%$ 两线之间，为未饱和空气区域，我们可以根据式（8-33）作出一系列的不同 φ 值的定相对湿度线，如图 8-5 所示。

应该指出，如大气压力 $B=10^5\text{Pa}$，则相应 B 压力的水蒸气饱和温度 $t=99.63℃$。当湿空气温度 $t<99.63℃$ 时，根据相对湿度的定义式 $\varphi\dfrac{p_v}{p_s}$，此时的定 φ 线是上升的曲线，如图 8-5 所示。当 $t>99.63℃$ 时，水蒸气分压力能达到的极限值是 B，这时的相对湿度应为 $\varphi=\dfrac{p_v}{B}$。当 B 为定值的情况下，φ 为常数时，p_v 也不变。这说明相对湿度 φ 与 t 无关，仅与 p_v 或 d 有关。因此，在 h-d 图上，定 φ 线超过与 B 相应的饱和温度线之后变成一条与等 d 线平行垂直向上的直线，如图 8-5 所示。由于在空调工程中，高温空气不常采用，附录中给出的 h-d 图未示出这种情况。但在干燥工程中所应用 h-d 图，湿空气的温度往往超过 $100℃$，所给出的 h-d 图中定 φ 线就包括上述的垂直线段。

四、水蒸气分压力线

由式 (8-33)，$d=622\dfrac{\varphi p_s}{B-\varphi p_s}$，可得 $p_v=\dfrac{Bd}{622+d}$。当大气压力 B 为一定值时，水蒸气分压力 p_v 仅与含湿量 d 有关，即 $p_v=f(d)$。这说明在 $B=$ 常数的 h-d 图上，d 与 p_v 不是相互独立的两个状态参数。因此，可以在 h-d 图上给出 d 与 p_v 之间的变换线。如图 8-5 所示，可利用 $\varphi=100\%$ 曲线下面的空档，将与 d 相对应的 p_v 值表示在图右下方的纵轴上，也可以表示在横坐标轴上，如附图 2 所给出的 h-d 图。

五、热湿比

湿空气在热湿处理过程中，由初态点 1 变化到终态点 2。假如在过程 1-2 中，热、湿交换是同时而均匀进行的，那么在 h-d 图上热、湿交换过程 1-2 将是连接初态点 1 与终态点 2 的一条直线，这一条直线具有一定的斜率。它说明湿空气在热、湿交换过程 1-2 的方向与特点，这一条直线的斜率我们称之为热湿比，用符号 ε 来表示，其定义式是

$$\varepsilon=\dfrac{h_2-h_1}{\dfrac{d_2-d_1}{1000}}=1000\dfrac{h_2-h_1}{d_2-d_1}=1000\dfrac{\Delta h}{\Delta d} \tag{8-46}$$

热湿比 ε 在 h-d 图上反映了过程线 1-2 的倾斜度，因此，也称角系数。

在 h-d 图上，对于各种过程，不管其初态及终态如何，只要过程的热湿比 ε 值相同，就都是平行的直线。因此，在某些实用的 h-d 图上，在图的右下方，任取一点为基准点，作出一系列的热湿比 ε 值，则在 h-d 图上通过点 1 作一条平行于热湿比为 ε 的辐射线，即得到通过点 1 的过程线。当知道状态点 2 的任一参数值后，与该过程线相交，就可得到状态点 2 在 h-d 图上的位置，进而决定点 2 的其他未知参数值。因此，在 h-d 图上利用热湿比线来分析与计算问题是十分方便的。

从 $\varepsilon=1000\dfrac{\Delta h}{\Delta d}$ 可知，在定焓过程中 $\Delta h=0$，热湿比 $\varepsilon=0$。在定含湿量过程中，$\Delta d=0$，如过程吸热，则 $\varepsilon=+\infty$，如过程放热，则 $\varepsilon=-\infty$。因此，定焓线与定含湿量线将 h-d 图分成四个区域如图 8-6 所示。从两线交点 1 出发，终态点可落在四个不同的区域内，此时四个区域具有如下的特点。

第 Ⅰ 区域：从初态点 1 出发，落在这一区域内的过程，$\Delta h>0$，$\Delta d>0$，即增焓增湿过程，$\varepsilon>0$ 为正值。

第 Ⅱ 区域：从初态点 1 出发，落在这一区域内的过程，$\Delta h>0$，$\Delta d<0$，即增焓减湿

过程，$\varepsilon<0$ 为负值。

第Ⅲ区域：从初态点 1 出发，落在这一区域内的过程，$\Delta h<0$，$\Delta d<0$，即减焓减湿过程，$\varepsilon>0$ 为正值。

第Ⅳ区域：从初态点 1 出发，落在这一区域内的过程，$\Delta h<0$，$\Delta d>0$，即减焓增湿过程，$\varepsilon<0$ 为负值。

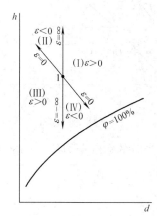

图 8-6　h-d 图四个区域的特征

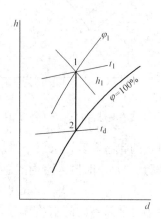

图 8-7　露点在 h-d 图上的表示

在 h-d 图上分析各种过程十分方便，如上节介绍的露点温度及湿球温度，它们可以在 h-d 图上十分清楚地表示出来。露点是指在水蒸气分压力不变的情况下冷却到饱和状态时的温度，也就是在含湿量不变的情况下冷却到饱和状态时的温度。在 h-d 图上如图 8-7 所示：从初态点 1 向下作垂直线与 $\varphi=100\%$ 的饱和曲线相交得点 2，通过点 2 的定温线的读数就是状态点 1 的湿空气的露点温度 t_d。

从湿球热湿交换过程的热平衡方程式（8-44）可知，当 t_w 为一定值时，定湿球温度线在 h-d 图上为一条直线。如令 $d_1=0$，则式（8-44）可写成

$$h_2=h_1+c_p t_w d_2 \times 10^{-3}$$

或

$$h_2-h_1=c_p t_w d_2 \times 10^{-3}$$

从上式可知，h_2-h_1 即为 $d_1=0$ 时，两条定焓线在纵轴上的差值，这个结果可以用来绘制定湿球温度线。如图 8-8 所示，从已知焓值 h_1，在纵轴上得到点 1，然后在纵轴上从点 1 出发，量出 $c_p t_w d_2 \times 10^{-3}$ 的距离而得到 h_2，通过 h_2 定焓线与 $\varphi=100\%$ 的饱和线相交得到点 2。连线 1-2 就是等湿球温度线，其 t_w 的大小，就是通过点 2 的等温线的温度值。

在一般的空调工程中，由于湿球温度较低，d_2 的数值也较小，因此式（8-44）可简化为式（8-45）作为一个定焓过程来处理。在图 8-8 中，通过点 1 的湿球温度为 t_w'，它比 t_w 低一些。其实图 8-8 夸大了 h_1 与 h_2 的距离，实际上 h_1 与 h_2 是非常接近的，在工程计算中完全可用定焓线来代替定湿球温度线，定焓线与 $\varphi=100\%$ 线的交点所通过的定温线的温度值，就是这条定湿球温度线的湿球温度值，此时 $t_w \approx t_w'$。

【例 8-6】 要求房间空气的状态保持为 $t_2=20$℃，$\varphi_2=50\%$。设房间内有工作人员 10 人在轻度劳动，每人每小时散热量为 530kJ/h，散湿量为 80g/h。经计算围护结构与设备进入房间的热量为 4700kJ/h，湿量为 1.2kg/h。实际送入房间的空气温度 $t_1=12$℃。试确

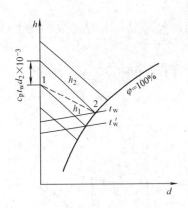

图 8-8 湿球温度在 h-d 图上的表示

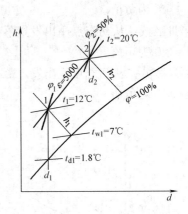

图 8-9 例 8-2 示意图

定送风点的状态参数，求每小时送入室内的湿空气质量。当时的大气压力 $B=101300\text{Pa}$。

【解】 每小时散入室内的总热量为
$$Q=10\times530+4700=10000\text{kJ/h}$$

每小时散入室内的水蒸气量为
$$W=80\times10+1.2\times1000=2000\text{g/h}$$

最后可得热湿比
$$\varepsilon=1000\times\frac{\Delta h}{\Delta d}=1000\times\frac{m_a\Delta h}{m_a\Delta d}=1000\times\frac{Q}{W}=1000\times\frac{10000}{2000}=5000$$

由 $t_2=20\text{℃}$ 及 $\varphi_2=50\%$ 得出点 2，通过点 2 作一条 $\varepsilon=5000$ 的热湿比线与 $t_1=12\text{℃}$ 的定温线相交得到点 1，如图 8-9 所示。最后可得送风的状态点 1 的状态参数为
$$h_1=23\text{kJ/kg(a)}$$
$$d_1=4.2\text{g/kg(a)}, t_{d1}=1.8\text{℃}$$
$$\varphi_1=48\%, t_{w1}=7\text{℃}$$

点 2 的焓值为
$$h_2=38.5\text{kJ/kg(a)}$$

每小时送入室内的干空气量为
$$m_a=\frac{Q}{h_2-h_1}=\frac{10000}{38.5-23}=645.16\text{kg/h}$$

每小时送入室内的湿空气质量为
$$m=m_a(1+0.001d_1)=645.16(1+0.0042)=647.87\text{kg/h}$$

应该指出：例题 8-4 没有利用 h-d 图，全部采用公式计算，解题过程比较繁琐，而例题 8-6 利用 h-d 图，使分析计算十分方便，精度也足够高。

在计算湿空气质量 m 及干空气质量 m_a 时，二者相差虽然不多，但将 m_a 看做是湿空气的质量 m，或将 m 看作是干空气的质量 m_a，在概念上是错误的。

第四节 湿空气的基本热力过程

湿空气处理过程的目的是使湿空气达到一定的温度及湿度，处理过程可以由一个过程或多个过程组合完成。本节将介绍常用的几个基本热力过程。

一、加热过程

在湿空气的加热过程中,空气吸入热量,温度 t 增高,但含湿量 d 不变,是一个等 d 过程,在 h-d 图上加热过程 1-2 是一条垂直向上的直线,如图 8-10 所示。湿空气经加热后,状态参数的变化是 $t_2 > t_1$,$h_2 > h_1$,$\varphi_2 < \varphi_1$。加热过程使空气的相对湿度减小,是干燥工程中不可缺少的组成过程之一。

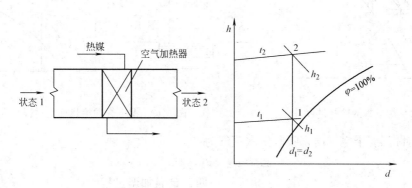

图 8-10 湿空气的加热过程

加热过程中,$\Delta h > 0$,$\Delta d = 0$,热湿比 $\varepsilon = \infty$。对每 kg 干空气而言,所吸收的热量为

$$q = h_2 - h_1 \quad (\text{kJ/kg(a)})$$

二、冷却过程

在冷却过程中,湿空气降低温度而放出热量,只要冷源的温度高于湿空气的露点温度,在冷却过程中不会产生凝结水,因而含湿量不变,是一个等 d 冷却过程,如图 8-11 中过程 1-2 所示。等 d 冷却的结果是 $t_2 < t_1$,$h_2 < h_1$,$\varphi_2 > \varphi_1$。

在等 d 冷却过程中,$\Delta h < 0$,$\Delta d = 0$ 热湿比 $\varepsilon = -\infty$,湿空气在冷却过程中所放出的热量为

$$q = h_2 - h_1 (\text{负值}) \quad (\text{kJ/kg(a)})$$

若冷源温度低于湿空气的露点温度 t_d,则在直接与冷却器表面接触的部分湿空气中的水蒸气将会凝结。这时湿空气的冷却过程经历如图 8-11 中过程 1-2′ 表示。因此,这种冷却过程称为去湿冷却(或析湿冷却)。在去湿冷却过程中,$h_{2'} < h_1$,$d_{2'} < d_1$,$t_{2'} < t_1$,在一般情况下,$\varphi_{2'} > \varphi_1$。由于 $\Delta h < 0$,$\Delta d < 0$,故热湿比 $\varepsilon > 0$。湿空气在去湿冷却过程中放出的热量为

$$q = h_{2'} - h_1 (\text{负值}) \quad (\text{kJ/kg(a)})$$

所析出的水分为

$$\Delta d = d_{2'} - d_1 (\text{负值}) \quad (\text{g/kg(a)})$$

三、绝热加湿过程

在空气处理过程中,在绝热情况下对空气加湿,称为绝热加湿过程,如在喷淋室中通过喷入循环水滴来达到绝热加湿的目的。水滴蒸发所需的汽化潜热,完全来自空气,而水滴变为水蒸气后又回到空气中去了,对空气来说其焓值只增加了几克水的液体焓,因此,可以认为绝热加湿过程是一个等焓过程,如图 8-12 所示,在绝热加湿过程 1-2 中,$h_2 = h_1$,$d_2 > d_1$,$\varphi_2 > \varphi_1$,$t_2 < t_1$。因为 $\Delta h = 0$,$\Delta d > 0$,过程 1-2 的热湿比 $\varepsilon = 0$,在绝热加

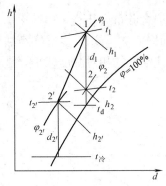

图 8-11 湿空气的冷却过程

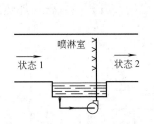

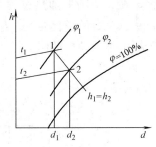

图 8-12 湿空气的绝热加湿过程

湿过程中对每 kg 干空气而言吸收的水蒸气为

$$\Delta d = d_2 - d_1 \, (\text{g/kg(a)})$$

四、定温加湿过程

对湿空气喷入少量水蒸气使之加湿的过程称为定温加湿过程,这在小型空调机组中经常采用。这时,湿空气从状态点 1 变化到状态点 2,如图 8-13 中过程 1-2 所示。喷蒸汽加湿的结果,使 $h_2 > h_1$,$d_2 > d_1$,$\varphi_2 > \varphi_1$,温度虽略有升高,但可近似地认为不变。

如喷入压力为 10^5Pa 的饱和水蒸气,则水蒸气的焓值 $h_v = 2676$kJ/kg,对每 kg 干空气而言所吸收的热量为

$$q = h_2 - h_1 = 0.001 \Delta d h_v = \frac{2676 \Delta d}{1000} \quad (\text{kJ/kg(a)})$$

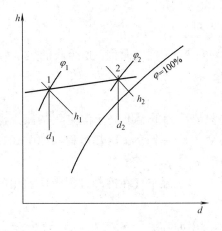

图 8-13 定温加湿过程

而含湿量增加 Δd。因此,喷饱和水蒸气加湿过程的热湿比为

$$\varepsilon = 1000 \times \frac{h_2 - h_1}{\Delta d} = 1000 \times \frac{2676 \Delta d}{1000 \Delta d} = 2676$$

从 h-d 图上可以看出,$\varepsilon = 2676$ 的过程与常温下的定温线非常接近,所以我们就称之为定温加湿过程。温度之所以不明显升高,是因为在 1kg 干空气中只增加了几克水蒸气,虽然喷入的水蒸气温度接近 100℃,但由于干空气的质量远大于喷入水蒸气的质量,因而湿空气温度升高极为有限,故在空调工程中往往简化为定温过程。但如喷入大量水蒸气,致使空气达到饱和状态,甚至部分水蒸气产生凝结而放出汽化潜热并为湿空气所吸收,此时湿空气的温度将会有较大的升高,不能当作定温过程处理。

五、湿空气的混合

在空调工程中,在满足卫生条件的情况下,常使一部分空调系统中的循环空气与室外新风混合,经过处理再送入空调房间,以节省冷量或热量,达到节能的目的。

设有质量为 m_1 的湿空气(其中干空气的质量为 m_{a1},状态参数为 t_1,h_1,φ_1,d_1)

与质量为 m_2 的湿空气（其中干空气质量为 $m_a=m_{a1}+m_{a2}$，状态参数为 t_2，h_2，φ_2，d_2），混合后湿空气的质量为 $m_c=m_1+m_2$（干空气的质量为 $m_{ac}=m_{a1}+m_{21}$，状态参数为 t_c，h_c，φ_c，d_c），混合过程如图8-14（a）所示。

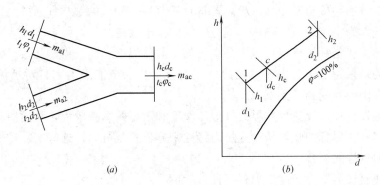

图8-14 湿空气的混合过程

根据混合过程中的热湿平衡可得

$$m_{a1}h_1+m_{a2}h_2=(m_{a1}+m_{a2})h_c=m_{ac}h_c$$
$$m_{a1}d_1+m_{a2}d_2=(m_{a1}+m_{a2})d_c=m_{ac}d_c$$

上列二式也可合并写成

$$\frac{m_{a2}}{m_{a1}}=\frac{h_c-h_1}{h_2-h_c}=\frac{d_c-d_1}{d_2-d_c} \tag{8-47}$$

从式（8-47）可得

$$\frac{h_c-h_1}{d_c-d_1}=\frac{h_2-h_c}{d_2-d_c}$$

从上式可知，$\frac{h_c-h_1}{d_c-d_1}$ 是直线 1-c 的斜率，$\frac{h_2-h_c}{d_2-d_c}$ 是直线 c-2 的斜率。两个斜率相等并有共同点 c，所以混合后的状态点 c 必定落在一条连接点 1 与点 2 的直线上，如图8-14（b）所示。

从式（8-47）还可以看出，混合状态点将直线 1-2 分为两段，线段 1-c 与线段 c-2 的长度比和干空气质量 m_{a2} 与 m_{a1} 之比相等，即 $\frac{\overline{1c}}{\overline{c2}}=\frac{m_{a2}}{m_{a1}}$。

为确定状态点 c 在 h-d 图上的位置，也可以通过热、湿平衡关系而得到 h_c 及 d_c 的值

$$h_c=\frac{m_{a1}h_1+m_{a2}h_2}{m_{a1}+m_{a2}}$$
$$d_c=\frac{m_{a1}d_1+m_{a2}d_2}{m_{a1}+m_{a2}}$$

由上列二式计算所得的 h_c 及 d_c 的点 c，必然落在直线 1-2 上，而其关系必符合式（8-47）。

值得指出，由于湿空气饱和曲线在 h-d 图上具有向下凹的特性，联系到上述结论导致一个很有意义的、可能会发生的现象：当有两股非常接近饱和线的状态为 1 和 2 的未饱和的空气流绝热混合，连接该两状态点的直线将穿过饱和曲线，其混合点 c 将落在饱和线下面，由此，在混合过程中将必然会有一些水凝结出来。

六、湿空气的蒸发冷却过程

湿空气的蒸发冷却可分为直接蒸发冷却和间接蒸发冷却两种方式。当未饱和湿空气和水直接接触时，水会蒸发从周围湿空气中吸收汽化潜热，使水和湿空气的温度降低，这一过程称为湿空气的直接蒸发冷却过程。若将直接蒸发冷却后的湿空气通过间壁式换热器去冷却室外空气作为空调送风，则称为湿空气的间接蒸发冷却。

蒸发冷却主要是利用自然环境中湿空气的干湿球温度差而获得冷却效果，干湿球温差越大，冷却的效果越显著。由于蒸发冷却具有耗能少、节能潜力大且对环境无污染等优点，近年来在国内外受到广泛重视。

湿空气蒸发冷却过程受自然界大气湿球温度和水温的影响较大，从而使实际的热湿交换过程复杂多样。尽管如此，从过程热力特性来分析总是可以把这些实际过程分解为前面所述基本热力过程的组合。

湿空气在直接蒸发冷却过程中有三种可能情况：

(1) 湿空气与循环喷淋水接触。在这种情况下，由于水温稳定在等于进口湿空气的湿球温度，因此湿空气进行的是绝热加湿降温过程，如图 8-12 所示。

(2) 进口湿空气与低于它本身湿球温度的喷淋水接触。这时湿空气进行的是减焓、减湿、降温过程（请读者自己进行分析）。

(3) 湿空气与喷淋水接触。这时水温介于湿空气的干、湿球温度之间（即 $t_a > t > t_w$），湿空气进行的是增焓、加湿、降温过程（请读者自己进行分析）。

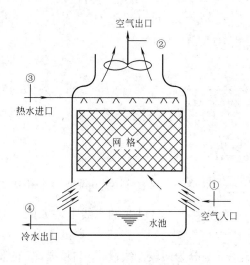

图 8-15 冷却塔示意图

七、冷却塔中的热湿交换过程

冷却塔是将被加热的冷却水与大气进行热湿交换，使之降低温度后重复循环使用的装置。冷却塔广泛应用在电站，空调冷冻机房和化工企业中有冷凝设备的场所。冷却塔中的热湿交换过程主要是通过蒸发冷却，这种冷却方式可最大限度地使冷却水的温度降到大气的湿球温度。

图 8-15 是冷却塔的示意图。热水由上部进入，通过喷嘴喷成小水滴沿着塑料或木条组成的网格向下流动。空气由冷却塔的底部进入，在浮升力或引风机的作用下向上流动，与热水接触而进行热湿交换过程。过程中一部分热水蒸发而降低本身的温度，变为冷水后流入底部的水池。充分进行热湿交换的结果，使离开冷却塔的湿空气的含湿量增加至接近饱和状态。

在冷却塔中，无论是热水温度高于空气温度，还是水温稍低于空气温度，热湿交换过程的结果总是热量由水传给空气，使水温下降。其极限情况是水温降低到进入冷却塔空气初状态下的湿球温度。

如忽略冷却塔的散热，不考虑流动工质的动能变化及位能变化。由图 8-15 可得能量平衡关系式：

$$\dot{m}_a(h_2-h_1)=\dot{m}_{w3}h_{w3}-\dot{m}_{w4}h_{w4}$$

质量守恒关系式：

$$\dot{m}_{w3}-\dot{m}_{w4}=\dot{m}_a(d_2-d_1)\times 10^{-3}$$

合并上两式可得

$$\dot{m}_a=\frac{\dot{m}_{w3}(h_{w3}-h_{w4})}{(h_2-h_1)-h_{w4}(d_2-d_1)\times 10^{-3}} \tag{8-48}$$

式中　h_1，h_2——进入及离开冷却塔湿空气的焓（kJ/kg（a））；

d_1，d_2——进入及离开冷却塔湿空气的含湿量（g/kg（a））；

$\dot{m}_a$——干空气的质量流量（kg（a）/h）；

h_{w3}，h_{w4}——进入及离开冷却塔热水的焓（kJ/kg）；

$\dot{m}_{w3}$，$\dot{m}_{w4}$——进入及离开冷却塔热水的质量流量（kg/h）。

从式（8-48）可知，进入冷却塔的湿空气状态 1 是当地的大气状态参数，只需选定湿空气的出口状态，以及进出冷却塔的水温，就能计算所需的通风量和所需补充的冷却水量。

【例 8-7】　35℃的热水 $\dot{m}_{w3}=20\times 10^3$ kg/h 的流量进入冷却塔，被冷却到 20℃后离开。进入冷却塔的空气 $t_1=20$℃，$\varphi_1=60\%$，在 30℃的饱和状态下离开。求进入冷却塔的湿空气质量流量，离开冷却塔的湿空气质量流量及蒸发损失的水量。设当地大气压力为 101325Pa。

【解】　由 $t_1=20$℃，$\varphi=60\%$ 及 $t_2=30$℃，$\varphi_2=100\%$ 从 h-d 图查得

$$h_1=42.4\text{kJ/kg(a)},d_1=8.6\text{g/kg(a)}$$
$$h_2=100\text{kJ/kg(a)},d_2=27.3\text{g/kg(a)}$$

由 $t_3=35$℃及 $t_4=20$℃，取水的平均定压比热容 $c_{pm}=4.1868$kJ/(kg·K)，则水的焓值为

$$h_{w3}=4.1868\times 35=146.54\text{kJ/kg}$$
$$h_{w4}=4.1868\times 20=83.74\text{kJ/kg}$$

从式（8-48）可求得进入冷却塔的湿空气中干空气的质量流量为

$$\dot{m}_a=\frac{\dot{m}_{w3}(h_{w3}-h_{w4})}{(h_2-h_1)-h_{w4}(d_2-d_1)\times 10^{-3}}$$
$$=\frac{20\times 10^3\ (146.54-83.74)}{(100-42.4)-83.74(27.3-8.6)\times 10^{-3}}=29.1\times 10^3\text{kg(a)/h}$$

进入冷却塔的湿空气质量流量为

$$\dot{m}_1=\dot{m}_a(1+0.001d_1)=29.1\times 10^3\times 1.0086=29.35\times 10^3\text{kg/h}$$

离开冷却塔的湿空气质量流量为

$$\dot{m}_2=\dot{m}_a(1+0.001d_2)=29.1\times 10^3\times 1.0273=29.894\times 10^3\text{kg/h}$$

蒸发损失的水量为

$$\dot{m}_w=\dot{m}_a(d_2-d_1)\times 10^{-3}=29.1\times 10^3(27.3-8.6)\times 10^{-3}$$
$$=544\text{kg/h}$$

或
$$\dot{m}_w = \dot{m}_2 - \dot{m}_1 = (29.894 - 29.35) \times 10^3 = 544 \text{kg/h}$$

【例 8-8】 有相对湿度 $\varphi_1 = 80\%$，温度 $t_1 = 31℃$ 的湿空气 600kg/h 与 $\varphi_2 = 60\%$，$t_2 = 22℃$ 的湿空气 150kg/h 相混合。已知当时的大气压力 $B = 101300\text{Pa}$，求混合后的状态参数。

【解】 已知 $\varphi_1 = 80\%$，$t_1 = 31℃$ 及 $\varphi_2 = 60\%$，$t_2 = 22℃$。从 $h\text{-}d$ 图可得
$$h_1 = 90\text{kJ/kg(a)}, \quad d_1 = 23\text{g/kg(a)}$$
$$h_2 = 47\text{kJ/kg(a)}, \quad d_2 = 9.8\text{g/kg(a)}$$

已知湿空气质量 $\dot{m}_1 = 600\text{kg/h}$，则其中干空气质量为

$$\dot{m}_{a1} = \frac{\dot{m}_1}{1 + 0.001 d_1} = \frac{600}{1 + 0.023} = 586.5 \text{kg/h}$$

湿空气质量 $\dot{m}_2 = 150\text{kg/h}$ 时，则其干空气质量为

$$\dot{m}_{a2} = \frac{\dot{m}_2}{1 + 0.001 d_2} = \frac{150}{1 + 0.0098} = 148.5 \text{kg/h}$$

最后可得混合后湿空气的焓及含湿量为

$$h_c = \frac{\dot{m}_{a1} h_1 + \dot{m}_{a2} h_2}{\dot{m}_{a1} + \dot{m}_{a2}} = \frac{586.5 \times 90 + 148.5 \times 47}{586.5 + 148.5} = 81.3 \text{kJ/kg(a)}$$

$$d_c = \frac{\dot{m}_{a1} d_1 + \dot{m}_{a2} d_2}{\dot{m}_{a1} + \dot{m}_{a2}} = \frac{586.5 \times 23 + 148.5 \times 9.8}{586.5 + 148.5} = 20.3 \text{g/kg(a)}$$

根据 h_c 及 d_c 的值，从 $h\text{-}d$ 图上可得到点 c，进而得到其他参数值为
$$t_c = 29.1℃, \quad \varphi_c = 80\%, \quad t_w = 26.3℃, \quad t_d = 25.3℃$$

如再按 $\dfrac{\overline{1c}}{\overline{c2}} = \dfrac{\dot{m}_{a2}}{\dot{m}_{a1}} = \dfrac{148.5}{586.5} = \dfrac{1}{3.95} \approx \dfrac{1}{4}$ 进行计算，则可将 1-2 直线的长度分为 5 等分，在距离点 1 的第一个等分处，即为状态点 c，从点 c 可相应得上述数值。即 $h_c = 81.3\text{kJ/kg(a)}$，$d_c = 20.3\text{g/kg(a)}$，$t_c = 29.1℃$，$\varphi_c = 80\%$，$t_w = 26.3℃$，$t_d = 25.3℃$。

【例 8-9】 某干燥装置采用空气为干燥介质，每小时需要除去的物料中的水分为 $\dot{m}_w = 480\text{kg/h}$。已知空气初态 $t_0 = 20℃$，$\varphi_0 = 60\%$，$p_0 = 10^5\text{Pa}$，在加热器中被加热到 $t_1 = 150℃$，离开干燥器时 $t_2 = 40℃$、$\varphi_2 = 90\%$。试求加热器中空气所需加热量 Q 和干空气流量 $\dot{m}_a$，并将干燥过程表示在焓-湿 ($h\text{-}d$) 图上。

【解】 应用公式计算干燥介质的状态参数。由本书附录中附表 4（在 0.1MPa 时饱和空气状态参数表）可查得：

初态空气 $t_0 = 20℃$，$p_{s,0} = 2.337 \times 10^3 \text{Pa}$
终态空气 $t_2 = 40℃$，$p_{s,2} = 7.375 \times 10^3 \text{Pa}$
分别计算状态参数如下：
初态 $t_0 = 20℃$，$\varphi_0 = 60\%$ 时

$$p_{v,0} = p_{s,0} \times \varphi_0 = 2.337 \times 10^3 \times 0.6 = 1423.8 \text{Pa}$$

$$d_0 = 622 \frac{\varphi_0 \times p_{s,0}}{B - \varphi_0 \times p_{s,0}} = 622 \frac{0.6 \times 2.337 \times 10^3}{10^5 - 0.6 \times 2.337 \times 10^3}$$

$$= 622 \times \frac{1423.8}{10^5 - 1423.8} = 9 \text{g/kg(a)}$$

$$h_0 = 1.01t_0 + 0.001d_0(2501 + 1.85t_0)$$
$$= 1.01 \times 20 + 0.001 \times 9(2501 + 1.85 \times 20)$$
$$= 43.04 \text{kJ/kg(a)}$$

状态 1，因为在加热器中被加热，空气的含湿量不变，即 $d_1 = d_0$
故
$$h_1 = 1.01t_1 + 0.001d_1(2501 + 1.85t_1)$$
$$= 1.01 \times 150 + 0.001 \times 9(2501 + 1.85 \times 150)$$
$$= 176.5 \text{kJ/kg(a)}$$

状态 2，$t_2 = 40°C$、$\varphi_2 = 90\%$ 时
$$p_{v.2} = p_{s.2} \times \varphi_2 = 7.375 \times 10^3 \times 0.9 = 6637.5 \text{Pa}$$
$$d_2 = 622 \frac{\varphi_2 \times p_{s.2}}{B - \varphi_2 \times p_{s.2}} = 622 \frac{0.9 \times 7.375 \times 10^3}{10^5 - 0.9 \times 7.375 \times 10^3}$$
$$= 622 \frac{6637.5}{10^5 - 6637.5} = 44.22 \text{g/kg(a)}$$

计算干燥所需干空气流量 $\dot{m}_a$
由物质平衡方程
$$\dot{m}_a(d_2 - d_1) = \dot{m}_w$$
故
$$\dot{m}_a = \frac{\dot{m}_w}{d_2 - d_1} = \frac{\dot{m}_w}{d_2 - d_0} = \frac{480 \times 10^3}{44.22 - 9} = 13628.6 \text{kg/h}$$

计算干燥所需加热量 Q
由热平衡方程：

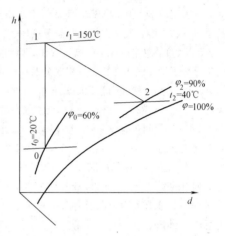

图 8-16 例 8-9 图

$$\dot{Q} = \dot{m}_a(h_1 - h_0) = 13628.6(176.5 - 43.04) = 1818873 \text{kJ/h}$$

干燥过程在 (h-d) 图上的表示见图 8-16。

思 考 题

8-1 何谓混合气体的折合气体常数？它比混合气体中最大的气体常数还大吗？

8-2 何谓混合气体的折合分子量，混合气体中每个分子的质量就等于折合分子量？

8-3 考察相同质量的某几种气体混合物，它们所有的质量成分相同吗？摩尔成分又怎样？

8-4 对于理想气体混合物摩尔成分之和等于1，这一关系对于实际气体混合物同样正确吗？

8-5 有人断言，对于 CO_2 和 N_2O 两种气体混合物的质量成分和摩尔成分是相同的，这是真的吗？为什么？

8-6 平衡时混合气体中各组成气体具有的温度和压力是否相同？

8-7 混合气体中质量成分较大的组成气体，其摩尔成分是否也一定较大？

8-8 绝对湿度的大小能否说明湿空气的干燥或潮湿的程度？

8-9 为什么影响人体感觉和物体受潮的因素主要是湿空气的相对湿度而不是绝对湿度。

8-10 为什么在冷却塔中能将水的温度降低到比大气温度还低的程度？这是否违反热力学第二定律？

8-11 在寒冷的阴天，虽然气温尚未到达 0°C，但晾在室外的湿衣服会结冰，这是什么原因？

8-12 在相同的压力及温度下，湿空气与干空气的密度何者为大？

8-13 在同一地区，阴雨天的大气压力为什么比晴朗天气的大气压力低？

8-14 在同一地区，冬天的大气压力总比夏天的大气压力高，为什么？

第八章 混合气体及湿空气

8-15 对未饱和空气，湿球温度、干球温度及露点温度三者哪个大？哪个小？对于饱和空气，三者的大小将如何？

8-16 夏天对室内空气进行处理，是否可简单地只将室内空气温度降低即可？为什么？

8-17 为什么说在冬季供暖季节，房间外墙内表面的温度必须高于空气的露点温度。

8-18 要决定湿空气的状态，必须知道几个独立的状态参数？为什么？

8-19 解释大气中发生的雨、雪、霜、雹、雾、露等自然现象，并说明它们发生的条件。

习 题

8-1 混合气体中各组成气体的摩尔分数为：$x_{CO_2}=0.4$，$x_{N_2}=0.2$，$x_{O_2}=0.4$，混合气体的温度 $t=50℃$，表压力 $p_g=0.04\text{MPa}$，气压计上水银柱高度为 $p_b=750\text{mmHg}$，求：（1）体积 $V=4\text{m}^3$ 混合气体的质量；（2）混合气体在标准状态下的体积 V_0。

8-2 如果忽略空气中的稀有气体，则可认为其质量成分为 $g_{O_2}=23.2\%$，$g_{N_2}=76.8\%$，试求空气的折合分子量、气体常数、容积成分及在标准状态下的比体积和密度。

8-3 已知天然气的容积成分 $r_{CH_4}=97\%$，$r_{C_2H_6}=0.6\%$，$r_{C_3H_8}=0.18\%$，$r_{C_4H_{10}}=0.18\%$，$r_{CO_2}=0.2\%$，$r_{N_2}=1.83\%$。试求：（1）天然气在标准状态下的密度；（2）各组成气体在标准状态下的分压力。

8-4 一房间含有 50kg 干空气和 0.6kg 水蒸气，温度为 25℃，总压力为 95kPa，则房间中空气的相对湿度是下列中的哪一个：（1）1.2%；（2）18.4%；（3）56.7%；（4）65.2%；（5）78.0%。

8-5 有一 40m³ 的房间含有 30℃、相对湿度 85% 的空气，总压力为 85kPa，则房间中干空气的质量为下列中的哪一个：（1）25.7kg；（2）37.4 kg；（3）39.1 kg；（4）41.8 kg；（5）45.3 kg。

8-6 试求在湖面上温度为 12℃ 的干空气的摩尔成分，湖表面上的空气是饱和的，湖平面上大气压力可取 100kPa。

8-7 温度 $t=20℃$，压力 $p=0.1\text{MPa}$，相对湿度 $\varphi=70\%$ 的湿空气 2.5m³。求该湿空气的含湿量、水蒸气分压力、露点、水蒸气密度、干空气质量、湿空气气体常数。如该湿空气在压力不变的情况下，被冷却为 10℃ 的饱和空气，求析出的水量。

8-8 有温度 $t=25℃$，压力 $p=10^5\text{Pa}$，相对湿度 $\varphi=50\%$ 的湿空气 10000kg，求露点、绝对湿度、含湿量、湿空气的密度、干空气的密度及该湿空气的体积。

8-9 当地的大气压力为 0.1MPa，湿空气的温度为 30℃，湿球温度为 25℃，求水蒸气分压力、露点温度、相对湿度、干空气密度、水蒸气密度、湿空气密度、湿空气气体常数及湿空气焓。

8-10 压力 B 为 101325Pa 的湿空气，在温度 $t_1=5℃$，相对湿度 $\varphi=60\%$ 的状态下进入加热器，在 $t_2=20℃$ 下离开加热器。进入加热器的湿空气体积为 $V_1=10000\text{m}^3$。求加热量及离开加热器时湿空气的相对湿度。

8-11 有两股湿空气进行绝热混合，已知第一股气流的 $\dot{V}_1=15\text{m}^3/\text{min}$，$t_1=20℃$，$\varphi_1=30\%$；第二股气流的 $\dot{V}_2=20\text{m}^3/\text{min}$，$t_1=35℃$，$\varphi_1=30\%$。如两股气流的压力均为 101300Pa，试分别用图解法及计算法求混合后湿空气的焓、含湿量、温度、相对湿度。

8-12 已知湿空气的 $h=60\text{kJ/kg}(a)$，$t=25℃$，试用 $B=0.1013\text{MPa}$ 的焓湿图，确定该湿空气的露点、湿球温度、相对湿度、水蒸气分压力。

8-13 在容积 $V=60\text{m}^3$ 的房间内，空气的温度和相对湿度分别为 21℃ 及 70%。问空气的总质量及焓值各为多少？设当地的大气压 $B=0.1013\text{MPa}$。

8-14 将温度 $t_1=15℃$，$\varphi_1=60\%$ 的空气 200m³，加热到温度 $t_2=35℃$，然后送入干燥器。空气在干燥器中在与外界绝热的情况下吸收物料中的水分，离开干燥器时的相对湿度增至 $\varphi_3=90\%$。设当地的大气压力 $B=0.1013\text{MPa}$。试求（1）空气在加热器中的吸热量；（2）空气在干燥器中吸收的水分。

8-15 某空调系统每小时需要 $t_c=21℃$、$\varphi_c=60\%$ 的湿空气 12000m³。已知新空气的温度 $t_1=5℃$，

相对湿度 $\varphi_1=80\%$，循环空气的温度 $t_2=25℃$，相对湿度 $\varphi_2=70\%$。新空气与循环空气混合后送入空调系统。设当时的大气压力为 0.1013MPa。试求（1）需预先将新空气加热到多少度？（2）新空气与循环空气的流量各为多少（kg/h）？

8-16 为满足某车间对空气温度及相对湿度的要求，需将 $t_1=10℃$，$\varphi_1=30\%$ 的空气加热加湿后再送入车间，设加热后空气的温度 $t_2=20℃$，处理空气的热湿比 $\varepsilon=3500$。试求空气终了时的状态参数 d_2，h_2，φ_2。

8-17 某空调系统每小时需要 $t_2=20℃$，$\varphi_2=60\%$ 的湿空气若干 kg（其中干空气质量 $m_a=4500$kg）。现将室外温度 $t_1=35℃$，相对湿度 $\varphi_1=70\%$ 的空气经过处理后达到上述要求。（1）求在处理过程中所除去的水分及放热量；（2）如将 35℃ 的纯干空气 4500kg 冷却到 21℃，应放出多少热量。设大气压力 $B=101325$Pa。

8-18 两股未饱和的空气流绝热混合，在此混合过程中被观察到有一些湿气凝结，试问在什么条件下将出现这种情况？

8-19 淋水式冷却塔冷却 50kg/s 的冷却水从 40℃ 到 25℃，当地大气压力为 96kPa。进入塔的大气空气状态：温度 20℃，相对湿度 70%，离开塔的状态是 35℃ 的饱和空气，若忽略引风机的输入功率，试确定：（1）进入冷却塔空气的体积流率；（2）需要补充水的质量流率。

第九章 气体和蒸汽的流动

气体和水蒸气在喷管及扩压管内的绝热流动过程不仅广泛应用于汽轮机、燃气轮机等动力设备中,也应用于通风、空调及燃气等工程中的引射器、叶轮式压气机及燃烧器等热力设备中。

由于气体流动过程中状态参数的变化与气流速度的变化有关,而气流速度的变化又关系到气体的能量转换。因此,流动过程是涉及气体状态参数变化、气流速度变化及能量转换的热力过程。同时,气体在管道内的流动与管道截面积的变化及外界条件有关,它们为气体流动创造条件并对气体流动产生制约。

本章要求:熟练掌握气体和蒸汽流动热力过程的基本规律;掌握管道截面变化及外界条件的影响规律;能够对有摩擦的不可逆流动过程及节流过程进行简要分析。

第一节 一维稳定绝热流动的基本方程

一、稳态稳流

稳态稳流(简称稳定流动)的概念已在第三章中有所介绍。稳态稳流是指开口系统内各点热力学和力学参数都不随时间的变化而变化的流动,但在系统内不同点上,参数值可以不同。为了简化起见,可认为管道内垂直于轴向的任一截面上的各种参数都均匀一致,流体参数只沿管道轴向或流动方向发生变化。这种只沿轴向或流动方向上流体参数发生变化的稳态稳流称为一元(一维)稳定流动。在许多工程设备的正常运转过程中,流体流动情况接近一维稳定流动。本章只讨论一维稳定流动。

二、连续性方程

根据质量守恒定律可知,在一维稳定流动过程中,垂直于流动方向的各截面处的质量流量都相等,并且不随时间而变化,即

$$\left.\begin{array}{l}\dot{m}_1=\dot{m}_2=\cdots\cdots=\dot{m}=\text{常数}\\[4pt]\dfrac{f_1c_1}{v_1}=\dfrac{f_2c_2}{v_2}=\cdots\cdots=\dfrac{fc}{v}=\text{常数}\end{array}\right\} \quad (9\text{-}1)$$

式中 $\dot{m}_1, \dot{m}_2, \dot{m}$——各截面处的质量流量(kg/s);

f_1, f_2, f——各截面处的截面积(m^2);

c_1, c_2, c——各截面处的气流速度(m/s);

v_1, v_2, v——各截面处气体的比体积(m^3/kg)。

对微元稳定流动过程,式(9-1)可表示为

$$d\dot{m}=d\left(\frac{fc}{v}\right)=0 \left.\begin{matrix} \\ \\ \end{matrix}\right\}$$
$$\frac{dc}{c}+\frac{df}{f}-\frac{dv}{v}=0$$
(9-2)

式（9-1）及式（9-2）是连续性方程的数学表达式，给出了流速、流道截面积、比体积之间的关系，是根据质量守恒定律导出的。它普遍适用于任何工质的可逆与不可逆的一维稳定流动过程。

三、绝热稳定流动能量方程式

在第三章中已知稳定流动能量方程为

$$q=(h_2-h_1)+\frac{c_2^2-c_1^2}{2}+g(z_2-z_1)+w_s$$

在一般的工程管道流动中，重力位能的变化可忽略不计，且没有做机械功，故 $g(z_2-z_1)\approx 0$，$w_s\approx 0$；如果在绝热情况下，$q=0$，可得

$$\frac{c_2^2-c_1^2}{2}=h_1-h_2 \tag{9-3}$$

对于微元绝热稳定流动过程，式（9-3）可写成

$$d\frac{c^2}{2}=-dh \tag{9-4}$$

式（9-3）及式（9-4）就是适用于管道流动的绝热稳定流动能量方程，它给出了工质动能与焓之间的转换关系。必须指出，式（9-3）及式（9-4）是按能量守恒与转换定律导出的，没有涉及工质的性质，也没有涉及过程的可逆与否。因此，适用于任何工质的可逆与不可逆的绝热稳定流动过程。

四、可逆绝热过程方程式

如果气体在管道内进行可逆绝热流动，则理想气体可逆绝热过程方程式为

$$pv^\kappa = 常数 \tag{9-5}$$

对于微元可逆绝热过程，微分上式可得

$$\frac{dp}{p}+\kappa\frac{dv}{v}=0 \tag{9-6}$$

式（9-5）及式（9-6）只适用于理想气体的比热容比 κ 为常数（定比热容）的可逆绝热过程。对于变比热容的可逆绝热过程，κ 应取过程范围内的平均值。

对于水蒸气这样的真实气体在可逆绝热过程中状态参数变化复杂，没有简单的过程方程式。在工程上，为简化分析水蒸气可逆绝热流动过程，可借助于类似式（9-5）的形式，不过此时 κ 不是比热容比，而是经验系数，且随工质的状态变化而改变。如果仅研究可逆绝热流动过程前后的状态参数变化，则可通过水蒸气的 h-s 图或水蒸气表查得。

五、音速和马赫数

研究流体在管道内的流动时，特别是对可压缩性气体来说，音速具有特别重要的意义。从物理学中可知，音速是微小扰动在物体中的传播速度。当可压缩流体中有一微小的压力变化时，压力波是以音速向四面传播。由于压力波的传播速度极快，发生状态变化的流体来不及与周围流体进行热交换，故可认为是绝热的。其次，由于扰动极小，压力波在流体内传播时，流体状态变化也极小，内摩擦可以忽略不计，故可以认为是可逆的。因

此，压力波的传播过程可以当作可逆绝热过程处理。

如以 a 表示音速，从物理学中可知，在可逆绝热流动过程中，可压缩性流体音速的计算式为

$$a=\sqrt{\left(\frac{\partial p}{\partial \rho}\right)_s}=\sqrt{-v^2\left(\frac{\partial p}{\partial v}\right)_s} \tag{9-7}$$

式（9-7）中下角码 s 表示可逆绝热过程。

将理想气体可逆绝热过程方程式（9-6）代入式（9-7），可得

$$a=\sqrt{\kappa pv}=\sqrt{\kappa RT} \tag{9-8}$$

式（9-8）只适用于理想气体的音速计算。可见，对某确定理想气体而言，音速与 $\sqrt{T}$ 成正比。

应该指出：流体中的音速不是一个常数，它随流体状态的变化而变化，在不同的状态下有不同的音速值。在某状态（p、v、T）下的音速值称为当地音速。如将空气当做理想气体处理，当 $t=20℃$ 时，空气中声音的传播速度为 $a=\sqrt{1.4\times287\times293}=343\mathrm{m/s}$。如在 10000m 的高空中，空气温度 $t=-50℃$，则音速 $\sqrt{1.4\times287\times223}=299\mathrm{m/s}$。

在研究可压缩流体时，以当地音速作为比较标准，引进马赫数这个无因次量，用 M 表示，其定义为

$$M=\frac{c}{a} \tag{9-9}$$

式（9-9）中 c 是给定状态的气体流速，a 是该状态下的音速。根据马赫数的大小，可以把气流速度分为三档：当 $M<1$，称为亚音速；当 $M=1$，称为音速；当 $M>1$，称为超音速。

第二节　可逆绝热流动的基本特性

一、气体流速变化与状态参数间的关系

对可逆绝热过程，从热力学第一定律解析式可知 $\mathrm{d}h=v\mathrm{d}p$，将这一关系代入绝热稳定流动能量方程（9-4），则

$$c\mathrm{d}c=-v\mathrm{d}p \tag{9-10}$$

上式适用于可逆绝热流动过程。式（9-10）说明，在管道内作可逆绝热流动时，$\mathrm{d}c$ 与 $\mathrm{d}p$ 的符号相反；气流速度增加（$\mathrm{d}c>0$），必导致气体的压力下降（$\mathrm{d}p<0$），这就是喷管中的气体流动特性；气体速度下降（$\mathrm{d}c<0$），将导致气体的压力升高（$\mathrm{d}p>0$），这是扩压管中的气体流动特性。

二、喷管截面变化规律

将式（9-7）左右两边乘方并分别去除式（9-10）两边，于是

$$\frac{c}{a^2}\mathrm{d}c=\frac{-v\mathrm{d}p}{-v^2\left(\frac{\partial p}{\partial v}\right)_s}=\frac{\mathrm{d}p}{v\left(\frac{\partial p}{\partial v}\right)_s}$$

$$\frac{c^2}{a^2}\frac{\mathrm{d}c}{c}=\frac{1}{v}\left(\frac{\partial v}{\partial p}\right)_s\mathrm{d}p$$

由马赫数 $M=\dfrac{c}{a}$ 及可逆绝热过程中 $\left(\dfrac{\partial v}{\partial p}\right)_s \mathrm{d}p = \mathrm{d}v$，得

$$M^2 \frac{\mathrm{d}c}{c} = \frac{\mathrm{d}v}{v} \tag{9-11}$$

上式表明任何气体微元可逆绝热流动过程中，流速与比体积的相对变化量关系取决于流动状态；在亚音速（$M<1$）下，比体积相对变化量小于流速相对变化量；在超音速（$M>1$）下，比体积相对变化量大于流速相对变化量。

将式（9-11）代入连续性方程（9-2），得

$$\frac{\mathrm{d}f}{f} = (M^2 - 1)\frac{\mathrm{d}c}{c} \tag{9-12}$$

式（9-12）反映了任何气体可逆绝热一元稳定流动过程中管道截面积变化与速度变化的关系。

喷管内的气流运动状态为降压增速（$\mathrm{d}p<0$，$\mathrm{d}c>0$）。若喷管内的气体流速在亚音速范围内（$M<1$），因为 $\mathrm{d}c>0$，从式（9-12）可知，等号右边为负值，则有 $\mathrm{d}f<0$，即喷管截面积逐渐缩小。这种沿着气体流动方向截面积逐渐缩小的喷管称为渐缩喷管。

若喷管内的气体流速在超音速范围内（$M>1$），式（9-12）等号右边为正值，则有 $\mathrm{d}f>0$。这表明沿气流方向喷管截面积逐渐扩大，这种喷管称为渐扩喷管。

如需要将 $M<1$ 的亚音速气流增大到 $M>1$ 的超音速气流，则喷管截面积应由 $\mathrm{d}f<0$ 逐渐转变为 $\mathrm{d}f>0$，即喷管截面积应由逐渐缩小转变为逐渐扩大，这种喷管称为渐缩渐扩喷管，或简称缩放喷管，也称拉伐尔（Laval）喷管。

在渐缩渐扩喷管中，收缩部分为亚音速范围，而扩张部分为超音速范围。收缩与扩张之间的最小截面处称为喉部，此处 $M=1$，$\mathrm{d}f=0$。该截面称为临界截面，具有最小截面积 $f_{\min}$，相应的各种参数都称为临界值，如临界压力 p_c、临界温度 T_c、临界比体积 v_c、临界流速 c_c 等。应予注意，临界流速 c_c 为临界截面处的当地音速。对理想气体而言，当地音速 $a=\sqrt{\kappa R T_c}$。

扩压管内气流运动状态为减速增压（$\mathrm{d}c<0$，$\mathrm{d}p>0$）。若扩压管的气流速度为超音速（$M>1$），因为扩压管内 $\mathrm{d}c<0$，由式（9-12）可知，$\mathrm{d}f<0$。这种沿气体流动方向截面积逐渐缩小的扩压管称为渐缩扩压管。

若扩压管的气流速度为亚音速（$M<1$），由式（9-12）可知，$\mathrm{d}f>0$，表明沿气体流动方向扩压管的截面积逐渐扩大，这种扩压管称为渐扩扩压管。

如果气流速度在扩压管中由 $M>1$ 的超音速一直降低到 $M<1$ 的亚音速，则扩压管的截面积应由 $\mathrm{d}f<0$ 经喉部而变化到 $\mathrm{d}f>0$，这种扩压管称为渐缩渐扩扩压管。值得注意的是，渐缩渐扩扩压管内的流动过程非常复杂，不可能按照理想可逆绝热流动的规律实现超音速到亚音速的连续转变。

有关喷管和扩压管的截面积变化与流速的关系见表 9-1。

如将气体在渐缩渐扩喷管中作充分膨胀，则喷管轴向流速 c、压力 p、比体积 v 及当地音速 a 的变化如图 9-1 所示。

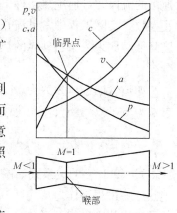

图 9-1 喷管各个参数沿轴向变化的示意图

从图中可以看出，在喉部临界点处，临界流速 c_c 与当地音速 a_c 相等，此时马赫数 $M=1$。喷管渐缩段 $M<1$，渐扩段 $M>1$。

应当指出，由于沿轴向气流的温度不断下降，喷管中的当地音速 a 不是一个常数。在进口处气体的温度最高，所以当地音速也最大；在出口处，温度最低，所以当地音速也最小，如图 9-1 中曲线 a 所示。

喷管和扩压管流速变化与截面变化的关系 表 9-1

管道种类 \ 管道形状 \ 流动状态	$M<1$	$M>1$	渐缩渐扩喷管 $M<1$ 转 $M>1$ 渐缩渐扩压管 $M>1$ 转 $M<1$
喷管 $dc>0$ $dp<0$	$M<1$, $\dfrac{df}{f}<0$, $p_1>p_2$	$M>1$, $\dfrac{df}{f}>0$, $p_1>p_2$	$M<1$, $M=1$, $M>1$, $p_2<p_1$
扩压管 $dp>0$ $dc<0$	$M<1$, $\dfrac{df}{f}>0$, $p_1<p_2$	$M>1$, $\dfrac{df}{f}<0$, $p_1<p_2$	$M>1$, $M=1$, $M<1$, $p_2>p_1$

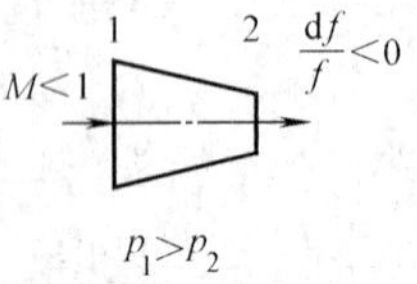

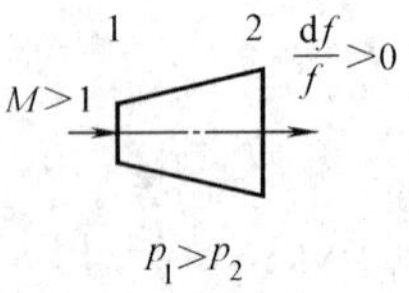

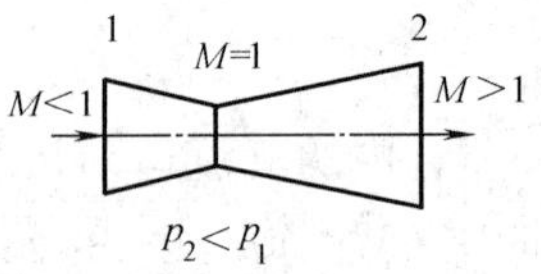

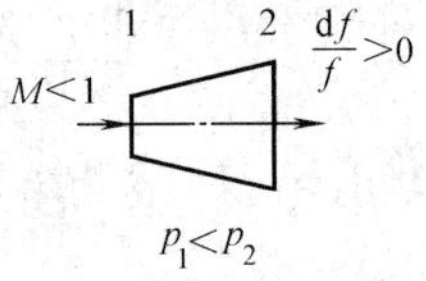

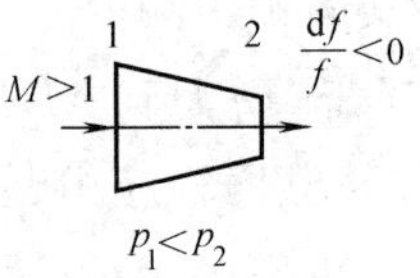

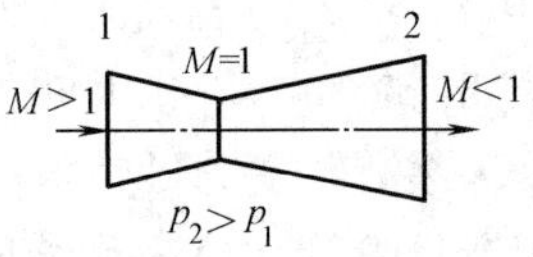

第三节　喷管计算

一、可逆绝热滞止参数

在喷管的分析计算中，进口的初始流速 c_1 的大小将影响出口状态的参数值。在可逆绝热流动过程中为简化计算，常采用所谓可逆绝热滞止参数作为进口的参数。将具有一定速度的流体在可逆绝热条件下扩压，使其流速降低为零，这时气体的参数称为可逆绝热滞止参数。实际工程中常见滞止现象，如流体被固定壁面所阻滞或流经扩压管时，流体的速度降低，如果忽略与外界的热量传递，则动能转化为流体的焓，此时，流体的温度、压力升高。

如喷管的进口参数为 p_1、T_1、h_1、s_1，进口流体速度为 c_1，而相应的可逆绝热滞止参数为 p_0、T_0、h_0、s_0，根据绝热稳定流动能量方程（9-3），进口处的滞止焓为

$$h_0=h_1+\frac{c_1^2}{2}=h_2+\frac{c_2^2}{2} \tag{9-13}$$

式（9-13）的关系式如图 9-2 所示，图中可逆绝热滞止过程 1-0 所起的作用，与可逆绝热压缩过程一样。从式（9-13）和图 9-2 可以看出，在可逆绝热流动过程中，从任一截面的流体状态进行可逆绝热滞止，其滞止后的滞止焓均相等，其他滞止参数如滞止压力 p_0、滞止温度 T_0 也相等。

对理想气体，如定压比热容 c_p 为定值，将 $h_1 = c_p T_1$，$h_0 = c_p T_0$ 代入式（9-13），则可得滞止温度 T_0 为

$$T_0 = T_1 + \frac{c_1^2}{2c_p}$$

利用理想气体可逆绝热过程方程式 $p_1 v_1^\kappa = p_0 v_0^\kappa$ 及 $\frac{T_1}{T_0} = \left(\frac{p_1}{p_0}\right)^{\frac{\kappa-1}{\kappa}}$，可得其他滞止参数

$$p_0 = p_1 \left(\frac{T_0}{T_1}\right)^{\frac{\kappa}{\kappa-1}}, \quad v_0 = v_1 \left(\frac{T_1}{T_0}\right)^{\frac{1}{\kappa-1}}$$

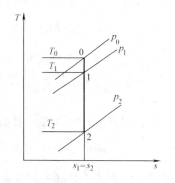

图 9-2 可逆绝热滞止过程

在计算滞止焓 h_0 时，当进口流速 c_1 的数值不很大时，$\frac{c_1^2}{2}$ 的值相对 h_1 很小，可以忽略不计。如进口空气的温度 $T_1 = 300\text{K}$，进口流速 $c_1 = 30\text{m/s}$，则滞止焓 h_0、滞止温度 T_0 分别为

$$h_0 = h_1 + \frac{c_1^2}{2} = 1.01 \times 300 + \frac{30^2}{2 \times 1000} = 303 + 0.45 = 303.45 \text{kJ/kg}$$

$$T_0 = T_1 + \frac{c_1^2}{2c_p} = 300 + \frac{30^2}{2 \times 1010} = 300.45 \text{K}$$

从上面的计算结果可以看出，在喷管计算中，一般情况下都可按 $c_1 \approx 0$ 处理。尤其在通风空调及燃气工程中，进入这些设备的 c_1 值都比较小，完全可以按 $c_1 = 0$ 处理，不必再去计算滞止参数，而直接将 p_1，T_1，v_1，h_1 近似作为滞止参数。但如 $c_1 \geqslant 50\text{m/s}$，必须先求得 h_0，p_0，T_0，v_0，然后再完成相应的计算。

二、喷管出口流速

气体在喷管内作绝热稳定流动时，如以进口参数 h_1、p_1、T_1 作为计算依据，并认为 $c_1 \approx 0$，则从式（9-3）可得气体在喷管出口处的流速为

$$c_2 = \sqrt{2(h_1 - h_2)} \quad (\text{m/s}) \tag{9-14}$$

式（9-14）中 h_1 及 h_2 的单位是 J/kg。但习惯上焓的单位用 kJ/kg，这时应将式（9-14）写为

$$c_2 = \sqrt{2 \times 1000(h_1 - h_2)} = 44.72\sqrt{h_1 - h_2} \quad (\text{m/s}) \tag{9-15}$$

式（9-14）及式（9-15）是从能量方程（9-3）导得的，因此适用于任何工质的可逆与不可逆绝热一维稳定流动过程。对于定比热容理想气体，$h_1 - h_2 = c_p(T_1 - T_2)$；对于水蒸气，焓降 $(h_1 - h_2)$ 可从水蒸气的焓熵图上查得或利用水蒸气表进行计算。

对定比热容理想气体，如在喷管中进行的是可逆绝热过程，则由式（9-14）整理可得

$$c_2 = \sqrt{2(h_1 - h_2)} = \sqrt{2c_p(T_1 - T_2)} = \sqrt{2\frac{\kappa}{\kappa-1}R(T_1 - T_2)}$$

$$= \sqrt{2\frac{\kappa}{\kappa-1}RT_1\left(1 - \frac{T_2}{T_1}\right)} = \sqrt{2\frac{\kappa}{\kappa-1}RT_1\left[1 - \left(\frac{p_2}{p_1}\right)^{\frac{\kappa-1}{\kappa}}\right]}$$

$$= \sqrt{2\frac{\kappa}{\kappa-1}p_1 v_1\left[1 - \left(\frac{p_2}{p_1}\right)^{\frac{\kappa-1}{\kappa}}\right]} \tag{9-16}$$

从式（9-16）可清楚地看出，喷管出口流速 c_2 的大小决定于进口状态参数（p_1，T_1，v_1）、可逆绝热膨胀过程中的压力比 $\dfrac{p_2}{p_1}$ 及气体的比热容比 κ。喷管出口流速 c_2 与喷管出口截面积 f_2 的大小无关，出口截面积的大小决定了喷管的质量流量而非出口流速。另外，喷管进、出口的压力差是获得高速气流的驱动力，进、出口压力差越大，喷管出口气流的速度越高。

三、临界压力比及临界流速

理想气体的可逆绝热流动应符合管道截面变化规律的关系式 $\dfrac{\mathrm{d}f}{f}=(M^2-1)\dfrac{\mathrm{d}c}{c}$。在亚音速到超音速的连续转变过程中，渐缩渐扩喷管的喉部处马赫数 $M=1$，喉部的压力为临界压力。当忽略进口流体流速（$c_1 \approx 0$）时，临界压力 p_c 与进口压力 p_1 的比值，称为临界压力比 β，即 $\beta=\dfrac{p_c}{p_1}$。

喉部的当地音速是

$$a=\sqrt{\kappa p_c v_c} \tag{a}$$

渐缩渐扩喷管的喉部压力为临界压力，由式（9-16）得临界流速为

$$c_c=\sqrt{2\dfrac{\kappa}{\kappa-1}p_1 v_1\left[1-\left(\dfrac{p_c}{p_1}\right)^{\frac{\kappa-1}{\kappa}}\right]} \tag{b}$$

喉部的 $M=1$，即临界流速 c_c 等于当地音速 a_c，因此式（a）等于式（b），从而得

$$\dfrac{p_c v_c}{p_1 v_1}=\dfrac{2}{\kappa-1}\left[1-\left(\dfrac{p_c}{p_1}\right)^{\frac{\kappa-1}{\kappa}}\right] \tag{c}$$

利用可逆绝热过程方程式可得

$$\dfrac{p_c v_c}{p_1 v_1}=\dfrac{p_c}{p_1}\left(\dfrac{p_1}{p_c}\right)^{\frac{1}{\kappa}}=\left(\dfrac{p_c}{p_1}\right)^{\frac{\kappa-1}{\kappa}} \tag{d}$$

将式（d）代入式（c）经整理可得临界压力比为

$$\beta=\dfrac{p_c}{p_1}=\left(\dfrac{2}{\kappa+1}\right)^{\frac{\kappa}{\kappa-1}} \tag{9-17}$$

从式（9-17）可以看出，理想气体的临界压力比 β 只与该气体的比热容比 κ 有关。严格说来式（9-17）只适用于定比热容理想气体的可逆绝热流动，因为推导过程涉及 $pv=RT$，$c_p=\dfrac{\kappa R}{\kappa-1}$ 以及 $pv^\kappa=$ 常数等关系式。但也可应用于具有变比热容理想气体的情况，只是其中的 κ 值为过程温度变化范围的平均值。甚至可以用于水蒸气为工质的可逆绝热流动，只不过这时的 κ 值是纯粹的经验数据而已。

对于单原子气体，$\kappa=1.67$，$\beta=0.487$，即 $p_c=0.487 p_1$；
对于双原子气体，$\kappa=1.40$，$\beta=0.528$，即 $p_c=0.528 p_1$；
对于多原子气体，$\kappa=1.30$，$\beta=0.546$，即 $p_c=0.546 p_1$。

将式（9-17）临界压力比的计算式代入式（9-16）中，则可得理想气体临界流速的计算式为

$$c_c=\sqrt{2\dfrac{\kappa}{\kappa+1}p_1 v_1}=\sqrt{2\dfrac{\kappa}{\kappa+1}RT_1} \tag{9-18}$$

注意，式（9-18）是以进口状态参数计算临界流速的；若认为临界流速等于音速，则应使用当地状态参数计算当地音速。

临界流速也可直接应用式（9-15）计算，只要用 h_c 代替式中的 h_2 即可，即

$$c_c = 44.72\sqrt{(h_1-h_c)} \tag{9-19}$$

式（9-19）适用于任何工质的可逆与不可逆的绝热稳定流动过程。

对于定比热容理想气体的可逆绝热过程，由于 $T_2 = T_1\left(\dfrac{p_2}{p_1}\right)^{\frac{\kappa-1}{\kappa}}$，故在临界截面处

$$T_c = T_1\left(\dfrac{p_c}{p_1}\right)^{\frac{\kappa-1}{\kappa}} = \dfrac{2}{\kappa+1}T_1 \tag{9-20}$$

四、流量与临界流量

根据质量守恒定律，喷管内垂直于气流运动方向任何截面的质量流量都是相同的，所以无论按哪一个截面计算，质量流量都是相同的。渐缩喷管与渐缩渐扩喷管的质量流量都受到最小截面积的控制，所以一般都是按最小截面积来计算质量流量，即对渐缩喷管按出口截面积 f_2 计算流量，对渐缩渐扩喷管按喉部截面积 $f_{\min}$ 计算质量流量。现分述如下：

1. 渐缩喷管的质量流量计算

如出口截面处的流速为 c_2，比体积为 v_2，出口截面积为 f_2，则由连续性方程式（9-1）可得质量流量为

$$\dot{m} = \dfrac{f_2 c_2}{v_2} \quad (\text{kg/s}) \tag{9-21}$$

上式适用于任何工质、可逆或不可逆的一维稳态稳流过程。

对理想气体的可逆绝热流动，利用 $p_1 v_1^\kappa = p_2 v_2^\kappa$ 的关系，将式（9-16）代入式（9-21）经整理后得

$$\dot{m} = f_2 \sqrt{2\dfrac{\kappa}{\kappa-1}\dfrac{p_1}{v_1}\left[\left(\dfrac{p_2}{p_1}\right)^{\frac{2}{\kappa}} - \left(\dfrac{p_2}{p_1}\right)^{\frac{\kappa+1}{\kappa}}\right]} \quad (\text{kg/s}) \tag{9-22}$$

从式（9-22）可以看出，在已知进口参数、比热容比 κ 及出口截面积 f_2 的情况下，喷管中气体的质量流量取决于压力比 $\dfrac{p_2}{p_1}$。

应当指出，式（9-22）中的压力 p_2 是指喷管出口处截面处的压力，只有在喷管出口外界背压 p_b 大于临界压力 p_c 时，p_2 才等于 p_b；当外界背压 $p_b \leqslant p_c$ 时，则出口截面处的压力 $p_2 = p_c$。而由 p_c 膨胀到 p_b 的过程则在喷管外进行，这部分自由膨胀是典型的不可逆过程。

如以压力比 $\dfrac{p_b}{p_1}$ 为横坐标，质量流量 $\dot{m}$ 为纵坐标，则可得流量 $\dot{m}$ 随压力比 $\dfrac{p_b}{p_1}$ 的变化关系，如图 9-3 曲线 a-b-c 所示。

由图 9-3 可知，如果喷管出口截面处压力 $p_2 = p_1$，在 $c_1 \approx 0$ 的情况下，由于喷管两边压

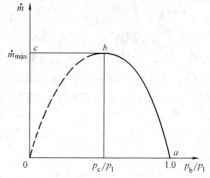

图 9-3 质量流量随压力比的变化

力相等，喷管中没有气体流动；从式（9-22）可知，$\dot{m}=0$，如图9-3点a所示。

随着外界背压p_b的降低，喷管出口截面处的压力p_2也相应降低，并保持$p_2=p_b$，直到$p_2=p_c$为止。喷管出口截面处压力由$p_2=p_1$降到$p_2=p_c$，气体流速由$c_2=0$增加到临界流速c_c（当地音速a_c），质量流量也由$\dot{m}=0$升高到最大流量$\dot{m}_{max}$，这一过程在图9-3中如曲线a-b所示。

当外界背压$p_b<p_c$时，对渐缩喷管而言，出口截面处的压力p_2不再降低而保持为p_c不变，即$p_2=p_c$，质量流量也保持最大流量$\dot{m}_{max}$不变，如图中直线b-c所示。这是因为若气体继续降压膨胀，气体流速将增至超音速，由式（9-11）$\left(M^2\dfrac{\mathrm{d}c}{c}=\dfrac{\mathrm{d}v}{v}\right)$可知，此时气体比体积相对增大率大于速度相对增大率，由式（9-12）$\left(\dfrac{\mathrm{d}f}{f}=(M^2-1)\dfrac{\mathrm{d}c}{c}\right)$，要求喷管截面积应当逐渐增大，而渐缩喷管无法提供气体膨胀所需的空间，所以气体在渐缩喷管中只能膨胀到p_c为止，喷管出口截面的流速也只能达到临界流速c_c。

应该注意，如按式（9-22）进行分析，流量$\dot{m}$的变化应是曲线a-b-0。但实际上式（9-22）中的p_2最小值是p_c，不可能出现$p_2<p_c$的情况。因此，在渐缩喷管中b-0这一段曲线的情况是不会出现的，实际流量$\dot{m}$只能按曲线a-b-c变化。

将式（9-17）的临界压力比β代入式（9-22）则可得最大质量流量的计算式为

$$\dot{m}_{max}=f_2\sqrt{2\dfrac{\kappa}{\kappa+1}\left(\dfrac{2}{\kappa+1}\right)^{\frac{2}{\kappa-1}}\dfrac{p_1}{v_1}} \quad (\mathrm{kg/s}) \tag{9-23a}$$

式（9-23a）适用于定比热容理想气体的可逆绝热流动过程。注意，式（9-23a）是用喷管进口参数表示的最大质量流量。

如果应用连续性方程式（9-21）来计算最大质量流量，则

$$\dot{m}_{max}=\dfrac{f_2 c_c}{v_c} \quad (\mathrm{kg/s}) \tag{9-24a}$$

式（9-24a）可用于一切工质的可逆与不可逆过程。注意，式（9-24a）是使用渐缩喷管出口临界参数表示的最大质量流量。

2. 渐缩渐扩喷管的流量计算

在正常工作状况下，气流在渐缩渐扩喷管中做可逆绝热膨胀，流速从亚音速增加到超音速，喉部处流速等于当地音速a_c，压力为p_c，喷管出口背压$p_b<p_c$在喷管喉部处压力为p_c，流速等于当地音速a_c。气流通过喉部后，压力进一步降低，流速大于当地音速，但质量流量不会增加。因为根据连续性方程，在同一个喷管中，各个截面上的质量流量是相等的。因此，只要进口状态参数相同，渐缩渐扩喷管的最小截面积f_{min}与渐缩喷管出口截面积f_2相同，且渐缩喷管出口截面处的压力$p_2=p_c$，则两种喷管的流量就是相等的。正常工作的渐缩渐扩喷管的质量流量总是等于最大流量，此时式（9-23a）可写成

$$\dot{m}_{max}=f_{min}\sqrt{2\dfrac{\kappa}{\kappa+1}\left(\dfrac{2}{\kappa+1}\right)^{\frac{2}{\kappa-1}}\dfrac{p_1}{v_1}} \quad (\mathrm{kg/s}) \tag{9-23b}$$

式（9-24a）可写成

$$\dot{m}_{max}=\dfrac{f_{min}c_c}{v_c} \quad (\mathrm{kg/s}) \tag{9-24b}$$

五、水蒸气流速及流量计算

前面分析讨论了气体尤其是理想气体在喷管中的流动特性。在有些结论中由于应用了理想气体可逆绝热过程方程式 pv^κ=常数，因而所得到的有关计算公式不适用于水蒸气的可逆绝热过程。另外，水蒸气在可逆绝热膨胀过程中可以从过热蒸汽变化到干饱和蒸汽直至湿蒸汽。因此，水蒸气的可逆绝热过程是比较复杂的。但为了简化分析计算，假定水蒸气的可逆绝热过程也符合 pv^κ=常数的关系，但此时的 κ 不再是比热容比的概念，而是一个经验数值。这样就可应用式（9-17）求得临界压力比 β 的值。

对于过热蒸汽，取 κ=1.3，β=0.546，则 p_c=0.546p_1；

对于干饱和蒸汽，取 κ=1.135，β=0.577，则 p_c=0.577p_1。

上述经验数值 κ，原则上只用于求解临界压力 p_c 的值。对水蒸气的可逆绝热膨胀过程，上述 β 值和经验数值 κ 的选取由进口蒸汽的状态决定，不管绝热膨胀后的终态变为什么状态。

对水蒸气的计算，不能应用理想气体的状态方程 $pv=RT$ 及有关可逆绝热过程中理想气体参数间的关系式，而只能应用普遍适用的能量方程及连续性方程。因此，出口流速及质量流量的计算式为

出口流速　$c_2 = 44.72\sqrt{h_1 - h_2}$

临界流速　$c_c = 44.72\sqrt{h_1 - h_c}$

质量流量　$\dot{m} = \dfrac{f_2 c_2}{v_2}$

最大质量流量，对渐缩喷管 $\dot{m}_{max} = \dfrac{f_2 c_c}{v_c}$，对渐缩渐扩喷管 $\dot{m}_{max} = \dfrac{f_{min} c_c}{v_c}$。

上述计算中，首先由喷管进口水蒸气的状态确定 β 值，通过 $p_c = \beta p_1$ 求得临界压力 p_c，然后从水蒸气的 h-s 图或水蒸气表查得 h_1，h_c，h_2 及 v_2，如图9-4所示。

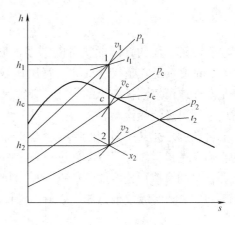

图 9-4　水蒸气 h-s 图上的可逆绝热过程

六、喷管设计选型及尺寸计算

1. 喷管的设计选型

按照如下原则设计选择喷管的形式：当喷管外界背压 p_b 大于等于喷管进口状态所对应的临界压力 p_c，即 $p_b \geq p_c$ 时，喷管内气体流速始终处于亚音速区域，气体比体积相对变化率小于流速相对变化率，要求喷管截面逐渐缩小，故此时选择渐缩喷管。

反之，当喷管外界背压 p_b 小于喷管进口状态所对应的临界压力 p_c，即 $p_b < p_c$ 时，喷管内的气体流速包括亚音速和超音速两部分，在超音速区域，气体比体积相对变化率大于流速相对变化率，故要求喷管截面逐渐扩大，故应当选用渐缩渐扩喷管，以保证气体压力在喷管内充分膨胀到外界背压 p_b。

2. 喷管的计算

当渐缩喷管外界背压 $p_b > p_c$ 时，喷管出口截面处的压力 $p_2 = p_b$，此时渐缩喷管出

口处的流速 $c_2 < c_c$，质量流量 $\dot{m} < \dot{m}_{\max}$。

当出口外界背压 $p_b \leqslant p_c$ 时，渐缩喷管出口截面上的压力 p_2 只能降低到临界压力 p_c，即 $p_2 = p_c$。此时渐缩喷管的出口流速为临界流速 c_c，质量流量为最大流量 $\dot{m}_{\max}$。由 p_c 降低到背压 p_b 的过程在渐缩喷管外部进行，它并不影响渐缩喷管出口流速及质量流量。

对于渐缩渐扩喷管的计算，在设计工况下，气体在渐缩渐扩喷管中应能充分膨胀到与外界背压 p_b 相等的状态，即出口截面处的压力 $p_2 = p_b$。此时喷管喉部的流速为临界流速 c_c，出口截面处的流速 $c_2 > c_c$，且大于当地音速，而质量流量为最大值 $\dot{m}_{\max}$。

3. 喷管尺寸计算

在喷管设计计算中，喷管的质量流量 $\dot{m}$ 是给定的，根据喷管进口状态和喷管外界背压，可计算得到喷管出口处的 c_2、v_2，则喷管出口截面积 f_2 为

$$f_2 = \frac{\dot{m} v_2}{c_2} \text{ (m}^2\text{)} \tag{9-25a}$$

渐缩渐扩喷管的最小截面积（喉部）为

$$f_{\min} = \frac{\dot{m} v_c}{c_c} \text{ (m}^2\text{)} \tag{9-25b}$$

喷管流道截面的具体形状可以是多种形式的，如圆形、方形或其他形状。工程设计上，在保证必需的流道尺寸（如喷管出口截面积 f_2、喷管喉部 $f_{\min}$ 等）以及流道截面变化满足渐缩或渐缩渐扩规律的同时，必须保证流道光滑以减小摩擦阻力，尽可能使流体在喷管内进行可逆绝热流动。

喷管长度，尤其是渐缩渐扩喷管渐扩部分长度 l 的选择，要考虑截面积变化对气流膨胀的影响。选得过短，气流膨胀过快，易引起扰动而增加喷管内部摩擦损耗；选得过长，气流和管壁间摩擦损耗增加。依据经验，圆台形渐缩渐扩喷管渐扩部分的顶锥角 φ 一般在 $10° \sim 12°$ 之间实际效果为佳，故渐扩段长度 l 为

$$l = \frac{d_2 - d_{\min}}{2\tan\dfrac{\varphi}{2}} \text{ (m)} \tag{9-26}$$

喷管主要计算公式参见表 9-2。

喷管主要计算公式汇总　　　　　　　　　　表 9-2

计算项目	公　　式	单位	适 用 范 围
流速	$c_2 = 44.72\sqrt{h_0 - h_2}$	m/s	任意工质，绝热流动，$c_1 > 0$
	$c_2 = 44.72\sqrt{h_1 - h_2}$	m/s	任意工质，绝热流动，$c_1 = 0$
	$c_2 = \sqrt{2\dfrac{\kappa}{\kappa-1} p_0 v_0 \left[1 - \left(\dfrac{p_2}{p_0}\right)^{\frac{\kappa-1}{\kappa}}\right]}$	m/s	理想气体，可逆绝热流动，$c_1 > 0$
	$c_2 = \sqrt{2\dfrac{\kappa}{\kappa-1} p_1 v_1 \left[1 - \left(\dfrac{p_2}{p_1}\right)^{\frac{\kappa-1}{\kappa}}\right]}$	m/s	理想气体，可逆绝热流动，$c_1 = 0$
临界压力比	$\beta = \dfrac{p_c}{p_0} = \left(\dfrac{2}{\kappa+1}\right)^{\frac{\kappa}{\kappa-1}}$		理想气体，可逆绝热流动，$c_1 > 0$；κ 采用经验数据，可用于水蒸气
	$\beta = \dfrac{p_c}{p_1} = \left(\dfrac{2}{\kappa+1}\right)^{\frac{\kappa}{\kappa-1}}$		理想气体，可逆绝热流动，$c_1 = 0$；κ 采用经验数据，可用于水蒸气

续表

计算项目	公 式	单位	适 用 范 围
临界流速	$c_c = 44.72\sqrt{h_0 - h_c}$	m/s	任意工质,绝热流动,$c_1 > 0$
	$c_c = 44.72\sqrt{h_1 - h_c}$	m/s	任意工质,绝热流动,$c_1 = 0$
	$c_c = \sqrt{2\dfrac{\kappa}{\kappa+1}p_0 v_0} = \sqrt{2\dfrac{\kappa}{\kappa+1}RT_0}$	m/s	理想气体,可逆绝热流动,$c_1 > 0$
	$c_c = \sqrt{2\dfrac{\kappa}{\kappa+1}p_1 v_1} = \sqrt{2\dfrac{\kappa}{\kappa+1}RT_1}$	m/s	理想气体,可逆绝热流动,$c_1 = 0$
流量	$\dot{m} = \dfrac{f_2 c_2}{v_2}$	kg/s	任意工质,稳定流动
	$\dot{m} = f_2 \times \sqrt{2\dfrac{\kappa}{\kappa-1}\dfrac{p_0}{v_0}\left[\left(\dfrac{p_2}{p_0}\right)^{\frac{2}{\kappa}} - \left(\dfrac{p_2}{p_0}\right)^{\frac{\kappa+1}{\kappa}}\right]}$	kg/s	理想气体,可逆绝热流动,$c_1 > 0$
	$\dot{m} = f_2 \times \sqrt{2\dfrac{\kappa}{\kappa-1}\dfrac{p_1}{v_1}\left[\left(\dfrac{p_2}{p_1}\right)^{\frac{2}{\kappa}} - \left(\dfrac{p_2}{p}\right)^{\frac{\kappa+1}{\kappa}}\right]}$	kg/s	理想气体,可逆绝热流动,$c_1 = 0$
最大流量	$\dot{m}_{\max} = \dfrac{f_{\min} c_c}{v_c}$	kg/s	任意工质,稳定流动
	$\dot{m}_{\max} = f_{\min} \times \sqrt{2\dfrac{\kappa}{\kappa+1}\left(\dfrac{2}{\kappa+1}\right)^{\frac{2}{\kappa-1}}\dfrac{p_0}{v_0}}$	kg/s	理想气体,可逆绝热流动,$c_1 > 0$
	$\dot{m}_{\max} = f_{\min} \times \sqrt{2\dfrac{\kappa}{\kappa+1}\left(\dfrac{2}{\kappa+1}\right)^{\frac{2}{\kappa-1}}\dfrac{p_1}{v_1}}$	kg/s	理想气体,可逆绝热流动,$c_1 = 0$

【例 9-1】 空气进入喷管时的压力 $p_1 = 5\text{MPa}$,温度 $t_1 = 30℃$,$c_1 = 50\text{m/s}$,喷管外界背压 $p_b = 0.1\text{MPa}$。

(1) 如采用渐缩喷管,出口截面积 $f_2 = 100\text{mm}^2$,求出口气流速度及质量流量;

(2) 如采用渐缩渐扩喷管,气流在喷管中充分膨胀,喉部的截面积 $f_{\min} = 100\text{mm}^2$,求出口流速、质量流量及渐扩段长度。

【解】 (1) 采用渐缩喷管

如按 $c_1 \approx 0$ 处理,对双原子气体 $\beta = 0.528$,则临界压力 $p_c = 0.528 \times 5 = 2.64\text{MPa} > p_b$,所以空气在渐缩喷管内不能充分膨胀到背压 0.1MPa,渐缩喷管出口截面处的压力 $p_2 = p_c = 2.64\text{MPa}$。

由可逆绝热过程方程,$\dfrac{T_2}{T_1} = \left(\dfrac{p_2}{p_1}\right)^{\frac{\kappa-1}{\kappa}}$,得:$T_2 = T_1 \left(\dfrac{p_2}{p_1}\right)^{\frac{\kappa-1}{\kappa}} = 303 \times \left(\dfrac{2.64}{5}\right)^{\frac{1.4-1}{1.4}} = 252.5\text{K}$。

由能量方程,得

$$c = \sqrt{2(h_1 - h_2)} = \sqrt{2c_p(T_1 - T_2)} = \sqrt{2 \times 1005 \times (303 - 252.5)} = 318.60\text{m/s}$$

或者直接由式 (9-20) 可得

$$T_2 = \dfrac{2T_1}{\kappa + 1} = \dfrac{2 \times 303}{1.4 + 1} = 252.5\text{K}$$

$$c_2 = c_c = \sqrt{\kappa R T_2} = \sqrt{1.4 \times 287 \times 252.5} = 318.52\text{m/s}$$

由式（9-21）可得质量流量为

$$\dot{m} = \frac{f_2 c_2}{v_2} = \frac{f_2 c_2 p_2}{RT_2} = \frac{100 \times 10^{-6} \times 318.52 \times 2.64 \times 10^6}{287 \times 252.5} = 1.160 \text{kg/s}$$

如考虑 $c_1 = 50\text{m/s}$ 的影响，则滞止温度为

$$T_0 = T_1 + \frac{c_1^2}{2c_p} = 303 + \frac{50^2}{2 \times 1005} = 304.2 \text{K}$$

滞止压力 $p_0 = p_1 \left(\frac{T_0}{T_1}\right)^{\frac{\kappa}{\kappa-1}} = 5 \times 10^6 \left(\frac{304.2}{303}\right)^{\frac{1.4}{1.4-1}} = 5.07 \times 10^6 \text{Pa}$

滞止比体积 $v_0 = \frac{RT_0}{p_0} = \frac{287 \times 304.2}{5.07 \times 10^6} = 0.01722 \text{m}^3/\text{kg}$

临界压力 $p_c = 0.528 p_0 = 0.528 \times 5.07 \times 10^6 = 2.677 \times 10^6 \text{Pa}$

$$T_2 = \frac{2T_0}{\kappa + 1} = \frac{2 \times 304.2}{1.4 + 1} = 253.5 \text{K}$$

$$c_2 = c_c = \sqrt{\kappa R T_2} = \sqrt{1.4 \times 287 \times 253.5} = 319.15 \text{m/s}$$

此时的质量流量为

$$\dot{m} = \frac{f_2 c_2}{v_2} = \frac{f_2 c_2 p_2}{RT_2} = \frac{100 \times 10^{-6} \times 319.15 \times 2.677 \times 10^6}{287 \times 253.5} = 1.174 \text{kg/s}$$

由上述计算可知，采用分步计算，所使用的公式均是常用的，条理清楚，容易理解，由分步计算引起的数值误差在可忽略范围内。另外可以看到，即使 $c_1 = 50\text{m/s}$ 这样高的进口速度，对出口截面处的压力、温度、流速及质量流量的影响也不是很大，即使按 $c_1 \approx 0$ 处理，也不会产生大的误差。

（2）采用渐缩渐扩喷管，则空气在渐缩渐扩喷管内可以充分膨胀到背压 0.1MPa，即喷管出口压力 $p_2 = 0.1\text{MPa}$。

由于喉部的最小截面积 $f_{\min}$ 与渐缩喷管的出口截面积 f_2 相同，故质量流量与渐缩喷管的最大流量相同。

当 $c_1 \approx 0$ 时，$\dot{m}_{\max} = 1.160 \text{kg/s}$

当 $c_1 = 50 \text{m/s}$ 时，$\dot{m}_{\max} = 1.174 \text{kg/s}$

当 $c_1 \approx 0$ 时，

由可逆绝热过程方程，$\frac{T_2}{T_1} = \left(\frac{p_2}{p_1}\right)^{\frac{\kappa-1}{\kappa}}$，得：$T_2 = T_1 \left(\frac{p_2}{p_1}\right)^{\frac{\kappa-1}{\kappa}} = 303 \times \left(\frac{0.1}{5}\right)^{\frac{1.4-1}{1.4}} = 99.1 \text{K}$

由能量方程得，

$$c_2 = \sqrt{2(h_1 - h_2)} = \sqrt{2c_p(T_1 - T_2)} = \sqrt{2 \times 1005 \times (303 - 99.1)} = 640.19 \text{m/s}$$

当 $c_1 = 50 \text{m/s}$ 时，出口流速则为

$$c_2 = \sqrt{2(h_0 - h_2)} = \sqrt{2c_p(T_0 - T_2)} = \sqrt{2 \times 1005 \times (304.2 - 99.1)} = 642.07 \text{m/s}$$

当 $c_1 \approx 0$ 时，喷管进口处的比体积为

$$v_1 = \frac{RT_1}{p_1} = \frac{287 \times 303}{5 \times 10^6} = 0.01739 \text{m}^3/\text{kg}$$

由可逆绝热过程方程式，得喷管出口处的比体积为

$$v_2 = v_1 \left(\frac{p_1}{p_2}\right)^{\frac{1}{\kappa}} = 0.01739 \times \left(\frac{5}{0.1}\right)^{\frac{1}{1.4}} = 0.2843 \text{m}^3/\text{kg}$$

渐缩渐扩喷管出口截面积为

$$f_2 = \frac{\dot{m}v_2}{c_2} = \frac{1.160 \times 0.2843}{640.19} = 0.000515 \text{m}^2 = 515 \text{mm}^2$$

设喷管渐扩段为圆台形，则喉部和出口截面的直径分别为 11.28mm 和 25.61mm，取顶锥角为 10°，则渐扩段的长度 l 为

$$l = \frac{d_2 - d_{\min}}{2\tan\frac{\varphi}{2}} = \frac{25.61 - 11.28}{2\tan\frac{10°}{2}} = 81.9 \text{mm}$$

当 $c_1 = 50$ m/s 时，由于 $p_1 v_1^\kappa = p_0 v_0^\kappa = p_2 v_2^\kappa$，故喷管出口处的比体积为

$$v_2 = v_0 \left(\frac{p_0}{p_2}\right)^{\frac{1}{\kappa}} = v_1 \left(\frac{p_1}{p_2}\right)^{\frac{1}{\kappa}} = 0.2843 \text{m}^3/\text{kg}$$

渐缩渐扩喷管出口截面积为

$$f_2 = \frac{\dot{m}v_2}{c_2} = \frac{1.174 \times 0.2843}{642.07} = 0.000520 \text{m}^2 = 520 \text{mm}^2$$

则喷管出口截面的直径为 25.73mm，渐扩段的长度 l 为

$$l = \frac{d_2 - d_{\min}}{2\tan\frac{\varphi}{2}} = \frac{25.73 - 11.28}{2\tan\frac{10°}{2}} = 82.6 \text{mm}$$

【例 9-2】 进入喷管的水蒸气是压力 $p_1 = 0.5$MPa 的干饱和蒸汽，背压 $p_b = 0.1$MPa。为了保证在喷管中充分可逆绝热膨胀，问应采用什么类型的喷管。当质量流量为每小时 2000kg 时，求该喷管出口气流速度及喷管的主要截面积。

【解】 先求临界压力，对干饱和蒸汽

$p_c = \beta p_1 = 0.577 \times 0.5 = 0.2885$ MPa

由于 $p_c > p_b = 0.1$MPa，为了充分膨胀，必须采用渐缩渐扩喷管，从水蒸气的焓熵图可查得下列参数值，如图 9-5 所示。

点 1：$h_1 = 2756$kJ/kg

点 c：$h_c = 2656$kJ/kg $v_c = 0.60$m³/kg

点 2：$h_2 = 2488$kJ/kg $v_2 = 1.55$m³/kg

渐缩渐扩喷管的临界流速为

$c_c = 44.72\sqrt{h_1 - h_c} = 44.72\sqrt{2756 - 2656} = 447.2$m/s

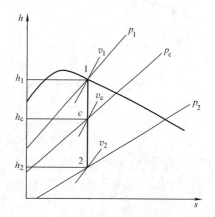

图 9-5 例 9-2 附图

喉部截面积为

$$f_{\min} = \frac{\dot{m}_{\max} v_c}{c_c} = \frac{2000 \times 0.60}{3600 \times 447.2} = 0.000745 \text{m}^2 = 7.45 \text{cm}^2$$

出口流速为

$$c_2 = 44.72\sqrt{h_1 - h_2} = 44.72\sqrt{2756 - 2488} = 732.1 \text{m/s}$$

出口截面积为

$$f_2 = \frac{\dot{m}_{\max} v_2}{c_2} = \frac{2000 \times 1.55}{3600 \times 732.1} = 0.001176 \text{m}^2 = 11.76 \text{cm}^2$$

第四节　背压变化对喷管内流动的影响

喷管都是在一定的设计工况下设计制作出来的，但在实际工程中，喷管不可能总是在设计工况下工作，例如汽轮机负荷发生变化，此时需要了解喷管工作条件变化对喷管内流动的影响。下面为分析方便，假定喷管入口参数相同，分别讨论喷管出口背压变化对渐缩喷管及渐缩渐扩喷管内流动的影响。

一、渐缩喷管

如果设计工况的背压 p_{bd} 大于临界压力 p_c，根据前述内容可知，喷管应设计成渐缩喷管，此时喷管内的气体能够完全膨胀到背压 p_{bd}，即渐缩喷管出口处的压力 p_2 等于背压 p_{bd}，喷管内的压力变化如图 9-6 中的曲线 AB 所示，出口处的气体流速 c_2 小于当地音速 a_c。假如此时背压 p_b 增高到设计工况的背压 p_{bd} 以上，即喷管进、出口压差减小，喷管内的气体仅需膨胀到 p_b 即可，按照上节给出的公式计算可知，喷管出口流速降低、质量流量减少；若背压 p_b 降低到 p_{bd} 以下，只要 p_b 大于 p_c，那么理论上喷管内的气体还是可以膨胀到 p_b，即 p_2 等于 p_b，此时喷管进、出口压差增大，喷管出口流速增加、质量流量加大。但由于偏离设计工况，喷管内气体流动过程中产生的不可逆损失增加。

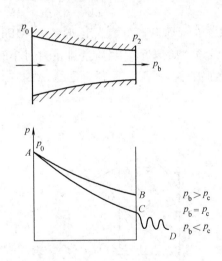

图 9-6　渐缩喷管中的变工况流动

若设计工况的背压 p_{bd} 等于临界压力 p_c（$p_{bd}=p_c$），按照前述内容可知，设计工况下喷管出口流速 c_2 等于当地音速 a_c，质量流量达到最大值 $\dot{m}_{max}$，喷管内的压力变化如图 9-6 中的曲线 AC。如果背压 p_b 增高到设计工况的背压 p_{bd} 以上，那么喷管内的气体膨胀到 p_b，即出口压力 p_2 等于背压 p_b；不过出口流速降低、质量流量减少。若背压 p_b 降低设计工况的背压 p_{bd} 以下，根据上节的分析可知，喷管内的气体只能膨胀到 p_c，即渐缩喷管出口截面上的压力 p_2 还是等于临界压力 p_c，喷管出口的流速仍然等于临界压力所对应的音速 a_c，质量流量等于最大值 $\dot{m}_{max}$。气体压力由 p_2 膨胀到 p_b 的过程发生在喷管外，没有受到喷管管壁的约束，压力变化过程如图 9-6 中的曲线 CD 所示，此时喷管进、出口的压力降没有完全用来增加气体流速，这种现象称为膨胀不足。

二、渐缩渐扩喷管

在设计工况下，渐缩渐扩喷管出口处的压力 p_2 等于设计工况下的背压 p_{bd}，喷管喉部处的气流达到临界状态，气体流速为当地音速，压力等于临界压力 p_c；渐缩渐扩喷管收缩段内的气体流速为亚音速，而渐扩段内为超音速。喷管内压力变化如图 9-7 中曲线 ABC 所示。

如果背压 p_b 变化到设计工况的背压 p_{bd} 以下，由喷管截面变化与气体流速变化关系式

(9-12) 可知，喉部处的气流仍然处于临界状态，即喷管流量保持不变。由于喷管渐扩段的长度及出口面积已经确定，喷管内气体只能膨胀到设计工况下的背压 p_{bd}，即出口截面处的压力 p_2 等于设计工况下的背压 p_{bd}。与渐缩喷管类似，气体压力由 p_2 膨胀到 p_b 的过程发生在喷管外，即在喷管外发生自由膨胀，仍称为膨胀不足，压力变化如图 9-7 中曲线 ABCD 所示。喷管出口处的气体流速和流量与设计值相同。

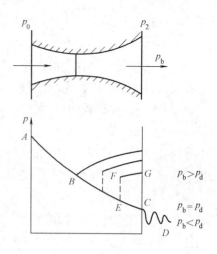

图 9-7　渐缩渐扩喷管中的变工况流动

如果背压 p_b 变化到设计工况的背压 p_{bd} 以上，则渐缩渐扩喷管内的气体流动受到阻碍。此时喷管内的气体流动情况比较复杂，可参考有关气体动力学的书籍，这里仅做简单说明。实验研究表明，在背压 p_b 比设计工况背压 p_{bd} 大的不多时，喷管内气体可以膨胀到比 p_b 低的压力，即发生所谓过度膨胀，压力变化如图 9-7 中曲线 ABE 所示。在喷管喉部处，压力仍然等于临界压力，流速达到当地音速，质量流量等于最大流量 $\dot{m}_{max}$。但是在渐扩段的某一截面处将产生激波，压力突然升高（如虚线 EF 所示），气体流速急剧降至亚音速，该截面成为气体状态参数不连续变化的一个间断面，这种现象称为突击压缩。间断面后的亚音速气流按扩压管方式压力增高至背压 p_b，此时流量仍然等于设计工况的流量。在背压 p_b 小于临界压力 p_c 情况下，产生激波的截面位置随背压 p_b 的升高而逐渐向喉部方向迁移。突击压缩是一种不可逆过程。

第五节　具有摩擦的绝热流动

可逆绝热过程是一个理想的热力过程，没有任何摩擦等耗散损失。实际上气体在喷管中高速流动，摩擦总是存在的。为克服摩擦阻力，气体要有一部分动能损失，喷管出口气体的流速将要比没有摩擦时要小些。这部分动能的损失就是耗散功，它最终转变为热量而被气体吸收，使喷管出口处的气流焓值有所增加。实际的不可逆绝热膨胀过程在 T-s 图上如图 9-8 所示。图中 1-2 为可逆的绝热膨胀过程，1-2′ 为不可逆的绝热膨胀过程，后者是一个增熵过程。

可逆绝热过程的焓降为 (h_1-h_2)，实际过程的焓降为 $(h_1-h_{2'})$。显然 $h_{2'}>h_2$，因而实际过程的焓降小于理想过程的焓降。这减少的部分 $(h_{2'}-h_2)$ 即为消耗于摩擦的那部分动能损失。

喷管进口状态参数（p_1，T_1）相同，膨胀到相同的终态压力 p_2，实际的出口速度 $c_{2'}$ 总是小于可逆绝热膨胀过程下的出口速度 c_2。实际出口速度 $c_{2'}$ 与可逆绝热过程出口速度 c_2 之比称为速度系数，用 φ 表示：

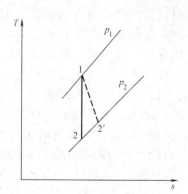

图 9-8　可逆绝热过程与实际的绝热过程

$$\varphi = \frac{c_{2'}}{c_2}$$

根据经验，喷管的速度系数 φ 大致在 0.94～0.98 之间。渐缩喷管的 φ 值较大，渐缩渐扩喷管的 φ 值较小，这是由于超音速气流的摩擦损失大而且流道较长的缘故。

在工程计算中，往往先求出理想情况下的出口速度 c_2，再根据经验选用速度系数值 φ，最后可求得实际过程的出口气流速度：

$$c_{2'} = \varphi c_2 = 44.72 \varphi \sqrt{h_1 - h_2} \tag{9-27}$$

如果在已知 p_2 的情况下，能精确测出实际过程中出口截面处的温度 $T_{2'}$，则实际过程的出口气流速也可由能量方程直接得到：

$$c_{2'} = 44.72 \sqrt{h_1 - h_{2'}} \tag{9-28}$$

工程中还应用喷管效率的概念来反映喷管的动能损失。喷管效率是指实际过程气体出口动能与可逆绝热过程气体出口动能的比值。喷管效率应用符号 η_n 表示：

$$\eta_n = \frac{\dfrac{c_{2'}^2}{2}}{\dfrac{c_2^2}{2}} = \frac{h_1 - h_{2'}}{h_1 - h_2} = \varphi^2 \tag{9-29}$$

在已知 φ 或 η_n 的情况下，可通过式（9-29）求得实际工程中喷管出口处的焓值 $h_{2'}$，即

$$h_{2'} = h_1 - \eta_n (h_1 - h_2) = h_1 - \varphi^2 (h_1 - h_2) \tag{9-30}$$

式（9-28）、式（9-29）及式（9-30）适用于任何工质的不可逆绝热一维稳定流动过程。对理想气体，当 c_p 为定值时，上列三式又可写为

$$c_{2'} = 44.72 \sqrt{c_p (T_1 - T_{2'})}$$

$$\eta_n = \varphi^2 = \frac{T_1 - T_{2'}}{T_1 - T_2}$$

$$T_{2'} = T_1 - \eta_n (T_1 - T_2) = T_1 - \varphi^2 (T_1 - T_2)$$

由于现代喷管的气体动力性能好，加工精度又很高，实际流动过程中的动能损失都比较小，喷管效率一般约在 0.9～0.95 之间。

工程实际中，喷管及扩压管有着广泛的应用，如图 9-9 所示的蒸汽引射器。这种蒸汽引射器的工作蒸汽具有较高的压力，被引射的是低压蒸汽或低温水，混合以后通过扩压管将得到所需压力的蒸汽或热水。引射器的工作原理是：少量的高压工作蒸汽进入喷管，在其中进行绝热膨胀而成为低压高速气流，它将外界低压蒸汽吸引入混合室，混合后的低压蒸汽仍具有较高的动能，通过扩压管减速增压后将得到具有中间压力的蒸汽。如果被引射的是水，那么混合扩压后将得到较高温度和压力的热水。

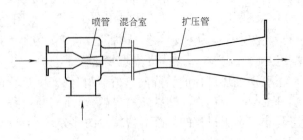

图 9-9 蒸汽引射器示意图

在引射器的工作过程中存在很大的耗散损失，尤其是在混合和扩压过程中不可逆损失

较大。但由于引射器的构造简单，没有转动部件，使用方便，易于保养，各种引射器在工程中得到了广泛的应用，有关引射器的热力计算将在专业书籍中介绍。

【例 9-3】 CO_2 从储气罐进入一喷管，如果喷管效率 $\eta_n=0.95$。储气罐 CO_2 的压力为 0.7MPa，温度为 30℃。当喷管出口截面处的压力为 0.14MPa 时，问应采用什么类型的喷管？此时喷管出口处的气体温度及气体流速各为多少？当喷管出口截面 $f_2=100\text{mm}^2$ 时，求质量流量。

【解】 已知多原子气体的临界压力比 $\beta=0.546$，故临界压力为
$$p_c = 0.546 p_1 = 0.546 \times 0.7 = 0.3822 \text{MPa}$$
因为 $p_c > p_2 = 0.14\text{MPa}$，所以应采用渐缩渐扩喷管。

由可逆绝热膨胀过程 1-2 可知气体的出口温度为
$$T_2 = T_1 \left(\frac{p_2}{p_1}\right)^{\frac{\kappa-1}{\kappa}} = (273+30)\left(\frac{0.14}{0.7}\right)^{\frac{1.3-1}{1.3}} = 209\text{K}$$

实际过程 1-2′中气体出口温度为
$$T_{2'} = T_1 - \eta_n(T_1 - T_2) = 303 - 0.95(303-209) = 213.7\text{K}$$

实际过程中气流的出口流速为
$$c_{2'} = 44.72\sqrt{c_p(T_1 - T_{2'})} = 44.72\sqrt{\frac{9}{2} \times \frac{8.314}{44}(303-213.7)}$$
$$= 389.7\text{m/s}$$

实际过程中气体出口的比体积为
$$v_{2'} = \frac{RT_{2'}}{p_2} = \frac{\frac{8314}{44} \times 213.7}{0.14 \times 10^6} = 0.2884\text{m}^3/\text{kg}$$

喷管中气体的质量流量为
$$\dot{m} = \frac{f_2 c_{2'}}{v_{2'}} = \frac{100 \times 10^{-6} \times 389.7}{0.2884} = 0.135\text{kg/s}$$

第六节 绝 热 节 流

节流过程是指流体（液体、气体）在管道中流经阀门、孔板或多孔堵塞物等设备时，由于局部阻力，使流体压力降低的一种特殊流动过程。这些阀门、孔板或多孔堵塞物称为节流元件。若节流过程中流体与外界没有热量交换，称为绝热节流，常常简称为节流。在热力设备中，压力调节、流量调节或测量流量以及获得低温流体等领域经常利用节流过程。

节流过程是典型的不可逆过程。在节流元件附近，流体发生强烈的扰动，产生大量的涡流，即节流过程中的流体处于非平衡状态。但在节流元件一定距离以外，可以认为流体处于平衡状态。本节所研究分析的节流过程就是指节流元件前、后处于平衡状态的流体状态参数之间的关系。

在第三章中，应用热力学第一定律，已经分析了节流过程的能量方程简化形式。说明节流过程中，流体与外界无热量交换，又无功量交换，如果保持流体在节流后的高度和流速不变，即无重力位能和宏观动能的变化（或变化很小以致可以忽略），则流体在绝热节流前的焓等于绝热节流后的焓，即图 9-10 中的截面 1-1 及截面 2-2 处的焓相等。应予注

意，由于节流过程中的流体处于非平衡状态，不能将绝热节流理解为等焓过程。图 9-10 中的过程线只是流体状态参数平均估算值的变化趋势，故以虚线表示。由于扰动和摩擦的不可逆性，节流后的压力不能恢复到与节流前一样，而且必然是 $p_2 < p_1$，$s_2 > s_1$，做功能力下降。

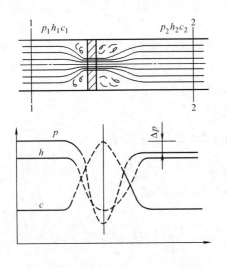

图 9-10　绝热节流前后参数变化

理想气体绝热节流前后状态参数的变化如图 9-11 中的过程 1-2 所示，这时理想气体的比焓不变，温度也不变，$h_1 = h_2$，$T_1 = T_2$；

压力下降，$p_2 < p_1$；

比体积增大，$v_2 > v_1$；

比熵增大，$s_2 > s_1$。

对水蒸气来说，虽然绝热节流前后焓不变 $h_1 = h_2$，但在一般情况下，节流后温度是下降的，即 $t_2 < t_1$。湿饱和蒸汽绝热节流后可以变为干饱和蒸汽或过热蒸汽（如图 9-12 中过程 1-2），其他参数的变化与理想气体一样。

绝热节流前后流体的温度变化称为节流的温度效应。如果节流后的温度升高（$T_2 > T_1$），称为热效应；如果节流后的温度降低（$T_2 < T_1$），则称为冷效应；如果节流前后的温度不变（$T_2 = T_1$），则称为零效应。绝热节流过程中的温度效应与流体的种类、节流前所处的状态及节流前后压力降低的大小有关。

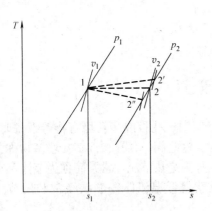

图 9-11　气体绝热节流过程

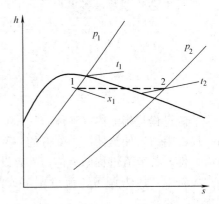

图 9-12　水蒸气绝热节流过程

绝热节流温度效应可用绝热节流系数 μ_j（也称焦耳-汤姆逊系数）来表示，其定义式为

$$\mu_j = \left(\frac{\partial T}{\partial p}\right)_h \tag{9-31}$$

系数 μ_j 也称为节流的微分效应，即流体在节流过程中压力变化 dp 时的温度变化。当压力变化为一定数值时，节流所产生的温度变化称为节流的积分效应（$T_2 - T_1 = \left(\int_{p_1}^{p_2} \mu_j dp\right)_h$）。系数 μ_j 可由焦耳-汤姆逊实验来确定。其实验过程为：选定某种流体，使

其通过装有多孔塞的管道（见图 9-13），令高压端的压力和温度稳定在 p_1 和 T_1，通过改变调压阀门开度或改变流体流量等方法，在低压端得到不同的出口状态 $2a$、$2b$、$2c\cdots$。在 T-p 图上绘出这些状态点，如图 9-14 所示。因为 $h_1 = h_{2a} = h_{2b} = \cdots$，所以通过这些点画出的一条曲线是等焓线。改变初始压力和温度进行类似实验，就可以得到一系列不同焓值的曲线，如图 9-14 中的 1，2，3，4 等线所示。图中等焓线上任一点的斜率 $\left(\dfrac{\partial T}{\partial p}\right)_h$ 就是实验流体处于该状态时的绝热节流系数 μ_j。

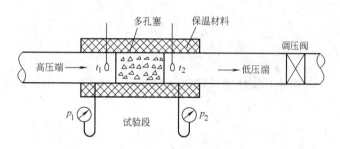

图 9-13　焦耳-汤姆逊绝热节流试验装置

应予指出，等焓线不是绝热节流过程线，只是节流元件一定距离以外，处于平衡状态同一焓值流体的状态点连线。

从图 9-14 可以看出，在一定焓值范围内，每条等焓线有一个温度最大值点，如 1-2d 线上的点 $2b$。在该点上，$\mu_j = \left(\dfrac{\partial T}{\partial p}\right)_h = 0$，这个点称为回转点，该点温度称为回转温度，连接所有回转点的曲线称为回转曲线。在回转曲线与温度纵轴围成的区域内所有等焓线上的点恒有 $\mu_j > 0$，发生在这个区域内的绝热节流过程总是使流体温度降低，称为冷效应区；在回转曲线之外所有等焓线上的点，其 $\mu_j < 0$，发生在这个区域的微分绝热节流总是使流体温度升高，即压力降低 $\mathrm{d}p$，温度增高 $\mathrm{d}T$，称为热效应区。如果流体的进口状态处于热效应区，而经绝热节流后的出口状态进入冷效应区，那么温度变化就与压力降低的程度有关。例如，节流前流体处于图 9-14 中的 $2a$ 状态，当压力降低不大时，节流后状态落在点 $2c$（它与点 $2a$ 温度相等）的右侧时，节流积分效应为热效应；但当压力降低足够大时，节流后状态落在点 $2c$ 的左侧，节流积分效应为冷效应。压力降低越大，流体温度降低越多。

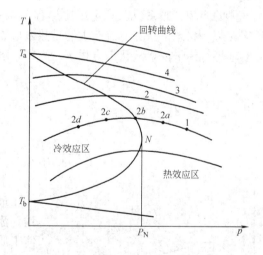

图 9-14　绝热节流过程的 T-p 图

回转曲线与温度坐标轴的交点得到最大回转温度 T_a 及最小回转温度 T_b，初始温度高于 T_a 或低于 T_b 的流体，通过节流降低温度都是不可能的。回转曲线具有一个压力为最大值的极点（如图 9-14 中的点 N），该点的压力称为最大回转压力。流体在压力大于最大回转压力范围内发生的节流不会产生冷效应。

在第六章中已知焓的热力学微分方程式（6-26）为

$$dh = c_p dT + \left[v - T\left(\frac{\partial v}{\partial T}\right)_p \right] dp$$

在微分绝热节流过程中，$dh = 0$，故

$$c_p dT_h + \left[v - T\left(\frac{\partial v}{\partial T}\right)_p \right] dp_h = 0$$

将上式整理后可得

$$\mu_j = \left(\frac{\partial T}{\partial p}\right)_h = \frac{T\left(\frac{\partial v}{\partial T}\right)_p - v}{c_p} \tag{9-32}$$

上式中$\left(\frac{\partial v}{\partial T}\right)_p$是流体在定压下比体积随温度的变化率，应用容积膨胀系数β的定义式（6-19）：

$$\beta = \frac{1}{v}\left(\frac{\partial v}{\partial T}\right)_p$$

代入式（9-32），则可得绝热节流系数的另一表达式：

$$\mu_j = \left(\frac{\partial T}{\partial p}\right)_h = \frac{(T\beta - 1)v}{c_p} \tag{9-33}$$

式（9-32）及式（9-33）是绝热节流的一般关系式。如果知道实际气体的状态方程或实测气体的容积膨胀系数以及定压比热容关系式，就可通过该两式计算得到μ_j的值，从而确定在某一状态下微分节流产生的是热效应、冷效应还是零效应。

对理想气体来说，从状态方程$pv = RT$可得

$$\left(\frac{\partial v}{\partial T}\right)_p = \frac{v}{T}$$

代入式（9-32）可得

$$\mu_j = \left(\frac{\partial T}{\partial p}\right)_h = \frac{T\frac{v}{T} - v}{c_p} = 0$$

上述结果说明理想气体绝热节流前后温度不变。

最后指出，绝热节流是一个典型的不可逆过程，流体在绝热节流后的熵有较大的增加，从而使工质的做功能力明显降低。但由于绝热节流简单易行，它在工程上得到了广泛的应用。各种阀门就是利用节流过程来调节压力和控制流量的，节流制冷也是获得低温流体的常用方法。另外，节流装置还可以用来测定湿饱和蒸汽的干度和测量流体的流量。

【例 9-4】 为了确定湿饱和蒸汽的干度，将压力为$p_1 = 1$MPa、干度未知的湿饱和蒸汽引入节流式干度计，经绝热节流后变为过热蒸汽（状态点2），已测得压力$p_2 = 0.3$MPa、$t_2 = 140$℃，见图9-15。求湿饱和蒸汽的状态点1的干度x_1及该过程的平均绝热节流系数μ_j。

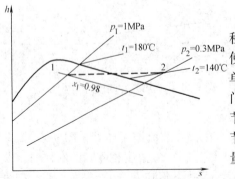

图 9-15 例 9-4 在 h-s 图上的示意

【解】 由于绝热节流前后焓不变，$h_1 = h_2$。由已知条件 p_2，T_2 可在水蒸气 h-s 图上得出状态点 2。从点 2 作一水平虚线与等压线 p_1 相交，得到交点 1。点 1 就是湿饱和蒸汽的初始状态点，从 h-s 图上可查得其干度 $x_1 = 0.98$。

从点 1 可查得 $t_1 = 180℃$，因此绝热节流过程 1-2 的平均绝热节流系数为

$$\mu_j = \left(\frac{\Delta T}{\Delta p}\right)_h = \frac{T_2 - T_1}{p_2 - p_1} = \frac{140 - 180}{0.3 - 1.0} = 57.14 \text{K/MPa}$$

计算结果表示平均绝热节流系数 $\mu_j > 0$，属于冷效应，节流后的温度降低，从 180℃ 降低到 140℃。

思 考 题

9-1 绝热稳定流动过程中，采用了哪些基本方程式？这些方程式说明了流动过程哪些方面的特性？

9-2 流体在喷管中绝热稳定流动，不管过程是否可逆，均可以使用 $c_2 = \sqrt{2(h_0 - h_2)}$ 进行计算，其中 h_0 为喷管进口定熵滞止焓，h_2 为喷管出口焓。这是否说明可逆过程与不可逆过程所得到的加速效果相同？

9-3 音速随哪些因素变化？音速是否可以理解为状态参数？

9-4 气体流经渐缩喷管而射向真空，流速及流量将如何变化？如经渐缩渐扩喷管流向真空，则喷管出口截面的压力能否降低到 $p_2 = 0$，为什么？

9-5 描写管道截面变化规律的关系式 $\dfrac{df}{f} = (M^2 - 1)\dfrac{dc}{c}$ 是在什么场合导出的？在使用上有什么限制？

9-6 改变流体速度起主要作用的是管道的形状，还是流体本身的状态变化？

9-7 渐缩喷管、渐扩喷管、渐缩渐扩喷管各适用于什么场合？使用这些喷管的条件是什么？

9-8 如何确定喷管中的临界压力、临界流量和临界流速？为什么气流在渐缩喷管中只能膨胀到临界压力？

9-9 在渐扩喷管中，通道截面积增大，但为什么还能增加流速？

9-10 在可逆绝热流动过程中，通道各截面上的滞止参数是否都相同？如果是不可逆绝热流动过程，通道各截面上的滞止参数是否相同？

9-11 有一渐缩喷管和渐缩渐扩喷管如图 9-16 所示。如渐缩喷管出口截面积与渐缩渐扩喷管的喉部截面相等，进口滞止参数也相同。问这两个喷管的出口流速与流量是否相同？如果将这两个喷管在出口处各去一段，如图中虚线所示，问出口流速及流量将发生什么样的变化？

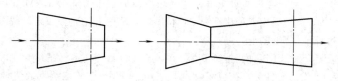

图 9-16 两种喷管示意图

9-12 由于摩擦而引起的不可逆绝热流动中，喷管出口动能减少量是否为不可逆过程的有效能损失？

9-13 如何理解绝热节流过程前和节流后的焓相等？

9-14 绝热节流过程的 T-p 图中，定焓线是否为绝热节流的过程线？既然节流过程不可逆，为何在推导绝热节流系数 μ_j 时可利用 $dh = 0$？

习 题

9-1 压力为 0.1MPa，温度为 20℃ 的空气，分别以 100m/s、300m/s、500m/s 及 1000m/s 的速度流动，当气流被可逆绝热滞止后，问滞止温度及滞止压力各为多少？

9-2 质量流量 $\dot{m} = 1$kg/s 的空气在喷管内作可逆绝热流动，在截面 1-1 处测得参数值 $p_1 = 0.3$MPa，

$t_1=200℃$，$c_1=20$m/s；在截面 2-2 处测得参数值 $p_2=0.2$MPa。求 2-2 截面处的喷管截面积。

9-3 渐缩喷管进口空气的压力 $p_1=2.5$MPa，温度 $t_1=80℃$，流速 $c_1=50$m/s，喷管背压 $p_b=1.5$MPa，求喷管出口的气流速度 c_2，状态参数 v_2 及 T_2。如喷管出口截面积 $f_2=1$cm^2，求质量流量；如果喷管背压 $p_b=0.1$MPa，问此时渐缩喷管出口流速及质量流量各为多少？

9-4 空气以初始参数 1MPa，500℃，200m/s 流入一渐缩喷管，假设流动为可逆绝热过程，试计算喷管达到最大流量时，出口界面的流速、压力和温度。

9-5 空气流经喷管作可逆绝热流动，已知进口截面上空气参数 $p_1=0.7$MPa，$t_1=947℃$，$c_1=0$，喷管出口处的压力 p_2 分别为 0.5MPa 及 0.12MPa，质量流量均为 $\dot m=0.5$kg/s，试选择喷管类型，计算喷管出口截面处的流速及出口截面积。

9-6 空气流经一断面为 0.1m^2 的等截面管道，在截面 1-1 处测得 $c_1=100$m/s，$p_1=0.15$MPa，$t_1=100℃$；在截面 2-2 处，测得 $c_2=171.4$m/s，$p_2=0.14$MPa。若流动无摩擦损失，求（1）质量流量；（2）截面 2-2 处的空气温度；（3）截面 1-1 与截面 2-2 之间的传热量。

9-7 空气通过一喷管，进口压力 $p_1=0.5$MPa，温度 $t_1=600$K，质量流量 $\dot m=1.5$kg/s。如该喷管的出口处压力为 $p_2=0.1$MPa，问应采用什么形式的喷管？如不考虑进口流速影响，求可逆绝热膨胀过程中喷管出口气流速度及出口截面积。如为不可逆绝热流动，喷管效率 $\eta_n=0.95$，则喷管气体出口速度及出口截面各为多少？

9-8 活塞式压气机吸入压力为 98.07kPa、温度为 27℃ 的空气，经定温压缩至 784.6kPa 后输入储气筒，再经渐缩喷管射入大气。已知喷管出口处直径为 30mm，求压气机每小时吸入的空气体积。假定各过程可逆。

9-9 某燃气 $p_1=1$MPa，$T_1=1000$K，流经渐缩渐扩喷管。已知喷管出口截面上的压力 $p_2=0.1$MPa，进口流速 $c_1=200$m/s，喷管效率 $\eta_n=0.95$，燃气的质量流量 $\dot m=5$kg/s，燃气的比热容比 $\kappa=1.36$，定压质量比热容 $c_p=1$kJ/(kg·K)。求喷管的出口截面积，并求喷管渐扩段的长度。

9-10 滞止压力 $p_0=0.65$MPa、滞止温度 $T_0=350$K 的空气可逆绝热流经一渐缩喷管，在截面积为 2.6×10^{-3}m^2 处气流的马赫数为 0.6。若喷管背压 $p_b=0.28$MPa，试求喷管出口截面积 f_2。

9-11 滞止压力 $p_0=1.0$MPa、滞止温度 $T_0=800$K 的空气可逆绝热流经一渐缩渐扩喷管，喷管喉部截面积为 20cm^2，出口处马赫数 $M=2$。求：（1）喉部处的压力、温度、比体积、流速；（2）出口处的压力、温度、比体积、流速以及出口截面积；（3）质量流量。

9-12 水蒸气的初参数 $p_1=2$MPa，$t_1=300℃$，经过渐缩渐扩喷管流入背压 $p_b=0.1$MPa 的环境中，喷管喉部截面积 $f_{min}=20$cm^2。求临界流速、出口流速、质量流量及出口截面积。

9-13 $p_1=3$MPa，$t_1=400℃$ 的水蒸气，经绝热节流后，压力降为 1.6MPa，再经喷管射入背压 $p_b=1.2$MPa 的容器中，问应采用何种喷管？求喷管出口处蒸气的流速。如出口截面 $f_2=200$mm^2，求质量流量，并将全过程画在 h-s 图上。

9-14 为了确定湿蒸汽的干度而将湿蒸气引入节流式干度计中，蒸汽在其中被绝热节流后压力 $p_2=0.1$MPa，温度 $t_2=130℃$。已知蒸汽在节流前的压力 $p_1=2$MPa。求湿蒸汽最初时的干度 x_1 及该过程的平均绝热节流系数 μ_J。

9-15 进入渐缩喷管的蒸汽状态 $p_1=3.5$MPa，$t_1=400℃$，喷管出口截面上的压力 $p_2=2$MPa，设速度系数 $\varphi=0.93$。求喷管出口处的蒸汽流速及因摩擦所引起的动能损失。设环境温度为 27℃，求做功能力的损失。

9-16 空气初态参数 $p_1=0.5$MPa，$t_1=50℃$，进行绝热节流使其比体积增加为原来的两倍。求节流过程中每 kg 空气的熵增及焓㶲的损失。环境温度 $T_0=300$K。

9-17 压力 $p_1=0.1$MPa，温度 $T_1=300$K 的空气，流经扩压管后压力提高到 $p_2=0.2$MPa，问空气进入扩压管的最低速度为多少？此时进口马赫数为多少？应该选用哪种形式的扩压管？

9-18 试证明：遵守范德瓦尔方程的气体的最大回转温度和最小回转温度分别为 $\dfrac{2a}{Rb}$、$\dfrac{2a}{9Rb}$，式中 R 为气体常数，a、b 为该气体的范德瓦尔常数。（提示：最大、最小回转温度对应的压力 p 趋近于 0）

9-19 若气体种类确定,试证明通过缩放喷管的最大质量流量由滞止参数 $\dfrac{p_0}{\sqrt{T_0}}$ 确定。若对于某理想气体 $\kappa=1.4$,$R=0.287\text{kJ/(kg·K)}$,试确定常数 a,使得 $\dfrac{\dot{m}}{A^*}=a\dfrac{p_0}{\sqrt{T_0}}$,其中 A^* 为喉部的截面积。

9-20 空气进入一缩放流道,进口处压力为 1MPa,初速为 0,可逆绝热膨胀至出口马赫数 Ma=1.5,求出口背压。若流动过程中有摩擦,假定速度系数 $\varphi=0.95$,则此时出口背压为多少?

9-21 压力为 14MPa,温度为 550℃的过热蒸汽,经节流阀压力降至 12MPa,已知环境温度 $T_0=300$K,求 (1) 节流后的蒸汽温度,焓和热力学能;(2) 节流引起的有效能损失;(3) 若原本过热蒸汽是通过汽轮机做功,汽轮机背压为 0.005MPa,问节流导致的做功量减少为多少?(4) 将上述 (2) (3) 过程表示在 h-s 图和 T-s 图上。

第十章 动 力 循 环

将热能转化为机械能的设备叫做热力原动机,简称热机。热机的工作循环称为动力循环。根据热机所用工质的不同,动力循环可分为蒸汽动力循环和燃气动力循环两大类。蒸汽机、汽轮机的工作循环属于前一类;内燃机、燃气轮机的工作循环属于后一类。本章主要介绍这两类动力循环的构成、特点以及提高动力循环热力性能的途径。

本章要求:掌握动力循环的基本构成、特点以及提高动力循环热力性能的途径。

第一节 蒸汽动力基本循环——朗肯循环

朗肯循环(Rankine Cycle)是最简单的蒸汽动力理想循环,热力发电厂各种较复杂的蒸汽动力循环都是在朗肯循环基础上发展起来的,所以研究朗肯循环也是研究各种复杂动力循环的基础。本章所介绍的蒸汽动力循环原理、计算方法以及提高热力性能的途径等也适用于有机朗肯循环(Organic Rankine Cycle,即采用有机工质作为热力循环工质的朗肯循环)。

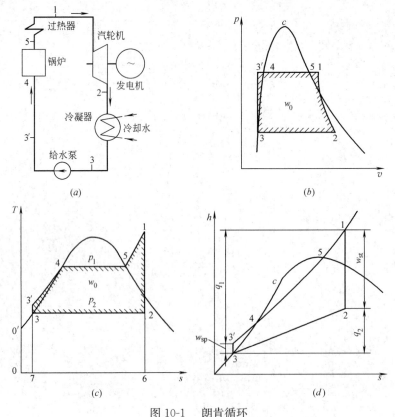

图 10-1 朗肯循环
(a) 工作原理图;(b) p-v 图;(c) T-s 图;(d) h-s 图

一、装置与流程

朗肯循环的蒸汽动力装置包括锅炉、汽轮机、凝汽器和给水泵等四个主要设备。其工作原理图如图 10-1（a）所示：水先经给水泵，绝热加压送入锅炉，在锅炉中水被定压加热汽化、形成高温高压的过热蒸汽，过热蒸汽在汽轮机中绝热膨胀做功，变为低温、低压的乏汽，最后排入凝汽器内定压凝结为冷凝水，重新经水泵将冷凝水送入锅炉进行新的循环。

为研究方便，将朗肯循环理想化为两个定压过程和两个可逆绝热过程。

图 10-1（b）、（c）、（d）为朗肯循环的 p-v、T-s 和 h-s 示意图。图中：

$3'$-4-5-1 水在蒸汽锅炉中定压加热变为过热蒸汽；

1-2 过热蒸汽在汽轮机内可逆绝热膨胀；

2-3 湿蒸汽在凝汽器内定压（也是定温）冷却，同时凝结放热；

3-$3'$ 凝结水在水泵中可逆绝热压缩。

由于水的压缩性很小，水在经过水泵可逆绝热压缩后温度升高极小，在 T-s 图上，一般可以认为点 $3'$ 与点 3 重合，$3'$-4 与下界线的 3-4 线段重合。于是，简单蒸汽动力装置的朗肯循环在 T-s 图上可表示为 1-2-3-4-5-1。

二、朗肯循环的能量分析及热效率

取汽轮机为控制体，1kg 水蒸气在流经汽轮机的可逆绝热膨胀过程 1-2 中所做理论轴功为

$$w_{s,t}=h_1-h_2$$

取水泵为控制体，水泵在可逆绝热压缩过程 3-$3'$ 中消耗轴功为

$$w_{s,p}=h_{3'}-h_3=v_3(p_1-p_2)$$

同样，对锅炉和凝汽器分别取控制体，蒸汽在定压过程 $3'$-1 中从锅炉吸收的热量为

$$q_1=h_1-h_{3'}$$

乏汽在定压凝结过程 2-3 中向凝汽器放出的热量为

$$q_2=h_2-h_3$$

若取整个装置作热力系统，则有

$$\oint \delta q = \oint \delta w$$

即 $q_1-q_2=w_{s,t}-w_{s,p}=w_0$

$$\eta_t=\frac{收获}{消耗}=\frac{w_0}{q_1}=\frac{w_{s,t}-w_{s,p}}{q_1}=\frac{q_1-q_2}{q_1}=\frac{(h_1-h_{3'})-(h_2-h_3)}{h_1-h_{3'}} \tag{10-1}$$

通常水泵消耗轴功与汽轮机做功量相比甚小，可忽略不计，因此 $h_{3'}=h_3$，于是式（10-1）可简化为

$$\eta_t=\frac{h_1-h_2}{h_1-h_3} \tag{10-2}$$

三、提高朗肯循环热效率的基本途径

依据卡诺循环热效率 $\eta_{t,c}=1-\dfrac{T_2}{T_1}$ 指出的方向，提高动力循环热效率的基本途径是提高工质的吸热温度与降低工质的放热温度。但是，朗肯循环工质吸热温度是变化的。为了便于分析，引用平均吸热温度的概念，以一个等效的卡诺循环代替朗肯循环，如图 10-2

所示。

工质在锅炉中吸热量 q_1=面积 3451673=等效矩形面积 98679

从 T-s 图可知

$$q_1 = \int_3^1 T\mathrm{d}s = T_{\mathrm{m}1}(s_6 - s_7)$$

故平均吸热温度：

$$T_{\mathrm{m}1} = \frac{\int_3^1 T\mathrm{d}s}{(s_6 - s_7)} \tag{10-3}$$

于是等效卡诺循环热效率为

$$\eta_\mathrm{t} = 1 - \frac{T_2}{T_{\mathrm{m}1}} \tag{10-4}$$

由此可见，提高朗肯循环效率的基本途径便是提高等效卡诺循环的平均吸热温度及降低排汽温度。

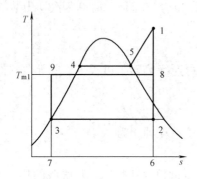

图 10-2　平均吸热温度

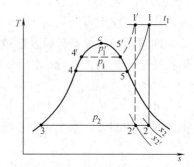

图 10-3　提高初压的 T-s 图

1. 提高平均吸热温度

提高平均吸热温度的直接方法是提高蒸汽压力和温度。如图 10-3 所示，保持初始温度 t_1 及冷凝压力 p_2 不变，将初始蒸汽压力由 p_1 提高到 p_1'。从图中可以看出，新循环 $1'$-$2'$-3-$4'$-$5'$-$1'$ 的平均吸热温度增高，所以热效率得到提高，同时汽轮机出口乏汽的比体积变小（$2'$ 与 2 比较），设备尺寸可以减小。然而，随着初压的提高，乏汽的干度将由 x_2 降至 $x_{2'}$，使乏汽中水蒸气湿度加大，侵蚀汽轮机末级叶片，对汽轮机的安全运行极为不利。工程上一般要求乏汽干度不低于 86%~88%。

如果保持 p_1 及 p_2 不变，而将初始温度由 t_1 提高到 t_1'，则如图 10-4 所示。同样由于新循环 $1'$-$2'$-3-4-5-$1'$ 平均吸热温度的提高，循环功量增大，它的热效率将随之提高，同时乏汽的干度也会有所提高。但也应看到，初温的提高，锅炉的过热器和汽轮机的高压部分必须使用昂贵的耐高温、高压金属材料，增加设备投资，并且汽轮机出口乏汽的比体积变大，加大了设备的尺寸。

现代大容量的蒸汽动力装置，其初参数毫无例外地都是高温、高压的。目前国产蒸汽动力发电机组初压为亚临界压力（17.2~18.4MPa）的已很普遍，有的超过临界压力（24MPa）、甚至高达 27MPa 以上。初温一般高达 560℃ 左右，最新建造的超超临界压力锅炉的蒸汽温度甚至高达 610℃ 左右。

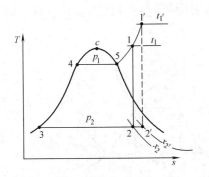

图 10-4　提高初温的 T-s 图

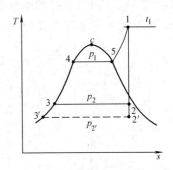

图 10-5　降低放热温度的 T-s 图

2. 降低排汽温度

如初参数不变而将终压 p_2 降低至 $p_{2'}$，如图 10-5 所示，相应的蒸汽凝结放热温度 T_2 降低为 $T_{2'}$，因而提高了循环的热效率。然而蒸汽凝结压力的数值主要取决于冷却水的温度，而冷却水温受自然环境控制，并不能任意降低。可见，环境温度对蒸汽动力装置的运行有很大影响，冬季运行的热效率高于夏季，北方机组的热效率高于南方。目前我国大型蒸汽动力装置的蒸汽凝结设计压力为 3~4kPa，其对应的饱和温度通常在 24~29℃。

从以上分析可知，局限于朗肯循环的范围内，以调整蒸汽参数来提高蒸汽动力循环的热效率，其潜力有限。应在朗肯循环的基础上发展较为复杂的循环，如回热循环、再热循环等，以达到有效提高蒸汽循环热效率的目的。

第二节　回热循环与再热循环

一、回热循环

朗肯循环热效率不高的主要原因是平均吸热温度不高。造成该问题的原因主要有金属材料的耐高温、高压能力有限，同时，冷凝后的水经水泵加压后的未饱和水温度很低，造成工质的平均吸热温度不高。为了提高朗肯循环的平均吸热温度，提出了回热循环。

1. 极限回热循环

为了便于和卡诺循环对照分析，取初态为干饱和蒸汽的朗肯循环，如图 10-6 所示。由凝汽器出来的低温凝结水不是直接送回锅炉，而是首先进入汽轮机壳的夹层中，由汽轮机的排气端向进汽端流动，并依次被汽轮机内的蒸汽所加热。这时蒸汽在汽轮机内膨胀做功的同时，通过机壳不断向凝结水放热，即膨胀过程将沿曲线 1-2 进行。假设传热过程是可逆的，即在机壳的每一点上，蒸汽与凝结水之间的温差为无限小，此时曲线 1-2 将与 4-3 平行，结果蒸汽通过机壳传出的热量（面积 12781）将等于凝结水吸收的热量（面积 34653），凝结水最终被加热到初压下的饱和温度（即 T_4），然后再送入锅炉中加热成干饱和蒸气。由于面积 1 2 2′1′ 等于面积 4 3 3′4′，所以面积 12341 与面积 1 2′3′4 1 相等。于是循环 1-2-3-4-1 将与相同热源温度 T_1、T_2 下的卡诺循环 1-2′-3′-4-1 等效，即它们将具有相同的热效率。这个循环称为极限回热循环。

极限回热循环与同温度范围内的卡诺循环热效率相等，表明极限回热循环的热效率在该温度范围内是最高的。极限回热循环比朗肯循环热效率高的原因是消除了水从外界吸热的预热阶段,而是通过循环内部的传热使水温从 T_3 增高到该压力下的饱和温度 T_4,因此循环的平均吸热温度提高到 T_1。

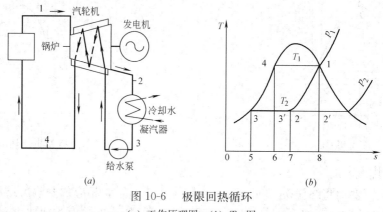

图 10-6 极限回热循环
(a) 工作原理图；(b) T-s 图

显然,极限回热循环实际上是无法实现的,因为蒸汽流过汽轮机时的速度很高,要在短时间内使蒸汽通过机壳传热给水是不可能的,传热温差为零更是无法实现的;而且放热膨胀做功后的蒸汽干度很低,影响汽轮机的正常工作。

2. 抽汽回热循环

尽管极限回热循环是无法实现的,但用汽轮机中的蒸汽加热低温段的水,可以提高平均吸热温度,从而发展了用分级抽汽加热给水的实际回热循环,即抽汽回热循环。图 10-7 所示为两级抽汽回热循环原理图及理论循环 T-s 图。设有 1kg 过热蒸汽进入汽轮机膨胀做功。当压力降低至 p_6 时,由汽轮机内抽取 α_1 kg 蒸汽送入一号回热器,其余的 $(1-\alpha_1)$ kg 蒸汽在汽轮机内继续膨胀,到压力降至 p_8 时再抽出 α_2 kg 蒸汽送入二号回热器,汽轮机内剩余的 $(1-\alpha_1-\alpha_2)$ kg 蒸汽继续膨胀,直到压力降至 p_2 时进入凝汽器。凝结水离开凝汽器后,依次通过二号、一号回热器,在回热器内先后与两次抽汽混合加热,每次加热终了水温可达到相应抽汽压力下的饱和温度(如 T_9、T_7)。图中所示回热器为混合式的,实际上,电厂都采用表面式回热器(即蒸汽不与凝结水相混合),其抽汽回热的作用相同。

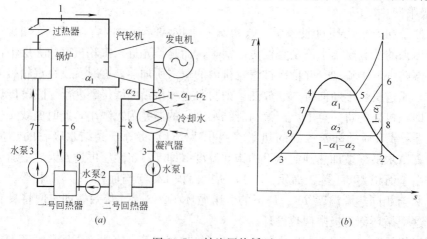

图 10-7 抽汽回热循环
(a) 工作原理图；(b) T-s 图

根据以凝结水被加热到抽汽压力下的饱和温度为原则,由质量守恒和能量平衡式来计算回热抽汽率 a_1、a_2。取图 10-7(a)中一号回热器为控制体。

$$a_1+(1-a_1)=1\text{kg}$$
$$a_1 h_6+(1-a_1)h_9=h_7$$

从而得

$$a_1=\frac{h_7-h_9}{h_6-h_9} \tag{10-5}$$

同理,取二号回热器为控制体,则有

$$a_2+(1-a_1-a_2)=(1-a_1)$$
$$a_2 h_8+(1-a_1-a_2)h_3=(1-a_1)h_9$$

从而得

$$a_2=\frac{(1-a_1)(h_9-h_3)}{h_8-h_3} \tag{10-6}$$

式中 h_6、h_8——第一、第二次抽汽的焓;

h_7、h_9——第一、第二次抽汽压力下饱和水的焓;

h_3——乏汽压力下凝结水的焓。

通过两级回热循环,水在锅炉中的吸热量 q_1 为 (h_1-h_7),则两级回热循环热效率为

$$\eta_t=\frac{w_0}{q_1}=\frac{(h_1-h_6)+(1-a_1)(h_6-h_8)+(1-a_1-a_2)(h_8-h_2)}{h_1-h_7} \tag{10-7}$$

式中 h_1、h_2——汽轮机入口蒸汽与乏汽的焓。

与朗肯循环相比,抽汽回热循环提高了平均吸热温度,因此提高了循环热效率。同时,锅炉的热负荷降低了,减少了锅炉受热面,节省了金属材料;另外,进入凝汽器的乏汽减少了,节省了凝汽器换热面的金属材料。当然,1kg 蒸汽的膨胀做功量减少了,使得发电装置输出 1kWh 功量所耗费的蒸汽量(称为汽耗率)增加了。不过,由于汽轮机高压段的蒸汽流量增大,抽汽又使汽轮机低压段的流量减少,可使汽轮机的结构更趋合理。

需要指出的是,虽然理论上抽汽回热次数愈多,最佳给水温度愈高,从而平均吸热温度愈高,热效率也愈高。但是,级数愈多,设备和管路愈复杂,而每增加一级抽汽的获益愈少。因此,回热抽汽次数不宜过多,通常电厂回热级数为 3~8 级。

【例 10-1】 以水蒸气为工质的回热循环(如图 10-7 所示),蒸汽进入汽轮机的参数为 10MPa、550℃,在 5kPa 下排入凝汽器。蒸汽在 0.8MPa 和 0.2MPa 下抽出,分别在两个混合式给水回热器中加热给水,给水离开每个回热器的温度为抽气压力下的饱和温度。在凝汽器及每个回热器之后都有水泵将工质压力提高至所需值。求:(1)抽汽率 a_1 和 a_2;(2)循环功量及热效率;(3)与相同参数的朗肯循环相比较,结果如何?

【解】 由水蒸气表查得

$p_2=5$kPa 时 $t_2=32.90$℃

$p_8=0.2$MPa 时 $t_9=120.23$℃(忽略水泵绝热压缩温升)

$p_6=0.8$MPa 时 $t_7=170.42$℃

由 h-s 图及水蒸气表查得各点焓值为

$h_1=3499$kJ/kg;$h_2=2075$kJ/kg;$h_6=2818$kJ/kg;$h_8=2584$kJ/kg;$h_3=137.77$kJ/kg;$h_9=504.7$kJ/kg;$h_7=720.9$kJ/kg。

(1) 抽汽率计算

取一号回热器为热力系统，由热平衡方程得

$$a_1 = \frac{h_7-h_9}{h_6-h_9} = \frac{720.9-504.7}{2818-504.7} = 0.093$$

取二号回热器为热力系统，由热平衡方程得

$$a_2 = \frac{(1-a_1)(h_9-h_3)}{h_8-h_3} = \frac{(1-0.093)(504.7-137.77)}{2584-137.77} = 0.136$$

(2) 循环功量及热效率

循环功量：忽略水泵消耗的功，可得

$$w_0 = (h_1-h_6)+(1-a_1)(h_6-h_8)+(1-a_1-a_2)(h_8-h_2)$$
$$= (3499-2818)+(1-0.093)(2818-2584)+(1-0.093-0.136)(2584-2075)$$
$$= 1285.7 \text{kJ/kg}$$

热效率

$$\eta_t = \frac{w_0}{q_1} = \frac{w_0}{h_1-h_7} = \frac{1285.7}{3499-720.9} = 0.463$$

(3) 与相同参数的朗肯循环比较

朗肯循环热效率为

$$\eta_{t,R} = \frac{h_1-h_2}{h_1-h_3} = \frac{3499-2075}{3499-137.77} = 0.424$$

采用回热循环使热效率提高

$$\frac{0.463-0.424}{0.424} = 0.092 = 9.2\%$$

二、再热循环

由上节讨论可知，提高蒸汽初压而不提高蒸汽温度将引起乏汽干度的下降。故为了克服汽轮机尾部蒸汽湿度过大造成的危害，将汽轮机高压段中膨胀到一定压力的蒸汽重新引到锅炉的中间加热器（称为再热器）加热升温，然后再送入汽轮机使之继续膨胀做功。这种循环称为中间再过热循环或简称再热循环，如图10-8所示。

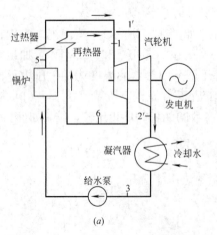
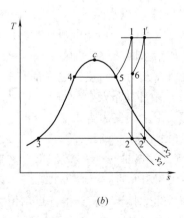

图 10-8 再热循环
(a) 工作原理图；(b) T-s 图

从 T-s 图可看出，再热部分实际上相当于在原来朗肯循环的基础上增加了一个新的循环 6-$1'$-$2'$-2-6。通常最有利的再热压力为 $(0.2\sim0.3)p_1$ 之间，只要再热过程的平均吸热温度高于原来朗肯循环的平均吸热温度，再热循环的热效率就可以高于原来循环的热效率。因此，现代大型蒸汽动力循环采用再热的目的不只局限于解决膨胀终态湿度太大的问题，而且也作为提高循环热效率的途径之一。一般而言，采用一次再热循环以后，循环效率可提高 2%～4%。若增加再热次数，尽管可能提高热效率，但因管道系统过于复杂，投资加大，运行管理不方便，故实际应用的再热次数一般不超过两次。

如图 10-8 所示的一次再热循环的热效率可计算如下：

工质在整个循环中获得的总热量为

$$q_1 = (h_1 - h_3) + (h_{1'} - h_6)$$

对外界的放热量为

$$q_2 = h_{2'} - h_3$$

于是，整个循环的热效率为

$$\eta_t = \frac{q_1 - q_2}{q_1} = \frac{(h_1 - h_3) + (h_{1'} - h_6) - (h_{2'} - h_3)}{(h_1 - h_3) + (h_{1'} - h_6)}$$

或

$$\eta_t = \frac{(h_1 - h_6) + (h_{1'} - h_{2'})}{(h_1 - h_3) + (h_{1'} - h_6)} \tag{10-8}$$

目前超高压以上（如蒸汽初压为 13 MPa、24 MPa 或更高）的大型发电厂几乎毫无例外地采用再热循环。我国制造的超超临界压力 100 万 kW 的汽轮机发电机组即为一次中间再热式的，进汽初参数为 27.46MPa、605℃，再热参数为 5.94MPa、603℃。

第三节 热 电 循 环

现代蒸汽动力厂循环，即使采用了超高蒸汽参数、回热、再热等措施，其热效率仍不超过 50%，也就是说，给水从锅炉中吸收的大部分热量没有得到利用，其中通过凝汽器冷却水带走而排放到大气中去的能量约占总能量的 50% 以上，如图 10-1（c）所示。这部分热能虽然数量很大，但因温度不高（例如排汽压力 4kPa 时，其饱和温度仅有 29℃）以致难以利用。所以普通的火力发电厂都将这些热量作为"废热"随大量的冷却水丢弃了。与此同时，厂矿企业常常需要压力为 1.3MPa 以下的生产用汽，房屋采暖和生活用热常常需要 0.35MPa 以下的蒸汽作为热源。因此，如果利用发电厂中做了一定数量功的蒸汽作为供热热源，就可大大提高能量的利用率，这种既发电又供热的电厂叫热电厂，它是目前我国发展集中供热的方向之一。

热电厂这种既有发电又供热的动力循环称为热电循环。为了供热，热电厂需装设背压式或调节抽汽式汽轮机。因此，相应地有两种热电循环。

一、背压式热电循环

排汽压力高于大气压力的汽轮机称为背压式汽轮机。如图 10-9（a）所示，这种系统没有凝汽器，蒸汽在汽轮机内做功后具有一定的压力，通过管路送给热用户作为热源，放热后，全部或部分凝结水再回到热电厂。

由于提高了汽轮机的排汽压力，蒸汽中用于做功（发电）的热能相应减少，所以背压式热电循环 1-2′-3′-4-5-1（图 10-9b）的循环热效率比单纯供电的凝汽式朗肯循环 1-2-3-4-5-1 有所降低。尽管如此，由于热电循环中乏汽的热量得到了利用，所以从总的经济效果看，热电循环要比简单朗肯循环优越。为了全面地评价热电厂的经济性，除了循环热效率外，常引用热能利用率 K 这样一个经济指标，即所利用的能量与外热源提供的总能量的比值。从图 10-9（b）可见，蒸汽从热源吸取的热量 q_1 可用面积 3′451673′ 表示，其中一部分转变为循环净功 w_0，其数量等于面积 12′3′451；另一部分热量 q_2 则供应热用户，等于面积 2′3′762′。如不考虑动力装置及管路等的热损失，背压式热电循环的热能利用率为

$$K = \frac{w_0 + q_2}{q_1} = \frac{q_1}{q_1} = 1$$

从上式可以看出，背压式热电循环的热能利用率很高。实际上由于热负荷和电负荷不能完全配合以及存在各种损失，K 值约为 0.65~0.7。

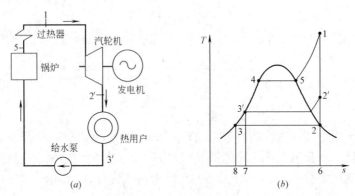

图 10-9　背压式热电循环
(a) 工作原理图；(b) T-s 图

背压式热电循环的热能利用率很高，而且不需要凝汽器，使设备简化。但是这种循环有一个很大的缺点，就是供热与供电互相牵制，难以同时单独满足用户对于热能和电能的需求。为了解决这个矛盾，热电厂常采用调节抽汽式汽轮机。

二、调节抽汽式热电循环

这种循环其实就是利用汽轮机中间抽汽来供热，其原理性系统如图 10-10 所示。

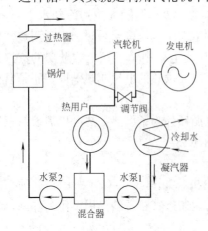

图 10-10　调节抽汽式热电循环

蒸汽在调节抽汽式汽轮机中膨胀至一定压力时，被抽出一部分送给热用户；其余蒸汽则经过调节阀继续在汽轮机内膨胀做功，乏汽进入凝汽器。凝结水由水泵送入混合器，然后与来自热用户的回水一起送回锅炉。

这种热电循环的主要优点是能自动调节热电出力，保证供汽量和供汽参数，从而可以较好地满足用户对热、电负荷的不同要求。

从图 10-10 可以看出，通过汽轮机高压段及热用户的那部分蒸汽实质是进行了一个背压式热电循环，热能利用率 K=1；通过凝汽器的那部分蒸汽则进行了普通的朗肯循环。所以，就整个调节抽汽

式热电循环而言，其热能利用率介于背压式热电循环和普通朗肯循环之间。

这里需要指出的是机械能和热能二者不是等价的，即使两个循环的 K 相同，热经济性也不一定相同。所以，同时用 K 和 η_t 来衡量热电循环的经济性才比较全面。

第四节 内燃机循环

燃气动力循环（或气体动力循环）按热机的工作原理分类，可分为内燃机循环和燃气轮机循环两类。内燃机的燃烧过程在热机的气缸中进行，燃气轮机的燃烧过程在热机之外的燃烧室中进行，本节介绍内燃机循环过程。

内燃机使用气体或液体燃料，以燃料在气缸中燃烧时生成的高温烟气作为工质。活塞式内燃机按燃烧方式的不同，可分为点燃式内燃机（或称汽油机）和压燃式内燃机（或称柴油机）。相应地内燃机理论循环分为定容加热循环、定压加热循环和混合加热循环。

一、定容加热循环

定容加热理想循环是汽油机实际工作循环的理想化，它是德国工程师奥托（Otto, N. A.）于1876年提出来的，所以又称为奥托循环。

内燃机的实际工作循环可通过装在气缸上的示功器将活塞在气缸中的位置与工质压力的关系曲线描绘下来，即示功图。图 10-11（a）就是一个四冲程汽油机的实际工作循环的示功图。

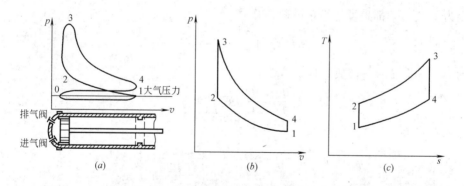

图 10-11 四冲程汽油机定容加热循环图
(a) 实际工作原理图；(b) p-v 图；(c) T-s 图

活塞由上止点向下（图中自左向右）移动时，将燃料与空气的混合物经进气阀吸入气缸中，活塞的这一行程叫做吸气冲程，在示功图上以 0-1 表示。吸气过程中，由于气阀的节流作用，使气缸中压力略低于大气压力。吸气过程中，缸内气体质量增加，而其热力学状态几乎没有变化。活塞到达下止点时，进气阀关闭，进气停止。活塞随即反向移动，气缸中的可燃气体被压缩升温，称为压缩冲程（图中 1-2）。当活塞接近上止点时，点火装置将可燃气体点燃，气缸内瞬时间生成高温高压燃烧产物。因燃烧反应进行极快，在燃烧的瞬间活塞移动极小，近似认为工质在定容情况下燃烧而升压升温（2-3）。活塞到达上止点后，工质膨胀，推动活塞做功（3-4），称为工作冲程。膨胀终了时排气阀门打开，废气开始排出。活塞从下止点返回时，继续将废气排出缸外，称为排气冲程（4-0）。由于排气阀的阻力，排气压力略高于大气压力。这样就完成了一个实际工作循环。

由上述可见，内燃机是一个开口系统，每一次活塞往复做功过程都要从外界吸入工质、做功结束时又将废气排于外界。同时，活塞在移动过程时与气缸壁不断发生摩擦，高温工质也会通过气缸壁向外界少量放热。因此，实际的汽油机循环并不是闭合循环，更不是可逆循环。但是，为了便于从热力学角度对实际工作过程进行分析，需要加以合理的抽象和简化，使之成为闭口的、可逆的理想循环。因此，这里用性质与燃气相近的空气作为工质。假定有 1kg 空气（可视为定比热容理想气体）在一个闭口系统中进行可逆循环。就是说，假设系统不进行吸气与排气，没有燃烧过程，而用工质定容加热和定容放热过程来代替燃烧及排气过程；同时假设气体膨胀、压缩时没有摩擦，与外界没有热量交换。这种理想循环如图 10-11 (b)、(c) 所示。工质首先被可逆绝热压缩（过程 1-2），接着从热源定容吸热 (2-3)，然后进行可逆绝热膨胀做功 (3-4)，最后向冷源定容放热 (4-1)，完成一个可逆循环。经过上述抽象和理想化，汽油机的实际循环被理想化为定容加热循环。下面对定容加热循环进行定量分析以便找到提高循环热效率的途径。

吸热量 $\qquad q_1 = c_v(T_3 - T_2)$

放热量 $\qquad q_2 = c_v(T_4 - T_1)$

循环热效率为

$$\eta_{t,v} = 1 - \frac{q_2}{q_1} = 1 - \frac{c_v(T_4 - T_1)}{c_v(T_3 - T_2)} = 1 - \frac{T_1\left(\frac{T_4}{T_1} - 1\right)}{T_2\left(\frac{T_3}{T_2} - 1\right)}$$

因为 1-2、3-4 都是可逆绝热过程，有

$$\frac{T_2}{T_1} = \left(\frac{v_1}{v_2}\right)^{\kappa-1}, \quad \frac{T_3}{T_4} = \left(\frac{v_4}{v_3}\right)^{\kappa-1}$$

而 $v_3 = v_2$，$v_4 = v_1$，故

$$\frac{T_2}{T_1} = \frac{T_3}{T_4}, \quad 或 \quad \frac{T_4}{T_1} = \frac{T_3}{T_2}$$

代入上式得

$$\eta_{t,v} = 1 - \frac{T_1}{T_2} = 1 - \frac{1}{\frac{T_2}{T_1}} = 1 - \frac{1}{\left(\frac{v_1}{v_2}\right)^{\kappa-1}} = 1 - \frac{1}{\varepsilon^{\kappa-1}} \tag{10-9}$$

式中，$\varepsilon = \frac{v_1}{v_2}$ 称为压缩比，是个大于 1 的数，表示工质在燃烧前被压缩的程度。

由式 (10-9) 可知，压缩比愈高，定容加热循环的热效率也愈高。但是 ε 值并不能任意提高，因为压缩比过大，压缩终了温度过高，容易产生爆燃，对活塞和气缸造成损害。所以压缩比要根据所用燃料的性质而定。按定容加热循环工作的内燃机适合燃用汽油，因为汽油的挥发性强，容易在气缸外面预先制成可燃气体混合物。这种内燃机称为汽油机，或点燃式内燃机。汽油机的压缩比要根据汽油的品质来确定，对于一般的汽油机，$\varepsilon = 7 \sim 11$。

【例 10-2】 某汽油机工质初始压力为 0.1MPa，温度 20℃，压缩比 $\varepsilon = 7$，定容加热量 $q_1 = 1600$kJ/kg。设 $c_v = 0.73$kJ/(kg·K)、$\kappa = 1.41$。计算循环热效率、压缩过程终了时的压力及循环的最高压力与最高温度。

【解】 循环热效率按式 (10-9) 计算：

$$\eta_{t,v} = 1 - \frac{1}{\varepsilon^{\kappa-1}} = 1 - \frac{1}{7^{1.41-1}} = 0.55$$

压缩终了压力 p_2 由可逆绝热过程 1-2 确定，如图 10-11（b）所示，因

$$\frac{p_2}{p_1} = \left(\frac{v_1}{v_2}\right)^{\kappa}, \frac{v_1}{v_2} = \varepsilon$$

所以 $p_2 = p_1\varepsilon^{\kappa} = 0.1 \times 7^{1.41} = 1.55\mathrm{MPa}$，循环的最高压力及温度由定容过程 2-3 确定：

定容过程加热量
$$q_1 = c_v(T_3 - T_2)$$

由此
$$T_3 = \frac{q_1}{c_v} + T_2$$

对可逆绝热压缩过程 1-2

$$T_2 = T_1\left(\frac{v_1}{v_2}\right)^{\kappa-1} = T_1\varepsilon^{\kappa-1} = (273+20) \times 7^{0.41} = 651\mathrm{K}$$

故燃烧终了时的最高温度

$$T_3 = \frac{q_1}{c_v} + T_2 = \frac{1600}{0.73} + 651 = 2843\mathrm{K}$$

燃烧终了时的最高压力

$$p_3 = p_2 \frac{T_3}{T_2} = 1.55 \times \frac{2843}{651} = 6.77\mathrm{MPa}$$

二、定压加热循环

由于定容燃烧汽油机压缩比的提高受到限制，因而限制了其热效率的提高。为了提高压缩比，发展了空气和燃料分别压缩的压燃式内燃机。这种内燃机以柴油为燃料，所以又称柴油机，定压加热理想循环是柴油机实际工作循环的理想化，常称狄塞尔（Diesel）循环，其示功图如图 10-12（a）所示。

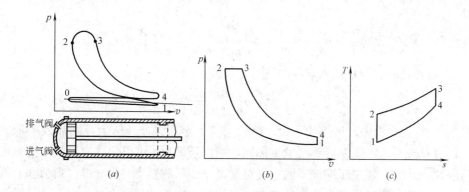

图 10-12 柴油机定压加热循环
(a) 实际工作原理图；(b) p-v 图；(c) T-s 图

活塞自上止点向下移动，将空气吸入气缸，为吸气冲程 0-1。活塞从下止点返回，此时进气阀关闭，空气被绝热压缩到燃料的着火点以上，为压缩冲程 1-2。随着活塞反行时，由装在气缸顶部的喷嘴将燃料雾化喷入气缸，燃料的微粒遇到高温空气着火燃烧。随着活塞的移动，气缸与活塞围成的容积不断加大，而燃料不断喷入燃烧，使得这一燃烧过程（2-3）的压力基本保持不变。燃料喷射停止后，燃烧随即结束，这时活塞靠高温高压

燃烧产物的绝热膨胀而继续被推向右方做功，形成工作过程 3-4。接着排气阀门打开，废气迅速排出，最后活塞反向移动，继续将废气排出气缸，为排气过程 4-0，从而完成一个实际循环。

为了便于分析，将这一实际循环理想化为 1kg 空气在一个闭口系统中进行可逆循环，如图 10-12（b）、(c) 所示。工质的压缩过程 1-2 与膨胀过程 3-4 理想化为可逆绝热过程，吸热过程 2-3 为定压过程，放热过程 4-1 为定容过程。

工质的吸热量 $\qquad q_1 = c_p(T_3 - T_2)$

放热量 $\qquad q_2 = c_v(T_4 - T_1)$

循环热效率为

$$\eta_{t,p} = 1 - \frac{q_2}{q_1} = 1 - \frac{c_v(T_4 - T_1)}{c_p(T_3 - T_2)} = 1 - \frac{1}{\kappa} \frac{T_1\left(\frac{T_4}{T_1} - 1\right)}{T_2\left(\frac{T_3}{T_2} - 1\right)} \qquad (a)$$

由可逆绝热过程 1-2 的过程方程有：

$$\frac{T_1}{T_2} = \left(\frac{v_2}{v_1}\right)^{\kappa-1} = \frac{1}{\varepsilon^{\kappa-1}} \qquad (b)$$

定压过程 2-3：$p_3 = p_2$，得

$$\frac{T_3}{T_2} = \frac{v_3}{v_2} = \rho \qquad (c)$$

式中，$(v_3/v_2) = \rho$ 称为定压预胀比。

由定容过程 4-1：$v_4 = v_1$，$\frac{T_4}{T_1} = \frac{p_4}{p_1}$，可逆绝热过程 3-4：$p_4 v_4^\kappa = p_3 v_3^\kappa$，可逆绝热过程 1-2：$p_1 v_1^\kappa = p_2 v_2^\kappa$，以及定压过程 2-3：$p_2 = p_3$，得

$$\frac{T_4}{T_1} = \frac{p_4}{p_1} = \frac{p_3 \frac{v_3^\kappa}{v_4^\kappa}}{p_1} = \frac{p_3 v_3^\kappa}{p_1 v_1^\kappa} = \frac{p_3 v_3^\kappa}{p_2 v_2^\kappa} = \left(\frac{v_3}{v_2}\right)^\kappa = \rho^\kappa \qquad (d)$$

将式 (b)、(c)、(d) 代入式 (a) 中，可得

$$\eta_{t,p} = 1 - \frac{\rho^\kappa - 1}{\kappa(\rho - 1)\varepsilon^{\kappa-1}} \qquad (10\text{-}10)$$

从式 (10-10) 看出，压缩比 ε 大，热效率高；定压预胀比 ρ 大，则热效率低。柴油机吸入的是单纯空气，压缩后不会发生爆燃，所以压缩比 ε 可以比汽油机大，同时也只有提高压缩比，才有可能使压缩终了的空气温度高于燃料的燃点。但 ε 过大则活塞、气缸等承受的压力过高，无疑将增大机器的自重。柴油机的压缩比一般为 14~18。因压缩比大，所以热效率比汽油机高。定压预胀比 ρ 表示工质在燃烧过程中比体积增长的程度，显然它取决于喷入气缸的燃料量。对于一定的柴油机而言，喷入的燃料量又决定于机器负荷的大小。所以，负荷大时，喷入的油量增大，ρ 增大，热效率降低。

三、混合加热循环

现代高速柴油机并非单纯按定压加热循环工作，而是按照一种既有定压加热又有定容加热的所谓混合加热循环工作。图 10-13 是这种循环 p-v 图和 T-s 图。图中 1-2 是工质的可逆绝热压缩过程，在活塞到达上止点稍前，柴油被喷入气缸，并被压缩升温的空气预

热。活塞到达上止点时,柴油已被预热到着火点并开始燃烧,气缸内温度、压力迅速升高,形成一个定容加热过程 2-2′。随着燃料的不断喷入和燃烧的延续,活塞离开上止点下行,于是又出现了一个定压加热过程 2′-3。随后喷油停止,燃烧停止,活塞靠高温燃烧产物膨胀而继续向下移动作功,直到下止点(过程 3-4)。最后在定容过程中放热(4-1)。

仍以空气为工质来分析:

工质在定容和定压过程中吸热量为

$$q_1 = c_v(T_{2'} - T_2) + c_p(T_3 - T_{2'})$$

定容放热量为

$$q_2 = c_v(T_4 - T_1)$$

令 $\dfrac{v_1}{v_2} = \varepsilon$ ——压缩比;

$\dfrac{v_3}{v_2} = \rho$ ——定压预胀比;

$\dfrac{p_{2'}}{p_2} = \lambda$ ——定容升压比。

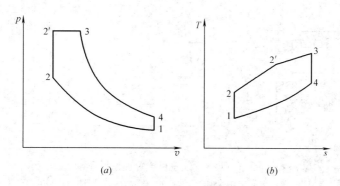

图 10-13 混合加热循环
(a) p-v 图;(b) T-s 图

经推演可得混合循环热效率为

$$\eta_{t,c} = 1 - \frac{1}{\varepsilon^{\kappa-1}} \frac{\lambda \rho^\kappa - 1}{(\lambda - 1) + \kappa \lambda (\rho - 1)} \tag{10-11}$$

从式(10-11)可见,在特定条件下,例如当 $\lambda = 1$ 时,即为定压加热循环的热效率公式;当 $\rho = 1$ 时,则是定容加热循环的热效率计算式。

从式(10-9)~式(10-11)可知,影响内燃机循环热效率的重要因素是压缩比 ε。提高压缩比 ε 的值,总是可以提高循环热效率。

第五节 燃气轮机循环

一、简单燃气轮机定压加热循环

燃气轮机装置是一种以空气和燃气为工质、旋转式的热力发动机,主要由燃气轮机、压气机和燃烧室三部分组成。

图 10-14(a)所示是燃气轮机装置的原理图,叶轮式压气机从外界吸入空气,压缩

后送入燃烧室,同时燃油或燃气连续喷入燃烧室与压缩空气混合,在定压下进行燃烧。生成的高温、高压烟气进入燃气轮机膨胀做功,做功后的烟气则排入大气。燃气轮机作出的功除用于带动压气机外,其余部分的功量对外输出。

为了便于分析,假设 1kg 理想气体在其中工作,理论循环如图 10-14 (b)、(c) 所示。图中 1-2 是工质在压气机中可逆绝热压缩过程,2-3 是在燃烧室的定压加热过程,3-4 是工质在燃气轮机中可逆绝热膨胀做功过程,4-1 是工质在定压下放热(相当于在大气压下被冷却)。燃气轮机的理想循环又称为布雷顿(Brayton)循环。

工质的吸热量 $\qquad q_1 = c_p(T_3 - T_2)$

放热量 $\qquad q_2 = c_p(T_4 - T_1)$

循环的热效率

$$\eta_t = 1 - \frac{q_2}{q_1} = 1 - \frac{T_4 - T_1}{T_3 - T_2} = 1 - \frac{T_1\left(\frac{T_4}{T_1} - 1\right)}{T_2\left(\frac{T_3}{T_2} - 1\right)}$$

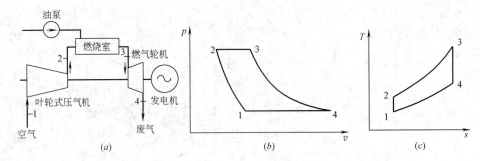

图 10-14 燃气轮机装置理论循环

(a) 工作原理图;(b) p-v 图;(c) T-s 图

可逆绝热过程 1-2、3-4

$$\frac{T_2}{T_1} = \left(\frac{p_2}{p_1}\right)^{\frac{\kappa-1}{\kappa}}, \frac{T_3}{T_4} = \left(\frac{p_3}{p_4}\right)^{\frac{\kappa-1}{\kappa}}$$

因为 $\quad p_3 = p_2$、$p_1 = p_4$

所以 $\quad \dfrac{T_2}{T_1} = \dfrac{T_3}{T_4}$ 或 $\dfrac{T_4}{T_1} = \dfrac{T_3}{T_2}$ $\hfill$ (a)

令 $\quad \dfrac{p_2}{p_1} = \beta$,$\beta$ 称为增压比

则 $$\frac{T_2}{T_1} = \left(\frac{p_2}{p_1}\right)^{\frac{\kappa-1}{\kappa}} = \beta^{\frac{\kappa-1}{\kappa}} \tag{b}$$

将式 (a)、(b) 代入热效率计算式,可得

$$\eta_t = 1 - \frac{1}{\beta^{(\kappa-1)/\kappa}} \tag{10-12}$$

从式 (10-12) 可见,燃气轮机循环的热效率仅与增压比 β 有关。β 愈大,则热效率愈高。但随着增压比的提高,在相同温度范围内单位质量的工质在热力循环中输出的净功 ($w_{net} = q_1 - q_2$) 并不是越来越大,一般燃气轮机装置增压比为 3~10。

从理论上讲，燃气轮机中工质可以完全膨胀，燃气轮机高速转动，具有体积小、功率大、结构紧凑、运行平稳的优点，而且工作过程是连续的，没有活塞式内燃机那样的往复运动机构以及由此引起的不平衡惯性力。但是燃气轮机的叶片长期在高温下工作，要求用耐高温和高强度的材料，对燃气及烟气的洁净要求高，以及消耗于压气机的功率很大等则是其缺点。目前，小型燃气轮机装置主要用于机车、飞机、舰船做动力，大型燃气轮机装置则用于火力发电厂，由于具有系统热效率高、启动快、污染物排放少等优点，主要用于调峰电厂、分布式能源系统等领域，是未来清洁能源系统的主要发展方向之一。

二、具有回热的燃气轮机循环

一般来说，燃气轮机的排气温度较高，直接排入大气环境不仅浪费能源，而且加剧了环境热污染。采用回热装置能够有效降低燃气轮机排气温度，提高工质的平均吸热温度，进而提高燃气轮机循环的热效率。

图 10-15 为具有回热装置的燃气轮机循环原理示意图及 T-s 图。由于燃气轮机排气温度 T_4 往往高于压气机的出口温度 T_2，所以通过增设回热器，用做功后的高温烟气加热压缩空气。理想情况下，燃气轮机的排气温度可以降低到 $T_6 = T_2$，而压缩空气温度可以提高到 $T_5 = T_4$，这种理想情况称为极限回热。这样，工质自外热源吸热量减少到 $q_1 = h_3 - h_5$，而向外界环境放热量减少到 $q_2 = h_6 - h_1$，而单位质量工质作出的净功量 w_net 仍然是 T-s 图中 1-2-3-4 所围成的面积。根据热力学第一定律可知，采用回热装置后的燃气轮机循环热效率 $\eta = w_\text{net}/q_1$ 得到了提高。另外，采用回热器后的平均吸热温度比未采用回热器的要高，而平均放热温度降低了，因此从平均吸热温度和平均放热温度角度来看，采用回热装置后的燃气轮机循环热效率有所提高。

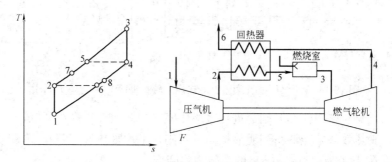

图 10-15　具有回热的燃气轮机循环原理示意图及 T-s 图

由于回热器中燃气轮机排气向空气传热过程中具有一定的温差，因此极限回热实际上是无法实现的。排气离开回热器的温度 T_8 一定高于 $T_6 = T_2$，压缩空气被加热后的温度 T_7 一定低于 $T_5 = T_4$。一般用回热度 σ 来表示实际利用的热量与理论上极限情况可利用的热量之比，即

$$\sigma = \frac{h_7 - h_2}{h_5 - h_2} \tag{10-13}$$

若近似地将比热容取为定值，则

$$\sigma = \frac{T_7 - T_2}{T_5 - T_2} = \frac{T_7 - T_2}{T_4 - T_2} \tag{10-14}$$

通常 $\sigma = 0.5 \sim 0.7$。

三、具有回热的多级压缩、中间冷却、多级膨胀、中间再热的燃气轮机循环

燃气轮机循环所做的净功等于燃气轮机输出的功与输入压气机的功之差。如果增大燃气轮机输出的功、减少输入压气机的功，就可以增大燃气轮机输出的净功。由压气机工作过程的分析可知，在相同的压力范围内，多级压缩、中间冷却过程能够减少压气机耗功，降低压气机出口工质的温度；如果分级次数越多，则压缩过程越接近于定温压缩。同样，在相同压力范围内，多级膨胀、中间再热过程能够增加燃气轮机输出的功，增大燃气轮机出口工质的温度；若分级次数越多，则膨胀过程越接近于定温膨胀。

图 10-16 为具有两级压缩、中间冷却的压气机和两级膨胀、中间再热的燃气轮机循环装置示意图及其 T-s 图。在具有理想回热装置的情况下，燃气轮机排气从 T_9 降低到 T_{10}，而压气机出口的空气温度从 T_4 增加到 T_5，则整个循环的平均吸热温度在 T_5 和 T_6 之间，平均放热温度在 T_1 和 T_{10} 之间。与同样具有理想回热装置的 1-4'-6-9' 循环相比，平均吸热温度提高了，而平均放热温度降低了。因此，具有两级压缩、中间冷却的压气机和两级膨胀、中间再热的燃气轮机循环效率提高了。理想情况下，如果分级级数趋向于无穷，则转变为定温膨胀和定温压缩，若在两个温度之间的两个定压过程 a-6 和 b-1 进行极限回热，此时的循环称为埃尔逊（Ericsson）循环，其循环热效率与同温度范围内的卡诺循环热效率相等。

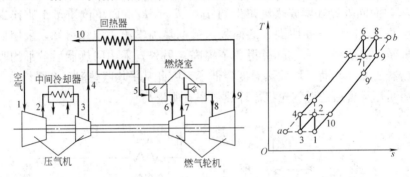

图 10-16　两级压缩、膨胀、回热燃气轮机循环装置及其 T-s 图

应予指出，只有在回热的基础上进行多级压缩、中间冷却、多级膨胀、中间再热的燃气轮机循环，其热效率才能够得到明显提高。否则，平均吸热温度将在 T_4 和 T_6 之间，而平均放热温度在 T_1 和 T_9 之间，循环的热效率将降低。

从实际工程应用角度来看，由于燃气轮机的排气温度升高以及压缩机排出的空气温度降低，使循环可以在较大的温度范围内进行回热，改善了回热效果。但如果分级级数越多，则每次分级对循环效率的贡献越小，且系统越来越复杂，故一般燃气轮机循环仅分两级或三级。

随着科学技术的发展，以及日益紧张的能源供应，高效节能型的新型动力循环，如蒸汽-燃气联合循环、整体煤气化燃气-蒸汽联合循环（简称 IGCC）、热电冷三联供系统（又称能源岛）等得到大力发展，有关这些知识可参考有关文献资料。

思 考 题

10-1　蒸汽动力循环中，如何理解热力学第一、二定律的指导作用？

10-2　蒸汽动力循环中，由于凝汽器作用，乏汽温度已接近自然环境温度，即已充分利用了天然冷

源，为什么还说大量热能损失到外界去了？

10-3 为什么回热能够提高循环的热效率？能否在汽轮机中将蒸汽逐级抽出来用于回热从而提高热效率？能否不让乏汽凝结放热，而用压缩机直接将乏汽压入锅炉，从而节约热能，提高效率？

10-4 若内燃机定容加热循环和内燃机定压加热循环的压缩比 $\left(\varepsilon=\dfrac{v_1}{v_2}\right)$ 和初态相同，则它们的热效率是否相同？为什么？

10-5 压缩过程需要消耗功，为什么内燃机在燃烧过程前都有压缩过程？

10-6 设有两个内燃机的混合加热循环，它们的压缩比、压缩始点参数、总的加热量分别相同，只是两者的定容升压比不同，要求：

(1) 在 p-v 图与 T-s 图上画出这两种循环的相对位置；

(2) 在 T-s 图上定性地比较这两种循环的热效率。

10-7 当内燃机循环最高压力和最高温度为限定条件时，试用 T-s 图比较定容、定压、混合加热循环的压缩比、加热量及热效率。

10-8 设想提高燃气轮机循环热效率的措施有哪些？

10-9 各种实际循环的热效率，无论是蒸汽动力循环、内燃机循环或是燃气轮机循环都与工质性质有关，这是否与卡诺定理相矛盾？

10-10 燃气轮机循环中，压缩过程若采用定温压缩可减少压气机耗功，因而增加了循环净功（见图 10-16），但没有回热的情况下循环热效率为什么反而降低，试说明理由。

10-11 燃气轮机循环中，膨胀过程在理想极限情况下采用定温膨胀，可以增大膨胀过程作出的功，因而增加了循环净功（见图 10-16），但在没有回热的情况下循环热效率反而回下降，为什么？

10-12 各种热力循环分析中，都是采用工质的吸热、放热量分析计算循环热效率的，而不是采用热源的放热量、冷源的吸热量计算，这是为什么？

10-13 试证明在相同的最低温度与最高温度之间，对燃气轮机理想回热循环来说，增压比 $\beta=p_2/p_1$ 越大，则热效率越低。温升比（$\tau=T_3/T_2$）越大，则热效率越高。

习 题

10-1 蒸汽朗肯循环的初参数为 16.5MPa、550℃，试计算在不同的背压 $p_2=4$、6、8、10 及 12kPa 时的热效率 η_t。

10-2 假定某朗肯循环的蒸汽参数为：$t_1=600℃$，$p_2=4$kPa，试计算当 p_1 分别为 14、18、25、30MPa 时：(1) 初态焓值及循环的加热量；(2) 凝结水泵耗功量及进出口水的温差；(3) 汽轮机做功量及循环净功；(4) 汽轮机的排汽干度；(5) 循环热效率。

10-3 一理想朗肯循环，以水作为工质，在循环最高压力为 14MPa、循环最高温度 540℃ 和循环最低压力 5kPa 下运行。若忽略水泵耗功，试求：(1) 平均加热温度；(2) 平均放热温度；(3) 利用平均加热温度和平均放热温度计算循环热效率。

10-4 一理想再热循环，以水作为工质，在汽轮机入口处水蒸气的状态为 14MPa、540℃，再热状态为 3MPa、540℃ 和排汽压力 5kPa 下运行。若忽略水泵耗功，试求：(1) 平均加热温度；(2) 平均放热温度；(3) 利用平均加热温度和平均放热温度计算循环热效率。

10-5 水蒸气再热循环的初压力为 17.5MPa，初温为 540℃，背压为 5.5kPa，再热前压力为 3.8MPa，再热后温度与初温相同，求其热效率。若因阻力损失，再热后压力为 3.6MPa，则热效率又为多少？

10-6 具有一次再热的动力循环的蒸汽参数为：$p_1=18$MPa，再热温度 $t_s=t_q=550℃$。蒸汽压力 $p_t=4$kPa，如果再热压力分别为 10MPa，5MPa，2MPa，试与无再热的朗肯循环做如下比较：(1) 汽轮机出口蒸汽干度；(2) 循环热效率；(3) 汽耗率。

第十章 动力循环

10-7 某回热循环,新汽压力为 15MPa,温度为 550℃,凝汽压力 $p_2=5$kPa,凝结水在混合式回热器中被 3MPa 的抽汽加热到抽汽压力下的饱和温度后,经过给水泵回到锅炉。不考虑水泵消耗的功及其他损失,计算循环热效率及每 kg 工质作出的轴功。

10-8 某厂的热电站功率 12MW,使用背压式汽轮机,$p_1=3.5$MPa,$t_1=435$℃,$p_2=0.8$MPa,排汽全部用于供热。假设煤的发热值为 20000kJ/kg,计算电厂的循环热效率及耗煤量。设锅炉效率为 85%。如果热、电分开生产,电能由 $p_2=7$kPa 的凝汽式汽轮机生产,热能(0.8MPa、230℃的蒸汽)由单独的锅炉供应,其他条件同上,试比较其耗煤量。设锅炉效率同上。

10-9 奥托循环压缩比 $\varepsilon=8$,压缩冲程初始温度为 27℃,初始压力为 97kPa,燃料燃烧当中对工质的传热量为 700kJ/kg,求循环中的最高压力、最高温度、循环的轴功及热效率。设工质 $\kappa=1.41$,$c_v=0.73$kJ/(kg·K)。

10-10 狄塞尔循环压缩比 $\varepsilon=17$,压缩冲程初始温度为 20℃,初始压力为 105kPa,若循环最高温度为 1900K,气体比热容为定值,且 $c_p=1.02$kJ/(kg·K),$\kappa=1.41$,试确定:(1)循环各主要点的压力与温度;(2)循环热效率。

10-11 一内燃机混合加热循环,工质视为空气。已知:$p_1=0.1$MPa,$t_1=47$℃,$\varepsilon=\frac{v_1}{v_2}=15$,$\lambda=\frac{p_{2'}}{p_2}=1.8$,$\rho=\frac{v_3}{v_{2'}}=1.3$(参见图 10-13),比热容为定值。求此循环的吸热量及循环热效率。

10-12 一内燃机混合加热循环,工质视为空气,比热容为定值。已知:$t_1=90$℃,$p_1=0.1$MPa,$t_2=400$℃,$t_{2'}=590$℃,$t_4=300$℃(参见图 10-13)。试计算各点状态参数、循环热效率及循环净功。

10-13 燃气轮机装置的进气参数为 $p_1=0.1$MPa,$t_1=17$℃,$\beta=8$,工质定压吸热终了温度 $t_3=600$℃,设 $c_p=1.02$kJ/(kg·K),$\kappa=1.41$,求循环热效率、压气机消耗的功及燃气轮机装置的轴功。

10-14 如图 10-17 所示,在定容加热理想循环中,如果可逆绝热膨胀不在点 4 停止,而使其继续进行到点 5($p_5=p_1$),(1)在 T-s 图上表示循环 1-2-3-5-1,并根据 $T-s$ 图上这两个循环的图形比较它们的热效率哪一个较高。(2)设工质为空气,定容比热容 $c_v=717$J/(kg·K),$\kappa=1.4$,压缩比 $\varepsilon=10$,加热量 $q_1=788.7$kJ,$p_1=100$kPa,$t_1=60$℃。求循环 1-2-3-5-1 的热效率。

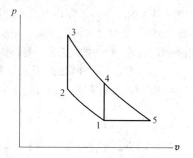

图 10-17 习题 10-14 图

第十一章 制冷循环

热工转换装置中,除了使热能转变为机械能的动力装置外,还有一类是将热能从温度较低物体转移到温度较高物体的装置,称为制冷机和热泵。对物体进行冷却,使其温度低于周围环境的温度,并维持这个低温称为制冷。为了使制冷装置能够连续运转,必须把热量不断排向外部热源,这个外部热源通常就是大气,因此制冷装置是一部逆向工作的热机。

第五章中已提到逆卡诺循环是在一定温度范围内最有效的制冷循环,即逆卡诺循环的制冷系数最大。它等于

$$\varepsilon_{1,c} = \frac{T_2}{T_1 - T_2}$$

实际的制冷循环不能按逆卡诺循环工作,而是按所采用制冷剂的性质采用不同的循环。

本章要求:掌握空气压缩制冷循环、蒸气压缩制冷循环和热泵循环的系统构成及热工参数计算,掌握制冷剂热力性质;了解蒸汽喷射制冷循环、吸收式制冷循环及气体液化的热工原理。

第一节 空气压缩制冷循环

众所周知,将常温下较高压力的空气进行绝热膨胀,会获得低温低压的空气。空气压缩式制冷就是利用这一原理获得所需的低温,其装置的工作原理如图 11-1（a）所示。

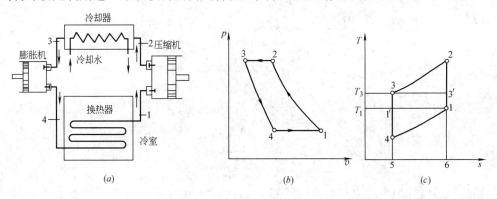

图 11-1 空气压缩式制冷循环
（a）工作原理图；（b）p-v 图；（c）T-s 图

一、制冷循环

低温低压的空气（制冷剂）在冷室的盘管中定压吸热升温后进入压缩机,被绝热压缩提高压力,同时温度也升高,然后进入冷却器,被大气或水冷却到接近常温（即大气环境温度）后再进入膨胀机。压缩空气在膨胀机内进行绝热膨胀,压力降低同时温度也降低,

将低温空气引入冷室的换热器，在换热器盘管内定压吸热，从而降低冷室的温度。空气吸热升温后又被吸入压缩机进行新的循环。

上述空气制冷装置理想循环又称为布雷顿制冷循环，它的 $p\text{-}v$ 图及 $T\text{-}s$ 图，如图 11-1 （b）和（c）所示，图上各状态点与图 11-1（a）相对应。

其中：1-2 过程是空气在压缩机内定熵压缩过程；
2-3 过程是空气在冷却器中定压放热过程；
3-4 过程是空气在膨胀机中定熵膨胀过程；
4-1 过程是空气在冷室换热器中定压吸热过程。

二、制冷系数

假定空气是定比热容理想气体，则每 kg 空气排向冷却水的热量 q_1（$T\text{-}s$ 图上以面积 23562 表示）为

$$q_1 = h_2 - h_3 = c_p(T_2 - T_3)$$

空气自冷室吸取的热量（即制冷量）q_2（在 $T\text{-}s$ 图上以面积 41654 表示）为

$$q_2 = h_1 - h_4 = c_p(T_1 - T_4)$$

循环所消耗的净功 w_0 为

$$w_0 = q_1 - q_2 = c_p(T_2 - T_3) - c_p(T_1 - T_4)$$

循环的制冷系数 ε_1 为

$$\varepsilon_1 = \frac{q_2}{w_0} = \frac{T_1 - T_4}{(T_2 - T_3) - (T_1 - T_4)}$$

或

$$\varepsilon_1 = \frac{1}{\dfrac{T_2 - T_3}{T_1 - T_4} - 1}$$

因过程 1-2 与 3-4 为定熵过程，故有

$$\frac{T_2}{T_1} = \left(\frac{p_2}{p_1}\right)^{\frac{\kappa-1}{\kappa}} \; ; \; \frac{T_3}{T_4} = \left(\frac{p_3}{p_4}\right)^{\frac{\kappa-1}{\kappa}}$$

而过程 2-3 与 4-1 为定压过程，即

$$p_2 = p_3 \; ; \; p_1 = p_4$$

因此

$$\frac{T_2}{T_1} = \frac{T_3}{T_4} = \frac{T_2 - T_3}{T_1 - T_4}$$

于是制冷系数为

$$\varepsilon_1 = \frac{1}{\dfrac{T_2}{T_1} - 1} = \frac{1}{\left(\dfrac{p_2}{p_1}\right)^{\frac{\kappa-1}{\kappa}} - 1} \tag{11-1}$$

或

$$\varepsilon_1 = \frac{T_1}{T_2 - T_1} \tag{11-2}$$

相同的温度范围内的逆向卡诺循环如图 11-1（c）中循环 1-3′-3-1′-1 所示。这相同温度范围是指冷室温度 T_1（即制冷剂在换热器盘管出口的温度）和冷却水温度 T_3（即制冷剂在冷却器出口能够达到的大气环境温度）之间，该逆卡诺循环的制冷系数为

$$\varepsilon_{1,c} = \frac{T_1}{T_3 - T_1} \tag{11-3}$$

比较上述两种制冷循环在相同温度范围内的制冷系数，由图 11-1（c）显见，$T_3 < T_2$。所以空气压缩制冷循环的制冷系数要比逆向卡诺循环的制冷系数小。从图 11-1（c）

中还可看出，空气压缩制冷循环 1-2-3-4-1 所消耗的功量（面积 12341）大于逆向卡诺循环所消耗的功量（面积 13'31'1）。但其制冷量却比后者少（二者相差面积 411'4），所以前者的制冷系数小于后者。

由于空气压缩制冷循环不易实现定温吸热和放热，同时空气的比热容值较低，而它在冷室中的温升（T_1-T_4）又不宜太大（从图 11-1c 可知，若要使（T_1-T_4）增大，压力比 p_2/p_1 就要大，而 ε_1 偏离 $\varepsilon_{1,c}$ 则愈大），所以空气压缩制冷循环中单位工质的制冷能力较低。为达到一定的制冷量，空气的流量要大，就需要较大的装置，这是不经济的。因此在常规制冷范围内（冷库温度不低于 -50℃），除了飞机上空调等特殊用途以外，现今很少应用。但近年来采用低压力比、大流量的叶轮压气机和有回热措施的装置，使空气压缩制冷循环又有了应用前景。

三、空气回热压缩制冷循环

图 11-2（a）是实际的空气回热压缩制冷循环的流程图。空气（制冷剂）从冷藏室的盘管中定压吸热升温到 T_1（T_1 为冷室应保持的低温，即冷源温度），首先进入回热器被加热升温到了 $T_{1'}$（即大气环境温度），然后进入叶轮式压气机进行绝热压缩，升压升温到 $p_{2'}$、$T_{2'}$，再进入冷却器，定压放热降温到 T_5（$T_5=T_3=T_{sur}$），随后进入回热器进一步定压冷却降温到了 $T_{3'}$，再经叶轮式膨胀机定熵膨胀，降压降温到 p_4、T_4，最后进入冷藏室实现定压吸热升温到 T_1，于是完成了一个理想的回热循环 1'-2'-5-3'-4-1-1'。

在理想情况下，空气在回热器中的放热量（过程 5-3'）恰好等于被预热空气的吸热量（过程 1-1'），如图 11-2（b）所示，面积 53'675 = 面积 11'981。它与没有回热的空气压缩制冷循环相比，最显著的优点是在单位质量工质的制冷量和向环境放热量都相同的情况下，使循环的压力比从原先的 p_2/p_1 降到 $p_{2'}/p_1$，这一压力比的降低提供了采用低压力比、大流量叶轮式压气机和膨胀机的条件，从而使总制冷量得以提高。

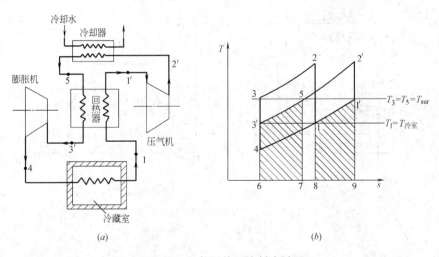

图 11-2 空气回热压缩制冷循环

【**例 11-1**】 空气压缩式制冷装置吸入的空气 $p_1=0.1$MPa，$t_1=27$℃，定熵压缩至 $p_2=0.5$MPa，经冷却后温度降为 32℃。试计算该制冷循环的制冷量，压缩机所消耗的功和制冷系数（图 11-1c）。

【**解**】 计算压缩终了温度

$$T_2 = T_1\left(\frac{p_2}{p_1}\right)^{\frac{\kappa-1}{\kappa}} = (273+27) \times \left(\frac{0.5 \times 10^6}{0.1 \times 10^6}\right)^{\frac{1.4-1}{1.4}} = 475\text{K}$$

膨胀终了温度

$$T_4 = T_3\left(\frac{p_4}{p_3}\right)^{\frac{\kappa-1}{\kappa}} = (273+32) \times \left(\frac{0.1 \times 10^6}{0.5 \times 10^6}\right)^{0.286} = 192.5\text{K}$$

制冷量
$$q_2 = h_1 - h_4 = c_p(T_1 - T_4)$$

设空气的定压比热容为定值，且 $c_p = 1.01\text{kJ/kgK}$

则
$$q_2 = 1.01 \times (300 - 192.5) = 108.6\text{kJ/kg}$$

所消耗的压缩功
$$w_{12} = h_2 - h_1 = c_p(T_2 - T_1) = 1.01 \times (475 - 300) = 176.8\text{kJ/kg}$$

制冷剂的膨胀功
$$w_{34} = h_3 - h_4 = c_p(T_3 - T_4) = 1.01 \times (305 - 192.5) = 113.6\text{kJ/kg}$$

制冷系数
$$\varepsilon_1 = \frac{q_2}{w_0} = \frac{q_2}{w_{12} - w_{34}} = \frac{108.6}{176.8 - 113.6} = 1.718$$

第二节 蒸气压缩制冷循环

如上一节所述，空气的热物性决定了空气压缩制冷循环的制冷系数低和单位质量工质的制冷能力小。如果采用低沸点的物质作为工质，利用该种工质在定温定压下液化和气化的相变性质，可以实现定温定压吸热或放热过程（在湿蒸气区）。因而原则上可实现逆卡诺循环 $1'$-3-4-8-$1'$（如图 11-3b 所示）。

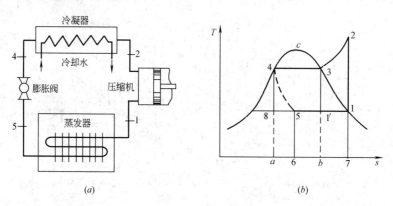

图 11-3 蒸气压缩式制冷循环图
(a) 工作原理图；(b) T-s 图

图中 $1'$-3 是制冷剂在压气机中定熵压缩，3-4 是制冷剂在冷凝器中定压定温冷凝放热，4-8 是制冷剂在膨胀机中的定熵膨胀，8-$1'$ 是通过蒸发器从冷库中定压定温气化吸热。由于气化潜热较大，因而单位质量工质的制冷能力也大。

一、实际压缩式制冷循环

实际上采用的蒸气压缩制冷循环是图 11-3 (b) 中 1-2-3-4-5-1。蒸气压缩制冷装置主要由压缩机、冷凝器、膨胀阀及蒸发器组成,其装置原理图如图 11-3（a）所示。

由蒸发器出来的干饱和蒸气被吸入压缩机,绝热压缩后成为过热蒸气（过程 1-2）,因压缩前后都是气态而不是气液混合物,使压气机设计制造较方便,压缩效率也高。蒸气进入冷凝器后,在定压下冷却（过程 2-3）并进一步在定压定温下凝结成饱和液体（过程 3-4）。饱和液体继而通过一个膨胀阀（又称节流阀或减压阀）经绝热节流降压降温而变成低干度的湿蒸气。绝热节流是不可逆过程,节流前后焓值相同,在图 11-3（b）中用虚线 4-5 表示。湿蒸气被引进冷室的蒸发器,在定压定温下吸热气化成为干饱和蒸气（过程 5-1）,从而完成一个循环。这里用节流阀取代了膨胀机,从热力学的观点来看,将可逆绝热膨胀改换为不可逆的绝热节流,会损失一部分原可回收的膨胀功,但从实用观点来看,以节流阀代替结构复杂的膨胀机,既简化了设备,又易于调节温度。

二、制冷剂的压焓图（$\lg p\text{-}h$ 图）

在对蒸气压缩制冷循环进行热力计算时,除了利用有关工质的 $T\text{-}s$ 图外,使用最方便的是压焓图即 $\lg p\text{-}h$ 图,如图 11-4 所示。

$\lg p\text{-}h$ 图以制冷剂的焓作为横坐标、以压力为纵坐标,但为了缩小图面,压力采用对数分格（需要注意,从图上读取的仍是压力值,而不是压力的对数值）。图上共绘出制冷剂的六种状态参数线簇,即定焓（h）、定压力（p）、定温度（T）、定比体积（v）、定熵（s）及定干度（x）线,如图 11-4 所示。与水蒸气的图表类似,在 $\lg p\text{-}h$ 图上也绘有饱和液体（$x=0$）线和干饱和蒸气（$x=1$）线,二者汇合于临界点 c。饱和液体线与饱和蒸气线将图面划分成三个区域:下界线（$x=0$）以左为过冷液体（或未饱和液体）区,下界线与上界线（$x=1$）之间是湿蒸气区,上界线右侧是过热蒸气区。由于在制冷的热工计算中,主要利用 $\lg p\text{-}h$ 图的过热蒸气区,因此有些实用的 $\lg p\text{-}h$ 图只有过热蒸气区范围,还有些图把工程上不常用的顶部和饱和区的中间大部分裁去,再将剩下的过热蒸气区、过冷液体区及小部分湿蒸气区合并为一张可供查用的 $\lg p\text{-}h$ 图。

对各种制冷剂都可绘出类似的温熵图与压焓图。氨（NH_3,代号 R717）、氟利昂 134a（$C_2H_2F_4$,代号 R134a）和氟利昂 22（$CHClF_2$,代号 R22）的 $\lg p\text{-}h$ 图,见本书附图 3～附图 5。

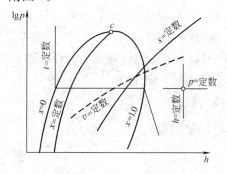

图 11-4　制冷剂 $\lg p\text{-}h$ 图

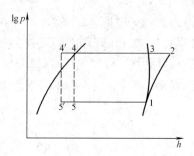

图 11-5　制冷循环 $\lg p\text{-}h$ 图

蒸气压缩式制冷循环各热力过程在 $\lg p\text{-}h$ 图上的表示见图 11-5。

图中:1-2 表示压缩机中的绝热压缩过程。因是可逆绝热过程,点 1、2 在同一条定熵线上。2-3-4 是冷凝器中的定压冷却过程,制冷剂首先被冷却成干饱和蒸气（点 3）,并进而冷凝为饱和液体（点 4）。

第十一章 制冷循环

4-5 为膨胀阀中的绝热节流过程。节流前后制冷剂焓值不变，故点 4、点 5 在同一条垂直的定焓线上，其间以虚线连接。5-1 表示蒸发器内的定压蒸发过程。因温度不变，故图上为一水平线。如果饱和液体受到过冷，在过冷器中进行的过程为定压冷却过程 4-4′，此时节流过程以虚线 4′-5′ 表示，蒸发过程则为 5′-5-1。

三、制冷循环能量分析及制冷系数

实际蒸气压缩制冷循环整个装置的能量分析。其制冷系数为：

$$\varepsilon_1 = \frac{\text{收获}}{\text{消耗}} = \frac{q_2}{w_0}$$

从 $\lg p\text{-}h$ 图上可以很方便地获得下列数据（如图 11-5 所示）：

制冷量：
$$q_2 = h_1 - h_5$$

消耗的循环净功
$$w_0 = h_2 - h_1$$

冷凝放热量
$$q_1 = h_2 - h_4$$

于是可得
$$\varepsilon_1 = \frac{h_1 - h_5}{h_2 - h_1} \tag{11-4}$$

制冷剂质量流量
$$\dot{m} = \frac{Q_2}{q_2} \tag{11-5}$$

式中 Q_2——制冷装置冷负荷（kJ/h）。

压缩机所需功率
$$\dot{W} = \frac{\dot{m} w_0}{3600} \tag{11-6}$$

冷凝器热负荷
$$Q_1 = \dot{m} q_1 = \dot{m}(h_2 - h_4) \tag{11-7}$$

【例 11-2】 某制冷机以氨（NH_3）为制冷剂，冷凝温度为 38℃，蒸发温度为 -10℃，冷负荷为 100×10^4 kJ/h，试求压缩机功率、制冷剂流量及制冷系数。

【解】 先在 $\lg p\text{-}h$ 图上确定各主要状态点的参数，并绘出过程线。假设压缩机吸入的是干饱和氨蒸气，并假定没有采用过冷器，根据题中的给定条件，先在氨的 $\lg p\text{-}h$ 图上定出状态点 1，然后分别查得相应于图 11-5 上各点参数为

$$p_1 = 0.29 \text{MPa}, \quad h_1 = 1450 \text{kJ/kg}$$

$$p_2 = 1.5 \text{MPa}, \quad h_2 = 1690 \text{kJ/kg}$$

$$h_4 = 370 \text{kJ/kg}, \quad h_5 = h_4 = 370 \text{kJ/kg}$$

(1) 制冷剂流量

1kg 制冷剂的制冷能力（制冷量）

$$q_2 = h_1 - h_5 = 1080 \text{kJ/kg}$$

制冷剂流量

$$\dot{m} = \frac{\dot{Q}_2}{q_2} = \frac{100 \times 10^4}{1080} = 925.93 \text{kg/h} = 0.2572 \text{kg/s}$$

（2）压缩机所需功率

1kg 制冷剂所需压缩功

$$w_0 = h_2 - h_1 = 1690 - 1450 = 240 \text{kJ/kg}$$

压缩机功率

$$\dot{W} = \frac{\dot{m}w_0}{3600} = \frac{925.93 \times 240}{3600} = 61.73 \text{kW}$$

（3）制冷系数

$$\varepsilon_1 = \frac{q_2}{w_0} = \frac{1080}{240} = 4.5$$

（4）冷凝器热负荷

$$\dot{Q}_1 = \dot{m}(h_2 - h_4) = 925.93 \times (1690 - 370) = 122.2 \times 10^4 \text{kJ/h} = 339.51 \text{kW}$$

四、影响制冷系数的主要因素

从式（5-2）可以看出，降低制冷剂的冷凝温度（即热源温度）和提高蒸发温度（冷源温度），都可使制冷系数增高。

1. 冷凝温度

如图 11-6 所示，1-2-3-4-5-1 为原有蒸气压缩制冷循环，当冷凝温度由 T_4 降低至 $T_{4'}$ 时，形成了新的循环 1-2'-3'-4'-5'-1。可以看出，新循环中不仅压缩机所消耗的功减少了（$h_2 - h_{2'}$），同时制冷量增加了（$h_5 - h_{5'}$），因而制冷系数得到了提高。需要指出的是，冷凝温度的高低完全取决于冷却介质（一般为水或空气）的温度，而冷却介质的温度不能任意降低，它受到环境温度的限制，这点在选择冷却介质时，应予以注意。

2. 蒸发温度

如图 11-7 所示。将制冷循环 1-2-3-4-5-1 的蒸发温度由 T_5 升高到 $T_{5'}$ 时，由于压缩功减少了（$h_{1'} - h_1$），制冷量增加了（$h_{1'} - h_{5'}$）-（$h_1 - h_5$），因而也提高了制冷系数。

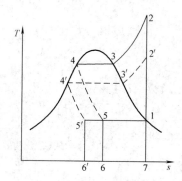

图 11-6　冷凝温度对制冷系数的影响

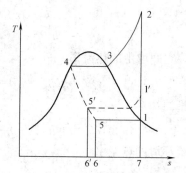

图 11-7　蒸发温度对制冷系数的影响

蒸发温度主要由制冷的要求确定，因此在能够满足需要的条件下，应尽可能采取较高的蒸发温度，而不应不必要地降低蒸发温度。

除上述冷凝温度与蒸发温度是影响制冷系数的主要因素外，制冷剂的过冷温度对于制冷系数也有直接的影响。实际制冷循环中，不仅使制冷剂蒸气通过冷凝器变为饱和液体，而且将其进一步冷却，使制冷剂的温度降得更低，成为状态 $4'$ 的过冷液体（参见图 11-8）。由图可见，压缩机消耗的功量 (h_2-h_1) 未变，但制冷量增大了 $(h_5-h_{5'})$，因而也提高了制冷系数。显然，过冷温度愈低，制冷系数也愈高。但是过冷温度并不能任意降低，因为它同样取决于冷却介质的温度。液体的过冷过程 $(4\text{-}4')$ 一般是在冷凝器与膨胀阀之间装设的过冷器中进行的。

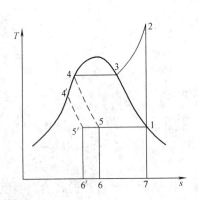

图 11-8 过冷温度对制冷系数的影响

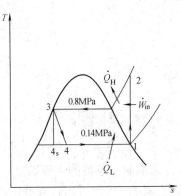

图 11-9 R134a T-s 图

【**例 11-3**】 有一制冷机采用 R134a 作为制冷剂，进行压缩制冷循环运行，压力范围在 0.14 和 0.8MPa 之间。设制冷工质的质量流率为 0.05kg/s，试求：(1) 从制冷空间取走的热流率和压缩机的功率；(2) 释放给环境的热流率；(3) 制冷机的制冷系数 ε_1。

【**解**】 首先将蒸气压缩制冷循环的温熵（T-s）图表示如图 11-9 所示。假定：制冷机循环工况是稳定工况；忽略动能和位能的变化，从 R134a 的饱和蒸气和过热蒸气表分别查得 T-s 图上四个状态点的参数值：

$$p_1=0.14\text{MPa}；h_1=236.04\text{kJ/kg}，s_1=0.9322\text{kJ/(kg·K)}$$

$$\left.\begin{array}{r}p_2=0.8\text{MPa}\\s_2=s_1\end{array}\right\}\quad h_2=272.05\text{kJ/kg}$$

$$p_3=0.8\text{MPa}；\quad h_3=93.42\text{kJ/kg}$$

$$h_4=h_3\text{（节流）},\quad h_4=93.42\text{kJ/kg}$$

从制冷空间取走的热流率

$$\dot{Q}_\text{L}=\dot{m}(h_1-h_4)=0.05(236.04-93.42)=7.13\text{kW}$$

压缩机的功率

$$\dot{W}_\text{in}=\dot{m}(h_2-h_1)=0.05(272.05-236.04)=1.80\text{kW}$$

释放给环境的热流率

$$\dot{Q}_\text{H}=\dot{m}(h_2-h_1)=0.05(272.05-93.42)=8.93\text{kW}$$

同样也可得出

$$\dot{Q}_\text{H}=\dot{Q}_\text{L}+\dot{W}_\text{in}=7.13+1.80=8.93\text{kW}$$

制冷机的制冷系数 ε_1（或能效比 COP）

$$\varepsilon_1 = \frac{\dot{Q}_L}{\dot{W}_{in}} = \frac{7.13}{1.80} = 3.96 \text{kW}$$

即该制冷机以 1 倍电能的消耗，可以从制冷空间取走 4 倍的热能。

【讨论】 本题中若用绝热等熵透平膨胀机代替节流阀，此时，透平出口压力 $p_{4s} = 0.14 \text{MPa}$

$$s_{4s} = s_3 = 0.3459 \text{kJ/(kg·K)}$$
$$h_{4s} = 86.92 \text{kJ/kg}$$

可以回收透平膨胀机械功

$$\dot{W}_t = \dot{m}(h_3 - h_{4s}) = 0.05(93.42 - 86.92) = 0.33 \text{kW}$$

压缩功可以降低为

$$W'_{in} = \dot{W}_{in} - \dot{W}_t = 1.80 - 0.33 = 1.47 \text{kW}$$

而制冷量为

$$\dot{Q}_L = \dot{m}(h_1 - h_{4s}) = 0.05(236.04 - 86.42) = 7.46 \text{kW}$$

制冷系数

$$\varepsilon'_1 = \frac{\dot{Q}_L}{\dot{W}_{in}} = \frac{7.46}{1.47} = 5.07 \text{kW}$$

增加了

$$\Delta\varepsilon_1 = \frac{\varepsilon'_1 - \varepsilon_1}{\varepsilon_1} = \frac{5.07 - 3.96}{3.96} = 28\%$$

五、制冷剂的热力学性质

逆卡诺循环的制冷系数仅是冷源、热源温度的函数，与制冷剂的性质无关，但是在实际的制冷装置中，无论压缩机所需的功率，还是蒸发器、冷凝器的尺寸及材料等，以及制冷循环的性能，都与制冷剂的性质有密切的关系。所以在设计制冷装置时，必须选取适合于工作条件的制冷剂，为此，对制冷剂应提出一定的要求：

(1) 对应大气温度的饱和压力尽可能降低，以减少压气机成本和对设备强度、密封方面的要求。

(2) 对应冷库温度的压力不要太低，最好稍高于大气压力，以免为维持真空度而引起麻烦。

(3) 在冷库温度下的制冷剂汽化潜热值要大，以使单位质量的制冷剂具有较大的制冷能力。

(4) 液体比热要小。也就是说在温熵图中的饱和液体线要陡，这样就可以减小因节流而损失的功和制冷量。节流过程引起的功和制冷量的损失为（如图 11-10 所示）：

$$h_5 - h_{4'} = h_4 - h_{4'} = (h_4 - h_{5'}) - (h_{4'} - h_{5'})$$
$$= \text{面积} 5'4765' - \text{面积} 5'4'765'$$
$$= \text{面积} 5'44'5'$$

饱和液体线愈陡，则面积 $5'44'5'$ 愈小，节流过程引起的功和制冷量的损失也就愈小。

(5) 临界温度应远高于环境温度，使循环不在临界点附近运行，而在较大可资利用的汽化潜热范围内运行以提高经济性。

(6) 凝固点要低，以免在低温下凝固而阻塞管路。同时

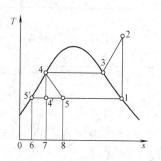

图 11-10 液体温熵图

饱和蒸气的比体积要小，以减小设备的体积。

此外，要求制冷剂传热性能良好，以减少制冷装置的尺寸；制冷剂不溶于油，以免影响润滑；制冷剂有一定的吸水性，以免因析出水分而在节流降温后产生冰塞。还需要制冷剂化学性质稳定，不易分解变质；不腐蚀设备，不易燃、不易爆，对人体无害，价格低廉，来源充足等等。

常用的制冷剂有空气、水（H_2O）、氨（NH_3）、各种氟利昂、二氧化碳（CO_2）、二氧化硫（SO_2）等。其中氟利昂制冷剂中氯氟烃 CFC 类（包括 CFC11、CFC12，即 R11 和 R12），由于其良好的使用性能和安全性，自 20 世纪 30 年代至今被广泛应用于空调制冷、冰箱、汽车空调、房间空调器、冷水机组和空调热泵设备中用做主要制冷剂。

必须指出，氟利昂既是制冷行业的骄子，又是破坏大气臭氧层的罪魁。一方面氯氟烃类化学性质极其稳定，寿命可达百年以上，在低空中很难分解，最终都会分解在高空的平流层中，破坏臭氧层，影响生物圈的动植物；另一方面当氟利昂中含有较多的氟原子时，分子的稳定性增加，使氟利昂在大气中存在的时间延长，加剧温室效应。尤其是氟利昂 11（CFC11）和氟利昂 12（CFC12）等制冷剂对臭氧层的破坏和温室效应的影响都比较大，且非常稳定，可能会存在几十年至上百年，将长期影响生态平衡，因此已被称之为环害工质。大量环害氟利昂的排放造成臭氧层的破坏已经引起国际社会的极大关注。

1987 年 9 月联合国环保组织在加拿大蒙特利尔市国际保护臭氧层会议上通过了《关于消耗臭氧层物质的蒙特利尔协议书》，我国政府于 1991 年 6 月提出参加，并于 1992 年 8 月起正式成为该议定书的缔约国。1992 年 11 月在哥本哈根召开的"蒙特利尔议定书缔约国第四次会议"上又进一步修正与调整了淘汰限制使用 CFC（氟利昂）物质的时间表，对经济发达国家：（1）CFC 至 1996 年 1 月 1 日停用，（2）HCFC 至 2030 年 1 月 1 日停用；对发展中国家（包括中国）：（1）CFC 物质 2010 年全部停止使用，（2）HCFC 物质 2016 年开始受限，2040 年全部停止使用。

为了解决 CFC 对臭氧层的破坏的问题，空调制冷工程界采取三个措施：一是对空调制冷设备使用的 CFC11 和 CFC12 采取回收、再循环技术，尽可能减少排放量；二是寻找和研制新的替代物；三是正在积极研究磁制冷等其他新型制冷方式。

有关研究表明 CFC11、CFC12 的替代物在近期可用 R22 及其混合剂 R123，长远可采用氢氟烷 HFC 如 HFC-134a、HFC 245ca，它们是分别替代 CFC12 和 CFC11 的较理想的制冷剂。几种常见制冷剂的物理性质见表 11-1。

几种制冷剂的物理性质表 表 11-1

名称	代号	分子式	分子量 M	标准沸点 t_s (℃)	凝固温度 t_f (℃)	临界点 t_c (℃)	p_c (MPa)	$v_c \times 10^{-3}$ (m^3/kg)	绝热指数 κ (20℃) 101.325kPa	受控物质与否
空气	R729		28.96	−194.5	−212.9	−140.63	38.4	2.83		否
水	R718	H_2O	18.02	100.0	0.0	374.12	22.1	3.15	1.33(0℃)	否
氨	R717	NH_3	17.03	−33.35	−77.7	132.4	11.52	4.13	1.32	否
二氧化碳	R744	CO_2	44.01	−78.52	−56.6	31.0	7.38	2.456	1.295	否
二氧化硫	R764	SO_2	64.06	−10.08	−63.5	157.5	80.4	1.91		否
氯甲烷	R40	CH_3Cl	50.49	−23.74	−97.6	143.1	6.68	2.70	1.2(30℃)	否

续表

名称	代号	分子式	分子量 M	标准沸点 t_s (℃)	凝固温度 t_f (℃)	临界点			绝热指数 κ(20℃) 101.325kPa)	受控物质与否
						t_c(℃)	p_c(MPa)	$v_c \times 10^{-3}$ (m^3/kg)		
氟利昂 11	R11	$CFCl_3$	137.39	23.7	−111.0	198.0	4.37	1.805	1.135	是
氟利昂 12	R12	CF_2Cl_2	120.92	−29.8	−155.0	112.04	4.12	1.793	1.138	是
氟利昂 22	R22	CHF_2Cl	86.48	−40.84	−160.0	96.13	4.986	1.905	1.194(10℃)	(否)
氟利昂 123	R123	$C_2HF_3Cl_2$	152.9	27.9	−107	183.8	3.67	1.818	1.09	(否)
氟利昂 134a	R134a	$C_2H_2F_4$	102.0	−26.2	−101.0	101.1	4.06	1.942	1.11	否
氟利昂 152a	R152a	$C_2H_4F_2$	66.05	−25	−117.0	113.5	4.49	2.74	—	否

注:（否）为过渡性物质，2020 年和 2040 年之间受限。

第三节 蒸汽喷射制冷循环

蒸汽喷射制冷循环的主要特点是用引射器代替压缩机来压缩制冷剂，它以消耗蒸汽的热能作为补偿来实现制冷的目的，蒸汽喷射制冷装置主要由锅炉、引射器（或喷射器）、冷凝器、节流阀、蒸发器和水泵等组成，其工作原理图及 T-s 图如图 11-11 所示，而作为压缩机替代物的喷射器是由喷管、混合室和扩压管三部分组成。

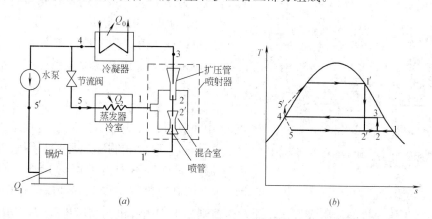

图 11-11 蒸汽喷射制冷循环
(a)工作原理图；(b) T-s 图

由锅炉出来的工作蒸汽（状态 $1'$）在喷射器的喷管中膨胀增速（状态 $2'$），在喷管出口的混合室内形成低压，将冷室蒸发器内的制冷蒸汽（状态 1）不断吸入混合室。工作蒸汽与制冷蒸汽混合成一股汽流变成状态 2，经过扩压管减速增压至状态 3（相当于压缩机的压缩过程 2-3）。然后在冷凝器中定压放热而凝结（过程 3-4）。由冷凝器流出的饱和液体分成两路：一路经水泵提高压力后（状态 $5'$）送入蒸汽锅炉再加热汽化变成较高压力的工作蒸汽（状态 $1'$），从而完成了工作蒸汽的循环 $1'$-$2'$-2-3-4-$5'$-$1'$，另一路作为制冷工质经节流阀降压、降温（过程 4-5），然后在冷室蒸发器中吸热汽化变成低温低压的蒸汽（状态 1），从而完成了制冷循环 1-2-3-4-5-1。

循环中的工作蒸汽在锅炉中吸热，而在冷凝器中放热给冷却水，以花费燃料的热能为补偿实现了制冷循环。

蒸汽喷射制冷循环的经济性用热能利用系数 ξ 来衡量即

$$\xi=\frac{\text{收益}}{\text{代价}}=\frac{Q_2}{Q_1} \tag{11-8}$$

式中　Q_1——工作蒸汽在锅炉中吸收的热量（kJ/h）；

Q_2——从冷室吸取的热量（kJ/h）。

蒸汽喷射制冷装置的优点是：不是消耗机械功，而是直接消耗热能实现制冷；喷射器简单紧凑，容许通过较大的容积流量，可以利用低压水蒸气作为制冷剂。其缺点是：由于混合过程的不可逆损失很大，因而热能利用系数较低。制冷温度只能在0℃以上，适用在空调工程中作为冷源。

第四节　吸收式制冷循环

吸收式制冷也是利用制冷剂液体气化吸热实现制冷，它是直接利用热能驱动，以消耗热能为补偿将热量从低温物体转移到环境中去。吸收式制冷采用的工质是两种沸点相差较大的物质组成的二元溶液，其中沸点低的物质为制冷剂，沸点高的物质为吸收剂。图 11-12 为吸收式制冷循环的工作原理流程图。这里以氨水溶液为工质的氨吸收式制冷循环为例来说明，其中氨用作制冷剂、水为吸收剂。图 11-12 中，冷凝器、膨胀阀和蒸发器与蒸气压缩制冷完全相同，而明显的区别是用吸收器、发生器、溶液泵及减压阀取代了压缩机。吸收式制冷循环是利用溶液在不同温度下具有不同溶解度的特性，使制冷剂

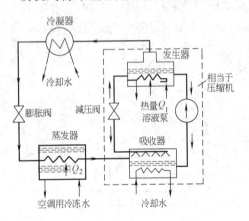

图 11-12　吸收式制冷循环

（氨）在较低温度下被吸收剂（水）吸收，并在较高温度下蒸发起到升压的作用。因此，吸收器相当于压缩机的低压吸气侧，而发生器则相当于压缩机的高压排气侧，其中吸收剂（水）充当了将制冷剂（氨）从低压侧输运到高压侧的运载液体的角色。所以，吸收式制冷机中为实现制冷目的的工质进行了两个循环，即制冷剂循环和溶液循环。

制冷剂循环：由发生器出来的制冷剂（氨）的高压蒸气在冷凝器中被冷凝放热而形成高压饱和液体，再经膨胀阀节流到蒸发压力进入蒸发器中，在蒸发器中吸热气化变成低压制冷剂（氨）的蒸气，达到了制冷的目的。

溶液循环：从蒸发器引来的低压制冷剂（氨）蒸气在吸收器中被稀氨水在喷淋过程中吸收而成为浓氨水（溶液浓度以制冷剂含量为准）。这一吸收过程有放热效应。为使吸收过程能够持续有效地进行，需要不断从吸收器中取走热量。吸收器中的浓氨水用溶液泵加压送入发生器。在发生器中，利用外热源对浓氨水加热，使之沸腾，产生氨蒸气（可能有少量水蒸气同时蒸发出来，所以氨蒸气并不是纯氨蒸气），所产生的氨蒸气进入冷凝器冷凝，而发生器中剩余的稀氨水通过减压阀降压后返回吸收器再次用来吸收低压氨蒸气。从而实现了将低压氨蒸气转变为高压氨蒸气的压缩升压过程。

吸收式制冷机中所用的二元溶液主要有两种：氨水溶液和溴化锂水溶液。这两种二元溶液的制冷温度范围不同，前者在 +1～-45℃ 范围内，多用作工艺生产过程的冷源。而后者是以水为制冷剂、溴化锂为吸收剂，其制冷温度只能在 0℃ 以上，所以它被广泛应用在空调工程中。

吸收式制冷循环的效率也用热能利用系数表示：

$$\xi = \frac{Q_2}{Q_1} \tag{11-9}$$

式中　Q_2——制冷量（kJ/h）；
　　　Q_1——发生器消耗的热量（kJ/h）。

为了对利用热能直接制冷的系统进行评价，假设有一台理想的吸收式制冷机，所有热量传递都是可逆的定温过程，制冷机从温度为 T_2 的蒸发器吸热 Q_2，从温度为 T_1 的发生器吸热 Q_1，并在吸收器及冷凝器向温度为 T_s 的外界分别放出热量 Q_a、Q_c，另外还消耗泵功 W_p，对每一循环由热力学第一定律：

$$Q_1 + Q_2 + W_p - Q_s = 0$$

而

$$Q_s = Q_a + Q_c$$

由于泵消耗的功相对其他项很小可忽略

$$Q_s = Q_1 + Q_2$$

由热力学第二定律有　　$\Delta s_{sys} + (\Delta s)_{sur} \geq 0$

因系统是按循环工作的，故　　$\Delta s_{sys} = 0$

则有　　$(\Delta s)_{sur} = (\Delta s)_{T_1} + (\Delta s)_{T_2} + (\Delta s)_{T_s} \geq 0$

即：

$$-\frac{Q_1}{T_1} - \frac{Q_2}{T_2} + \frac{Q_s}{T_s} \geq 0$$

或

$$-\frac{Q_1}{T_1} - \frac{Q_2}{T_2} + \frac{Q_1 + Q_2}{T_s} \geq 0$$

整理后可得

$$\frac{Q_2}{Q_1} \leq \frac{T_2}{T_s - T_2} \cdot \frac{T_1 - T_s}{T_1}$$

式中　　$T_1 > T_s > T_2$

对于可逆的吸收式制冷机有

$$\xi_{max} = \frac{Q_2}{Q_1} = \frac{T_2}{T_s - T_2} \cdot \frac{T_1 - T_s}{T_1} = \varepsilon_{1,c} \eta_c \tag{11-10}$$

式中　$\varepsilon_{1,c}$——工作在 T_s、T_2 之间的逆卡诺循环制冷系数；
　　　η_c——工作在 T_1、T_s 之间的卡诺循环热效率。

上式表明，最大的热能利用系数是工作在 T_1 和 T_s 两热源间的卡诺热机效率与工作在 T_1 和 T_s 两个热源间的卡诺逆循环制冷系数的乘积。

吸收式制冷装置的优点是可利用较低温度的热能如低压蒸汽、热水、烟气的余热或太阳能等，对综合利用热能有实际意义。

第五节　热　泵

热泵实质上是一种能源提升装置，它以消耗一部分高位能（机械能、电能或高温热能等）为补偿，通过热力循环，把环境介质（水、空气、土壤）中贮存的不能直接利用的低位能量转换为可以利用的高位能。它的工作原理与制冷机相同，都按逆循环工作，所不同的是它们工作的温度范围和要求的效果不同。制冷装置是将低温物体的热量传给自然环境，以营造低温环境；热泵则是从自然环境中吸取热量，并将它输送到人们所需要温度较高的物体中去。

图 11-13 所示为一热泵装置的工作原理图和 T-s 图。

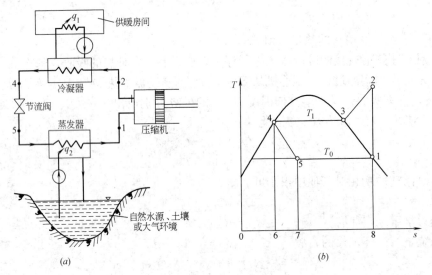

图 11-13　热泵示意图
(a) 工作原理图；(b) T-s 图

在蒸发器中制冷剂蒸发吸取自然水源、土壤或环境大气中的热能，经压缩后的制冷剂在冷凝器中放出热量加热供热系统的回水，然后由循环泵送到热用户用作采暖或热水供应等；在冷凝器中，制冷剂凝结成饱和液体，经节流降压降温进入蒸发器，蒸发吸热，汽化为干饱和蒸气，从而完成一个循环。热泵循环的经济性以消耗单位功量所得到的供热量来衡量，称为供热系数 ε_2（或 COP_H），它是一无因次量，表示热泵的供热量与消耗功的比值，即

$$\varepsilon_2 = \frac{q_1}{w_0} \tag{11-11}$$

式中　q_1——热泵的供热量，kJ/kg；
　　　w_0——热泵消耗的功量，kJ/kg。

热泵循环向供暖房间（高温热源）供热量 q_1 为（见图 11-13b）

$$q_1 = q_2 + w_0 = h_2 - h_4 = 面积\ 234682$$

因为 $q_1 > w_0$，故 ε_2 总是 >1。

供热系数 ε_2 与制冷系数 ε_1 的关系：

由于制冷系数

$$\varepsilon_1 = \frac{q_2}{w_0}$$

故

$$\varepsilon_2 = \frac{q_1}{w_0} = \frac{q_2 + w_0}{w_0} = \varepsilon_1 + 1$$

由此可见，循环制冷系数越高，供热系数也越高。

如上所述，热泵以花费一部分高位能为代价（作为一种补偿条件）从自然环境中获取能量，并连同所花费的高位能一起向用户供热。节约了高位能而有效地利用了低水平的热能。因此热泵是一种比较合理的供热装置。与用电直接供暖相比，它总是优于电采暖的。经过合理设计，使系统可在不同的温差范围内运行，这样热泵又可成为制冷装置。因此，用户可使用同一套装置在夏季作为制冷机用于空调，冬季作为热泵用来供热。

热泵的种类很多，通常分为以下几种类型，按低位热源种类分有：空气源热泵、水源热泵、土壤源热泵、太阳能热泵；按热泵系统低温端与高温端所使用的载热介质分有：空气/空气热泵、空气/水热泵、水/空气热泵、水/水热泵、土壤/水热泵和土壤/空气热泵等；按热泵的驱动方式分有：机械压缩式热泵和吸收式热泵等。

热泵系统虽然初投资费用相对要高一些，但长期运行节能省钱，已被人们认识和接受，目前热泵系统已得到广泛采用，使用得最普遍的是空气/空气热泵系统。空气源热泵在室外空气相对湿度大于70%、气温降到低于3~5℃时，机组蒸发器盘管表面会严重结霜从而使传热过程恶化，虽然可以采用逆向循环进行除霜，但结果将降低整个系统的供热系数 ε_2（或 COP_H）。水源热泵系统通常是利用温度范围为5~18℃的距地面深80m的井水，所以它们没有结霜的问题。水源热泵有较高的供热系数，但系统较复杂且要求有容易取得地下水源的条件。土壤源热泵系统同样要求将很长的管子深埋在土壤温度相对恒定的土层中。热泵的供热系数 ε_2 一般在1.5~4之间，它取决于不同的系统和热源的温度。近年开发的采用变速电动机驱动的新型热泵，其供热系数比它原先系统至少大两倍。对水源热泵空调系统可以随意进行房间的供暖或供冷的调节和同时满足供冷供暖要求，使建筑物热回收利用合理。因此，对于同时有供热供冷要求的建筑物，热泵具有明显的优点。

【例11-4】 一热泵功率为10kW，从温度为-13℃的周围环境向用户供热，用户要求供热温度为95℃。如热泵按逆卡诺循环工作，求供热量。

【解】 设热泵按逆卡诺循环运行，根据题意：$t_1=95℃$，$t_2=-13℃$，于是由式(5-3)知，供热系数等于

$$\varepsilon_2=\frac{T_1}{T_1-T_2}=\frac{273+95}{(273+95)-(273-13)}=3.41$$

根据式(11-11)，供热量为

$$\dot{Q}_1=\varepsilon_2\dot{W}_0=3.41\times10=34.1\text{kJ/s}$$

热泵从周围环境中取得的热量

$$\dot{Q}_2=\dot{Q}_1-\dot{W}_0=34.1-10=24.1\text{kJ/s}$$

供热量中有24.1/34.1=70.7%是热泵从周围环境中所提取的，可见这种供热方式是经济的。

第六节 改进的蒸气压缩制冷系统

一、串联制冷系统

某些工程应用中，要求比较低的温度，它已超过简单蒸气压缩制冷循环实际应用的温度范围，对于往复活塞式压气机，大的温度范围意味着循环运行时升压比也大，这会影响压气机的容积效率，为此采用两级或多级制冷循环运行，这种制冷循环称为串联制冷循环。

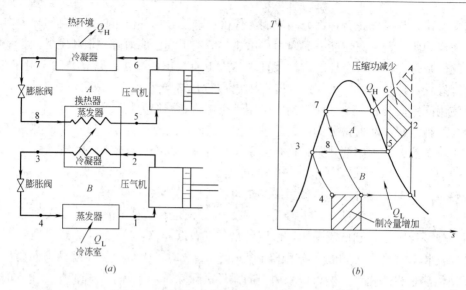

图 11-14 使用相同制冷剂的两级串联制冷系统

两级串联制冷循环如图 11-14 所示，该两个循环通过中间热交换器连接起来，这一中间热交换器对顶循环（循环 A）作为蒸发器，而对底循环（循环 B）作为冷凝器。假定热交换器绝缘良好和忽略动能和位能，则底循环的吸热量应等于顶循环的放热量。于是通过两个循环的质量流量的比值应是：

$$\dot{m}_A(h_5-h_8)=\dot{m}_8(h_2-h_3)$$

$$\frac{\dot{m}_A}{\dot{m}_8}=\frac{(h_2-h_3)}{(h_5-h_8)} \tag{11-12}$$

则

$$\varepsilon_{1,\text{串}}=\frac{\dot{Q}_L}{\dot{W}_0}=\frac{\dot{m}_B(h_1-h_4)}{\dot{m}_A(h_6-h_5)+\dot{m}_8(h_2-h_1)} \tag{11-13}$$

由图 11-14 中的 T-s 图明显看出，串联制冷循环的结果压缩功减少，而从冷冻室吸取的热量增加，从而串联改善了制冷系统的制冷系数 ε_1（COP_R）。有些制冷系统还采用三级或四级串联。

应当指出本例图示的串联系统是假定两个循环中的制冷剂是相同的，实际上，各个循环中可以采用更具有理想特性的不同制冷剂，每种工作流体有各自的饱和曲线，各个循环的 T-s 图也是不相同的，而且在实际的串联制冷系统中，由于两流体间存在传热温差，两个循环稍微有点交迭。

二、多级压缩制冷系统

当整个串联制冷系统采用相同的工质时，级间热交换器可以用一混合室（称为闪蒸室）来代替，这是因为它具有良好的传热特性，这种系统叫做多级压缩制冷系统。图 11-15 所示两级压缩制冷系统。

在这一系统中，液态制冷剂经第一个膨胀阀膨胀到闪蒸室的压力，该压力与中间级压气机的压力相同，在此过程中部分液体蒸发气化。其饱和蒸气（状态 3）与来自低压压气机的过热蒸气（状态 2）混合（状态 9），然后进入高压压气机，饱和液体（状态 7）则通过第二个膨胀阀膨胀进入蒸发器，从冷冻室中取走热量。闪蒸过程实质是一热量回收过程。

第六节 改进的蒸气压缩制冷系统

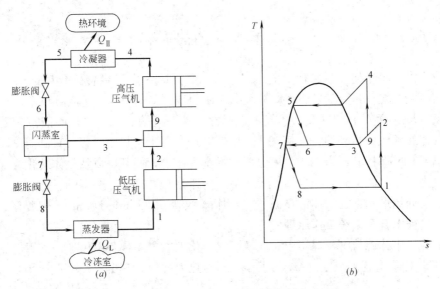

图 11-15 带有闪蒸室的两级压缩制冷系统

在这一系统中压缩过程与带中间冷却的两级压缩相似,压缩功减少。但在用 T-s 图面积解释时应当注意,该循环的不同部分其质量流率是不相同的。

三、单级压缩机多功能制冷系统

大多数冷藏保鲜的食品都含有较高的水分,因此冷藏室必须保持在冰点(0℃)以上,防止冻结,而冷冻室则要求维持温度在 −18℃ 左右,所以制冷剂进入冷冻室的温度大约为 −25℃ 以保证冷冻室中适宜的传热温差。因此目前市售的家用冰箱都设计成一台压缩机带一冷藏室一冷冻室的制冷系统,以满足用户对冷藏温度的要求。图 11-16 为该系统的流程和循环 T-s 图。从冷凝器流出的液态制冷剂(状态 3)经过第一个膨胀阀膨胀,压力较高(状态 4),在冷藏室内蒸发吸热(过程 4-5)满足冷藏室保鲜温度的需要,然后再通过第二个膨胀阀膨胀到最低压力(状态 6),在冷冻室内蒸发吸热(过程 6-1)以满足冷冻室的温度要求,接着全部制冷剂离开冷冻室的蒸发盘管由单级压气机压缩到冷凝压力。

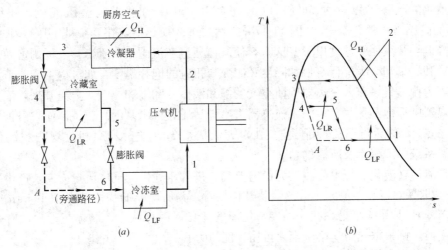

图 11-16 单级压缩机对一冷藏室一冷冻室的系统图和 T-s 图

第七节 气体的液化

工业生产、科学研究、医疗卫生等许多场合中需要使用一些特殊的液态物质。例如核动力厂需要液态氢（H₂），某些医疗工作中要使用液态氮（N₂），超低温技术中广泛地使用液态氦（He）等。石油气及天然气等，也常以液态运输和贮存。这些液态物质都是由相应的气体经液化而得到的，任何气体只要使其经历适当的热力过程，将其温度降低至临界温度以下，并保持其压力大于对应温度下的饱和压力，便都可以从气体转化为液体。可以看出，为了使气体液化，最重要的是解决降温问题。由此，产生了许多液化方法与系统，下面仅介绍最基本的气体液化循环——林德-汉普森（Linde-Hampson）循环。

一、林德汉普森系统工作原理

此法最先由林德与汉普森用于大规模空气液化中，主要是利用焦耳—汤姆逊效应，使气体通过节流阀而降温液化。系统的工作原理与热力过程如图11-17所示。

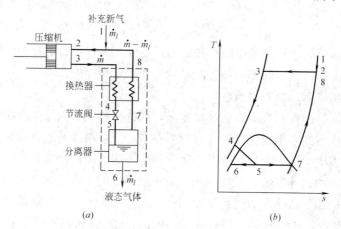

图 11-17 林德-汉普森液化系统
(a) 工作原理图；(b) T-s 图

被液化的气体（以空气为例）以大约 2MPa 的压力进入定温压气机，压缩至约 20MPa 的高压（过程 2-3，参看图 11-17b），然后进入换热器，在其中被定压冷却（3-4），使温度降低至最大回转温度以下。这时，使气体通过节流阀，由于焦耳—汤姆逊效应，气体的压力和温度均大大降低（例如降至 2MPa 与相应的饱和温度，如过程 4-5），节流后的状态点 5 为湿蒸气，流入分离器中使空气的饱和液体 6 和饱和蒸气 7 分离开来，液体空气留在分离器中而饱和蒸气 7 被引入换热器去冷却从压气机出来的高压气体而自身被加热升温到状态点 8，然后与补充的新鲜空气 1 混合成状态 2，再进入压气机重复进行上述循环。

二、系统的产液率及所需的功

假设流体在液化系统中的流动为稳定流动，进入压气机的气体流量为 $\dot{m}$，产生的液体流量 $\dot{m}_l$。取换热器、节流阀、分离器及其连接管路为所研究的控制体（图 11-17a 中虚线包围的部分），如果不考虑系统中动能与位能的变化，而且认为控制体与外界没有热量和功量的交换，则根据热力学第一定律可写出能量方程

$$\dot{m}h_3 - (\dot{m} - \dot{m}_l)h_8 - \dot{m}_l h_6 = 0$$

移项整理后即可得系统的产液率

$$L=\frac{\dot{m}_l}{\dot{m}}=\frac{h_8-h_3}{h_8-h_6} \tag{11-14}$$

产液率表示系统生产的液体质量与被压缩气体质量的比值。显然 L 值愈大，说明系统愈完善、愈经济。

取压气机为控制体，写出能量方程

$$\dot{Q}=\Delta H+\dot{W}_s=\dot{m}(h_3-h_2)+\dot{W}_s$$

而对定温压缩

$$\dot{Q}=\dot{m}T_2(s_3-s_2)$$

代入经整理后可得

$$w_s=\frac{\dot{W}_s}{\dot{m}}=T_2(s_3-s_2)-(h_3-h_2) \tag{11-15}$$

式（11-15）即为压缩单位质量气体所需要的功。

生产单位质量液体所需功为：

因为
$$\dot{m}_l=\dot{m}L$$

故
$$w_s=\frac{\dot{W}_s}{\dot{m}_l}=\frac{\dot{W}_s}{\dot{m}L}=\frac{h_8-h_6}{h_8-h_3}[T_2(s_3-s_2)-(h_3-h_2)] \tag{11-16}$$

从式（11-14）可看出，$(h_8-h_6)>(h_8-h_3)$ 因此产液率 L 较小，由于 h_8 大致一定，因此必须使 h_3 降低，这就是采用定温压缩的原因。

思 考 题

11-1 对逆卡诺循环而言，冷、热源温差越大，制冷系数是越大还是越小？为什么？

11-2 空气压缩制冷循环中，循环压力比 p_2/p_1 越小，制冷系数是越大还是越小？压力比减小，循环的制冷量如何变化？（在 T-s 图上分析）

11-3 如图 11-10 所示，设想蒸气压缩制冷循环按 12345′1 运行，循环净功未变，仍等于 h_2-h_1，而从冷源吸取的热量从 (h_1-h_5) 增加到 $(h_1-h_{5'})$。这显然是有利的。这种考虑对吗？

11-4 试述实际采用的各种制冷装置循环与逆卡诺循环的主要差异是什么？

11-5 为什么有的制冷循环中采用膨胀机，有的则代而采用节流阀？空气压缩制冷能否采用节流阀？

11-6 热泵供热循环与制冷循环有何异同？

11-7 蒸气压缩制冷循环中对制冷剂有何基本要求？常用的制冷剂有哪几种？

11-8 在某一制冷系统中，若排热的冷却介质是 15℃，你将推荐制冷剂 R134a 的冷凝压力取 0.7MPa 还是取 1.0MPa？为什么？

11-9 考察两个蒸气压缩制冷循环，其中一个循环制冷剂进入节流阀时是 30℃ 的饱和液体，而另一个循环则是 30℃ 的过冷液体，而蒸发压力对该两个循环是相同的，你认为哪一个循环的制冷系数较高？

11-10 有一采用 R134a 制冷剂的制冷装置，维持制冷空间为 -10℃。对此系统，你将推荐蒸发压力是 0.12MPa 还是 0.14MPa？为什么？

11-11 试比较运行在相同压力界限间的串联制冷系统与简单蒸气压缩循环的制冷系数 ε_1？

11-12 考察两级串联循环和带有闪蒸室的两级压缩制冷循环，两个循环运行在相同的压力界限间，并使用相同的制冷剂，你赞成哪个系统？为什么？

第十一章 制冷循环

11-13 考察一个用 R134a 为工质的按蒸气压缩制冷循环运行的制冷装置，制冷剂进入压缩机是 140kPa 的饱和蒸气，出口状态是 800kPa 和 60℃，而离开冷凝器时是 800kPa 的饱和液体，该制冷装置的制冷系数 ε_1 是下列哪个：(1) 0.41，(2) 1.0，(3) 1.8，(4) 2.5，(5) 3.4？

11-14 考察一个用 R134a 为工质的按理想蒸气压缩制冷循环运行的热泵，其工作压力界限为 0.32MPa 和 1.2MPa，该热泵的供热系数 ε_2 是下列哪个：(1) 0.17，(2) 1.2，(3) 3.1，(4) 4.9，(5) 5.9？

习　题

11-1 空气压缩制冷装置的制冷系数为 2.5，制冷量为 84600kJ/h，压缩机吸入空气的压力为 0.1MPa，温度为 -10℃，空气进入膨胀机的温度为 20℃，试求：压缩机出口压力；制冷剂的质量流量；压缩机的功率；循环的净功率。

11-2 空气压缩制冷装置，吸入的空气 $p_1=0.1$MPa，$t_1=27$℃，绝热压缩到 $p_2=0.4$MPa，经冷却后温度降为 32℃，试计算：每千克空气的制冷量；制冷机消耗的净功；制冷系数。

11-3 有一气体制冷系统，采用空气作为工质，压力比为 4，空气进入压缩机时温度为 -7℃，高压空气被冷却到 27℃，排出的热量给环境，在进入汽轮机之前被回热冷却器进一步冷却到 -15℃。假定汽轮机和压缩机进行的都是定熵过程，并使用室温下的定比热容。试求：(1) 该循环可能达到的最低温度；(2) 循环的制冷系数 ε_1；(3) 对制冷量为 12kW 的空气的质量流率。

11-4 蒸气压缩制冷循环，采用氟利昂 R134a 作为工质，压缩机进口状态为干饱和蒸气，蒸发温度为 -20℃，冷凝器出口为饱和液体，冷凝温度为 40℃，制冷工质定熵压缩终了时焓值为 430kJ/kg，制冷剂质量流量为 100kg/h。求：制冷系数；每小时的制冷量；所需的理论功率。

11-5 用一台氨蒸气压缩制冷机制冰，氨的蒸发温度为 -5℃，冷凝温度为 30℃。冷凝器中冷却水的进口温度为 12℃，出口温度为 20℃，欲在每小时内将 1000kg、0℃的水制成 0℃的冰，已知冰的融解热为 340kJ/kg。试求：该制冷机每小时的制冷量；氨每小时的流量；制冷机的功率；冷却水每小时的消耗量。

11-6 一台氨制冷装置，其制冷量 $Q_0=4\times10^5$kJ/h，蒸发温度为 -15℃，冷凝温度为 30℃，过冷温度为 25℃，从蒸发器出口的蒸气为干饱和状态。求：(1) 理论循环的制冷系数；(2) 制冷剂的质量流量；(3) 所消耗的功率。

11-7 一台单级蒸气压缩制冷机以氨为工质，氨液供给两个蒸发器（满足两种不同温度的制冷要求），如图 11-18 所示，独立的膨胀阀 A 和 B 使两个蒸发器各自独立的工作。从蒸发器Ⅱ出来的饱和氨蒸气经减压阀 D 节流降压后与从蒸发器Ⅰ来的饱和氨蒸气在 E 处等压混合，然后进入压缩机。压缩后的排气压力为 1.55MPa，氨液离开冷凝器时为 35℃，已知两蒸发器的蒸发温度和制冷量（已在图 11-18 中分别标出）。试画出理想循环的 $\lg p\text{-}h$ 图和 $T\text{-}s$ 图，并确定压缩机的质量流量、所需的功率和循环的制冷系数。

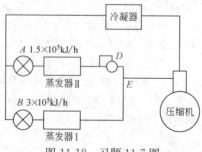

图 11-18　习题 11-7 图

11-8 一台用氟利昂 R134a 为制冷剂的蒸气压缩制冷装置，被用做室内供热，它要求的最大加热量是将标准状况下 30m³/min 的空气从 5℃加热到 30℃，冷凝器的最低温度必须较空气的最高温度高 20℃，蒸发温度为$-4℃$。求：热泵的供热负荷，制冷剂流量，所需的功率。

11-9 热泵利用井水作为热源，将$20℃$的空气$8×10^4\text{m}^3/\text{h}$加热到$30℃$，使用氟利昂R134a为制冷剂，已知蒸发温度为$5℃$，冷凝温度为$35℃$，空气的定压容积比热容为$c'_p=1.256\text{kJ}/(\text{m}^3\cdot\text{K})$，井水的温度降低$7℃$，试求理论上必需的井水量、压缩机功率和压缩机的压气量（m^3/h）。

11-10 某空调系统需要$7℃$的冷冻水$\dot{m}_2=1000\text{kg}/\text{min}$，采用如图11-19所示的制冷装置。空调回水$15℃$，在压缩机的作用下，在蒸发器内部分汽化，其余部分即变为$7℃$的冷冻水。蒸发器内产生的蒸汽（干度0.98）经压缩后被送入冷凝器，在$30℃$下凝结为水。试求制冷装置每分钟的制冷量，蒸发器与冷凝器内的压力及冷冻水循环所需的补充水量。

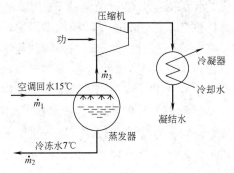

图11-19 习题11-10图

11-11 某蒸汽压缩制冷循环，在压缩机进口参数保持不变的情况下，提高压缩出口压力，使消耗的功增加5%，并仍维持原来制冷系数的值。试问制冷量将变化多少？为实施上述目的，该循环应采用什么措施？将改变前后的制冷循环画在同一张$\lg p\text{-}h$图上。

11-12 有一台小型热泵装置用于对热网水的加热，假设该装置用氟利昂134a作工质，并按理想制冷循环运行。蒸发温度为$-15℃$，冷凝温度为$55℃$。如果R134a流量为$0.1\text{kg}/\text{s}$，试确定由于用热泵代替直接供热而节约的能量。

11-13 采用R134a制冷剂，按理想蒸气压缩循环运行的热泵，用做向房屋供热，制冷剂的质量流率为$0.24\text{kg}/\text{s}$，冷凝和蒸发压力分别为900kPa和240kPa，试将循环表示在$T\text{-}s$图上，并确定：（1）房屋的供热率；（2）在压缩机进口处制冷剂的体积流率；（3）该热泵的供热系数。

第十二章 化学热力学基础

在热工领域中，与化学变化有关的问题正在逐渐增多，涉及的领域越来越广，其重要性也在增加。例如燃料燃烧、煤的气化、燃料电池、工艺水的化学处理、能源综合利用、环境工程、国防科技及生物体内热质传递和能量转换等。因此，现代工程热力学也包括化学热力学的一些基本原理，并研究一些与热力学有关的物理化学变化。前面各章中研究的都是没有化学反应的物理过程，本章简要介绍化学热力学的一些基本原理，特别是热力学第一定律与热力学第二定律在具有化学反应的热力系统中的应用，研究化学反应中能量转换的规律，化学反应的方向及化学平衡常数等问题，并简要介绍热力学第三定律。

本章要求：掌握热力学第一、第二定律在化学反应系统中的应用，以及反应热、过程热效应、标准生成焓等概念，了解反应热的计算方法。

第一节 燃料燃烧的基本方程

一、化学反应热力系统

具有化学反应的热力系统，同样存在着热与功的转换。化学反应系统可以是开口的，也可以是闭口的，其性质与物理过程的热力系统相同，只是有化学反应的热力系统通常由数种不同的物质的混合物组成，且在化学反应过程中系统的成分可以变化，这种变化可以依据化学反应式应用组成物质各元素的原子数守恒原理来确定。

分析具有化学反应的热力过程，首先要列出化学反应方程式。以天然气（主要成分是甲烷）燃烧为例，其化学反应方程式为

$$CH_4 + 2O_2 \longrightarrow CO_2 + 2H_2O$$

上式表示 1mol CH_4 和 2mol O_2 反应生成 1mol CO_2 和 2mol H_2O。在化学反应中，反应物各组分的原子化学键断裂，原子和电子重新进行组合，形成生成物。该化学反应方程式表示了反应前后碳、氢、氧原子数的守恒关系。为使反应式左右的各原子数相等，各化学组元前需乘以相应的系数，这些系数称为化学计量系数。对一般的化学反应可表示为

$$aA + bB = cC + dD \tag{12-1}$$

其中，A、B 和 C、D 分别为反应物与生成物，而 a、b 和 c、d 则分别是反应物与生成物的化学计量系数。值得注意的是化学计量系数可以是整数，也可以是分数。

具有化学反应的热力系统的平衡条件，除了满足热与力的平衡外，还要达到化学平衡。在物理过程中，简单可压缩系统的状态由两个独立参数决定，因此，只能有一个状态参数可以在过程中保持不变，要实现有两个独立参数保持不变的过程是不可能的。

对具有化学反应的热力系统而言，此时的系统是指参与化学反应物质的总和，在化学热力学中也称为物系。因为在化学反应过程中系统的组分可以变化，所以决定系统的状态要有两个以上的独立参数，因此，有化学反应的过程，可以是一个参数保持不变，如 $T=$

常数或 $p=$ 常数等；也可以是两个独立参数保持不变的过程，如定温定压过程、定温定容过程、定容绝热过程和定压绝热过程等。实际的化学反应，以定温定压及定温定容过程最为常见，通过热力学第一定律和第二定律分析，可以确定化学反应热力系统的能量转换关系、过程进行的方向和限度。

二、燃料燃烧的基本方程式

一般矿物燃料都是碳氢化合物，如甲烷 CH_4、丙烷 C_3H_8 等，其可燃成分为碳 C 和氢 H_2，以及少量的硫 S。这些可燃成分完全燃烧的化学反应式是：

$$C + O_2 \longrightarrow CO_2$$

$$H_2 + \frac{1}{2}O_2 \longrightarrow H_2O$$

$$S + O_2 \longrightarrow SO_2$$

在燃烧过程中 H_2 和 O_2 的亲和力大，总能得到完全燃烧而成为 H_2O。但元素 C 就不一定能完全燃烧而变成 CO_2，而往往发生不完全燃烧产生 CO，其燃烧反应式为

$$C + \frac{1}{2}O_2 \longrightarrow CO$$

不同碳氢化合物的燃烧反应具有不同的反应方程式，如 CH_4 及 C_3H_8 的燃烧反应式为

$$CH_4 + 2O_2 \longrightarrow CO_2 + 2H_2O$$

$$C_3H_8 + 5O_2 \longrightarrow 3CO_2 + 4H_2O$$

三、理论空气量与实际空气量

通常燃料燃烧所需的氧来自空气，1kmol 的空气中有 0.21kmol 的氧及 0.79kmol 的氮，即

$$0.21\text{kmol } O_2 + 0.79\text{kmol } N_2 = 1\text{kmol 空气}$$

或 $\qquad 1\text{kmol } O_2 + 3.76\text{kmol } N_2 = 4.76\text{kmol 空气}$

空气的平均分子量 $M=28.9$，即摩尔质量 $M=28.9$kg/kmol，所以 4.76kmol 的空气质量为 137.56kg。

根据上述情况，C、H_2、S 在空气中燃烧的反应式为

$$C + O_2 + 3.76N_2 \longrightarrow CO_2 + 3.76N_2$$

$$C + \frac{1}{2}O_2 + \frac{1}{2} \times 3.76N_2 \longrightarrow CO + \frac{1}{2} \times 3.76N_2$$

$$H_2 + \frac{1}{2}O_2 + \frac{1}{2} \times 3.76N_2 \longrightarrow H_2O + \frac{1}{2} \times 3.76N_2$$

$$S + O_2 + 3.76N_2 \longrightarrow SO_2 + 3.76N_2$$

上列第一式说明燃烧 1kmol C（12kg）需要 1kmol O_2（32kg），相当于 4.76kmol 的空气（137.56kg），产生 1kmol CO_2（44kg）及 3.76kmol N_2（105.28kg），其余三式可以依次推算。

CH_4 如完全燃烧，则反应方程式为

$$CH_4 + 2O_2 + 2 \times 3.76N_2 \longrightarrow CO_2 + 2H_2O + 2 \times 3.76N_2$$

即 $\qquad CH_4 + 2O_2 + 7.52N_2 \longrightarrow CO_2 + 2H_2O + 7.52N_2$

即燃烧 1kmol CH_4（16kg），需要 2kmol O_2（64kg），相当于需要 9.52kmol 空气

(275.13kg)，产生 1kmol CO_2（44kg）、2kmol H_2O（36kg）及 7.52kmol N_2（210.56kg）。

以上所介绍的均是完全燃烧，其所需空气量称为理论空气量 m_0，即保证可燃成分完全燃烧所需的最小空气量。如燃烧 1kmol C 需要理论空气量 $m_0=137.56$kg。在大多数反应过程中，因受燃烧与空气接触面、燃料及空气浓度和速度等限制，实际所提供的空气量 m 比理论空气量 m_0 多，以使燃烧进行较为完全。实际空气量 m 与理论空气量 m_0 的比，称为过量空气系数（或称过剩空气系数），用符号 α 表示：

$$\alpha=\frac{m}{m_0}=\frac{n}{n_0}$$

式中　n，n_0——实际空气量及理论空气量的摩尔数。

如为使 CH_4 达到较为完全的燃烧，采用过量空气系数 $\alpha=1.2$，则反应式将为

$$CH_4+1.2\times2O_2+1.2\times2\times3.76N_2 \longrightarrow CO_2+2H_2O+0.4O_2+1.2\times2\times3.76N_2$$

上式中的实际空气量 m 为

$$m=1.2\times2\times4.76\text{kmol}=1.2\times2\times4.76\times28.9=330.15\text{kg}$$

但在煤（或生物质）的汽化或热解反应过程中，则必须使提供的空气量 m 比理论空气量 m_0 少，即过量空气系数 $\alpha<1$。

燃烧或汽化时空气量与燃料量的比值称为空气燃料比（或称空燃比），用 AF 表示。若以摩尔计量，称为摩尔空燃比 AF_M；若以质量计量，则称为质量空燃比 AF_m。相应地将燃料量与空气量的比值称为燃料空气比（或称燃空比），用 FA 表示。上例中过量空气系数为 1.2 时的甲烷燃烧摩尔空燃比 AF_M 为

$$AF_M=\frac{(1.2\times2+1.2\times2\times3.76)\text{kmol}}{1\text{kmol}}=11.42$$

质量空燃比 AF_m 为

$$AF_m=\frac{(11.42\times28.9)\text{kg}}{(12+4\times1)\text{kg}}=20.63$$

【例 12-1】　设汽油（异辛烷 C_8H_{18}）在过量空气系数 $\alpha=1.3$ 的情况下得到完全燃烧，试求每燃烧 1kmol 汽油所需的空气量，单位分别用摩尔数（mol）、质量（kg）、标准状态下的容积（m^3），在化学热力学中标准状态是指 $p=101325$Pa，$t=25℃$。

【解】　C_8H_{18} 在 $\alpha=1.3$ 时的完全燃烧反应式为

$$C_8H_{18}+1.3\times12.5O_2+1.3\times12.5\times3.76N_2 \longrightarrow$$
$$8CO_2+9H_2O+0.3\times12.5O_2+1.3\times12.5\times3.76N_2$$

从上式可得 $\alpha=1.3$ 时，实际所需空气的摩尔数为

$$n=1.3\times12.5\times4.76=77.35\text{kmol}$$

实际所需的空气质量为

$$m=nM=77.35\times28.9=2235.4\text{kg}$$

在标准状态该实际空气量所占容积为

$$V_0=\frac{mRT_0}{p_0}=\frac{2235.4\times8314\times298}{28.9\times101325}=1891\text{m}^3$$

【例 12-2】　假设甲烷 CH_4 在 100kPa 下定压燃烧，经奥氏（Orsat）气体分析仪测得烟气中干容积分数为 $y_{O_2}=2.26\%$，$y_{CO_2}=8.8\%$，$y_{CO}=0.58\%$，$y_{N_2}=88.36\%$。试写出燃烧过程反应的化学反应方程式，并确定空气燃料比、空气过量系数及燃烧产物的露点温度。

【解】 甲烷 CH_4 在理论空气量下的燃烧方程为
$$CH_4+2O_2+2\times 3.76N_2 \longrightarrow CO_2+2H_2O+2\times 3.76N_2$$
其理论空气燃料比为
$$AF_M=\frac{(2+2\times 3.76)\text{kmol}}{1\text{kmol}}=9.52$$
根据已知燃烧产物成分,则 100kmol 干生成物的燃烧方程可写成
$$aCH_4+bO_2+b\times 3.76N_2 \longrightarrow 8.8CO_2+cH_2O+2.26O_2+0.58CO+88.36N_2$$
根据反应前后碳、氧、氮原子数的守恒关系,列出

由碳平衡 $\qquad a=8.8+0.58$
由氧平衡 $\qquad 2b=8.8\times 2+2.26\times 2+0.58+c$
由氮平衡 $\qquad 3.76b=88.36$
计算得 $\qquad a=9.38, b=23.5, c=24.3$

燃烧过程反应的化学反应方程式可确定为
$$9.38CH_4+23.5O_2+23.5\times 3.76N_2 \longrightarrow$$
$$8.8CO_2+24.3H_2O+2.26O_2+0.58CO+88.36N_2$$
空气燃料比为
$$AF_M=\frac{(23.5+23.5\times 3.76)\text{kmol}}{9.38\text{kmol}}=11.93$$
$$AF_m=\frac{[(23.5+23.5\times 3.76)\times 28.9]\text{kg}}{(9.38\times 16)\text{kg}}=21.54$$
过量空气系数为
$$\alpha=\frac{n}{n_0}=\frac{(23.5+23.5\times 3.76)/9.38}{2+2\times 3.76}=1.25$$
燃烧产物中水蒸气的摩尔分数 y_v 为
$$y_v=\frac{24.3}{8.8+24.3+2.26+0.58+88.36}=0.195$$
假设燃烧产物符合理想气体混合性质,而 CH_4 在 100kPa 下定压燃烧,则有
$$p_v=y_v p=0.195\times 100=19.5\text{kPa}$$
由水蒸气表可查出与 p_v 相应的饱和温度,即为露点温度 t_d,查得 $t_d=59.5℃$。

第二节　热力学第一定律在化学反应中的应用

一、具有化学反应的热力学第一定律表达式

1. 闭口系统

热力学第一定律是普遍适用的,当然也适用于有化学反应的闭口系统的能量转换,此时,热力学第一定律表达式为
$$Q=(U_2-U_1)+W=(U_2-U_1)+W_{ex}+W_a$$
或: $\qquad Q=(U_p-U_R)+W=(U_p-U_R)+W_{ex}+W_a \qquad (12-2)$

式中　Q——化学反应过程中,系统与外界交换的热量,称为反应热,反应热 Q 的符号仍和以前一样,吸热为正,放热为负;

$U_2=U_p$——化学反应系统中生成物的总热力学能,即指化学反应所有生成物的热力学能总和,$U_2=U_p=\sum n_p u_p$,n_p 是指某一种生成物的摩尔数,u_p 是指某一种生成物的摩尔热力学能;

$U_1=U_R$——化学反应系统中反应物的总热力学能,即指化学反应所有反应物的热力学能总和,即 $U_1=U_R=\sum n_R u_R$,n_R 是指某一种反应物的摩尔数,u_R 是指某一种反应物的摩尔热力学能。

必须指出,化学反应过程中,由于涉及物质分子及原子相互结合或分解将产生化学能的变化,因此,式(12-2)中热力学能 U 应是物理热力学能 U_{ph} 与化学热力学能 U_{ch} 之和,即 $U=U_{ph}+U_{ch}$。

W——化学反应系统与外界交换的总功。总功可分为两部分:一部分是系统容积变化所做的膨胀功 W_{ex};另一部分是系统所做的有用功 W_a,如燃料电池中产生的电能等。因此,总功 $W=W_{ex}+W_a$。

在许多化学反应过程中不产生有用功,如燃料的燃烧反应过程就不产生有用功,此时 $W_a=0$,故式(12-2)可写成

$$Q=(U_2-U_1)+W_{ex} \tag{12-3}$$

在许多化学反应过程中,如燃料燃烧过程中,系统在定压下进行,又不做有用功,系统所做的膨胀功 $W_{ex}=P(V_2-V_1)$。因此,反应热的计算式(12-3)变为

$$Q_{(p)}=(U_2-U_1)+P(V_2-V_1)=H_2-H_1=H_p-H_R \tag{12-4a}$$

式中 $H_2=H_p$——化学反应系统中生成物的总焓,$H_p=\sum n_p h_p$;

$H_1=H_R$——化学反应系统中反应物的总焓,$H_R=\sum n_R h_R$;

$Q_{(p)}$——定压反应过程中,当 $W_a=0$ 时,系统与外界交换的热量,即定压反应过程中的反应热。

定压绝热反应时,$Q_{(p)}=0$,上式变为

$$H_p=H_R \tag{12-4b}$$

即定压绝热反应前后闭口系统的总焓不变。

如在反应中系统的容积保持不变,系统与外界没有膨胀功的交换,$W_{ex}=0$,则式(12-4a)变为

$$Q_{(v)}=U_2-U_1=U_p-U_R \tag{12-5a}$$

式中 $Q_{(v)}$——定容反应过程中,当 $W_a=0$ 时,系统与外界交换的热量,即定容反应过程中的反应热。

定容绝热反应时,与外界热量交换也为零,即 $Q_{(v)}=0$,上式进一步简化为

$$U_p=U_R \tag{12-5b}$$

这表明,定容绝热化学反应前后,闭口系统的总热力学能保持不变。

必须指出:如化学反应过程是可逆的,并且完成了最大有用功,则系统放出的热为最小,反应热可按式(12-2)计算;如化学反应是不可逆的燃料燃烧过程,$W_a=0$,则放热为最大,反应热可按式(12-3)计算,对定压过程可简化为式(12-4),对定容过程可简化为式(12-5)。

2. 开口系统

有化学反应的稳态稳流开口系统,当忽略由于化学变化引起的其他功时,其热力学第

一定律的表达式为

$$Q = \sum_P H_0 - \sum_R H_i + W_t \tag{12-6}$$

式中 Q 和 W_t 分别为开口系统与外界交换的反应热和技术功，$\sum_R H_i$ 和 $\sum_P H_0$ 分别为反应前后进出系统的总焓。若为定压过程（技术功为零），上式变为

$$Q = \sum_P H_0 - \sum_R H_i \tag{12-7a}$$

定压绝热反应时，$Q=0$，上式变为

$$\sum_P H_0 = \sum_R H_i \tag{12-7b}$$

即在定压绝热反应时流入开口系统反应物的总焓与经反应后流出系统的生成物总焓相等。

二、反应热与反应热效应

1. 反应热

反应热是指化学反应过程中系统与外界交换的热量，按其定义，没有规定系统进行的是可逆过程还是不可逆过程，没有规定系统反应前和反应后的状态，也没有规定反应过程中是否做了有用功，如式（12-2）及式（12-3）中的 Q 就是反应热，式（12-4a）中的 $Q_{(p)}$ 是定压过程中系统不做有用功的反应热，式（12-5a）中 $Q_{(v)}$ 是定容过程中系统不做有用功的反应热。

2. 反应热效应

反应热效应的定义：在反应过程中，系统不产生有用功，生成物的温度与反应物的温度相等，此时系统放出的反应热最大，称为反应热效应，或简称热效应。简言之，热效应就是最大反应热。反应在定温定容条件下进行时，称为定容热效应 Q_v；反应在定温定压条件下进行时，称为定压热效应 Q_p。若不加注明，通常所谓热效应均指定压热效应。

3. 标准反应热效应

热效应的数值与温度、压力有关。为了便于计算，常取 $p=101325\text{Pa}$、$T=298\text{K}$ 为热化学的标准状态。当系统在标准状态下进行定温化学反应，或反应前后系统的生成物与反应物的温度均为 298K，又不产生有用功，则此时的反应热称为标准反应热效应，又简称标准热效应。

4. 燃料的热值

燃料在燃烧过程中所能释放出的热能称为燃料的热值，或称为燃料的发热量或燃烧热。标准状态下的热值称为标准热值（标准燃烧热）。燃料热值在数值上与反应热效应相等，但符号相反，热效应为负值，热值为正值。

对含有 H 元素的燃料来说，燃烧时与空气中的 O_2 结合生成 H_2O。燃烧产物中的 H_2O 如为气态，则此时燃料的热值称为低热值（或称低位热值、净热值），如 H_2O 为液态，则此时燃料的热值称为高热值（或称高位热值）。在实际燃烧中，燃烧后产生的烟气排出装置时温度仍相当高，一般都超过 100℃，且水蒸气在烟气中的分压力又比大气压力低很多，故此时燃烧反应所生成的 H_2O 仍是水蒸气状态，因此这部分凝结潜热就无法获得利用，燃料的实际放热量将减少。从燃料高热值中扣除了这部分 H_2O 的凝结潜热后所净得的值，就是低热值。在实际工程应用中，燃料热值都是采用低热值，因为低热值切合实际情况，比较合理。如甲烷在标准状态下的低热值为 35.88MJ/m^3，高热值为 39.82MJ/

m³。常用燃料的热值参见相关手册。

5. 定压反应热效应与定容反应热效应的关系

根据反应热效应的定义，反应过程中系统温度保持不变，或生成物的温度等于反应物的温度，即 $T=T_2=T_1$，或 $T=T_p=T_R$。如反应系统是理想气体混合物，则对相同的反应系统，从初态开始，无论是经过定温定压反应或经过定温定容反应，其热力学能的变化是相同的，即

$$(U_2-U_1)_{T,P}=(U_2-U_1)_{T,V}=Q_V \tag{12-8}$$

但当反应前后系统的总摩尔数有变化时，两种反应的热效应则是有差别的。设反应前系统的总摩尔数为 n_1，反应后系统的总摩尔数为 n_2，对定温定压反应则有

$$pV_1=n_1R_0T \quad \text{及} \quad pV_2=n_2R_0T$$

将此关系式及式（12-8）一并代入式（12-4a），可得

$$Q_P=Q_V+(n_2-n_1)R_0T=Q_V+\Delta nR_0T \tag{12-9}$$

式中，$\Delta n=n_2-n_1=n_P-n_R$ 是反应前、后系统总摩尔数的变化。

在计算式（12-9）中的 Δn 时，对于固体及液体物质的摩尔数可以不予以考虑，而只考虑气态物质的摩尔数。因为固体及液体物质的摩尔容积与气态物质的摩尔体积相比是微不足道的，可以忽略不计。

应该指出，式（12-4a）与式（12-5a）中的 $Q_{(p)}$ 和 $Q_{(v)}$ 与式（12-9）中的 Q_P 和 Q_V 是有区别的。式（12-4a）和式（12-5a）中没有规定反应必须是定温过程，因此是一个普遍式，式中的 $Q_{(p)}$ 和 $Q_{(v)}$ 是反应热，它们与反应前后系统的温度有关。式（12-9）规定反应过程在定温下进行，式中 Q_P 和 Q_V 是热效应，它们只取决于反应物的初状态。

从式（12-9）可以看出，定温定压反应热效应 Q_P 与定温定容反应热效应 Q_V 究竟哪一个大，这决定于反应前后系统摩尔数的变化。如 $\Delta n>0$，则 $Q_P>Q_V$；如 $\Delta n<0$，则 $Q_P<Q_V$；如 $\Delta n=0$，则 $Q_P=Q_V$。但应指出，ΔnR_0T 的值与 Q_P 和 Q_V 相比，是微不足道的，对于一般的燃料燃烧来说，可以忽略不计。因此，在实际测定燃料热值时，往往不考虑定压热值与定容热值的区别。

6. 盖斯定律（Hess's law）

根据能量守恒的原理，盖斯定律确定：反应热效应与反应的途径无关，不管这个化学反应过程是通过一个阶段完成，或经过几个阶段完成，只要反应前系统的状态与反应后系统的状态相同，那么它们的反应热效应必然相等。例如以 C 燃烧成 CO_2 为例，如直接燃烧成 CO_2，则

$$C+O_2 \longrightarrow CO_2+Q$$

如先燃烧成 CO，然后 CO 再燃烧成 CO_2，分两个阶段进行，则

$$C+\frac{1}{2}O_2 \longrightarrow CO+Q_1$$

$$CO+\frac{1}{2}O_2 \longrightarrow CO_2+Q_2$$

对上述两种情况来说，根据盖斯定律可得

$$Q=Q_1+Q_2 \tag{12-10}$$

盖斯定律使难以用实验测定的 Q_1 值，可通过测定 Q 及 Q_2 而得出 $Q_1=Q-Q_2$。

第三节 反应热与反应热效应计算

一、生成焓

由元素单质 C、H_2、O_2 等，在定温下生成化合物如 CO_2、CO、H_2O 等，这种化学反应过程叫生成反应。生成反应中，生成 1kmol 的化合物的反应热效应称为该化合物的生成焓，用符号 h_T^0 表示，其单位是 kJ/kmol。如生成反应在标准状态下进行，则所测得的标准反应热效应称为标准生成焓，用符号 h_{298}^0 表示，其单位是 kJ/kmol。

元素单质如 C、O_2、N_2、H_2 等不是化合物，规定它们的标准生成焓为零。为了进一步说明标准生成焓的物理意义，我们可以看如图 12-1 所示的一个稳定流动的燃料燃烧过程。

取炉子为控制容积。进入系统的反应物是标准状态下的 C 和 O_2，离开系统的生成物是标准状态下的 CO_2。化学反应方程式为

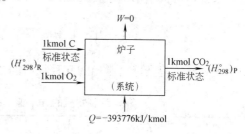

图 12-1 确定标准生成焓的示意图

$$C(s) + O_2(g) \longrightarrow CO_2(g)$$

在反应过程中测得系统传给外界的热量，就是标准反应热效应，其值 $Q = -393776$ kJ/kmol。应用式 (12-4a)，标准状态下的反应热效应为

$$Q = H_2 - H_1 = H_P - H_R = (h_{298}^0)_P - (h_{298}^0)_R$$

从化学反应方程可知，反应物 C 及 O_2 都是 1kmol，生成物也是 1kmol，所以上式可写成

$$Q = (h_{298}^0)_{CO_2} - [(h_{298}^0)_C + (h_{298}^0)_{O_2}]$$

由于元素单质 $(h_{298}^0)_C$ 及 $(h_{298}^0)_{O_2}$ 的标准生成焓均为零值，所以得到 CO_2 的标准生成焓为

$$(h_{298}^0)_{CO_2} = -393776 \text{ kJ/kmol}$$

表 12-1 列出了某些化合物的标准生成焓。

几种主要物质的标准生成焓 h_{298}^0（101325Pa，298K）　　　表 12-1

物质名称	化学式	分子量	物态	生成焓 h_{298}^0 (kJ/kmol)
一氧化碳	CO	28.011	气	−110598
二氧化碳	CO_2	44.011	气	−393776
水(汽)	H_2O	18.016	汽	−241988
水(液)	H_2O	18.016	液	−286030
甲烷	CH_4	16.043	气	−74897
乙炔	C_2H_2	26.038	气	−226883
乙烯	C_2H_4	28.054	气	−52326
乙烷	C_2H_6	30.070	气	−84724
丙烷	C_3H_8	44.097	气	−103916
正丁烷	C_4H_{10}	58.124	气	−124809
碳(石墨)	C	12.011	固	0
氮	N_2	28.013	气	0
氧	O_2	31.998	气	0
氢	H_2	2.159	气	0
辛烷(气)	C_8H_{18}	114.23	气	−208586
辛烷(液)	C_8H_{18}	114.23	液	−250119

注：1. 水在标准状态下可以有两种状态存在，因此相应地有两个生成焓数据。

2. 本表所列标准生成焓数据系摘自 Richard E. Balzhiser and Michael R. Samnels《Engineering Thermodynamics》1977。

如果化学反应不在 298K 下进行，而是在 $p=101325\text{Pa}$ 及任意温度下进行，则其生成焓可通过标准生成焓求得。对 1kmol 生成物而言，由已知标准生成焓求任意状态的生成焓的计算式为

$$h_T^0 = h_{298}^0 + \Delta h_T^0 \tag{12-11}$$

式中 h_{298}^0——标准生成焓，可从表12-1查得；

Δh_T^0——从 298K，在定压下加热到 T 时的物理焓的变化。

此物理焓值的变化与反应的过程无关，仅决定于反应物或生成物状态的变化。对理想气体来说，可按摩尔定压真实比热容公式进行计算，即

$$\Delta h_T^0 = \int_{298}^T (a_0 + a_1 T + a_2 T^2 + a_3 T^3) dT \quad (\text{kJ/kmol})$$

由于上式计算复杂，对常用的几种物质的 Δh_T^0 值已列于表12-2上。

几种物质的 Δh_T^0 值（$\Delta h_T^0 = h_T^0 - h_{298}^0$）(kJ/kmol)　　　表12-2

T(K)	CO_2	CO	H_2O	H_2	O_2	N_2
175	−4209	−3575	−4100	−3437	−3583	−3578
200	−3415	−2848	−3272	−2749	−2863	−2849
225	−2588	−2122	−2442	−2055	−2139	−2122
250	−1730	−1396	−1609	−1356	−1410	−1395
275	−842	−669	−773	−652	−678	−668
298	0	0	0	0	0	0
300	74	58	67	57	59	58
350	1989	1517	1760	1486	1547	1513
400	4003	2984	3471	2928	3054	2974
450	6109	4460	5203	4381	4582	4442
500	8298	5949	6957	5843	6130	5920
600	12895	8968	10539	8786	9287	8912
700	17745	12049	14228	11749	12526	11960
800	22803	15197	18038	14728	15842	15669
900	28031	18412	21957	17723	19230	18241
1000	33402	21691	26004	20738	22682	21475
1100	38891	25030	30176	23777	26190	24767
1200	44479	28423	34471	26845	29746	28114
1300	50150	31864	38887	29949	33343	31510
1400	55892	35346	43422	33092	36873	34949
1500	61696	38861	48070	36280	40632	38424
1600	67554	42405	52827	39516	44313	41931
1700	73460	45972	57685	42801	48015	45463
1800	79408	49556	62639	46134	51735	49018
1900	85394	53156	67678	49515	55472	52590
2000	91414	56770	72794	52940	59227	56178
2100	97465	60395	77977	56405	63002	59780
2200	103542	64032	83214	59904	66799	63395
2300	109642	67681	88491	63432	70621	67024
2400	115763	71343	93793	66983	74471	70665
2500	121901	75019	99103	70553	78349	74321
2600	128054	78709	104401	74140	82258	77990
2700	134222	82413	109663	77743	86194	81671
2800	140402	86127	114863	81368	90155	85364
2900	146598	89846	119971	85022	94132	89063
3000	152813	93363	124953	88724	98112	92762

注：此表的出处与表12-1相同。

二、定温下反应热效应计算

在标准状态下反应热效应的计算式可从式（12-4a）得出：

$$Q = (H_{298}^0)_P - (H_{298}^0)_R = \sum n_P (h_{298}^0)_P - \sum n_R (h_{298}^0)_R \qquad (12\text{-}12)$$

式中 $(H_{298}^0)_P$——全部生成物的标准生成焓（kJ）；

$(H_{298}^0)_R$——全部反应物的标准生成焓（kJ）；

$(h_{298}^0)_P$——系统中某一种生成物 1kmol 的标准生成焓（kJ/kmol）；

$(h_{298}^0)_R$——系统中某一种反应物 1kmol 的标准生成焓（kJ/kmol）；

n_P——系统中某一种生成物的摩尔数；

n_R——系统中某一种反应物的摩尔数。

式（12-12）就是计算标准反应热效应的普遍式。从式中可以知道，标准反应热效应等于全部生成物的标准生成焓减去全部反应物的标准生成焓。标准反应热效应可从标准生成焓的数值求得，有关常用物质的标准生成焓值已列在表 12-1 中。

如化学反应过程在 $p=101325$Pa 及任意温度 T 下进行，此时只需将式（12-10）中的 $h_T^0 = h_{298}^0 + \Delta h_T^0$ 代入式（12-4a），即可得到任意温度下的反应热效应计算式：

$$Q = (H_T^0)_P - (H_T^0)_R$$

或
$$Q = \sum n_P (h_T^0)_P - \sum n_R (h_T^0)_R \qquad (12\text{-}13)$$
$$= \sum n_P [(h_{298}^0)_P + (\Delta h_T^0)_P] - \sum n_R [(h_{298}^0)_R + (\Delta h_T^0)_R]$$

式中 $(H_T^0)_P$——全部生成物在标准压力及 T 下的生成焓（kJ）；

$(H_T^0)_R$——全部反应物在标准压力及 T 下的生成焓（kJ）；

$(\Delta h_T^0)_P$——系统中某一种生成物由 298K 变化到 T 时，1kmol 物理焓的变化（kJ/kmol）；

$(\Delta h_T^0)_R$——系统中某一种反应物由 298K 变化到 T 时，1kmol 物理焓的变化（kJ/kmol）。

式（12-13）就是计算在温度 T 下反应热效应的普遍式。此时，反应热效应等于全部生成物的生成焓减去全部反应物的生成焓。应该指出：式（12-13）中的物理焓的变化 $(\Delta h_T^0)_P$ 及 $(\Delta h_T^0)_R$ 有相同的温度变化，都是从 298K 变化到温度 T。

【例 12-3】 利用标准生成焓，计算下列化学反应的标准热效应。

$$C_8H_{18}(l) + 12.5O_2(g) \longrightarrow 8CO_2(g) + 9H_2O(g)$$

【解】 由表 12-1 可查得标准生成焓为

$$(h_{298}^0)_{C_8H_{18}(l)} = -250119 \text{kJ/kmol}$$
$$(h_{298}^0)_{CO_2(g)} = -393776 \text{kJ/kmol}$$
$$(h_{298}^0)_{H_2O(g)} = -241998 \text{kJ/kmol}$$

由式（12-12）可得标准反应热效应为

$$Q = \sum n_P (h_{298}^0)_P - \sum n_R (h_{298}^0)_R$$
$$= 8(h_{298}^0)_{CO_2} + 9(h_{298}^0)_{H_2O(g)} - (h_{298}^0)_{C_8H_{18}(l)} - 12.5(h_{298}^0)_{O_2}$$
$$= 8(-393776) + 9(-241988) - (-250119) - 12.5(0)$$

$$=-5077981 \text{kJ/mol}$$

计算结果表明：每千摩尔液态辛烷在标准状态下进行完全燃烧，其反应热效应为 -5077981kJ/kmol，标准状态下燃料的低热值为 5077981kJ/kmol。

三、非定温下反应热的计算

式（12-12）及式（12-13）适用于定温下的反应系统，此时系统与外界交换的热量称为反应热效应。在燃料燃烧等实际的化学反应过程中，反应物与生成物的温度并不相等。根据前面的定义，非定温下系统与外界交换的热量称为反应热。在非定温下反应热的计算式，可以从式（12-13）演变得到，如反应物的温度为 T_1，反应后生成物的温度为 T_2，则非定温下反应热的计算式为

$$Q = \sum n_P (h^0_{T_2})_P - \sum n_R (h^0_{T_1})_R$$
$$= \sum n_P [(h^0_{298})_P + (\Delta h^0_{T_2})_P] - \sum n_R [(h^0_{298})_R + (\Delta h^0_{T_1})_R] \quad (12\text{-}14)$$

式中 $(h^0_{T_2})_P$ ——系统中某一生成物温度为 T_2 时，1kmol 的生成焓（kJ/kmol）；

$(h^0_{T_1})_R$ ——系统中某一生成物温度为 T_1 时，1kmol 的生成焓（kJ/kmol）；

$(\Delta h^0_{T_2})_P$ ——系统中某一生成物由 298K 变化到 T_2 时，1kmol 的物理焓的变化（kJ/kmol）；

$(\Delta h^0_{T_1})_R$ ——系统中某一反应物由 298K 变化到 T_1 时，1kmol 的物理焓的变化（kJ/kmol）。

【例 12-4】 如进入炉子的 CO 及空气均为标准状态，而过量空气系数 $\alpha=1.5$。若燃烧产物离开炉子时的温度 $T_2=1300\text{K}$。求 1kmol CO 在反应过程中反应热。

【解】 当过量空气系数 $\alpha=1.5$ 时，CO 的燃烧反应式为

$$CO + 1.5 \times \frac{1}{2}O_2 + 1.5 \times \frac{1}{2} \times 3.76 N_2 \longrightarrow CO_2 + 0.5 \times \frac{1}{2}O_2 + 1.5 \times \frac{1}{2} \times 3.76 N_2$$

或
$$CO + 0.75 O_2 + 2.82 N_2 \longrightarrow CO_2 + 0.25 O_2 + 2.82 N_2$$

从表 12-1 查得各化合物的标准生成焓

$$(h^0_{298})_{CO(g)} = -110598 \text{kJ/kmol}$$
$$(h^0_{298})_{CO_2(g)} = -393776 \text{kJ/kmol}$$

从表 12-2 查得当 $T_2=1300\text{K}$ 时生成物的物理焓

$$(\Delta h^0_{T_2})_{CO_2} = 50150 \text{kJ/kmol}$$
$$(\Delta h^0_{T_2})_{O_2} = 33343 \text{kJ/kmol}$$
$$(\Delta h^0_{T_2})_{N_2} = 31510 \text{kJ/kmol}$$

在标准状态下 $T_1=298\text{K}$，反应物的物理焓均为零值。

将上述数据代入式（12-13），即可求得 1kmol CO 在非定温下的反应热为

$$Q = \sum n_P (h^0_{T_2})_P - \sum n_R (h^0_{T_1})_R$$
$$= [(h^0_{298})_{CO_2} + (\Delta h^0_{T_2})_{CO_2} + 0.25(\Delta h^0_{T_2})_{O_2} + 2.82(\Delta h^0_{T_2})_{N_2}] - [(h^0_{298})_{CO}]$$
$$= [-393776 + 50150 + 0.25 \times 33343 + 2.82 \times 31510] - [-110598]$$
$$= -135834 \text{kJ/mol}$$

从上例的计算说明，由于系统生成物出口的温度 T_2 明显大于系统反应物温度 $T_1=$

298K，而且过量空气系数 $\alpha=1.5$。因此 1kmol CO 的反应热明显低于标准状态下的反应热效应。应用盖斯定律式（12-10）可得，1kmol CO 在标准状态下，当 $\alpha=1.0$ 时的标准反应热效应为

$$Q_{P,298}=(h_{298}^0)_{CO_2}-(h_{298}^0)_{CO}=-393776-(-110598)=-283178 \text{kJ/mol}$$

上例中非定温过程中的反应热远小于标准反应热效应，其所差之值 $283178-135834=147334$ kJ/kmol 为燃烧产物所携带。

四、理论燃烧温度

燃料与空气在定压或定容下进行燃烧，产生的热效应分为两部分：一部分通过热交换传给外界，即所谓反应热，另一部分使燃烧产物的温度升高，被燃烧产物所带走。燃料如在绝热条件下进行完全燃烧，则可以得到最高的燃烧温度，称为理论燃烧温度。一般取标准状态下的温度 298K 作为计算的基准点，即认为进入炉子（系统）的反应物的温度是 25℃。

根据式（12-14）很容易导出理论燃烧温度的计算公式，由于燃料和空气在标准状态下进入系统进行绝热燃烧，所以反应物的物理焓 $(\Delta h_{298}^0)_R=0$，反应热 $Q=0$。若用 T 表示理论燃烧温度，则式（12-14）可写成

$$\sum n_P[(h_{298}^0)_P+(\Delta h_T^0)_P]=\sum n_R(h_{298}^0)_R$$

从而可得

$$\sum n_P(\Delta h_T^0)_P=\sum n_R(h_{298}^0)_R-\sum n_P(h_{298}^0)_P \tag{12-15}$$

式（12-15）右边就是燃料在燃烧过程中释放出来的热能，这部分热能完全用来增加燃烧产物的物理焓，即 $\sum n_P(\Delta h_T^0)_P$，使得其温度由 298K 增加到理论燃烧温度 T。式（12-15）就是理论燃烧温度的计算公式。

【例 12-5】 求用理论空气量使甲烷（CH_4）完全燃烧所能达到的理论燃烧温度。

【解】 根据题意，CH_4 完全燃烧的反应式为

$$CH_4+2O_2+2\times 3.76N_2 \longrightarrow CO_2+2H_2O(g)+2\times 3.76N_2$$

即

$$CH_4+2O_2+7.52N_2 \longrightarrow CO_2+2H_2O(g)+7.52N_2$$

从表 12-1 查得标准生成焓

$$(h_{298}^0)_{CO_2}=-393776 \text{kJ/kmol}$$

$$(h_{298}^0)_{H_2O_{(g)}}=-241988 \text{kJ/kmol}$$

$$(h_{298}^0)_{CH_4}=-74897 \text{kJ/kmol}$$

将上述数据分别代入式（12-15）得

$$\begin{aligned}\sum n_P(\Delta h_T^0)_P &=\sum n_R(h_{298}^0)_R-\sum n_P(h_{298}^0)_P\\ &=(h_{298}^0)_{CH_4}-(h_{298}^0)_{CO_2}-2(h_{298}^0)_{H_2O_{(g)}}\\ &=-74897-(-393776)-2(-241988)\\ &=802855 \text{kJ}\end{aligned}$$

求理论燃烧温度可用试算法，若取 $T=2300$K，从表 12-2 可得

$$(\Delta h_T^0)_{CO_2}=109642 \text{kJ/kmol}$$

$$(\Delta h_T^0)_{H_2O}=88491 \text{kJ/kmol}$$

$$(\Delta h_T^0)_{N_2}=67024 \text{kJ/kmol}$$

代入式（12-15）则得

$$\sum n_P(\Delta h_T^0)_P = (\Delta h_T^0)_{CO_2} + 2(\Delta h_T^0)_{H_2O} + 7.52(\Delta h_T^0)_{N_2}$$
$$= 109642 + 2 \times 88491 + 7.52 \times 67024 = 790645 \text{kJ}$$

由于 790645kJ<802855kJ，说明所选的理论燃烧温度 2300K 偏小。若取 $T=2400$K，从表 12-2 查得：

$$(\Delta h_T^0)_{CO_2} = 115763 \text{kJ/kmol}$$
$$(\Delta h_T^0)_{H_2O} = 93793 \text{kJ/kmol}$$
$$(\Delta h_T^0)_{N_2} = 70665 \text{kJ/kmol}$$

将上列数值代入式（12-15），则得

$$\sum n_P(\Delta h_T^0)_P = (\Delta h_T^0)_{CO_2} + 2(\Delta h_T^0)_{H_2O} + 7.52(\Delta h_T^0)_{N_2}$$
$$= 115763 + 2 \times 93793 + 7.52 \times 70665 = 834750 \text{kJ}$$

所得结果 834750kJ>802855kJ，说明理论燃烧温度将在 2300K 到 2400K 之间，用内插法可得理论燃烧温度为

$$T = 2300 + \frac{802855 - 790645}{834750 - 790645} \times 100 = 2300 + 26.7 = 2326.7 \text{K}$$

实际燃烧反应不可能十分完全，高温下反应物会部分分解，反应系统向外界也会有散热损失，考虑到这些因素，实际的燃烧温度总要比理论燃烧温度低。如增大过量空气系数 α，虽可使燃烧反应完全，但由于空气量的增加，必然也会导致理论燃烧温度的下降。因此，在过量空气系数 $\alpha > 1$，而系统又不可能完全绝热的情况下，实际燃烧温度远低于理论燃烧温度。

第四节 热力学第二定律在化学反应中的应用

一、概述

热力学第一定律应用于化学反应，使我们建立了计算反应热与反应热效应等的能量平衡关系式。热力学第二定律在本质上是指出热力过程进行的方向的一个定律，这对于化学反应过程也是适用的。在第五章我们已得出有关孤立系统熵变化的下列关系式

$$dS_{iso} = dS + dS_{sur} \geq 0 \tag{12-16}$$

这一孤立系统熵增原理的结论也适用于具有化学反应的过程，它可以用来判断化学过程进行的方向和平衡问题，但使用起来不够方便，因为不仅要计算化学反应系统熵的变化 dS，还要计算外界环境熵的变化 dS_{sur}。我们可以利用式（12-16）在指定条件下导出新的状态参数，并且只要知道这些新的状态参数的变化，就能分析特定化学过程进行的方向和平衡，这里所说的新的状态参数有两个，它们就是在第六章中曾简单介绍过的自由能 $F = U - TS$ 和自由焓 $G = H - TS$。

二、自由能与最大有用功

从应用于化学反应的热力学第一定律能量平衡关系式（12-2）

$$\delta Q = dU + \delta W$$

从热力学第二定律熵的定义式可得

$$TdS \geq \delta Q$$

合并上列两式，则得
$$TdS \geq dU + \delta W \qquad (a)$$
从自由能的定义式 $F = U - TS$ 可得
$$dF = dU - TdS - SdT \qquad (b)$$
以式（a）代入式（b）则有
$$dF \leq -SdT - \delta W \qquad (12\text{-}17)$$

等号适用于可逆过程，不等号适用于不可逆过程。式中 δW 是指微元过程中的总功，$\delta W = \delta W_{ex} + \delta W_a$。

对于定温定容过程，$dT = 0$ 及 $dV = 0$，则 $\delta W_{ex} = 0$，因而 $\delta W = \delta W_a$，将这些关系代入式（12-17）则得
$$dF \leq -\delta W_a$$
或
$$F_1 - F_2 \geq \delta W_a \qquad (12\text{-}18)$$

式（12-18）是定温定容过程中自由能与有用功之间的一般关系式。现分析如下：

1. 在一般的定温定容反应过程中，如燃料的燃烧过程，并不产生有用功，$W_a = 0$，则式（12-18）变为
$$F_1 - F_2 \geq 0 \qquad (12\text{-}19)$$

式（12-19）中等号适用于可逆过程，大于号适用于不可逆过程。上式说明，在定温定容不对外做有用功的不可逆反应过程中，系统的自由能必然减少，即反应过程向系统自由能减小的方向进行，一旦系统自由能达到最小值，则反应停止，系统达到了化学平衡状态，此时系统的自由能不再变化。因此，化学反应系统的自由能函数 F 可以用来判断定温定容过程的方向，这一过程永远朝着自由能减小的方向进行，直到平衡为止。

2. 式（12-18）将系统自由能与有用功相联系，如进行的是可逆的定温定容化学反应过程，则产生的最大有用功等于系统自由能的减少：
$$W_{\varphi,\max} = F_1 - F_2$$

3. 如进行的是不可逆定温定容过程，则从式（12-18）可得
$$W_{\varphi,\max} < F_1 - F_2$$

上式说明，在不可逆定温定容反应过程中，有用功总是小于系统自由能的减少。根据过程不可逆的程度，有用功 W_a 可在零与 $W_{a,\max}$ 之间变化。例如燃料的定温定容燃烧过程，不做有用功，$W_a = 0$，因此，系统自由能将减少，如式（12-19）所示。

三、自由焓与最大有用功

将自由能的定义式 $F = U - TS$ 代入自由焓的定义式 $G = H - TS = U + pV - TS$，则得 $G = F + pV$，因此
$$dG = dF + pdV + Vdp$$
以式（12-17）代入上式则得
$$dG \leq -SdT + pdV + Vdp - \delta W$$
因为 $\delta W = \delta W_{ex} + \delta W_a = pdV + \delta W_a$，代入上式则得
$$dG \leq -SdT + Vdp - \delta W_a \qquad (12\text{-}20)$$

等号适用于可逆过程，不等号适用于不可逆过程。

在定温定压的化学反应过程中 $dT = 0$ 及 $dp = 0$。式（12-20）变为

$$dG \leqslant -\delta W_a$$

或
$$G_1 - G_2 \geqslant \delta W_a \tag{12-21}$$

式（12-21）是定温定压过程中自由焓与有用功的一般关系式，现讨论如下：

1. 在一般的定温定压反应过程中，如燃料的燃烧，并不产生有用功，$W_a = 0$，故式（12-21）变为

$$G_1 - G_2 \geqslant 0 \tag{12-22}$$

式（12-22）中等号适用于可逆过程，大于号适用于不可逆过程。上式说明，对定温定压不对外做有用功的不可逆反应过程，系统的自由焓必然减小，即反应过程朝着系统自由焓减少的方向进行。一旦系统自由焓达到最小值，反应即停止，化学反应系统达到平衡，在平衡状态下系统的自由焓不再变化。因此，化学反应过程中系统的自由焓，可以用来判断定温定压过程进行的方向，这一过程永远朝着自由焓减小的方向进行，直到系统平衡为止。

2. 式（12-21）将系统自由焓与有用功相联系。如进行的是可逆定温定压化学反应过程，则产生的最大有用功等于系统自由焓的减少：

$$W_{a,\max} = G_1 - G_2$$

3. 如进行的是不可逆的定温定压化学反应过程，则

$$W_a < G_1 - G_2$$

上式说明，在不可逆定温定压化学反应过程中，有用功 W_a 总是小于自由焓的减少，即总是小于最大有用功。根据过程不可逆的程度，有用功 W_a 可在零与 $W_{a,\max}$ 之间变化。对燃料的定温定压燃烧过程，由于 $W_a = 0$，因而系统自由焓将减少，如式（12-22）所示。

第五节　化学平衡及平衡常数

化学反应是物质的相互转化过程，反应物的分子在相互接触时发生作用，这时反应物的分子被破坏，产生生成物的分子。同时生成物的分子在相互接触时也会发生作用，它们可以被破坏而重新变成反应物的分子。化学反应过程方程式可表示为

$$A_1 + A_2 \longleftrightarrow B_1 + B_2 \tag{12-23}$$

式中，A_1、A_2 代表反应物，B_1、B_2 代表生成物。

从式（12-23）可以看出：A_1 及 A_2 可以变成 B_1 及 B_2，同时 B_1 及 B_2 也可变成 A_1 及 A_2，这两种过程同时进行着。根据反应环境的不同，有时正向进行有利，有时逆向进行有利，有时处在所谓平衡状态。形成生成物或重新变为反应物取决于正向与逆向的反应速度，而反应速度又取决于反应物与生成物的浓度。当反应尚未达到平衡时，各物质的摩尔浓度用大写字母 C_{A_1}、C_{A_2}、C_{B_1}、C_{B_2} 来表示。摩尔浓度是指每立方米中物质的摩尔数，因此，某物质的摩尔浓度 $C_i = \dfrac{n_i}{V}$。根据质量作用定律，化学反应的速度与各反应物的摩尔浓度成正比。因此，自左向右形成生成物 B_1 及 B_2 的正向反应瞬时速度 v_1 为

$$v_1 = k_1 C_{A_1} C_{A_2}$$

式中，k_1 为正向反应的速度常数。

自右向左反方向的瞬时速度 v_2 为

$$v_2 = k_2 c_{B_1} c_{B_2}$$

式中，k_2 为反向反应的速度常数。

当化学平衡时，$v_1 = v_2$，此时各物质的浓度称为平衡浓度，用小写符号 c_{A_1}、c_{A_2}、c_{B_1}、c_{B_2} 等表示。将各物质的平衡浓度代入等式 $v_1 = v_2$ 可以得到

$$k_1 c_{A_1} c_{A_2} = k_2 c_{B_1} c_{B_2}$$

通常把上式改写成

$$\frac{k_1}{k_2} = \frac{c_{B_1} c_{B_2}}{c_{A_1} c_{A_2}}$$

k_1 与 k_2 对于某一反应式在一定温度下是常数，它们的比值也应当是一个常数，用符号 K_c 代表比值 $\frac{k_1}{k_2}$，这个常数 K_c 称为化学平衡常数。于是

$$K_c = \frac{c_{B_1} c_{B_2}}{c_{A_1} c_{A_2}} \tag{12-24}$$

对于指定的化学反应，平衡常数的大小决定于反应时的温度。

如果反应式具有下列形式

$$\alpha_1 A_1 + \alpha_2 A_2 \longleftrightarrow \beta_1 B_1 + \beta_2 B_2$$

这里 α_1、α_2、β_1、β_2 表示各物质的摩尔数，那么平衡常数 K_c 具有下列形式

$$K_c = \frac{c_{B_1}^{\beta_1} c_{B_2}^{\beta_2}}{c_{A_1}^{\alpha_1} c_{A_2}^{\alpha_2}} \tag{12-25}$$

在这里应该指出，式（12-24）及（12-25）只适用于单相的化学反应，而且组成系统的物质都是气态物质。但在有些化学反应中，参加反应的物质其中有一些是固态或液态，而其他一些则是气态，如：

$$C(s) + CO_2(g) \longleftrightarrow 2CO(g)$$

在这种情况下，固体或液体由于受热升华或蒸发的结果，产生了这些物质的蒸气。此时反应之所以进行，是由于固体或液体的蒸气与气态物质互相之间发生反应所致。在反应中，蒸气的减少由固体升华或液体蒸发来补充。还有，不管什么反应，固体或液体的饱和蒸气的分压力取决于反应时的温度。当反应温度为某一数值时，饱和蒸气的分压力相应为某一数值保持不变，并与发生这些蒸气的固体或液体处于平衡状态，即参加化学反应的固体或液体的蒸气的浓度保持不变。因此在计算平衡常数时，固体或液体的浓度变化不予以考虑，而把其影响包含在正向反应的速度常数 k_1 或反向反应的速度常数 k_2 中。这样，上述化学反应式的平衡常数为

$$K_c = \frac{c_{CO}^2}{c_{CO_2}}$$

如果参与反应的物质均为气态物质，由于气体的浓度与气体的分压力成正比，那么平衡常数也可以用分压力来表示。利用气体状态方程式 $p_i V = n_i R_0 T$ 和浓度定义式 $C_i = \frac{n_i}{V}$ 可得

$$C_i = \frac{n_i}{V} = \frac{p_i}{R_0 T} \tag{12-26}$$

式中　n_i——系统中某一种气体的摩尔数；
　　　p_i——系统中某一种气体的分压力；
　　　V——系统的容积。

这样，用化学反应达到平衡时的各物质的分压力表示的平衡常数 K_p。可写成

$$K_p = \frac{p_{B_1}^{\beta_1} p_{B_2}^{\beta_2}}{p_{A_1}^{\alpha_1} p_{A_2}^{\alpha_2}} \tag{12-27}$$

式中 p_{A_1}、p_{A_2}、p_{B_1}、p_{B_2} 表示在化学平衡时各种气态物质的分压力。

按照式（12-26）可知

$$c_{A_1} = \frac{p_{A_1}}{R_0 T}; \quad c_{A_2} = \frac{p_{A_2}}{R_0 T}; \quad c_{B_1} = \frac{p_{B_1}}{R_0 T}; \quad c_{B_2} = \frac{p_{B_2}}{R_0 T}$$

将上列各式代入式（12-27），则得

$$K_p = \frac{c_{B_1}^{\beta_1} c_{B_2}^{\beta_2}}{c_{A_1}^{\alpha_1} c_{A_2}^{\alpha_2}} (R_0 T)^{\beta_1 + \beta_2 - \alpha_1 - \alpha_2}$$

令 $(\beta_1 + \beta_2) - (\alpha_1 + \alpha_2) = \Delta n$，再利用式（12-25），可将上式写成

$$K_p = K_c (R_0 T)^{\Delta n} \tag{12-28}$$

式中，Δn 为反应前后系统中气态物质总摩尔数的变化。

式（12-28）确定了 K_c 与 K_p 之间的关系，在一般情况下，平衡常数 K_c 与 K_p 不等。K_c 或 K_p 的数值可根据所给出的反应温度从化学手册中查得。

【例 12-6】 已知发生炉水煤气的反应式为

$$CO + H_2O \longleftrightarrow CO_2 + H_2$$

当 $T = 1000K$ 及 $p = 101325Pa$，平衡常数 $K_p = 1.39$。反应开始时混合气体中有 1kmol 的 CO 和 1kmol 的 H_2O。试求当达到平衡时各组成气体的摩尔质量及各组成气体的分压力。

【解】 假设达到化学平衡时生成 x kmol 的 CO_2，根据化学反应式可知，一定也有 x kmol 的 H_2 生成，剩下未参加反应的 CO 及 H_2O 各为 $(1-x)$ kmol。

从化学反应式还可以看出，反应前后系统摩尔数没有变化，即 $\Delta n = 0$，则由式（12-28）可得 $K_c = K_p = 1.39$，同时，系统的总容积也未变化，仍为 2kmol 容积（$2V_M$）。所以在达到化学平衡时，各物质的摩尔浓度为

$$c_{CO_2} = \frac{x}{2V_M}; \quad c_{H_2} = \frac{x}{2V_M}; \quad c_{CO} = \frac{1-x}{2V_M}; \quad c_{H_2O} = \frac{1-x}{2V_M}$$

把这些摩尔浓度值代入平衡常数 $K_c = \frac{c_{CO_2} c_{H_2}}{c_{CO} c_{H_2O}}$ 中，整理后得

$$1.39 = \frac{x^2}{(1-x)^2}$$

可解得：$x = 0.541$，即 CO_2 和 H_2 各为 0.541kmol；$1-x = 0.459$，即 CO 和 H_2O 各为 0.459kmol。在平衡时系统总的摩尔数为

$$0.541 + 0.541 + 0.459 + 0.459 = 2 \text{kmol}$$

最后 CO_2 和 H_2 的摩尔分量各为

$$\frac{0.541}{2} = 0.2705 = 27.05\%$$

CO 和 H_2O 的摩尔分量各为

$$\frac{0.459}{2} = 0.2295 = 22.95\%$$

各组成气体的分压力为

$$p_{CO_2} = p_{H_2} = \frac{0.541}{2} \times 101325 = 27408.5 \text{Pa}$$

$$p_{CO} = p_{H_2O} = \frac{0.459}{2} \times 101325 = 23254 \text{Pa}$$

第六节　化学反应定温方程式

从第六章式（6-9）可得自由焓的计算式为

$$dG = Vdp - SdT$$

上式适用于不做有用功的可逆过程。对可逆的定温过程而言，$dT=0$，上式可简化为

$$dG = Vdp$$

再将理想气体状态方程式代入，则得

$$dG = nR_0 T \frac{dp}{p}$$

或

$$\Delta G = nR_0 T \int_P^p \frac{dp}{p} = nR_0 T \ln \frac{p}{P} \tag{12-29}$$

式（12-29）适用于理想气体的可逆定温过程，式中大写 P 表示非平衡时的压力，小写 p 表示平衡时的压力。式（12-29）说明：在可逆的定温过程中，由非平衡压力变化到平衡压力时系统自由焓的变化。

如进行的是定温定压的可逆过程，则式（12-29）变为

$$\Delta G = 0 \tag{12-30}$$

式（12-30）说明，进行可逆定温定压过程时，系统的自由焓不变。

设由理想气体组成系统的化学反应式为

$$\alpha_1 A_1 + \alpha_2 A_2 \longleftrightarrow \beta_1 B_1 + \beta_2 B_2$$

设定反应是在定压定温下进行，而且对外不作任何有用功，同时规定反应前各物质的浓度和分压力为大写的 C_{A_1}、C_{A_2}、C_{B_1}、C_{B_2} 和 P_{A_1}、P_{A_2}、P_{B_1}、P_{B_2}；在平衡时的浓度及分压力为小写的 c_{A_1}、c_{A_2}、c_{B_1}、c_{B_2} 和 p_{A_1}、p_{A_2}、p_{B_1}、p_{B_2}。因此，可以从计算 ΔG 的值来决定上述反应的方向。

假定上述化学反应自左至右进行，此时自由焓的增量为 ΔG。另外我们假想化学反应从另一途径进行，即反应物 $\alpha_1 A_1$ 和 $\alpha_2 A_2$ 先进行可逆的定温变化过程（变化极其缓慢），使其分压力由 P_{A_1} 和 P_{A_2} 变化至平衡时 p_{A_1} 和 p_{A_2}，此时自由焓的增量为 ΔG_1。接着反应物在定压定温下进行可逆的化学反应过程，使其由平衡状态的 p_{A_1} 和 p_{A_2} 反应至平衡状态的 p_{B_1} 和 p_{B_2}，自由焓的增量为 ΔG_2。最后将生成物 $\beta_1 B_1$ 和 $\beta_2 B_2$ 进行可逆的定温变化过

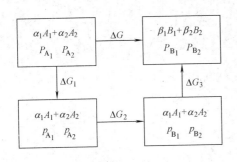

图 12-2 定温化学反应方程式的推导图

程（变化也极其缓慢），使其分压力由平衡状态的 p_{B_1} 和 p_{B_2} 变化至 P_{B_1} 和 P_{B_2}，此时自由焓的增量为 ΔG_3。整个过程可以用图解表示出来，如图 12-2 所示。

由于两种途径的初、终态相同，根据自由焓是状态参数的性质可得

$$\Delta G = \Delta G_1 + \Delta G_2 + \Delta G_3$$

十分明显，ΔG_1 和 ΔG_3 分别可根据式（12-29）求得，即

$$\Delta G_1 = \alpha_1 R_0 T \ln \frac{p_{A_1}}{P_{A_1}} + \alpha_2 R_0 T \ln \frac{p_{A_2}}{P_{A_2}}$$

$$\Delta G_3 = \beta_1 R_0 T \ln \frac{P_{B_1}}{p_{B_1}} + \beta_2 R_0 T \ln \frac{P_{B_2}}{p_{B_2}}$$

根据式（12-30）的结论，对于定压定温的可逆过程，$dG=0$，则 $\Delta G_2=0$。这样

$$\Delta G = \Delta G_1 + 0 + \Delta G_3 = \alpha_1 R_0 T \ln \frac{p_{A_1}}{P_{A_1}} + \alpha_2 R_0 T \ln \frac{p_{A_2}}{P_{A_2}} + \beta_1 R_0 T \ln \frac{P_{B_1}}{p_{B_1}} + \beta_2 R_0 T \ln \frac{P_{B_2}}{p_{B_2}}$$

$$= R_0 T \left[\alpha_1 \ln \frac{p_{A_1}}{P_{A_1}} + \alpha_2 \ln \frac{p_{A_2}}{P_{A_2}} + \beta_1 \ln \frac{P_{B_1}}{p_{B_1}} + \beta_2 \ln \frac{P_{B_2}}{p_{B_2}} \right]$$

$$= R_0 T \left[\ln \frac{P_{B_1}^{\beta_1} P_{B_2}^{\beta_2}}{P_{A_1}^{\alpha_1} P_{A_2}^{\alpha_2}} - \ln \frac{p_{B_1}^{\beta_1} p_{B_2}^{\beta_2}}{p_{A_1}^{\alpha_1} p_{A_2}^{\alpha_2}} \right]$$

而式中 $\dfrac{p_{B_1}^{\beta_1} p_{B_2}^{\beta_2}}{p_{A_1}^{\alpha_1} p_{A_2}^{\alpha_2}} = K_p$，因此

$$\Delta G = R_0 T \left[\ln \frac{P_{B_1}^{\beta_1} P_{B_2}^{\beta_2}}{P_{A_1}^{\alpha_1} P_{A_2}^{\alpha_2}} - \ln K_p \right] \tag{12-31}$$

同理也可以将上式写成下列形式

$$\Delta G = R_0 T \left[\ln \frac{C_{B_1}^{\beta_1} C_{B_2}^{\beta_2}}{C_{A_1}^{\alpha_1} C_{A_2}^{\alpha_2}} - \ln K_c \right] \tag{12-32}$$

式（12-31）及式（12-32）把化学反应的自由焓的增量与平衡常数以及参加反应的那些物质的初始压力或初始浓度联系起来。这个方程式叫做化学反应的定温方程式。

定温化学反应方程式在化学反应的平衡理论中有重大意义。

当括号中第一项的值大于第二项时，$\Delta G > 0$，化学反应不能正向进行，只能反向进行。

当括号中第一项的值小于第二项时，$\Delta G < 0$，则化学反应沿正向进行。

当括号中第一项的值与第二项相等，$\Delta G = 0$，则化学反应处于平衡状态。

必须指出，式（12-31）及式（12-32）是通过定温定压而且不对外做有用功的条件下推导而得。我们也可针对定温定容反应，用与上述同样的方法导得

$$\Delta F = R_0 T \left[\ln \frac{P_{B_1}^{\beta_1} P_{B_2}^{\beta_2}}{P_{A_1}^{\alpha_1} P_{A_2}^{\alpha_2}} - \ln K_p \right] \tag{12-33}$$

及
$$\Delta F = R_0 T \left[\ln \frac{C_{B_1}^{\beta_1} C_{B_2}^{\beta_2}}{C_{A_1}^{\alpha_1} C_{A_2}^{\alpha_2}} - \ln K_c \right] \tag{12-34}$$

式（12-31）至式（12-34）通称为化学反应定温方程式，它们分别用来判断定温定压反应和定温定容反应进行的方向。

第七节 热力学第三定律

热力学第三定律是德国物理学家、物理化学家能斯特（W. Nernst）于1906年在研究低温物理现象时得出的一个独立的定律。著名的能斯特定理为（Nernst theorem）表达为：当温度趋近于绝对零度时，凝聚系统（即固体和液体），在可逆定温过程中熵的变化等于零，即

$$\lim_{T \to 0} (\Delta S)_T = 0 \tag{12-35}$$

这也就是热力学第三定律的能斯特说法。

在研究低温物理时，人们发现当系统接近绝对零度时，要进一步降低温度十分困难，到1912年能斯特又提出绝对零度不可达到的原理。于是热力学第三定律的另一种说法是：不能用有限的步骤使一个系统的温度降低到绝对零度。

根据能斯特原理，普朗克（M. Planck）把能斯特原理进一步引申而作了如此的假定：当温度趋近于绝对零度时，凝聚系统的熵的绝对值趋近于零，即

$$\lim_{T \to 0} (S) = 0 \tag{12-36}$$

正如热力学第二定律的各种说法一样，热力学第三定律也有各种说法，但彼此都是等效的。在统计物理学上，热力学第三定律反映了微观运动的量子化。在实际意义上，第三定律并不像第一、二定律那样明白地告诫人们放弃制造第一类永动机和第二类永动机的意图，而是鼓励人们想方设法尽可能接近绝对零度。目前最低温度是由核磁矩绝热去磁的方法得到的，已达到 3.3×10^{-8} K，但绝对零度是永远也不可能达到的。

思 考 题

12-1 在没有化学反应的热力过程中，如果有两个独立参数各保持不变，则过程就不能进行。在有化学反应的系统中是否受此限制？为什么？

12-2 化学反应实际上都是正、反两个方向同时进行的反应，那么化学反应是否都是可逆反应？怎样的反应才是可逆反应？

12-3 在化学反应过程中系统的热力学能与没有化学反应时系统的热力学能有否区别？为什么？

12-4 反应热与反应热效应有什么区别？两者的定义是怎样的？

12-5 为什么反应热是过程的函数，而定容反应热效应和定压反应热效应都是状态的函数？

12-6 若化学反应过程中温度与压力不变（或温度与容积不变），则系统的热力学能及焓也应不变。对吗？

12-7 如何应用表12-1及表12-2来计算反应热效应及定温反应过程中的反应热？

12-8 定压反应热效应与定容反应热效应之间有什么关系？为什么在工程实际中对所用的燃料热值

并不强调是在定压还是在定容下测定的。

12-9 氢气、甲烷、丙烷燃烧时，对于每个反应，定压热效应和定容热效应哪个大？发热量哪个多？若反应后生成的水是液态又如何？

12-10 在 298K、0.1MPa 下有下列反应，请指出 Q_1、Q_2、Q_3、Q_4 中哪个可称为标准生成焓？

$$CO + \frac{1}{2}O_2 \longrightarrow CO_2 + Q_1$$

$$C(石墨) + O_2 \longrightarrow CO_2 + Q_2$$

$$2H + O \longrightarrow H_2O(g) + Q_3$$

$$H_2 + \frac{1}{2}O_2 \longrightarrow H_2O(g) + Q_4$$

12-11 自由能与自由焓的物理意义是什么？

12-12 为什么状态参数自由能与自由焓的变化可以用来判断反应过程进行的方向？

12-13 化学平衡常数对分析计算化学反应有何作用？

12-14 若对某一反应，其平衡常数 K_p 发生变化，是否说明平衡组成有变化？反之，在一定温度下，如果平衡组成发生变化，K_p 是否随之变化？

12-15 如何应用化学反应定温方程式来判断化学反应过程的方向？

习 题

12-1 试求 1000K 时反应式 $2C + O_2 \longrightarrow 2CO$ 的定容反应热效应，若已知定压反应热效应 $Q_p = -223106$ kJ。

12-2 已知化学反应式为

$$C(s) + 2H_2O(g) \longrightarrow CO_2(g) + 2H_2(g)$$

求标准定容反应热效应。

12-3 计算下列反应在标准状态下的定压反应热效应：

(1) $C_2H_4 + H_2 \longrightarrow C_2H_6$

(2) $CO + \frac{1}{2}O_2 \longrightarrow CO_2$

(3) $CH_4 + 2O_2 \longrightarrow CO_2 + 2H_2O(g)$

12-4 甲烷 CH_4 在 $p = 101325$Pa、$T = 298$K 下和空气完全燃烧（$\alpha = 1$），生成物在此条件下冷却，试确定 CH_4 的高热值和低热值。

12-5 乙烷 C_2H_6 在空气中燃烧，产生相等的 CO 和 CO_2，则以摩尔计量的空燃比为多少？若所有过程都在大气压下进行，求燃烧产物的露点温度。

12-6 已知某种锅炉用煤的组分的质量分数分别为 82.5%C，5%H_2O，2%H_2，1%O_2，10%灰分。采用过量空气系数 $\alpha = 1.5$ 工况燃烧，求空燃比。

12-7 试计算下列反应在 $T = 500$K、$p = 101325$Pa 时系统焓及热力学能的变化。

$$H_2 + 10O_2 \longrightarrow H_2O(g) + 9.5O_2$$

12-8 如上述反应在绝热刚性的容器中进行，问反应过程中系统的温度升高多少度？如取水蒸气的平均摩尔定容比热容为 $Mc_{v.m} = 30$kJ/(kmol·K)；氧的平均摩尔定容比热容为 $Mc_{v.m} = 25$kJ/(kmol·K)。

12-9 计算下列反应式的标准反应热效应。

$$C_2H_6 + \frac{7}{2}O_2 \longrightarrow 2CO_2 + 3H_2O(g)$$

12-10 试求下列化学反应在 101325Pa、1000K 时的反应热效应。

$$CO + H_2O(g) \longrightarrow CO_2 + H_2$$

12-11 25℃ 的 CO 与 25℃ 的理论空气量在定压下（1atm）进行完全燃烧。求理论燃烧温度。已知 CO 的化学反应式为

$$CO + \frac{1}{2}O_2 + \frac{1}{2} \times 3.76 N_2 \longrightarrow CO_2 + \frac{1}{2} \times 3.76 N_2$$

12-12 在298K、100kPa下，$n_A : n_B = 1 : 2$ 的气体 A、B 的混合物进行化学反应 $A(g) + 2B(g) \longrightarrow AB_2(g)$，当化学反应达到平衡时，有70%的气体起了反应，求反应的平衡常数 K_p。

12-13 25℃的甲烷（CH_4）与25℃的理论空气量在标准压力（1atm）下进行完全燃烧，生成物的温度为1000K，求系统与外界交换的热量。

12-14 水煤气中含有氢和一氧化碳，其化学反应式为

$$H_2 + CO + O_2 \longrightarrow CO_2 + H_2O(g)$$

为了充分燃烧，提供的氧气量为上述反应式所需的一倍，并以空气的形式提供。如空气中氧的容积成分为0.2，氮的容积成分为0.8。试求其理论燃烧温度。

12-15 下列反应式

$$CO + \frac{1}{2}O_2 \longleftrightarrow CO_2$$

在2800K及101325Pa下，其平衡常数 $K_p = 6.443[1/(0.1013\text{MPa})^{\frac{1}{2}}]$，求平衡时各组分的分压力及平衡常数 K_c。

12-16 如 K_{p1}、K_{p2}、K_{p3} 分别是以下反应的平衡常数：
(1) $C + O_2 \longrightarrow CO_2$， (2) $C + 1/2 O_2 \longrightarrow CO$， (3) $H_2 + 1/2 O_2 \longrightarrow H_2O$
试给出反应 $CO_2 + H_2 \longrightarrow H_2O + CO$ 的平衡常数表达式。

12-17 在100kPa下测得 $N_2O_4(g)$ 在60℃时有50%分解，试计算反应 $N_2O_4(g) \longrightarrow 2NO_2(g)$ 的 K_p。

12-18 化学反应 $CO(g) + H_2O(g) \longrightarrow CO_2(g) + H_2(g)$，设温度从1000℃升高到1500℃，试问反应热效应变化多少？

第十三章　溶液热力学基础

溶液热力学是研究溶液的热力学性质及溶液在加热（或放热）过程中状态的变化情况。在空调制冷、液体燃料燃烧、化工吸收和精馏、石油开采及炼制等都涉及溶液热力学问题。

由两种或两种以上物质所组成的均匀混合物称为溶体。溶体分三类：气态溶体（即气体混合物）、液态溶体（或称溶液）及固态溶体（或称固溶体）。

对气态溶体来说，在一般情况下，不同的气体能以任何比例相混合，可用理想气体状态方程和道尔顿定律来描述其性质。这些规律已在前面各章有所介绍，不再讨论。

对溶液来说，在工艺中最常用的是由两种不同挥发性物质所组成的二元溶液。二元溶液与纯物质之间存在很大的差别。对纯物质，各相的成分始终相同，在相变过程中，例如定压气化过程中，温度始终保持不变。对二元溶液则就不一样了，不仅处于平衡的液相和气相的成分不一样，而且在相变时，如在定压下的气化过程中，温度也不能保持不变，而是不断地升高。在吸收式制冷循环中的氨水溶液和溴化锂水溶液等都是二元溶液。

本章主要介绍二元溶液的性质，一般说来，溶液的性质千差万别，并且非常复杂，但它们也有一些基本共性，这些共性就是本章所要讨论的主要内容。对于固溶体，本书不予讨论。

本章要求：熟悉二元溶液的性质；二元溶液的温度浓度图和焓-浓度图及其应用。

第一节　溶液的一般概念

一、质量浓度与摩尔浓度

形成溶液有三种情况：（1）气体溶解于液体；（2）液体溶解于液体；（3）固体溶解于液体。当气体或固体溶解于液体中时，不管彼此之间的相对含量如何，通常把液体当作溶剂，而把被溶解的气体或固体称为溶质。当液体溶解于液体时，含量较多的组分通常称为溶剂，含量较少的组分称为溶质。从热力学的角度来看，对溶液中的任何组分都是同等看待的，所以将组分分为溶剂与溶质并没有原则性的区别，这种区别是人为的并带有假定性的。在理论上，溶质和溶剂的称呼是可以互换的。

单纯物质只要知道两个状态参数就能决定其状态，而对二元溶液来说，除了应知道 p、t 外，尚需知道其组成溶液的组分。而溶液的组分常用质量浓度 ξ 及摩尔浓度 x 来表示。

一种组分的质量与溶液的质量之比称为这种组分的质量浓度。如溶液由组分 1 及组分 2 所组成，则组分 1 的质量浓度 ξ_1 为

$$\xi_1 = \frac{m_1}{m_1 + m_2} = \frac{m_1}{m}$$

而组分 2 的质量浓度 ξ_2 为

$$\xi_2 = \frac{m_2}{m_1 + m_2} = \frac{m_2}{m}$$

显然
$$\xi_1 + \xi_2 = 1 \tag{13-1}$$

式中　m_1——溶液中组分 1 的质量（kg）；

m_2——溶液中的组分 2 的质量（kg）；

m——溶液的质量（kg）。

从式（13-1）可知，要表示二元溶液的组成情况，只要知道一种组分的质量溶液就够了，因为第二种质量溶液根据式（13-1）必然为 $\xi_2 = 1 - \xi_1$。

如组分 1 的分子量为 M_1，组分 2 的分子量为 M_2，则组分 1 及组分 2 的摩尔数分别为

$$n_1 = \frac{m_1}{M_1}, \quad n_2 = \frac{m_2}{M_2}$$

而溶液的摩尔数为

$$n = n_1 + n_2 = \frac{m_1}{M_1} + \frac{m_2}{M_2}$$

由此可得组分 1 的摩尔浓度 x_1 为

$$x_1 = \frac{n_1}{n} = \frac{\dfrac{m_1}{M_1}}{\dfrac{m_1}{M_1} + \dfrac{m_2}{M_2}}$$

组分 2 的摩尔浓度 x_2 为

$$x_2 = \frac{n_2}{n} = \frac{\dfrac{m_2}{M_2}}{\dfrac{m_1}{M_1} + \dfrac{m_2}{M_2}}$$

显然
$$x_1 + x_2 = 1 \tag{13-2}$$

从式（13-2）可知，只要知道一个组分的摩尔浓度就能得到另一组分的摩尔浓度。

二、理想溶液

理想溶液的定义是：在一定的温度和压力下，溶液中任一种物质在任何浓度下均遵守拉乌尔定律的溶液称为理想溶液。具体地说，理想溶液应满足下列要求：各种组分在量上无论什么比例均彼此均匀相溶；溶液中各种物质分子之间的相互吸引力完全相同，即溶剂分子之间，溶质分子之间及溶质分子与溶剂分子之间的相互吸引力完全相同；两种溶体相溶时无热效应；在相溶过程中容积没有变化，即溶液的容积等于混合前各组分容积之和。

三、拉乌尔定律（Raoult's law）

人们从大量实验观察中发现，当溶质溶解于溶剂中时，在气相空间溶剂的蒸气分压力将降低。法国物理学家拉乌尔（F. M. Raoult）在 1887 年总结了这方面的规律，得出理想溶液中，当溶液和蒸气平衡共存时，溶液表面上部空间某组分 i 的蒸气分压力 p_i 与该组分的摩尔浓度成正比，即

$$p_i = p_i^0 x_i = p_i^0 \frac{n_i}{n} \tag{13-3}$$

式中　p_i——组分 i 的蒸气分压力；

p_i^0——在溶液相同温度下，组分 i 单独存在时的饱和蒸气压力；

x_i——组分 i 在溶液中的摩尔浓度。

式 (13-3) 就是拉乌尔定律的表达式，它只适用于理想溶液。拉乌尔定律说明，溶液中组分 i 的蒸气分压力等于在溶液相同温度下纯物质 i 的饱和蒸气压和组分 i 的摩尔浓度的乘积。

应该指出，x_i 的数值在 0~1 之间变化，当 $x_i=0$ 时，则表明组分 i 在溶液中不存在，此时当然不存在组分 i 的蒸气分压力。当 $x_i=1$ 时，则变成纯物质 i 的液体，$p_i=p_i^0$。在一般情况下，溶液中某组分的蒸气分压总是小于该组分单独存在时的饱和蒸气压力。

对由组分 A 和组分 B 所组成的二元溶液来说，按照拉乌尔定律可得

$$p_A = p_A^0 x_A \quad \text{及} \quad p_B = p_B^0 x_B$$

p_A 在图 13-1 中为一直线，当 $x_A=0$ 时，$p_A=0$；当 $x_A=1$ 时，$p_A=p_A^0$。相类似 p_B 在图 13-1 中也是一条直线。将上列两式相加可得二元溶液的总压力为

$$p = p_A + p_B = p_A^0 x_A + p_B^0 x_B$$

但 $x_A = 1 - x_B$，则上式可写成

$$p = p_A^0 + (p_B^0 - p_A^0) x_B \tag{13-4}$$

式 (13-4) 为一直线方程，如图 13-1 所示。如果两液体混合成一理想溶液，则溶液的总蒸气压力在两纯液体的饱和蒸气压力之间，因此图 13-1 称为溶液的压力-浓度图。

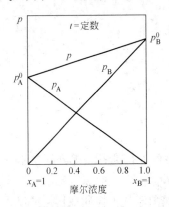

图 13-1 理想溶液中蒸气总压力和分压力的关系　　图 13-2 溶液浓度与蒸气浓度的关系

应该指出，式 (13-4) 表示的直线方程是指溶液的总蒸气压力 p 与溶液（液相）的摩尔浓度之间的关系。现在要提出一个问题，在总蒸气压 p 下，与液相平衡的气相中的摩尔浓度将又是如何呢？

由于二元溶液中的组分 A 和组分 B 的挥发性不一样，如图 13-1 中组分 B 为易挥发性的液体，而沸点较低的液体具有较大的挥发性，因此在相同温度下，必然产生较高的蒸气分压力。而高沸点的液体，由于挥发性差，则必然产生较小的蒸气分压力。因此，低沸点的液体在气相中的浓度必然大于在溶液里的浓度。这一关系称为康诺瓦罗夫定律（Konovalov's law）。

图 13-2 示出了溶液浓度与气相浓度之间的关系。由于易挥发的物质 B 在气相中的浓度一定要大于溶液中的浓度，所以蒸气浓度曲线（虚线）一定在溶液浓度直线的下面。例如，当溶液中 B 物质的浓度为 x_B' 时，总蒸气压力为点 C 所示的压力，在此压力下，B 物

质蒸气的浓度为点 D 所对应的浓度 x_B''，显然 $x_B''>x_B'$。

应该指出，大多数二元溶液不具有理想溶液的性质，实际溶液中各组分的蒸气分压力，在应用拉乌尔定律时将产生偏差，但只要对理想溶液的公式作必要的修正，就能应用于实际溶液了。实际溶液只有在极稀情况下才接近理想溶液性质，基本遵守拉乌尔定律。所以，理想溶液的概念，不仅有理论价值，而且也有实际意义。

四、实际溶液与理想溶液的偏差

对理想溶液来说，不论是溶剂或溶质都遵守拉乌尔定律，理想溶液中不同分子之间的吸引力与同一种分子之间的吸引力相同，而且在形成溶液时没有容积的变化也没有热效应。

但大多数溶液由于不同分子之间的吸引力和同一种分子之间的吸引力有着较大的差别，或由于溶质与溶剂分子之间存在着化学相互作用，正由于溶液中各物质分子所处的情况与它们单独存在时的情况不一样，所以在形成溶液时往往伴随有体积变化和热效应，这些就是实际溶液的特征。

当实际溶液的蒸气压力大于按理想溶液拉乌尔定律计算所得的蒸气压力时，称为正偏差（如水-乙醇溶液），如图13-3所示。图中虚线表示理想溶液所具有的状态，实线表示实际溶液所具有的状态。当实际溶液的蒸气压力小于按理想溶液拉乌尔定律计算所得的蒸气压力时，称为负偏差（如水-硝酸溶液），如图13-4所示。图中虚线表示理想溶液所具有的状态，实线表示实际溶液所具有的状态。

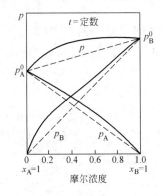

图 13-3　具有正偏差的溶液蒸气压-浓度图

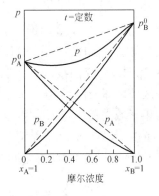

图 13-4　具有负偏差的溶液蒸气压-浓度图

产生正偏差的原因，是由于液体 A 分子与液体 B 分子之间的吸引力小于液体 B 和液体 A 自身分子之间的吸引力所引起。由于液体 A、B 的混合，液体分子间的吸引力减小，或缔合分子产生离解，使较多的 A 及 B 分子逸出，增加了气相中蒸气的压力，故产生正偏差。鉴于上述原因，同时发生溶液体积增大和温度下降，为了维持原有的温度，就得吸热。

产生负偏差的原因，是由于液体 A 分子与液体 B 分子间的吸引力大于液体 B 和液体 A 自身分子之间的吸引力，故将减少 A 及 B 分子的逸出，因而减少了气相中蒸气的压力，故产生负偏差。同时表现出溶液体积的减小和温度升高，为了维持原来的温度，需要放热。

第二节　二元溶液的温度-浓度图和焓-浓度图

前面介绍了理想溶液在定温条件下蒸气压力与浓度的关系（即压力-浓度图）。但在工程应用中（如空调制冷）更具有实际意义的却是定压下的温度-浓度图（t-ξ 图）及计算用的焓-浓度图（h-ξ 图）。

一、氨水溶液的 t-ξ 图

图 13-5 表示在一定压力下氨水溶液的 t-ξ 图。温度为纵坐标，溶液中氨的质量浓度为横坐标。因此，在横坐标开始点 $\xi=0$，此点为纯水，横坐标终点 $\xi=1$，此点为纯氨。氨水溶液是由两种挥发性物质所组成，因此在蒸气中也有两种组分。由于氨比水更易挥发，因此气相中氨的浓度将大于液相中氨的浓度。

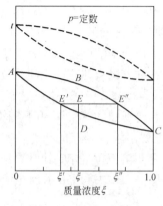

图 13-5 温度-浓度图

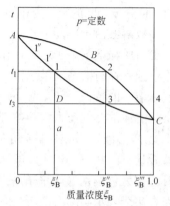

图 13-6 t-ξ 图上的分馏过程

在图中用曲线 ABC 表示饱和蒸气的温度与浓度之间的关系，曲线 ADC 表示饱和液体的温度与浓度之间的关系。ABC 曲线称为凝结曲线，该曲线之上为过热蒸气区域。ADC 为沸腾曲线，该曲线以下为未饱和液体区域（也叫过冷区域）。在曲线 $ABCDA$ 以内为湿蒸气区域，即液体和蒸气两相共存的区域。

在两相区域内任一点 E 的组成，可由水平线与 ABC 及 ADC 的交点来决定。在给定的 p 及 t 条件下，点 E 为湿蒸气，它由具有 E'' 状态的饱和蒸气浓度 ξ'' 和 E' 状态的饱和液体浓度 ξ' 所组成。这两种状态之间的组成比例，可按杠杆规则来决定：

$$\frac{\xi'}{\xi''}=\frac{\text{线段 } EE''}{\text{线段 } EE'}$$

状态点 E 即表示浓度为 ξ' 的饱和液体与具有浓度 ξ'' 的饱和蒸气所组成的湿蒸气。

氨水溶液是由两种沸点不同的液体所组成，其中氨的沸点较低，因此在蒸气中氨的浓度 ξ'' 比与之处于平衡状态的液体的浓度 ξ' 要大，即 $\xi''>\xi'$。换句话说，低沸点的液氨，它在蒸气相里的浓度总是大于它在液相里的浓度。

图 13-5 中实线表示在某个压力 p 下的 t-ξ 图，如果在另外的压力下，则可得到另外不同的曲线，当压力升高时，溶液的沸点也随之上升，曲线将如图中虚线所示。

应该指出，溶液与单一物质的液体不同，单一物质液体在定压下沸腾时，蒸气温度是固定不变的（如水在 1atm 时沸腾温度恒为 100℃）。但氨水溶液在定压下沸腾时，由于蒸发出来的蒸气中氨的浓度较大，因此剩余下来的氨水溶液中氨的浓度就下降，而沸腾温度则升高。所以，氨水溶液在定压蒸发时，则必然伴随着沸腾温度的升高（所有二元溶液均如此）。

在化工生产中往往利用分馏法进行物质的提纯，在吸收式制冷中有时也应用分馏来达到更为理想的制冷效果。在图 13-6 中，当处于点 a 质量浓度为 ξ'_B 的溶液在定压下加热，

在未达到沸腾曲线上的点 1 以前，溶液的浓度不变而温度增加，当到达点 1 温度为 t_1 时开始沸腾。此时，与溶液成平衡的气相组成为状态点 2，其质量浓度为 ξ'_B。由于蒸气中组分 B 的相对含量较多，所以一旦有蒸气出来，剩余溶液中组分 A 的相对浓度就要增多，浓度 ξ_B 降低，而状态将沿沸腾曲线上升，如图中 $1 \to 1' \to 1''$。显然溶液的沸点也将随之提高。如果继续蒸馏，剩余溶液中组分 A 的含量不断增加，沸点继续提高，直到剩余的液体全部变为纯组分 A 的蒸气。

另一方面，如将开始所得的蒸气（其质量浓度为 ξ'_B）冷凝为点 3 后再进行蒸馏，则在温度 t_3 时沸腾，此时蒸气中组分 B 的质量浓度变为 ξ'''_B，其浓度大大增加。依次连续进行蒸馏与冷凝，最后可以分馏得到纯 B 物质。

在氨水吸收式制冷装置中，利用氨的浓度随温度而改变这一特点进行制冷。在定压下，温度愈高，溶液中氨的浓度愈小，反之，温度愈低，氨的浓度愈大。在氨吸收式制冷装置中，氨蒸气在低温下溶解于氨水，然后把形成的浓氨水用溶液泵提高压力，最后在高压下对氨水溶液加热使蒸气逸出，以获得具有高浓度的高压氨蒸气。

二、共沸溶液

上面已经介绍在二元溶液中，处于平衡的液相与气相的浓度是不一样的，但也有例外，在某些条件下，液相与气相的浓度是相同的。平衡时液相与气相的浓度相同的溶液称为共沸溶液。在共沸成分下，溶液的性质像纯物质一样，它在定压定温下沸腾。

共沸溶液不是理想溶液，不遵守拉乌尔定律。当共沸溶液与拉乌尔定律有很大的正偏差时，这种溶液称为正共沸溶液。图 13-7 表示正共沸溶液的压力-浓度图（p-x 图），图 13-8 表示正共沸溶液的温度-浓度图（t-x 图）。这种溶液具有最大的蒸气压力和最低的沸点。由于该点蒸气压力最高，最易蒸发，所以沸点最低。如甲醇-氯仿（三氯甲烷）溶液、苯-环己烷溶液等。

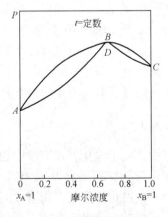

图 13-7 正共沸溶液的 p-x 图

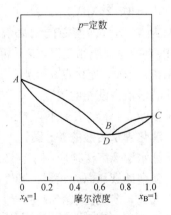

图 13-8 正共沸溶液的 t-x 图

当共沸溶液与拉乌尔定律有很大的负偏差时，则称这种溶液为负共沸溶液。图 13-9 表示负共沸溶液的压力-浓度图，图 13-10 表示负共沸溶液的温度-浓度图。这种溶液具有最小的蒸气压力和最高的沸点，由于该点蒸气压最低，最难蒸发，故该点沸点最高，如盐酸-水溶液、乙醇-水溶液等。

从上面的分析中可知，在共沸点处，沸腾曲线与凝结曲线相切，故在这种情况下，不

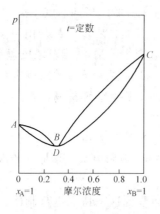

图 13-9　负共沸溶液 p-x 图

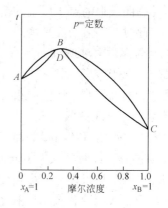

图 13-10　负共沸溶液的 t-x 图

能用分馏法将混合物分开。在现代制冷技术中，开发应用正共沸溶液是制冷剂发展的方向之一，因为就这种溶液的热力性质而言，与组成它的组分相比具有明显的优势，如在标准大气压下蒸发温度低，在同一蒸发温度下蒸气压力高（单位容积制冷量大），压缩机排气温度降低等。

三、氨水溶液的 h-ξ 图

二元溶液的焓-浓度图（h-ξ 图）是分析计算吸收式制冷循环时常用的线图。利用此图可以把吸收式制冷循环过程的状态描绘出来，同时可确定循环过程中各状态点的参数值。氨水溶液的 h-ξ 图如图 13-11 所示，图中水平线代表 h＝常数的定焓线（纵坐标），垂直线代表 ξ＝常数的氨质量浓度线（横坐标）。在 h-ξ 图的底部为一组不同压力的液体沸腾线和一组定温线。h-ξ 图上部为一组不同压力下的饱和蒸气凝结线。另外在图上还有一组不同压力的辅助线，通过辅助线可绘出在定压下由沸腾线到凝结线之间气化过程的定温线。如当 p＝2.5bar（0.25MPa）及 ξ'＝0.22 的饱和液体，如图中点 a 所示，此时，饱和液体的沸腾温度为 340K（即溶液的沸腾温度）。利用辅助线，从点 a 向上作垂直线与 2.5bar（0.25MPa）的辅助线相交得点 b，再从点 b 作水平线与压力等于 2.5bar（0.25MPa）的凝结线相交得点 c，连接点 a 及点 c，则直线 ac 就表示湿蒸气区域中的温度为 340K 的定温线。此时溶液中液相的浓度 ξ'＝22%，气相的浓度 ξ''＝91%。有关氨水溶液吸收式制冷循环过程在图 h-ξ 上的表示不再介绍。

四、溴化锂水溶液的 h-ξ 图

溴化锂水溶液广泛地应用于空调用吸收式制冷装置中。由于溴化锂水溶液中的锂和溴分别属于碱金属族和卤族元素，其性质与食盐相似，无水溴化锂的熔点为 549℃，沸点为 1265℃，因此，溴化锂水溶液在一般温度下沸腾时不会产生溴化锂蒸气，而溶液面上部空间可以认为全部都是水蒸气。这一特点与氨水溶液是不一样的，因此，它的 h-ξ 图与氨水溶液的 h-ξ 图是有区别的。

图 13-12 为溴化锂水溶液的 h-ξ 图的示意图。图的下部与氨水溶液的相似，图的上部不同于氨水溶液的 h-ξ 图。该图描述了焓 h、溴化锂质量浓度 ξ、温度 t 及水溶液液面上水蒸气压力 p 之间的相互关系。对饱和的二元溶液来说，只要知道 p、t、h、ξ 中的任意两个参数，就能确定其他两个参数值。该图分为两部分，下部分为饱和溶液的图线，上部分为与溶液相平衡的水蒸气压力辅助线。

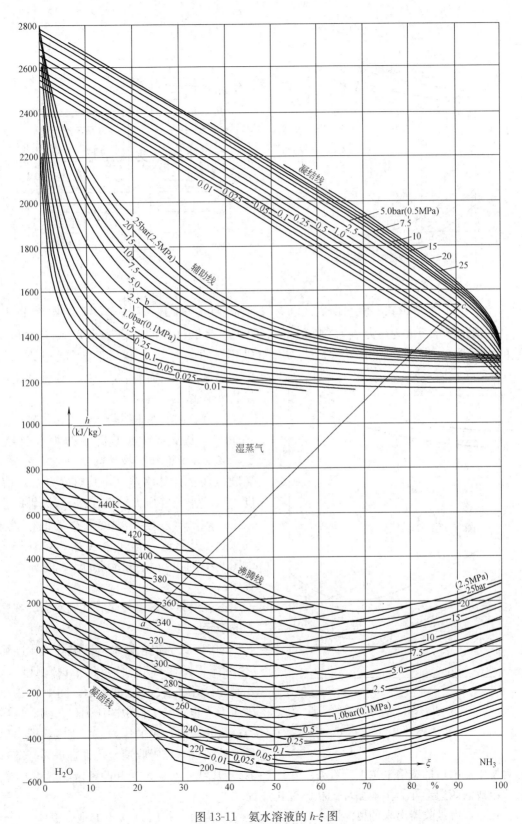

图 13-11 氨水溶液的 h-ξ 图

第十三章 溶液热力学基础

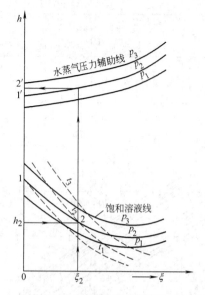

图 13-12 溴化锂水溶液的 h-ξ

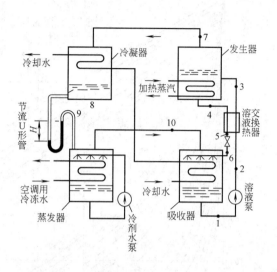

图 13-13 溴化锂水溶液吸收式制冷循环流程图

如溴化锂水溶液为压力 p_2、饱和温度 t_2 的状态点 2（如图 13-12 所示），则其饱和溶液的浓度为 ξ_2，焓为 h_2。定压线 p_2 与纵坐标轴相交的点 1 为 p_2 压力下饱和水状态，其饱和温度为 t_1，而 $t_1 < t_2$。此时，饱和水的焓为 h_1，浓度 $\xi=0$。

从点 2 向上作垂线与水蒸气压力辅助线 p_2 相交，从交点作水平线与纵轴相交得点 $2'$，该点表示饱和溶液液面上是压力为 p_2、温度为 t_2 的过热水蒸气，其焓值为 $h_{2'}$，浓度 $\xi=0$。水蒸气压力辅助线 p_2 与纵轴的交点 $1'$，表示压力为 p_2 温度为 t_1 的饱和水蒸气状态，其焓值为 $h_{1'}$，浓度 $\xi=0$。在书末附图 6 中列出溴化锂溶液的 h-ξ 的详图供查用。

五、溴化锂水溶液吸收式制冷循环在图上的表示

图 13-13 为溴化锂水溶液吸收式制冷循环 h-ξ 的流程图，图 13-14 给出了溴化锂吸收式制冷循环在 h-ξ 图上的表示。图中 p_c 为冷凝压力，也是发生器中的压力；p_e 为蒸发压力，也是吸收器中的压力；ξ_w 为吸收器出口稀溶液浓度（以吸收剂溴化锂含量为基准）；

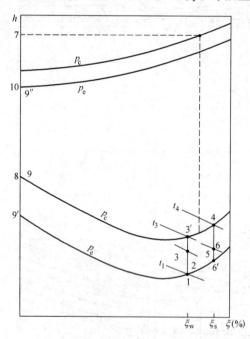

图 13-14 溴化锂水溶液吸收式制冷循环在 h-ξ 图上表示

ξ_s 为发生器出口的浓溶液浓度。在 h-ξ 图上由两条定压线（p_c、p_e）和两条定浓度线（ξ_w、ξ_s）组成的四边形即为溶液循环的状态变化过程。

点 1：由吸收器出来的稀溶液，浓度为 ξ_w，温度为 t_1，是压力 p_e 下的饱和液体。

1→2：经泵加压，压力升高到 p_c，浓度 ξ_w 未变，温度 $t_2 \approx t_1$，点 2 与点 1 基本上是重合的，点 2 是压力下 p_c 的未饱和液体（过冷液体）。

2→3：经溶液热交换器被预热。

3→3′：稀溶液在发生器中从过冷状态加热到 p_c 压力下的饱和状态，浓度 ξ_w 未变，温度由 t_3 升高到 $t_{3'}$。

3′→4：在发生器中继续被加热，稀溶液在压力 p_c 下沸腾汽化，水（冷剂）被蒸发出来，溶液浓度变浓，温度逐渐升高，点 4 是过程终态，温度为 t_4，浓度为 ξ_s。

4→5：由发生器出来的浓溶液（点 4）在溶液热交换器中被冷却到点 5，温度由 t_4 降到 t_5，点 5 是压力 p_c 下的过冷液体。

5→6：是浓溶液的节流过程，浓度 ξ_s 未变，焓值不变，点 6 与点 5 重合，而点 6 是压力 p_e 下的湿蒸气状态。

6→6′→1：状态 6 的浓溶液进入吸收器中，在定压下与蒸发器来的冷剂水蒸气混合，浓溶液吸收水蒸气并放出热量，最后达到状态点 1。

在 h-ξ 图上冷剂水的制冷循环过程：

点 7：由发生器出来的水蒸气是过程 3′-4 所产生蒸气的混合物，可看成是 3′-4 过程的平均状态，它是纯水蒸气，故位于 $\xi = 0$ 的纵坐标轴上。

7→8：进入冷凝器后，在压力 p_c 下冷凝成饱和水（点 8），同时放出冷凝热量，即冷剂水蒸气的冷凝过程。

8→9：压力 p_c 的饱和水节流后压力降到 p_e，焓不变，9 与 8 重合。状态 9 是压力 p_e 下的湿蒸气状态，即由大部分饱和水（点 9′）与小部分的饱和蒸气（点 9″）所组成。

9→10：点 9 状态的湿蒸气在蒸发器中定压汽化吸收空调用冷冻水中的热量而变成 p_e 压力下的饱和水蒸气状态点 10。即冷剂水在蒸发器中的定压汽化过程。

从蒸发器出来的冷剂饱和水蒸气点 10 进入吸收器与状态 6 的浓溶液在定压下混合，浓溶液吸收水蒸气并放出热量，最后又回到状态点 1，完成了溴化锂水溶液吸收式制冷循环的全过程。

第三节 相 律

相是系统中具有完全相同的物理性质和化学组成的均匀部分。相与相之间有明显的界面，从一相越过相界面到另一相性质会有突变。物质从一个相迁移到另一个相的过程称为相变。热工中常涉及的吸收、冷凝、汽化等过程都伴随着相的变化。相平衡是多相系统中，宏观上没有任何物质在相间迁移的状态。相律是美国物理化学家吉布斯（J. W. Gibbs）在 1876 年根据热力学理论推导出来的。相律是表述多相平衡系统自由度与相数、组分数以及影响系统性质的其他因素（T、p 等）之间关系的规律。相律是相平衡的基本规律，研究相律的任务是确定相平衡系统中的自由度数目。相律的数学表达式为

$$F = C - \varphi + 2 \tag{13-5}$$

式中　F——独立变数的数目，即自由度数目；

　　　C——系统中组分的数目；

　　　φ——平衡系统中的相数目。

在研究系统相平衡的规律时，首先必须了解组分数、相数及自由度等基本概念。

组分数是指系统中物质种类的数目，例如盐水溶液系统是由盐和水两种组分构成，所以系统的组分数目 $C=2$。又如冰、水和水蒸气三者同存的系统，因为它们都是一种物质（H_2O），所以 $C=1$。

同一种物质可以有不同的相。例如 H_2O，它可以是液相的水，固相的冰或气相的蒸汽。同一种物质可以多相并存，如平衡共存的饱和水和水蒸气就是两相系统，其 $\varphi=2$。

系统中如果有两种液体混合在一起，则这个系统的 $C=2$，但系统的相可以是单相或两相。如酒精和水混合在一起就是单相系统，而油滴分散在水中就构成两相系统。所以相与相之间总有一个明显的分界面，越过分界面，性质就有一个突变。系统中如果有几种不同的固体，不论这些固体分散得多么细而均匀，有一种固体物质就有一个相。例如砂子和糖混合，尽管表面上看来很均匀，但仍应看做是两相，即 $\varphi=2$。但同一种固体，不同大小的颗粒相混合仍然是单相，$\varphi=1$，因为尽管颗粒之间有界面，但性质是相同的。

在一定范围内可以单独改变而不致引起系统中旧相消失或新相形成的参数（如温度、压力、浓度）的数目称为系统的自由度数目。例如水，温度在 25～50℃，压力在 0.1～0.15MPa 范围内，我们可以任意改变水温和压力两个变数，仍能保持水为液相而不产生新相，所以我们称这个系统有两个自由度（指温度和压力可以自由改变），即 $F=2$。若水和蒸汽平衡共存时，虽然也有温度和压力两个变数，但并不是两个都可以独立改变，而是互相依存，只有一个参数能独立改变。我们都知道在 0.1013MPa 的压力下，水与蒸汽保持两相平衡时的温度只能是 100℃。若温度高于 100℃，水在 0.1013MPa 的压力下就会不断蒸发而成为蒸汽，直到最后液相消失，在这样的条件下，H_2O 不能保持两相平衡共存。这说明水和水蒸气两相平衡共存时，自由度只有一个，否则将导致系统中相数的改变。

下面举几个例子来说明相律对单元系统和二元系统的应用。

先讲应用于单元系统的情况。单元系统的 $C=1$，代入式（13-5），则得 $F=3-\varphi$。由于自由度 F 不能为负值，因此可能有三种不同的情况出现：

（1）当 $\varphi=1$ 时，则 $F=2$，这就是所谓两个自由度的系统。以过热蒸汽为例，过热蒸汽为单相物质，如要确定过热蒸汽的状态，则必须给定压力和温度两个状态参数。

（2）当 $\varphi=2$ 时，则 $F=1$，这就是所谓一个自由度的系统。这时单元物质的两个相处于平衡状态，例如饱和水与饱和蒸汽所形成的两相系统就属于这一情况。此时系统的自由度只有一个，压力或温度二者之一确定后，其余一个就不能任意选定。

（3）当 $\varphi=3$ 时，则 $F=0$，这就是所谓没有自由度的系统。当水处于三相点时，出现气相、液相和固相三相共存的现象，此时物质没有自由变化状态参数的余地，物质的压力或温度都不能随意变动，否则三相中就可能有一相消失。

其次，我们再把相律应用于二元系统的情况。既然是二元系统，那么 $C=2$，代入式（13-5）则得 $F=4-\varphi$。由于自由度 F 不能有负值，其极限只能是零，因此可能有四种情况出现：

（1）当 $\varphi=1$ 时，则 $F=3$，这是三个自由度的二元系统。当系统存在于单相之下，则三个状态参数如压力、温度和浓度都可以单独地自由地变动。对于多元系统，浓度也是描写系统状态的参数之一。例如未达饱和状态的盐水的温度、压力和浓度都可以单独变动，系统的状态一定要把温度、压力和浓度都给定后才能确定。又如未饱和氨水除给出压力和浓度两个参数外，还要有一个温度参数才能确定其状态。

(2) 当 $\varphi=2$ 时，则 $F=2$，这是两个自由度的二元系统。由于系统存在着两相，给定了压力和温度两个参数，就完全可以把系统的状态包括气相的浓度 ξ'' 和液相的浓度 ξ' 都确定下来。具体的例子如饱和状态的氨水。

(3) 当 $\varphi=3$ 时，则 $F=1$，这是一个自由度的二元系统。由于只有一个自由度，因此平衡状态下的温度和压力存在着一定的函数关系，如具有一定浓度的盐水冷却后出现固体盐、饱和盐水及液面上的水蒸气所组成的二元三相系统。此时，盐水的浓度和液面上水蒸气压力将随着温度的变化而变化。如温度不变，则盐水浓度及水蒸气压力均为定值，不能随意改变，即自由度 $F=1$。

(4) 当 $\varphi=4$ 时，则 $F=0$，这是一个没有自由度的二元系统。系统的四个相只能存在于一组温度、压力和浓度的参数之下，这三个参数只要有一个发生变化，四相就不能同时共存。例如把一定浓度的食盐水进行冷却，开始有冰析出，溶液中浓度相应提高，溶液的凝固点也相应地下降，液面上的饱和蒸气压也有所下降。当浓度增加到一定数值后，如把温度继续下降，使溶液到达饱和，盐分就开始从溶液中沉淀下来，与此同时，冰继续结晶。在这一平衡状态下，系统有一个气相、一个液相和两个固相（冰和盐），这是四相共存的系统的例子。如果变动压力、温度和浓度三者之一，四相平衡的状态就会破坏，不复继续存在。

最后应指出，上述相律公式 (13-5) 只对物质不发生化学反应的系统而言，对于有化学反应的系统相律，可参考有关物理化学方面的书籍，还有，这里所说的状态参数，都是指系统的强度量（压力、温度、比体积、浓度等）而言，至于系统的其他参数如热力学能、焓、熵等广延量，它们的大小与物质的质量多少有关，而强度量则与质量的多少无关。所谓独立状态参数一般都是指的强度量，这些在应用相律时都应加以注意。

相律是物理化学中最具有普遍性的定律之一，适用于平衡状态下的系统，借助相律，使我们不至于被复杂的现象所迷惑，但相律只能告诉我们总的变化规则，而不能解决更具体的问题。

思 考 题

13-1 已知质量浓度，如何计算摩尔浓度？

13-2 什么是理想溶液？它与实际溶液的差别在哪里？

13-3 拉乌尔定律的主要内容是什么？它适用于什么样的溶液？

13-4 请描述达到相平衡时，二元体系中液相和气相的平衡组成关系式。

13-5 试在 t-ξ 图上表示定压下溶液的加热及沸腾过程，沸腾温度为什么会发生变化？

13-6 水中溶有比水沸点低的溶质时，沸腾温度为什么会降低？如溶有比水沸点高的溶质时，则沸腾温度是否会降低？试作 t-ξ 图说明。

13-7 某混合气体由 N_2 及 O_2 所组成，试根据相律决定其自由度，指出它有几个独立变数。

13-8 由干空气（作为单一气体考虑）和水蒸气所组成的湿空气，根据相律应有三个独立变数 ($F=2-1+2=3$)。为什么我们在查 h-d 图时只要知道两个参数就能决定其状态？和相律有无矛盾？

习 题

13-1 某化合物能分解成 B 和 C：$A \rightarrow B+C$。自纯 A 出发，设 (1) 皆为气体；(2) 为气 (A, B,

C)、液（A）二相；(3) 液相及气相中皆有 A、B、C；(4) 液相中无 C，气相中有 A、B、C。如何用相律描述上述四种情况？

13-2 在制水煤气的过程中，设有五种物质 $H_2O(g)$、$C(s)$、$CO(g)$、$H_2(g)$ 和 $CO_2(g)$，相互建立如下三个平衡：

$$H_2O(g)+C(s)\longrightarrow H_2(g)+CO(g)$$
$$CO_2(g)+H_2(g)\longrightarrow H_2O(g)+CO(g)$$
$$CO_2(g)+C(s)\longrightarrow 2CO(g)$$

该系统的独立组分数是多少？

13-3 若要使水的蒸汽压降低 1%，则需要在水中加入多少甘油（摩尔分数）？

13-4 正己烷（A）和正辛烷（B）能形成理想溶液。已知 100℃ 时 p_A^0 和 p_B^0 分别为 244.78kPa 和 47.2kPa。而当这形成的液态溶液在 101.325kPa 及 100℃ 沸腾时，求其平衡液相中正己烷的物质的量分数。

13-5 求氨水溶液在 0.5MPa 及 $\xi=0.4$ 时的沸腾温度、饱和液体的焓、氨蒸气的焓和氨蒸气的质量浓度。

13-6 已知某溴化锂溶液压力为 0.87kPa，溶液温度为 40℃，试根据溴化锂水溶液的 h-ξ 图求取溶液浓度及焓值。

部分习题答案

第一章

1-1 (1) 1.6MPa (2) 96kPa (3) 10kPa (4) 0.9MPa

1-2 锅炉 3.331325MPa，凝汽器 6.325kPa

1-3 138.4kJ

1-4 99.215kPa

1-5 (1) 21kJ (2) 12.8kJ

1-6 31.6%

1-7 3.71kW

1-8 33%

1-9 (1) 3.97 (2) 74800kJ/h (3) 27.8kW

第二章

2-1 $0.2629m^3/kg$, $3.804kg/m^3$

2-2 (1) $296.93J/(kg \cdot K)$ (2) $0.8m^3/kg$, $1.25kg/m^3$ (3) $64.27m^3/kmol$

2-3 12.02kg

2-4 1.626kg

2-5 41.97kg

2-6 19.83min

2-7 $5.573 \times 10^4 m^3/h$

2-8 (1) 309℃ (2) $0.5m^3/kg$ (3) $4kg/m^3$, $2kg/m^3$

2-9 (1) 7.7kg (2) 88℃

2-10 −6.4kg

2-11 氧气

2-12 $V > 0.0418$

2-13 (1) $638.6m^3$ (2) $611.2m^3$

2-14 (1) $1.035 \times 10^6 kJ/h$ (2) $1.0399 \times 10^6 kJ/h$ (3) $1.022 \times 10^6 kJ/h$

2-15 (1) 1612kJ (2) 1914kJ (3) 1836.72kJ

2-16 (1) 19.33MPa (2) 17.46MPa

2-17 $0.0037m^3$, $0.0035m^3$

2-18 $0.28m^3$

第三章

3-1 (1) $2.67 \times 10^5 kJ$ (2) 0kJ

3-2 1188kJ

3-3 26.32℃

3-4 $200 \times 10^6 kJ/h$

3-5

过程	热量 Q(kJ)	膨胀功 W(kJ)	过程	热量 Q(kJ)	膨胀功 W(kJ)
1-a-2	10	7	1-c-2	11	2
2-b-1	−7	−4			

3-6

过程	Q(kJ)	W(kJ)	ΔE
1~2	1100	0	1100
2~3	0	100	−100
3~4	−950	0	−950
4~5	0	50	−50

3-7 660kJ

3-8 100kPa，27℃

3-9 125.3℃

3-10 (1) 1.78℃ (2) 5.02×10^5kJ/h (3) 正确

3-11 3.57MPa

3-12 (1) 389℃ (2) 279℃ (3) 200℃

3-13 255kJ/kg

3-14 2500kJ

3-15 215℃

3-16 $W=\frac{1}{2}Kx^2+P_0\Delta V$

$Q=\Delta U+W=\frac{1}{2}Kx^2+P_0\Delta V+\frac{C_v}{R}(p_2V_2-p_1V_1)$

3-17 309℃

3-18 37.6kJ

3-19 156.3kJ，218.4kJ，218.4kJ，62.1kJ

3-20 0.942m

第四章

4-1 8kJ/kg，32kJ/kg，28.8kJ/kg，0.824kJ/(kg·K)

4-2 (1) 111.93kJ/kg，不变 (2) 88.3kJ/kg，0.117kJ/(kg·K) (3) 195.33kJ/kg，0.462kJ/(kg·K)，(4) 67.1kJ/kg，−0.346kJ/(kg·K)

4-3 (1) 7140.6kJ/kmol，19.144kJ/K (2) 0，19.144J/K

4-4 −633.5kJ，−633.5kJ，0，0，−2.091kJ/K

4-5 568.33K，202.5kJ/kg，284.3kJ/kg，0.49kJ/kg

4-6 (1) 573.22kJ，573.22kJ，303K

(2) 351.41kJ，0，221.4K

(3) 436.46kJ，218.26kJ，253.3K

4-7 1.3，146kJ/kg，36.5kJ/kg，−109.5kJ/kg，−153.3kJ/kg，0.089kJ/(kg·K)

4-8 0.861kJ/(kg·K)，0.533kJ/(kg·K)

4-9 27.5kJ/kg

4-10 (1) 773K，1285K，583K，0.153m³/kg，0.25m³/kg，1.73m³/kg，0.15MPa，0.15MPa，0.0094MPa

(2) 定压：365kJ/kg，146kJ/kg

定熵：−506kJ/kg，506kJ/kg

4-11 (1) 0.6MPa，300K，0.274m³/kg

0.129MPa，369K，0.822m³/kg

0.387MPa，369K，0.274m³/kg

(2) 38.8kJ/kg

4-12 −59260kJ

4-13 37.8kW，51.3kW

4-14 −25.1kW，−32.8kW，−29.6kW

4-15 二级，0.775MPa，168℃

4-16 (1) −1183kW (2) −42390kJ/min

4-17 0.87，0.842，0.76

4-18 0.905MPa，18.45kW

第五章

5-1 (1) 64.14％ (2) 64.14kW (3) 35.86kJ/s

5-2 不可能

5-3 344.2kJ/kg

5-4 70％，494.9kJ/kg

5-5 (1) 0.898×10⁵ kJ (2) 2.84kW (3) 27.7kW

5-6 (1) 0.455kW (2) 40℃

5-7 15000kJ/h

5-8 22000kJ/h

5-9 421.6836K，0.0027kJ/K

5-10 4867.1kg/h

5-11 (1) 70kJ (2) 115.6kJ，85.6kJ

5-12 略

5-13 $\eta_t = \dfrac{c_v(T_2-T_1)+T_2(s_3-s_4)}{T_1(s_2-s_1)}$

5-14 (1) 66％ (2) 40kJ

5-15 0.136kJ/K

5-16 (1) 38.5％ (2) 165.3kJ/kg (3) 略

5-17 229.7K，34.28kW

5-18 0.0525kJ/K

5-19 (1) 10kW (2) 1.02kW (3) 1.82kW

5-20 218.98kJ/kg，167.77kJ/kg

5-21 278.18kJ/kg，130.37kJ/kg

5-22 137kJ，2127kJ

5-23 (1) 180.8kJ/kg (2) 185.6kJ/kg，0.64kJ/kg (3) 4.16 kJ/kg，97.4％

5-24 (1) 67.3％ (2) 27kJ (3) 符合

第六章

6-7 $Q = RT \ln \dfrac{v_2-b}{v_1-b}$

6-11 吸收的热量为5782.7kJ/kmol，膨胀功为5762.1kJ/kmol

6-12 165.57Pa

第七章

7-1 (1) 过热蒸汽，2649.3kJ/kg (2) 未饱和水，340.57kJ/kg (3) 未饱和水，335.0kJ/kg
    (4) 未饱和水，335.3kJ/kg (5) 未饱和水，335.7kJ/kg

7-2 2622.55kJ/kg，0.06007963m³/kg，2442.31kJ/kg，5.829kJ/(kg·K)

部分习题答案

7-3　590kJ/kg，0.84kJ/(kg·K)

7-4　6799kJ，5.734×10^5 kJ

7-5　(1) 534.5kJ　(2) 4519.8kJ

7-6　6.26cm

7-7　306.5kg

7-8　略

7-9　(1) 0.686 m^3，0.838　(2) －192.90kJ

7-10　2047.04kJ/kg，2047.04kJ/kg，1743.47kJ/kg，1444.68kJ/kg

7-11　(1) $x=0.8188$，$h_x=2122.155$kJ/kg，$s_x=6.96064$，1210.52kJ/kg　(2) 1134.02kJ/kg

7-12　(1) 69.79%　(2) 3.28×10^6 kJ/h

7-13　(1) 1169.4kg/h　(2) 略

7-14　0.97

7-15　(1) 25245　(2) 2180.9kJ/kg

7-16　2771.0kJ/kg，1.07m

第八章

8-1　(1) 7.507kg　(2) 4.671m^3

8-2　28.86，0.288kJ/(kg·K)　$r_{O_2}=20.9\%$，$r_{N_2}=79.1\%$，0.776m^3/kg，1.29kg/m^3

8-3　(1) 0.736kg/m^3　(2) 98.285kPa，0.608kPa，0.182kPa，0.182kPa，0.203kPa，1.854kPa

8-4　56.7%

8-5　37.4kg

8-6　0.986

8-7　10.34g/kg (a)，1636Pa，14.6℃，0.0121kg/m^3，2.924kg (a)，
　　　288.78J/(kg·K)，7.64g

8-8　13.8℃，0.0115kg/m^3，10.02g/kg (a)，1.1622kg/m^3，1.1507kg/m^3，8604.4m^3

8-9　2861Pa，23.7℃，67.5%，1.117kg/m^3，0.0205kg/m^3，
　　　1.1375kg/m^3，290.1J/(kg·K)，77.137kJ/kg(a)

8-10　195873kJ，23%

8-11　图解法　74kJ/kg (a)，17.7g/kg (a)，28.5℃，72%
　　　计算法　75.18kJ/kg (a)，18.13g/kg (a)，28.59℃，73%

8-12　19℃，20.7℃，69%，2170Pa

8-13　71.58kg，3441kJ

8-14　(1) 4976kJ　(2) 1529g

8-15　(1) 16.6℃　(2) 7188kg，7613kg

8-16　13.7g/kg (a)，56kJ/kg (a)，88.5%

8-17　(1) 69.75kg，243000kJ　(2) 63630kJ

8-18　略

8-19　(1) 33.27m^3/s　(2) 1.04kg/s

第九章

9-1　(1) 297.95K，0.106MPa　(2) 337.55K，0.164MPa　(3) 416.76K，0.343MPa
　　　(4) 788.05K，3.191MPa

9-2　0.00186m^2

9-3　311.16m/s，0.0584m^3/kg，305.07K，0.533kg/s，344.87m/s，0.54kg/s

9-4　515.2m/s，0.5771MPa，660.7K

9-5 渐缩喷管 出口流速 474.09m/s，出口截面积 0.000671m²
    缩放喷管 出口流速 985.2m/s，出口截面积 0.000895m²

9-6 (1) 14.01kg/s (2) 596.59K (3) 3219.8kJ/s

9-7 缩放喷管，668.39m/s，2.44×10^{-3}m²，651.68m/s，2.57×10^{-3}m²

9-8 4073.68m³/h

9-9 36.8cm²，78.9cm²，0.202m

9-10 2.193×10^{-3}m²

9-11 (1) 0.528MPa，666.57K，0.362m³/kg，517.52m/s
     (2) 0.129MPa，445.52K，0.991m³/kg，846.19m/s
     (3) 3.35×10^{-3}m²

9-12 508m/s，1071.4m/s，5.35kg/s，7.5×10^{-3}m²

9-13 469.03m/s，0.408kg/s

9-14 0.98，42.11K/MPa

9-15 509.4m/s，20.24kJ/kg，9.64kJ/kg

9-16 0.199kJ/(kg·K)，59.7kJ/kg

9-17 366.23m/s，1.05，选择渐缩渐扩扩压管

9-19 $q_{\max}=\dfrac{P_0}{\sqrt{T_0}}\sqrt{\dfrac{K}{R_g}}A_{\min}\left(\dfrac{2}{k+1}\right)^{\frac{k+1}{2k-2}}$，1.278

9-20 0.272MPa，0.3MPa

9-21 (1) 815K，3460.9kJ/kg，3114.1kJ/kg，(2) 19.56kJ/kg (3) 20kJ/kg (4) 略

第十章

10-1 43.78%，42.69%，42.19%，42.03%，41.46%

10-2 1) (1) 3589.8kJ/kg，3468.4kJ/kg (2) 14kJ/kg，0 (3) 1566.7kJ/kg，1552.7kJ/kg (4) 0.78
       (5) 44.77%
     2) (1) 3554.8kJ/kg，3433.39kJ/kg (2) 18kJ/kg，0 (3) 1576.1kJ/kg，1558.1kJ/kg (4) 0.763
       (5) 45.38%
     3) (1) 3491.2kJ/kg，3369.79kJ/kg (2) 25kJ/kg，0 (3) 1575.5kJ/kg，1550.5kJ/kg (4) 0.738
       (5) 46.01%
     4) (1) 3444.2kJ/kg，3322.79kJ/kg (2) 30kJ/kg，0 (3) 1566.7kJ/kg，1536.7kJ/kg (4) 0.722
       (5) 46.25%

10-3 (1) 544.5K (2) 305.9K (3) 43.82%

10-4 (1) 561.2K (2) 305.9K (3) 45.49%

10-5 (1) 45.56% (2) 45.38%

10-6 (1)

	10MPa	5MPa	2MPa	无再热
干度	0.787	0.832	0.888	0.743

(2)

	10MPa	5MPa	2MPa	无再热
效率	46.05%	43.72%	40.41%	44.85%

(3)

	10MPa	5MPa	2MPa	无再热
气耗率	$6.12×10^{-4}$kg/kJ	$6.36×10^{-4}$kg/kJ	$6.82×10^{-4}$kg/kJ	$6.04×10^{-4}$kg/kJ

10-7 46.89%，1140.12kJ/kg

10-8 (1) 15.23%，16.69t/h (2) 21.26t/h

10-9 4.30MPa，1662.6K，401.6kJ/kg，57.4%

10-10 (1) $p_1=105$kPa，$T_1=293$K，$p_2=5703.25$kPa，$T_2=958.53$K，$p_3=5703.25$kPa，$T_3=1900$K，$p_4=284.65$kPa，$T_4=794.64$K (2) 62.2%

10-11 1054.76kJ/kg，65.15%

10-12 $p_1=0.1$MPa，$T_1=363$K，$v_1=1.042$m³/kg，$p_2=0.868$MPa，$T_2=673$K，$v_2=0.223$m³/kg，$p_{2'}=1.11$MPa，$T_{2'}=863$K，$v_{2'}=0.223$m³/kg，$p_3=1.11$MPa，$T_3=990.1$K，$v_3=0.256$m³/kg，$p_4=0.159$MPa，$T_4=573$K，$v_4=1.042$m³/kg，42.89%，113.25kJ/kg

10-13 45.37%，245.7kJ/kg，404.0kJ/kg

10-14 (1) $\eta_V<\eta_p$ (2) 53.14%

第十一章

11-1 0.325MPa，0.44kg/s，46.43kW，9.4kW

11-2 95.1kJ/kg，46.4kJ/kg，2.05

11-3 (1) −99.4℃ (2) 1.12 (3) 0.237kg/s

11-4 2.93，12900kJ/h，1.22kW

11-5 $3.4×10^5$kJ/h，293kg/h，13.6kW，11634.5kg/h

11-6 (1) 4.33 (2) 355.56kg/h (3) 25.66kW

11-7 416.8kg/h，41.7kW，3.0

11-8 365.2kg/h，3.65kW

11-9 127686.4kg/h，30.8kW，350.5m³/h

11-10 33972.4kJ/min，1.001kPa，4.241kPa，13.93kg/min

11-11 增大5%，采用过冷措施

11-12 11kW

11-13 (1) 41.28kW (2) 0.0204m³/s (3) 6.37

第十二章

12-1 −231420kJ

12-2 87722kJ

12-3 (1) −137050kJ (2) 283178kJ (3) 802855kJ

12-4 890939kJ/kmol（或55684kJ/kg），802855kJ/kmol（或50178kJ/kg）

12-5 331.49K（或58.3℃）

12-6 15.04kg（空气）/kg（煤）

12-7 −243939kJ，−241861kJ

12-8 904K

12-9 −1428792kJ

12-10 −34745kJ

12-11 2665K

12-12 16.6

12-13 -555953kJ

12-14 1659K

12-15 $p_{CO_2}=61707$Pa, $p_{O_2}=13172$Pa, $p_{CO}=26446$Pa

12-16 $K_{p4}=K_{p3}K_{p2}/K_{p1}$

12-17 1.333

12-18 没有变化

第十三章

13-1 (1) 2 (2) 1 (3) 2 (4) 2

13-2 4

13-3 1‰

13-4 0.267

13-5 328K,20kJ/kg,1420kJ/kg,0.98

13-6 58%,276.1kJ/kg

附 录

饱和水与饱和水蒸气表[①]（按温度排列）　　　附表1

温度 t (℃)	饱和压力 P_s (MPa)	比体积(比容) (m^3/kg)		比焓 (kJ/kg)		汽化潜热 r (kJ/kg)	比熵 (kJ/(kg·K))	
		饱和水 v'	饱和蒸汽 v''	饱和水 h'	饱和蒸汽 h''		饱和水 s'	饱和蒸汽 s''
0.00	0.0006112	0.00100022	206.154	−0.05	2500.51	2500.6	−0.0002	9.1544
0.01	0.0006117	0.00100021	206.012	0.00[②]	2500.53	2500.5	0.0000	9.1541
1	0.0006571	0.00100018	192.464	4.18	2502.35	2498.2	0.0153	9.1278
2	0.0007059	0.00100013	179.787	8.39	2504.19	2495.8	0.0306	9.1014
3	0.0007580	0.00100009	168.041	12.61	2506.03	2493.4	0.0459	9.0752
4	0.0008135	0.00100008	157.151	16.82	2507.87	2491.1	0.0611	9.0493
5	0.0008725	0.00100008	147.048	21.02	2509.71	2488.7	0.0763	9.0236
6	0.0009252	0.00100010	137.670	25.22	2511.55	2486.3	0.0913	8.9982
7	0.0010019	0.00100014	128.961	29.42	2513.39	2484.0	0.1063	8.9730
8	0.0010728	0.00100019	120.868	33.62	2515.23	2481.6	0.1213	8.9480
9	0.0011480	0.00100026	113.342	37.81	2517.06	2479.3	0.1362	8.9233
10	0.0012279	0.00100034	106.341	42.00	2518.90	2476.9	0.1510	8.8988
11	0.0013126	0.00100043	99.825	46.19	2520.74	2474.5	0.1658	8.8745
12	0.0014025	0.00100054	93.756	50.38	2522.57	2472.2	0.1805	8.8504
13	0.0014977	0.00100066	88.101	54.57	2524.41	2469.8	0.1952	8.8265
14	0.0015985	0.00100080	82.828	58.76	2526.24	2467.5	0.2098	8.8029
15	0.0017053	0.00100094	77.910	62.95	2528.07	2465.1	0.2243	8.7794
16	0.0018183	0.00100110	73.320	67.13	2529.90	2462.8	0.2388	8.7562
17	0.0019377	0.00100127	69.034	71.32	2531.72	2460.4	0.2533	8.7331
18	0.0020640	0.00100145	65.029	75.50	2533.55	2458.1	0.2677	8.7103
19	0.0021975	0.00100165	61.287	79.68	2535.37	2455.7	0.2820	8.6877
20	0.0023385	0.00100185	57.786	83.86	2537.20	2453.3	0.2963	8.6652
22	0.0026444	0.00100229	51.445	92.23	2540.84	2448.6	0.3247	8.6210
24	0.0029846	0.00100276	45.884	100.59	2544.47	2443.9	0.3530	8.5774
26	0.0033625	0.00100328	40.997	108.95	2548.10	2439.2	0.3810	8.5347
28	0.0037814	0.00100383	36.694	117.32	2551.73	2434.4	0.4089	8.4927
30	0.0042451	0.00100442	32.899	125.68	2555.35	2429.7	0.4366	8.4514
35	0.0056263	0.00100605	25.222	146.59	2564.38	2417.8	0.5050	8.3511
40	0.0073811	0.00100789	19.529	167.50	2573.36	2405.9	0.5723	8.2551
45	0.0095897	0.00100993	15.2636	188.42	2582.30	2393.9	0.6386	8.1630
50	0.0123446	0.00101216	12.0365	209.33	2591.19	2381.9	0.7038	8.0745
55	0.015752	0.00101455	9.5723	230.24	2600.02	2369.8	0.7680	7.9896
60	0.019933	0.00101713	7.6740	251.15	2608.79	2357.6	0.8312	7.9080
65	0.025024	0.00101986	6.1992	272.08	2617.48	2345.4	0.8935	7.8295
70	0.031178	0.00102276	5.0443	293.01	2626.10	2333.1	0.9550	7.7540

续表

温度 t (℃)	饱和压力 P_s (MPa)	比体积(比容)		比焓		汽化潜热 r (kJ/kg)	比熵	
		饱和水 v'	饱和蒸汽 v''	饱和水 h'	饱和蒸汽 h''		饱和水 s'	饱和蒸汽 s''
		(m³/kg)		(kJ/kg)			(kJ/(kg·K))	
75	0.038565	0.00102582	4.1330	313.96	2634.63	2320.7	1.0156	7.6812
80	0.047376	0.00102903	3.4086	334.93	2643.06	2308.1	1.0753	7.6112
85	0.057818	0.00103240	2.8288	355.92	2651.40	2295.5	1.1343	7.5436
90	0.070121	0.00103593	2.3616	376.94	2659.63	2282.7	1.1926	7.4783
95	0.084533	0.00103961	1.9827	397.98	2667.73	2269.7	1.2501	7.4154
100	0.101325	0.00104344	1.6736	419.06	2675.71	2256.6	1.3069	7.3545
110	0.143243	0.00105156	1.2106	461.33	2691.26	2229.9	1.4186	7.2386
120	0.198483	0.00106031	0.89219	503.76	2706.18	2202.4	1.5277	7.1297
130	0.270018	0.00106968	0.66873	546.38	2720.39	2174.0	1.6346	7.0272
140	0.361190	0.00107972	0.50900	589.21	2733.81	2144.6	1.7393	6.9302
150	0.47571	0.00109046	0.39286	632.28	2746.35	2114.1	1.8420	6.8381
160	0.61766	0.00110193	0.30709	675.62	2757.92	2082.3	1.9429	6.7502
170	0.79147	0.00111420	0.24283	719.25	2768.42	2049.2	2.0420	6.6661
180	1.00193	0.00112732	0.19403	763.22	2777.74	2014.5	2.1396	6.5852
190	1.25417	0.00114136	0.15650	807.56	2785.80	1978.2	2.2358	6.5071
200	1.55366	0.00115641	0.12732	852.34	2792.47	1940.1	2.3307	6.4312
210	1.90617	0.00117258	0.10438	897.62	2797.65	1900.0	2.4245	6.3571
220	2.31783	0.00119000	0.086157	943.46	2801.20	1857.7	2.5175	6.2846
230	2.79505	0.00120882	0.071553	989.95	2803.00	1813.0	2.6096	6.2130
240	3.34459	0.00122922	0.059743	1037.2	2802.88	1765.7	2.7013	6.1422
250	3.97351	0.00125145	0.050112	1085.3	2800.66	1715.4	2.7926	6.0716
260	4.68923	0.00127579	0.042195	1134.3	2796.14	1661.8	2.8837	6.0007
270	5.49956	0.00130262	0.035637	1184.5	2789.05	1604.5	2.9751	5.9292
280	6.41273	0.00133242	0.030165	1236.0	2779.08	1543.1	3.0668	5.8564
290	7.43746	0.00136582	0.025565	1289.1	2765.81	1476.7	3.1594	5.7817
300	8.58308	0.00140369	0.021669	1344.0	2748.71	1404.7	3.2533	5.7042
310	9.8597	0.00144728	0.018343	1401.2	2727.01	1325.9	3.3490	5.6226
320	11.278	0.00149844	0.015479	1461.2	2699.72	1238.5	3.4475	5.5356
330	12.851	0.00156008	0.012987	1524.9	2665.30	1140.4	3.5500	5.4408
340	14.593	0.00163728	0.010790	1593.7	2621.32	1027.6	3.6586	5.3345
350	16.521	0.00174008	0.008812	1670.3	2563.39	893.0	3.7773	5.2104
360	18.657	0.00189423	0.006958	1761.1	2481.68	720.6	3.9155	5.0536
370	21.033	0.00221480	0.004982	1891.7	2338.79	447.1	4.1125	4.8076
371	21.286	0.00236530	0.004735	1911.8	2314.11	402.3	4.1429	4.7674
372	21.542	0.00236530	0.004451	1936.1	2282.99	346.9	4.1796	4.7173
373	21.802	0.00249600	0.004087	1968.8	2237.98	269.2	4.2292	4.6458
③373.99	22.064	0.003106	0.003106	2085.9	2085.9	0.0	4.4092	4.4092

注：① 此表引自严家騄、徐晓福编著. 水和水蒸气热力性质图表（第二版）. 高等教育出版社，2004.
② 精确值应为 0.000612kJ/kg.
③ 这一行数据为临界参数值.

饱和水与饱和水蒸气表（按压力排列） 附表2

压力	饱和温度	比体积（比容）		比焓		汽化潜热	比熵	
		饱和水	饱和蒸汽	饱和水	饱和蒸汽		饱和水	饱和蒸汽
p_s (MPa)	t_s (℃)	v'	v''	h'	h''	r	s'	s''
		(m³/kg)		(kJ/kg)		(kJ/kg)	(kJ/(kg·K))	
0.0010	6.9491	0.0010001	129.185	29.21	2513.29	2484.1	0.1056	8.9735
0.0020	17.5403	0.0010014	67.008	73.58	2532.71	2459.1	0.2611	8.7220
0.0030	24.1142	0.0010028	45.666	101.07	2544.68	2443.6	0.3546	8.5758
0.0040	28.9533	0.0010041	34.796	121.30	2553.45	2432.2	0.4221	8.4725
0.0050	32.8793	0.0010053	28.191	137.72	2560.55	2422.8	0.4761	8.3930
0.0060	36.1663	0.0010065	23.738	151.47	2566.48	2415.0	0.5208	8.3283
0.0070	38.9967	0.0010075	20.528	163.31	2571.56	2408.3	0.5589	8.2737
0.0080	41.5075	0.0010085	18.102	173.81	2576.06	2402.2	0.5924	8.2266
0.0090	43.7901	0.0010094	16.204	183.36	2580.15	2396.8	0.6226	8.1854
0.010	45.7988	0.0010103	14.673	191.76	2583.72	2392.0	0.6490	8.1481
0.015	53.9705	0.0010140	10.022	225.93	2598.21	2372.3	0.7548	8.0065
0.020	60.0650	0.0010172	7.6497	251.43	2608.90	2357.5	0.8320	7.9068
0.025	64.9726	0.0010198	6.2047	271.96	2617.43	2345.5	0.8932	7.8298
0.030	69.1041	0.0010222	5.2296	289.26	2624.56	2335.3	0.9440	7.7671
0.040	75.8720	0.0010264	3.9939	317.61	2636.10	2318.5	1.0260	7.6688
0.050	81.3388	0.0010299	3.2409	340.55	2645.31	2304.8	1.0912	7.5928
0.060	85.9496	0.0010331	2.7324	359.91	2652.97	2293.1	1.1454	7.5310
0.070	89.9556	0.0010359	2.3654	376.75	2659.55	2282.8	1.1921	7.4789
0.080	93.5107	0.0010385	2.0876	391.71	2665.33	2273.6	1.2330	7.4339
0.090	96.7121	0.0010409	1.8698	405.20	2670.48	2265.3	1.2696	7.3943
0.10	99.634	0.0010432	1.6943	417.52	2675.14	2257.6	1.3028	7.3589
0.12	104.810	0.0010473	1.4287	439.37	2683.26	2243.9	1.3609	7.2978
0.14	109.318	0.0010510	1.2368	458.44	2690.22	2231.8	1.4110	7.2462
0.16	113.326	0.0010544	1.09159	475.42	2696.29	2220.9	1.4552	7.2016
0.18	116.941	0.0010576	0.97767	490.76	2701.69	2210.9	1.4946	7.1623
0.20	120.240	0.0010605	0.88585	504.78	2706.53	2201.7	1.5303	7.1272
0.25	127.444	0.0010672	0.71879	535.47	2716.83	2181.4	1.6075	7.0528
0.30	133.556	0.0010732	0.60587	561.58	2725.26	2163.7	1.6721	6.9921
0.35	138.891	0.0010786	0.52427	584.45	2732.37	2147.9	1.7278	6.9407
0.40	143.642	0.0010835	0.46246	604.87	2738.49	2133.6	1.7769	6.8961
0.50	151.867	0.0010925	0.37486	640.35	2748.59	2108.2	1.8610	6.8214
0.60	158.863	0.0011006	0.31563	670.67	2756.66	2086.0	1.9315	6.7600
0.70	164.983	0.0011079	0.27281	697.32	2763.29	2066.0	1.9925	6.7079
0.80	170.444	0.0011148	0.24037	721.20	2768.86	2047.7	2.0464	6.6225
0.90	175.389	0.0011212	0.21491	742.90	2773.59	2030.7	2.0948	6.6222
1.00	179.916	0.0011272	0.19438	762.84	2777.67	2014.8	2.1388	6.5859
1.10	184.100	0.0011330	0.17747	781.35	2781.21	1999.9	2.1792	6.5529
1.20	187.995	0.0011385	0.16328	798.64	2784.29	1985.7	2.2166	6.5225

续表

压力	饱和温度	比体积（比容）		比焓		汽化潜热	比熵	
		饱和水	饱和蒸汽	饱和水	饱和蒸汽		饱和水	饱和蒸汽
p_s (MPa)	t_s (℃)	v'	v''	h'	h''	r	s'	s''
		(m³/kg)		(kJ/kg)		(kJ/kg)	(kJ/(kg·K))	
1.30	191.644	0.0011438	0.15120	814.89	2786.99	1972.1	2.2515	6.4944
1.40	195.078	0.0011489	0.14079	830.24	2789.37	1959.1	2.2841	6.4683
1.50	198.327	0.0011538	0.13172	844.82	2791.46	1946.6	2.3149	6.4437
1.60	201.410	0.0011586	0.12375	858.69	2793.29	1934.6	2.3440	6.4206
1.70	204.346	0.0011633	0.11668	871.96	2794.91	1923.0	2.3716	6.3988
1.80	207.151	0.0011679	0.11037	884.67	2796.33	1911.7	2.3979	6.3781
1.90	209.838	0.0011723	0.104707	896.88	2797.58	1900.7	2.4230	6.3583
2.00	212.417	0.0011767	0.099588	908.64	2798.66	1890.0	2.4471	6.3395
2.20	217.289	0.0011851	0.090700	930.97	2800.41	1869.4	2.4924	6.3041
2.40	221.829	0.0011933	0.083244	951.91	2801.67	1849.8	2.5344	6.2714
2.60	226.085	0.0012013	0.076898	971.67	2802.51	1830.8	2.5736	6.2409
2.80	230.096	0.0012090	0.071427	990.41	2803.01	1812.6	2.6105	6.2123
3.00	233.893	0.0012166	0.066662	1008.2	2803.19	1794.9	2.6454	6.1854
3.50	242.597	0.0012348	0.057054	1049.6	2802.51	1752.9	2.7250	6.1238
4.00	250.394	0.0012524	0.049771	1087.2	2800.53	1713.4	2.7962	6.0688
5.00	263.980	0.0012862	0.039439	1154.2	2793.64	1639.5	2.9201	5.9724
6.00	275.625	0.0013190	0.032440	1213.3	2783.82	1570.5	3.0266	5.8885
7.00	285.869	0.0013515	0.027371	1266.9	2771.72	1504.8	3.1210	5.8129
8.00	295.048	0.0013843	0.023520	1316.5	2757.70	1441.2	3.2066	5.7430
9.00	303.385	0.0014177	0.020485	1363.1	2741.92	1378.9	3.2854	5.6771
10.0	311.037	0.0014522	0.018026	1407.2	2724.46	1317.2	3.3591	5.6139
11.0	318.118	0.0014881	0.015987	1449.6	2705.34	1255.7	3.4287	5.5525
12.0	324.715	0.0015260	0.014263	1490.7	2684.50	1193.8	3.4952	5.4920
13.0	330.894	0.0015662	0.012780	1530.8	2661.80	1131.0	3.5594	5.4318
14.0	336.707	0.0016097	0.011486	1570.4	2637.07	1066.7	3.6220	5.3711
15.0	342.196	0.0016571	0.010340	1609.8	2610.01	1000.2	3.6836	5.3091
16.0	347.396	0.0017099	0.009311	1649.4	2580.21	930.8	3.7451	5.2450
17.0	352.334	0.0017701	0.008373	1690.0	2547.01	857.1	3.8073	5.1776
18.0	357.034	0.0018402	0.007503	1732.0	2509.45	777.4	3.8715	5.1051
19.0	361.514	0.0019258	0.006679	1776.9	2465.87	688.9	3.9395	5.0250
20.0	365.789	0.0020379	0.005870	1827.2	2413.05	585.9	4.0153	4.9322
21.0	369.868	0.0022073	0.005012	1889.2	2341.67	452.4	4.1088	4.8124
22.0	373.752	0.0027040	0.003684	2013.0	2084.02	71.8	4.2969	4.4066
22.064	373.99	0.003106	0.003106	2085.9	2085.9	0.0	4.4092	4.4092

注：此表出处同附表1。

未饱和水与过热蒸汽表[①] 附表3

p	0.001MPa (t_s=6.949℃)			0.005MPa (t_s=32.879℃)		
饱和参数	v' 0.001001 m³/kg v'' 129.185 m³/kg	h' 29.21 kJ/kg h'' 2513.3 kJ/kg	s' 0.1056 kJ/(kg·K) s'' 8.9735 kJ/(kg·K)	v' 0.0010053 m³/kg v'' 28.191 m³/kg	h' 137.72 kJ/kg h'' 2560.6 kJ/kg	s' 0.4761 kJ/(kg·K) s'' 8.3930 kJ/(kg·K)
t ℃	v $\dfrac{m^3}{kg}$	h $\dfrac{kJ}{kg}$	s $\dfrac{kJ}{kg·K}$	v $\dfrac{m^3}{kg}$	h $\dfrac{kJ}{kg}$	s $\dfrac{kJ}{kg·K}$
0	0.001002	−0.05	−0.0002	0.0010002	−0.05	−0.0002
10	130.598[②]	2519.0	8.9938	0.0010003	42.01	0.1510
20	135.226	2537.7	9.0588	0.0010018	83.87	0.2963
40	144.475	2575.2	9.1823	28.854	2574.0	8.4366
60	153.717	2612.7	9.2984	30.712	2611.8	8.5537
80	162.956	2650.3	9.4080	32.566	2649.7	8.6639
100	172.192	2688.0	9.5120	34.418	2687.5	8.7682
120	181.426	2725.9	9.6109	36.269	2725.5	8.8674
140	190.660	2764.0	9.7054	38.118	2763.7	8.9620
160	199.893	2802.3	9.7959	39.967	2802.0	9.0526
180	209.126	2840.7	9.8827	41.815	2840.5	9.1396
200	218.358	2879.4	9.9662	43.662	2879.2	9.2232
220	227.590	2918.3	10.0468	45.510	2918.2	9.3038
240	236.821	2957.5	10.1246	47.357	2957.3	9.3816
260	246.053	2996.8	10.1998	49.204	2996.7	9.4569
280	255.284	3036.4	10.2727	51.051	3036.3	9.5298
300	264.515	3076.2	10.3434	52.898	3076.1	9.6005
350	287.592	3176.8	10.5117	57.514	3176.7	9.7688
400	310.669	3278.9	10.6692	62.131	3278.8	9.9264
450	333.746	3382.4	10.8176	66.747	3382.4	10.0747
500	356.823	3487.5	10.9581	71.362	3487.5	10.2153
550	379.900	3594.4	11.0921	75.978	3594.4	10.3493
600	402.976	3703.4	11.2206	80.594	3703.4	10.4778

续表

p	0.010MPa (t_s=45.799℃)			0.1MPa (t_s=99.634℃)		
饱和参数	v' 0.0010103 m³/kg v'' 14.673 m³/kg	h' 191.76 kJ/kg h'' 2583.7 kJ/kg	s' 0.6490 kJ/(kg·K) s'' 8.1481 kJ/(kg·K)	v' 0.0010431 m³/kg v'' 1.6943 m³/kg	h' 417.52 kJ/kg h'' 2675.1 kJ/kg	s' 1.3028 kJ/(kg·K) s'' 7.3589 kJ/(kg·K)
t ℃	v $\dfrac{m^3}{kg}$	h $\dfrac{kJ}{kg}$	s $\dfrac{kJ}{kg·K}$	v $\dfrac{m^3}{kg}$	h $\dfrac{kJ}{kg}$	s $\dfrac{kJ}{kg·K}$
0	0.0010002	−0.04	−0.0002	0.0010002	0.05	−0.0002
10	0.0010003	42.01	0.1510	0.0010003	42.10	0.1510
20	0.0010018	83.87	0.2963	0.0010018	83.96	0.2963
40	0.0010079	167.51	0.5723	0.0010078	167.59	0.5723
60	15.336	2610.8	8.2313	0.0010171	251.22	0.8312
80	16.268	2648.9	8.3422	0.0010290	334.97	1.0753
100	17.196	2686.9	8.4471	1.6961	2675.9	7.3609
120	18.124	2725.1	8.5466	1.7931	2716.3	7.4665
140	19.050	2763.3	8.6414	1.8889	2756.2	7.5654
160	19.976	2801.7	8.7322	1.9838	2795.8	7.6590
180	20.901	2840.2	8.8192	2.0783	2835.3	7.7482
200	21.826	2879.0	8.9029	2.1723	2874.8	7.8334
220	22.750	2918.0	8.9835	2.2659	2914.3	7.9152
240	23.674	2957.1	9.0614	2.3594	2953.9	7.9940
260	24.598	2996.5	9.1367	2.4527	2993.7	8.0701
280	25.522	3036.2	9.2097	2.5458	3033.6	8.1436
300	26.446	3076.0	9.2805	2.6388	3073.8	8.2148
350	28.755	3176.6	9.4488	2.8709	3174.9	8.3840
400	31.063	3278.7	9.6064	3.1027	3277.3	8.5422
450	33.372	3382.3	9.7548	3.3342	3381.2	8.6909
500	35.680	3487.4	9.8953	3.5656	3486.5	8.8317
550	37.988	3594.3	10.0293	3.7968	3593.5	8.9659
600	40.296	3703.4	10.1579	4.0279	3702.7	9.0946

续表

p	0.5MPa (t_s=151.867℃)			1MPa (t_s=179.916℃)		
饱和参数	v' 0.0010925 m³/kg v'' 0.37486 m³/kg	h' 640.35 kJ/kg h'' 2748.6 kJ/kg	s' 1.8610 kJ/(kg·K) s'' 6.8214 kJ/(kg·K)	v' 0.0011272 m³/kg v'' 0.019438 m³/kg	h' 762.84 kJ/kg h'' 2777.7 kJ/kg	s' 2.1388 kJ/(kg·K) s'' 6.5859 kJ/(kg·K)
t ℃	v $\dfrac{m^3}{kg}$	h $\dfrac{kJ}{kg}$	s $\dfrac{kJ}{kg \cdot K}$	v $\dfrac{m^3}{kg}$	h $\dfrac{kJ}{kg}$	s $\dfrac{kJ}{kg \cdot K}$
0	0.0010000	0.46	−0.0001	0.0009997	0.97	−0.0001
10	0.0010001	42.49	0.1510	0.0009999	42.98	0.1509
20	0.0010016	84.33	0.2962	0.0010014	84.80	0.2961
40	0.0010077	167.94	0.5721	0.0010074	168.38	0.5719
60	0.0010169	251.56	0.8310	0.0010167	251.98	0.8307
80	0.0010288	335.29	1.0750	0.0010286	335.69	1.0747
100	0.0010432	419.36	1.3066	0.0010430	419.74	1.3062
120	0.0010601	503.97	1.5275	0.0010599	504.32	1.5270
140	0.0010796	589.30	1.7392	0.0010783	589.62	1.7386
160	0.38358	2767.2	6.8647	0.0011017	675.84	1.9424
180	0.40450	2811.7	6.9651	0.19443	2777.9	6.5864
200	0.42487	2854.9	7.0585	0.20590	2827.3	6.6931
220	0.44485	2897.3	7.1462	0.21686	2874.2	6.7903
240	0.46455	2939.2	7.2295	0.22745	2919.6	6.8804
260	0.48404	2980.8	7.3091	0.23779	2963.8	6.9650
280	0.50336	3022.2	7.3853	0.24793	3007.3	7.0451
300	0.52255	3063.6	7.4588	0.25793	3050.4	7.1216
350	0.57012	3167.0	7.6319	0.28247	3157.0	7.2999
400	0.61729	3271.1	7.7924	0.30658	3263.1	7.4638
420	0.63608	3312.9	7.8537	0.31615	3305.6	7.5260
440	0.65483	3354.9	7.9135	0.32568	3348.2	7.5866
450	0.66420	3376.0	7.9428	0.33043	3369.6	7.6163
460	0.67356	3397.2	7.9719	0.33518	3390.9	7.6456
480	0.69226	3439.6	8.0289	0.34465	3433.8	7.7033
500	0.71094	3482.2	8.0848	0.35410	3476.8	7.7597
550	0.75755	3589.9	8.2198	0.37764	3585.4	7.8958
600	0.80408	3699.6	8.3491	0.40109	3695.7	8.0259

续表

p		3MPa (t_s=233.893℃)			5MPa (t_s=263.980℃)	
饱和参数	v' 0.0012166 m³/kg v'' 0.066700 m³/kg	h' 1008.2 kJ/kg h'' 2803.2 kJ/kg	s' 2.6454 kJ/(kg·K) s'' 6.1854 kJ/(kg·K)	v' 0.0012861 m³/kg v'' 0.039400 m³/kg	h' 1154.2 kJ/kg h'' 2793.6 kJ/kg	s' 2.9200 kJ/(kg·K) s'' 5.9724 kJ/(kg·K)
t ℃	v $\dfrac{m^3}{kg}$	h $\dfrac{kJ}{kg}$	s $\dfrac{kJ}{kg·K}$	v $\dfrac{m^3}{kg}$	h $\dfrac{kJ}{kg}$	s $\dfrac{kJ}{kg·K}$
0	0.0009987	3.01	0.0000	0.0009977	5.04	0.0002
10	0.0009989	44.92	0.1507	0.0009979	46.87	0.1506
20	0.0010005	86.68	0.2957	0.0009996	88.55	0.2952
40	0.0010066	170.15	0.5711	0.0010057	171.92	0.5704
60	0.0010158	253.66	0.8296	0.0010149	255.34	0.8286
80	0.0010276	377.28	1.0734	0.0010267	338.87	1.0721
100	0.0010420	421.24	1.3047	0.0010410	422.75	1.3031
120	0.0010587	505.73	1.5252	0.0010576	507.14	1.5234
140	0.0010781	590.92	1.7366	0.0010768	592.23	1.7345
160	0.0011002	677.01	1.9400	0.0010988	678.19	1.9377
180	0.0011256	764.23	2.1369	0.0011240	765.25	2.1342
200	0.0011549	852.93	2.3284	0.0011529	853.75	2.3253
220	0.0011891	943.65	2.5162	0.0011867	944.21	2.5125
240	0.068184	2823.4	6.2250	0.0012266	1037.3	2.6976
260	0.072828	2884.4	6.3417	0.0012751	1134.3	2.8829
280	0.077101	2940.1	6.4443	0.042228	2855.8	6.0864
300	0.084191	2992.4	6.5371	0.045301	2923.3	6.2064
350	0.090520	3114.4	6.7414	0.051932	3067.4	6.4477
400	0.099352	3230.1	6.9199	0.057804	3194.9	6.6446
420	0.102787	3275.4	6.9864	0.060033	3243.6	6.7159
440	0.106180	3320.5	7.0505	0.062216	3291.5	6.7840
450	0.107864	3343.0	7.0817	0.063291	3315.2	6.8170
460	0.109540	3365.4	7.1125	0.064358	3338.8	6.8494
480	0.112870	3410.1	7.1728	0.066469	3385.6	6.9125
500	0.116174	3454.9	7.2314	0.068552	3432.2	6.9735
550	0.124349	3566.9	7.3718	0.073664	3548.0	7.1187
600	0.132427	3679.9	7.5051	0.078675	3663.9	7.2553

续表

p	7MPa (t_s=285.869℃)			10MPa (t_s=311.037℃)		
饱和参数	v' 0.0013515 m³/kg v'' 0.027400 m³/kg	h' 1266.9 kJ/kg h'' 2771.7 kJ/kg	s' 3.1210 kJ/(kg·K) s'' 5.8129 kJ/(kg·K)	v' 0.0014522 m³/kg v'' 0.018026 m³/kg	h' 1407.2 kJ/kg h'' 2724.5 kJ/kg	s' 3.3591 kJ/(kg·K) s'' 5.6139 kJ/(kg·K)
t ℃	v $\dfrac{m^3}{kg}$	h $\dfrac{kJ}{kg}$	s $\dfrac{kJ}{kg \cdot K}$	v $\dfrac{m^3}{kg}$	h $\dfrac{kJ}{kg}$	s $\dfrac{kJ}{kg \cdot K}$
0	0.0009967	7.07	0.0003	0.0009952	10.09	0.0004
10	0.0009970	48.80	0.1504	0.0009956	51.70	0.1500
20	0.0009986	90.42	0.2948	0.0009973	93.22	0.2942
40	0.0010048	173.69	0.5696	0.0010035	176.34	0.5684
60	0.0010140	257.01	0.8275	0.0010127	259.53	0.8259
80	0.0010258	340.46	1.0708	0.0010244	342.85	1.0688
100	0.0010399	424.25	1.3016	0.0010385	426.51	1.2993
120	0.0010565	508.55	1.5216	0.0010549	510.68	1.5190
140	0.0010756	593.54	1.7325	0.0010738	595.50	1.7294
160	0.0010974	679.37	1.9353	0.0010953	681.16	1.9319
180	0.0011223	766.28	2.1315	0.0011199	767.84	2.1275
200	0.0011510	854.59	2.3222	0.0011481	855.88	2.3176
220	0.0011842	944.79	2.5089	0.0011807	945.71	2.5036
240	0.0012235	1037.6	2.6933	0.0012190	1038.0	2.6870
260	0.0012710	1134.0	2.8776	0.0012650	1133.6	2.8698
280	0.0013307	1235.7	3.0648	0.0013222	1234.2	3.0549
300	0.029457	2837.5	5.9291	0.0013975	1342.3	3.2469
350	0.035225	3014.8	6.2265	0.022415	2922.1	5.9423
400	0.039917	3157.3	6.4465	0.026402	3095.8	6.2109
450	0.044143	3286.2	6.6314	0.029735	3240.5	6.4184
500	0.048110	3408.9	6.7954	0.032750	3372.8	6.5954
520	0.049649	3457.0	6.8569	0.033900	3423.8	6.6605
540	0.051166	3504.8	6.9164	0.035027	3474.1	6.7232
550	0.051917	3528.7	6.9456	0.035582	3499.1	6.7537
560	0.052664	3552.4	6.9743	0.036133	3523.9	6.7837
580	0.054147	3600.0	7.0306	0.037222	3573.3	6.8423
600	0.055617	3647.5	7.0857	0.038297	3622.5	6.8992

续表

p	14.0MPa (t_s=336.707℃)			16.0MPa (t_s=347.396℃)		
饱和参数	v' 0.0016097 m³/kg v'' 0.011500 m³/kg	h' 1570.4 kJ/kg h'' 2637.1 kJ/kg	s' 3.6220 kJ/(kg·K) s'' 5.3711 kJ/(kg·K)	v' 0.0017099 m³/kg v'' 0.0093108 m³/kg	h' 1649.4 kJ/kg h'' 2580.2 kJ/kg	s' 3.7451 kJ/(kg·K) s'' 5.2450 kJ/(kg·K)
t ℃	v $\dfrac{m^3}{kg}$	h $\dfrac{kJ}{kg}$	s $\dfrac{kJ}{kg·K}$	v $\dfrac{m^3}{kg}$	h $\dfrac{kJ}{kg}$	s $\dfrac{kJ}{kg·K}$
0	0.0009933	14.10	0.0005	0.0009923	16.10	0.0006
10	0.0009938	55.55	0.1496	0.0009929	57.47	0.1493
20	0.0009955	96.95	0.2932	0.0009946	98.80	0.2928
40	0.0010018	179.86	0.5669	0.0010009	181.62	0.5661
60	0.0010109	262.88	0.8239	0.0010101	264.55	0.8228
80	0.0010226	346.04	1.0663	0.0010217	347.63	1.0650
100	0.0010365	429.53	1.2962	0.0010355	431.04	1.2947
120	0.0010527	513.52	1.5155	0.0010517	514.94	1.5137
140	0.0010714	598.14	1.7254	0.0010702	599.47	1.7234
160	0.0010926	683.56	1.9273	0.0010912	684.77	1.9251
180	0.0011167	769.96	2.1223	0.0011152	771.03	2.1197
200	0.0011443	857.63	2.3116	0.0011425	858.53	2.3087
220	0.0011761	947.00	2.4966	0.0011739	947.67	2.4932
240	0.0012132	1038.6	2.6788	0.0012104	1039.0	2.6748
260	0.0012574	1133.4	2.8599	0.0012538	1133.3	2.8551
280	0.0013117	1232.5	3.0424	0.0013067	1231.8	3.0364
300	0.0013814	1338.2	3.2300	0.0013740	1336.4	3.2221
350	0.013218	2751.2	5.5564	0.0097553	2615.2	5.3012
400	0.017218	3001.1	5.9436	0.0142650	2946.7	5.8161
450	0.020074	3174.2	6.1919	0.0170220	3138.3	6.0912
500	0.022512	3322.3	6.3900	0.0192937	3295.5	6.3015
520	0.023418	3377.9	6.4610	0.0201282	3353.6	6.3757
540	0.024295	3432.1	6.5285	0.0209326	3410.0	6.4459
550	0.024724	3458.7	6.5611	0.0213251	3437.6	6.4797
560	0.025147	3485.2	6.5931	0.0217119	3465.0	6.5128
580	0.025978	3537.5	6.6551	0.0224696	3519.0	6.5768
600	0.026792	3589.1	6.7149	0.0232088	3572.1	6.6383

续表

p	18MPa (t_s=357.034℃)			20MPa (t_s=365.789℃)		
饱和参数	v' 0.0018402 m³/kg v'' 0.0075033 m³/kg	h' 1732.0 kJ/kg h'' 2509.5 kJ/kg	s' 3.8715 kJ/(kg·K) s'' 5.1051 kJ/(kg·K)	v' 0.0020379 m³/kg v'' 0.0058702 m³/kg	h' 1827.2 kJ/kg h'' 2413.1 kJ/kg	s' 4.0153 kJ/(kg·K) s'' 4.9322 kJ/(kg·K)
t ℃	v $\dfrac{m^3}{kg}$	h $\dfrac{kJ}{kg}$	s $\dfrac{kJ}{kg·K}$	v $\dfrac{m^3}{kg}$	h $\dfrac{kJ}{kg}$	s $\dfrac{kJ}{kg·K}$
0	0.0009913	18.09	0.0006	0.0009904	20.08	0.0006
10	0.0009920	59.38	0.1491	0.0009911	61.29	0.1488
20	0.0009938	100.65	0.2923	0.0009929	102.50	0.2919
40	0.0010001	183.37	0.5653	0.0009992	185.13	0.5645
60	0.0010092	266.23	0.8218	0.0010084	267.90	0.8207
80	0.0010208	349.23	1.0637	0.0010199	350.82	1.0624
100	0.0010346	432.55	1.2932	0.0010336	434.06	1.2917
120	0.0010506	516.36	1.5120	0.0010496	517.79	1.5103
140	0.0010690	600.79	1.7215	0.0010679	602.12	1.7195
160	0.0010899	685.98	1.9228	0.0010886	687.20	1.9206
180	0.0011136	772.11	2.1172	0.0011121	773.19	2.1147
200	0.0011407	859.44	2.3058	0.0011389	860.36	2.3029
220	0.0011717	948.36	2.4899	0.0011695	949.07	2.4865
240	0.0012077	1039.4	2.6708	0.0012051	1039.8	2.6670
260	0.0012503	1133.3	2.8503	0.0012469	1133.4	2.8457
280	0.0013020	1231.2	3.0305	0.0012974	1230.7	3.0249
300	0.0013671	1334.8	3.2145	0.0013605	1333.4	3.2072
350	0.0017028	1658.1	3.7535	0.0016645	1645.3	3.7275
400	0.0119053	2885.9	5.6870	0.0099458	2816.8	5.5520
450	0.0146309	3100.5	5.9953	0.0127013	3060.7	5.9025
500	0.0167825	3267.8	6.2191	0.0147681	3239.3	6.1415
520	0.0175616	3328.6	6.2968	0.0155046	3303.0	6.2229
540	0.0183087	3387.2	6.3698	0.0162067	3364.0	6.2989
550	0.0186721	3415.9	6.4049	0.0165471	3393.7	6.3352
560	0.0190297	3444.2	6.4390	0.0168811	3422.9	6.3705
580	0.0197290	3499.8	6.5050	0.0175328	3480.3	6.4385
600	0.0204099	3554.4	6.5682	0.0181655	3536.3	6.5035

续表

p	25.0MPa			30.0MPa		
t	v	h	s	v	h	s
℃	$\dfrac{m^3}{kg}$	$\dfrac{kJ}{kg}$	$\dfrac{kJ}{kg \cdot K}$	$\dfrac{m^3}{kg}$	$\dfrac{kJ}{kg}$	$\dfrac{kJ}{kg \cdot K}$
0	0.0009880	25.01	0.0006	0.0009857	29.92	0.0005
10	0.0009888	66.04	0.1481	0.0009866	70.77	0.1474
20	0.0009908	107.11	0.2907	0.0009887	111.71	0.2895
40	0.0009972	189.51	0.5626	0.0009951	193.87	0.5606
60	0.0010063	272.08	0.8182	0.0010042	276.25	0.8156
80	0.0010177	354.80	1.0593	0.0010155	358.78	1.0562
100	0.0010313	437.85	1.2880	0.0010290	441.64	1.2844
120	0.0010470	521.36	1.5061	0.0010445	524.95	1.5019
140	0.0010650	605.46	1.7147	0.0010622	608.82	1.7100
160	0.0010854	690.27	1.9152	0.0010822	693.36	1.9098
180	0.0011084	775.94	2.1085	0.0011048	778.72	2.1024
200	0.0011345	862.71	2.2959	0.0011303	865.12	2.2890
220	0.0011643	950.91	2.4785	0.0011593	952.85	2.4706
240	0.0011986	1041.0	2.6575	0.0011925	1042.3	2.6485
260	0.0012387	1133.6	2.8346	0.0012311	1134.1	2.8239
280	0.0012866	1229.6	3.0113	0.0012766	1229.4	2.9985
300	0.0013453	1330.3	3.1901	0.0013317	1327.9	3.1742
350	0.0015981	1623.1	3.6788	0.0015522	1608.0	3.6420
400	0.0060014	2578.0	5.1386	0.0027929	2150.6	4.4721
450	0.0091666	2950.5	5.6754	0.0067363	2822.1	5.4433
500	0.0111229	3164.1	5.9614	0.0086761	3083.3	5.7934
520	0.0117897	3236.1	6.0534	0.0093033	3165.4	5.8982
540	0.0124156	3303.8	6.1377	0.0098825	3240.8	5.9921
550	0.0127161	3336.4	6.1775	0.0101580	3276.6	6.0359
560	0.0130095	3368.2	6.2160	0.0104254	3311.4	6.0780
580	0.0135778	3430.2	6.2895	0.0109397	3378.5	6.1576
600	0.0141249	3490.2	6.3591	0.0114310	3442.9	6.2321

注：① 此表出处同附表1。
② 粗水平线之上为未饱和水，粗水平线之下为过热水蒸气。

在 0.1MPa 时饱和空气状态参数表

附表4

干球温度 t (℃)	水蒸气压力 p_s (10^2Pa)	含湿量 d_a (g/kg)	饱和焓 h_s (kJ/kg)	密度 ρ (kg/m³)	汽化热 r (kJ/kg)
−20	1.03	0.64	−18.5	1.38	2839
−19	1.13	0.71	−17.4	1.37	2839
−18	1.25	0.78	−16.4	1.36	2839
−17	1.37	0.85	−15.0	1.36	2838
−16	1.50	0.94	−13.8	1.35	2838
−15	1.65	1.03	−12.5	1.35	2838

续表

干球温度 t (℃)	水蒸气压力 p_s (10^2Pa)	含湿量 d_a (g/kg)	饱和焓 h_s (kJ/kg)	密度 ρ (kg/m³)	汽化热 r (kJ/kg)
−14	1.81	1.13	−11.3	1.34	2838
−13	1.98	1.23	−10.0	1.34	2838
−12	2.17	1.35	−8.7	1.33	2837
−11	2.37	1.48	−7.4	1.33	2837
−10	2.59	1.62	−6.0	1.32	2837
−9	2.83	1.77	−4.6	1.32	2836
−8	3.09	1.93	−3.2	1.31	2836
−7	3.38	2.11	−1.8	1.31	2836
−6	3.68	2.30	−0.3	1.30	2836
−5	4.01	2.50	+1.2	1.30	2835
−4	4.37	2.73	+2.8	1.29	2835
−3	4.75	2.97	+4.4	1.29	2835
−2	5.17	3.23	+6.0	1.28	2834
−1	5.62	3.52	+7.8	1.28	2834
0	6.11	3.82	9.5	1.27	2500
1	6.56	4.11	11.3	1.27	2498
2	7.05	4.42	13.1	1.26	2496
3	7.57	4.75	14.9	1.26	2493
4	8.13	5.10	16.8	1.25	2491
5	8.72	5.47	18.7	1.25	2489
6	9.35	5.87	20.7	1.24	2486
7	10.01	6.29	22.8	1.24	2484
8	10.72	6.74	25.0	1.23	2481
9	11.47	7.22	27.2	1.23	2479
10	12.27	7.73	29.5	1.22	2477
11	13.12	8.27	31.9	1.22	2475
12	14.01	8.84	34.4	1.21	2472
13	15.00	9.45	37.0	1.21	2470
14	15.97	10.10	39.5	1.21	2468
15	17.04	10.78	42.3	1.20	2465
16	18.17	11.51	45.2	1.20	2463
17	19.36	12.28	48.2	1.19	2460
18	20.62	13.10	51.3	1.19	2458
19	21.96	13.97	54.5	1.18	2456
20	23.37	14.88	57.9	1.18	2453
21	24.85	15.85	61.4	1.17	2451
22	26.42	16.88	65.0	1.17	2448
23	28.08	17.97	68.8	1.16	2446
24	29.82	19.12	72.8	1.16	2444
25	31.67	20.34	76.9	1.15	2441
26	33.60	21.63	81.3	1.15	2439
27	35.64	22.99	85.8	1.14	2437
28	37.78	24.42	90.5	1.14	2434
29	40.04	25.94	95.4	1.14	2432
30	42.41	27.52	100.5	1.13	2430
31	44.91	29.25	1069.0	1.13	2427
32	47.53	31.07	111.7	1.12	2425

续表

干球温度 t (℃)	水蒸气压力 p_s (10^2Pa)	含湿量 d_a (g/kg)	饱和焓 h_s (kJ/kg)	密度 ρ (kg/m³)	汽化热 r (kJ/kg)
33	50.29	32.94	117.6	1.12	2422
34	53.18	34.94	123.7	1.11	2420
35	56.22	37.05	130.2	1.11	2418
36	59.40	39.28	137.0	1.10	2415
37	62.74	41.64	144.2	1.10	2413
38	66.24	44.12	151.6	1.09	2411
39	69.91	46.75	159.5	1.08	2408
40	73.75	49.52	167.7	1.08	2406
41	77.77	52.45	176.4	1.08	2403
42	81.98	55.54	185.5	1.07	2401
43	86.39	58.82	195.0	1.07	2398
44	91.00	62.26	205.0	1.06	2396
45	95.82	65.92	218.6	1.05	2394
46	100.85	69.76	226.7	1.05	2391
47	106.12	73.84	238.4	1.04	2389
48	111.62	78.15	250.7	1.04	2386
49	117.36	82.70	263.6	1.03	2384
50	123.35	87.52	277.3	1.03	2382
51	128.60	92.62	291.7	1.02	2379
52	136.13	98.01	306.8	1.02	2377
53	142.93	103.73	322.9	1.01	2375
54	150.02	109.80	339.8	1.00	2372
55	157.41	116.19	357.7	0.99	2370
56	165.09	123.00	376.7	0.99	2367
57	173.12	130.23	396.8	0.98	2365
58	181.46	137.89	418.0	0.97	2363
59	190.15	146.04	440.6	0.97	2360
60	199.17	154.72	464.5	0.93	2358
65	250.10	207.44	609.2	0.90	2345
70	311.60	281.54	811.1	0.85	2333
75	385.50	390.20	1105.7	0.81	2320
80	473.60	559.61	1563.0	0.76	2309
85	578.00	851.90	2351.0	0.70	2295
90	701.10	1459.00	3983.0	0.64	2282
95	845.20	3396.00	9190.0	0.60	2269
100	1013.00			0.60	2257

压力单位换算表

附表 5

压力名称	帕斯卡 (Pa)	兆帕 (MPa)	公斤力/米² (mmH₂O)	公斤力/厘米² (at)	毫米汞柱 (mmHg)	标准大气压 (atm)
帕斯卡	1	10^{-6}	0.101972	0.101972×10^{-4}	7.50062×10^{-3}	9.86923×10^{-6}
兆帕	10^6	1	101972	10.1972	7500.62	9.86923
公斤力/米²	9.80665	9.80665×10^{-6}	1	1.000×10^{-4}	7.35559×10^{-2}	9.67841×10^{-5}
公斤力/厘米²	9.80665×10^4	0.0980665	10^4	1	735.559	0.967841
毫米汞柱	133.322	1.33322×10^{-4}	13.595	1.3595×10^{-3}	1	1.31579×10^{-3}
标准大气压	101325	0.101325	10332.3	1.03323	760	1

注：1. 英制压力单位采用 磅力/英寸² (lbf/in²)
　　1 lbf/in² = 6894.7Pa
　2. 1bar = 10^5Pa = 0.1MPa

功、能和热量的单位换算表 附表6

能量名称	千焦 (kJ)	国际千卡 (kcal)	公斤力·米^2 (kgf·m)	千瓦·时 (kW·h)	马力·时 (Ps·h)	英热单位 (Btu)
千焦	1	0.2388	101.972	2.777×10^{-4}	3.7777×10^{-4}	0.9478
国际千卡	4.1868	1	426.94	1.163×10^{-3}	1.581×10^{-3}	3.9682
公斤力·米	9.807×10^{-3}	2.342×10^{-3}	1	2.724×10^{-6}	3.703×10^{-6}	9.294×10^{-3}
千瓦·时	3600.65	860	367168.4	1	1.3596	3412.14
马力·时	2648.278	632.53	270052.36	0.7355	1	2509.63
英热单位	1.055056	0.2520	107.5862	2.9307×10^{-4}	3.985×10^{-4}	1

注：1 国际千卡＝1.0012　20°千卡
　　　　　　　＝1.0003　15°千卡

R134a（CF_3CH_2F）饱和液与饱和蒸气热力性质表（按温度排列） 附表7

温度 t (℃)	饱和压力 p_s (kPa)	比体积(比容)		比焓		汽化潜热 r (kJ/kg)	比熵	
		饱和液体 v'	饱和蒸气 v''	饱和液体 h'	饱和蒸气 h''		饱和液体 s'	饱和蒸气 s''
		($m^3/kg \times 10^{-3}$)		(kJ/kg)			(kJ/(kg·K))	
−85.00	2.56	0.64884	5899.997	94.12	345.37	251.25	0.5348	1.8702
−80.00	3.87	0.65501	4045.366	99.89	348.41	248.52	0.5668	1.8535
−75.00	5.72	0.66106	2816.477	105.68	351.48	245.80	0.5974	1.8379
−70.00	8.27	0.66719	2004.070	111.46	354.57	243.11	0.6272	1.8239
−65.00	11.72	0.67327	1442.296	117.38	357.68	240.30	0.6562	1.8107
−60.00	16.29	0.67947	1055.363	123.37	360.81	237.44	0.6847	1.7987
−55.00	22.24	0.68583	785.161	129.42	363.95	234.53	0.7127	1.7878
−50.00	29.90	0.69238	593.412	135.54	367.10	231.56	0.7405	1.7782
−45.00	39.58	0.69916	454.926	141.72	370.25	228.53	0.7678	1.7695
−40.00	51.69	0.70619	353.529	147.96	373.40	225.44	0.7949	1.7618
−35.00	66.63	0.71348	278.087	154.26	376.54	222.28	0.8216	1.7549
−30.00	84.85	0.72105	221.302	160.62	379.67	219.05	0.8479	1.7488
−25.00	106.86	0.72892	177.937	167.04	382.79	215.75	0.8740	1.7434
−20.00	133.18	0.73712	144.450	173.52	385.89	212.37	0.8997	1.7387
−15.00	164.36	0.74572	118.481	180.04	388.97	208.93	0.9253	1.7346
−10.00	201.00	0.75463	97.832	186.63	392.01	205.38	0.9504	1.7309
−5.00	243.71	0.76388	81.304	193.29	395.01	201.72	0.9753	1.7276
0.00	293.14	0.77365	68.164	200.00	397.98	197.98	1.0000	1.7248
5.00	349.96	0.78384	57.470	206.78	400.90	194.12	1.0244	1.7223
10.00	414.88	0.79453	48.721	213.63	403.76	190.13	1.0486	1.7201
15.00	488.60	0.80577	41.532	220.55	406.57	186.02	1.0727	1.7182
20.00	571.88	0.81762	35.576	227.55	409.30	181.75	1.0965	1.7165

续表

温度	饱和压力	比体积(比容)		比焓		汽化潜热	比熵	
		饱和液体	饱和蒸气	饱和液体	饱和蒸气		饱和液体	饱和蒸气
t (℃)	p_s (kPa)	v'	v''	h'	h''	r (kJ/kg)	s'	s''
		($m^3/kg \times 10^{-3}$)		(kJ/kg)			(kJ/(kg·K))	
25.00	665.49	0.83017	30.603	234.63	411.96	177.33	1.1202	1.7149
30.00	770.21	0.84347	26.424	241.80	414.52	172.72	1.1437	1.7135
35.00	886.87	0.85768	22.899	249.07	416.99	167.92	1.1672	1.7121
40.00	1016.32	0.87284	19.893	256.44	419.34	162.90	1.1906	1.7108
45.00	1159.45	0.88919	17.320	263.94	421.55	157.61	1.2139	1.7093
50.00	1317.19	0.90694	15.112	271.57	423.62	152.05	1.2373	1.7078
55.00	1490.52	0.92634	13.203	279.36	425.51	146.15	1.2607	1.7061
60.00	1680.47	0.94775	11.538	287.33	427.18	139.85	1.2842	1.7041
65.00	1888.17	0.97175	10.080	295.51	428.61	133.10	1.3080	1.7016
70.00	2114.81	0.99902	8.788	303.94	429.70	125.76	1.3321	1.6986
75.00	2361.75	1.03073	7.638	312.71	430.38	117.67	1.3568	1.6948
80.00	2630.48	1.06869	6.601	321.92	430.53	108.61	1.3822	1.6898
85.00	2922.80	1.11621	5.647	331.74	429.86	98.12	1.4089	1.6829
90.00	3240.89	1.18024	4.751	342.54	427.99	85.45	1.4379	1.6732
95.00	3587.80	1.27926	3.851	355.23	423.70	68.47	1.4714	1.6574
100.00	3969.25	1.53410	2.779	375.04	412.19	37.15	1.5234	1.6230
101.00	4051.31	1.96810	2.382	392.88	404.50	11.62	1.5707	1.6018
101.15	4064.00	1.96850	1.969	393.07	393.07	0	1.5712	1.5712

注：此表数据引自：朱明善等著《绿色环保制冷剂 HFC-134a 热物理性质》，科学出版社，1995。

R134a（CF_3CH_2F）饱和液与饱和蒸气热力性质表（按压力排列） 附表 8

饱和压力	温度	比体积(比容)		比焓		汽化潜热	比熵	
		饱和液体	饱和蒸气	饱和液体	饱和蒸气		饱和液体	饱和蒸气
P_s (kPa)	t (℃)	v'	v''	h'	h''	r (kJ/kg)	s'	s''
		($m^3/kg \times 10^{-3}$)		(kJ/kg)			(kJ/(kg·K))	
10.00	−67.32	0.67044	1676.284	114.63	356.24	241.61	0.6428	1.8166
20.00	−56.74	0.683529	868.908	127.30	362.86	235.56	0.7030	1.7915
30.00	−49.94	0.69247	591.338	135.62	367.14	231.52	0.7408	1.7780
40.00	−44.81	0.69942	450.539	141.95	370.37	228.42	0.7688	1.7692
50.00	−40.64	0.70527	364.782	147.16	373.00	225.84	0.7914	1.7627
60.00	−37.08	0.71041	306.836	151.64	375.28	223.60	0.8105	1.7577
80.00	−31.25	0.71913	234.033	159.04	378.90	219.86	0.8414	1.7503
100.00	−26.45	0.72667	189.737	165.15	381.89	216.74	0.8665	1.7451
120.00	−22.37	0.73319	159.324	170.43	384.42	213.99	0.8875	1.7409

续表

饱和压力 P_s (kPa)	温度 t (℃)	比体积(比容)		比焓		汽化潜热 r (kJ/kg)	比熵	
		饱和液体 v'	饱和蒸气 v''	饱和液体 h'	饱和蒸气 h''		饱和液体 s'	饱和蒸气 s''
		(m³/kg×10⁻³)		(kJ/kg)			(kJ/(kg·K))	
140.00	−18.82	0.73920	137.972	175.04	386.63	211.59	0.9059	1.7378
160.00	−15.64	0.74461	121.490	179.20	388.58	209.38	0.9220	1.7351
180.00	−12.79	0.74955	108.637	182.95	390.31	207.36	0.9364	1.7328
200.00	−10.14	0.75438	98.326	186.45	391.93	205.48	0.9497	1.7310
250.00	−4.35	0.76517	79.485	194.16	395.41	201.25	0.9497	1.7273
300.00	0.63	0.77492	66.694	200.85	398.36	197.51	0.9786	1.7245
350.00	5.00	0.78383	57.477	206.77	400.90	194.13	1.0031	1.7223
400.00	8.93	0.79220	50.444	212.16	403.16	191.00	1.0435	1.7206
450.00	12.44	0.79992	45.016	217.05	405.14	188.14	1.0604	1.7191
500.00	15.72	0.80744	40.612	221.55	406.96	185.41	1.0761	1.7180
550.00	18.75	0.81461	36.955	225.79	408.62	182.83	1.0906	1.7169
600.00	21.55	0.82129	33.870	229.74	410.11	180.37	1.1038	1.7158
650.00	24.21	0.82813	31.327	233.50	411.54	178.04	1.1164	1.7152
700.00	26.72	0.83465	29.081	237.09	412.85	175.76	1.1283	1.7144
800.00	31.32	0.84714	25.428	243.71	415.18	171.47	1.1500	1.7131
900.00	35.50	0.85911	22.569	249.80	417.22	167.42	1.1695	1.7120
1000.00	39.39	0.87091	20.228	255.53	419.05	163.52	1.1877	1.7109
1200.00	46.31	0.89371	16.708	265.93	422.11	156.18	1.2201	1.7089
1400.00	52.48	0.91633	14.130	275.42	424.58	149.16	1.2489	1.7069
1600.00	57.94	0.93864	12.198	284.01	426.52	142.51	1.2745	1.7049
1800.00	62.92	0.96140	10.664	292.07	428.04	135.97	1.2981	1.7027
2000.00	67.56	0.98526	9.398	299.80	429.21	129.41	1.3203	1.7002
2200.00	71.74	1.00948	8.375	306.95	429.99	123.04	1.3406	1.6974
2400.00	75.72	1.03576	7.482	314.01	430.45	116.44	1.3604	1.6941
2600.00	79.42	1.06391	6.714	320.83	430.54	109.71	1.3792	1.6904
2800.00	82.93	1.09510	6.036	327.59	430.28	102.69	1.3977	1.6861
3000.00	86.25	1.13032	5.421	334.34	429.55	95.21	1.4159	1.6809
3200.00	89.39	1.17107	4.860	341.14	428.32	87.18	1.4342	1.6746
3400.00	92.33	1.21992	4.340	348.12	426.45	78.33	1.4527	1.6670
4064.00	101.15	1.96850	1.969	393.07	393.07	0	1.5712	1.5712

注：此表数据出处同附表7。

R134a (CF$_3$CH$_2$F) 过热蒸气表

t ℃	$p=0.05$MPa($t_s=-40.64$℃)			$p=0.10$MPa($t_s=-26.45$℃)		
	v m^3/kg	h kJ/kg	s kJ/(kg·K)	v m^3/kg	h kJ/kg	s kJ/(kg·K)
−20.0	0.40477	388.69	1.8282	0.19379	383.10	1.7510
−10.0	0.42195	396.49	1.8584	0.20742	395.08	1.7975
0.0	0.43898	404.43	1.8880	0.21633	403.20	1.8282
10.0	0.45586	412.53	1.9171	0.22508	411.44	1.8578
20.0	0.47273	420.79	1.9458	0.23379	419.81	1.8868
30.0	0.48945	429.21	1.9740	0.24242	428.32	1.9154
40.0	0.50617	437.79	2.0019	0.25094	436.98	1.9435
50.0	0.52281	446.53	2.0294	0.25945	445.79	1.9712
60.0	0.53945	455.43	2.0565	0.26793	454.76	1.9985
70.0	0.55602	464.50	2.0833	0.27637	463.88	2.0255
80.0	0.57258	473.73	2.1098	0.28477	473.15	2.0521
90.0	0.58906	483.12	2.1360	0.29313	482.58	2.0784

t ℃	$p=0.15$MPa($t_s=-17.20$℃)			$p=0.20$MPa($t_s=-10.14$℃)		
	v m^3/kg	h kJ/kg	s kJ/(kg·K)	v m^3/kg	h kJ/kg	s kJ/(kg·K)
−10.0	0.13584	393.63	1.7607	0.09998	392.14	1.7329
0.0	0.14203	401.93	1.7916	0.10486	400.63	1.7646
10.0	0.14813	410.32	1.8218	0.10961	409.17	1.7953
20.0	0.15410	418.81	1.8512	0.11426	417.79	1.8252
30.0	0.16002	427.42	1.8801	0.11881	426.51	1.8545
40.0	0.16586	436.17	1.9085	0.12332	435.34	1.8831
50.0	0.17168	445.05	1.9365	0.12775	444.30	1.9113
60.0	0.17742	454.08	1.9640	0.13215	453.39	1.9390
70.0	0.18313	463.25	1.9911	0.13652	462.62	1.9663
80.0	0.18883	472.57	2.0179	0.14086	471.98	1.9932
90.0	0.19449	482.04	2.0443	0.14516	481.50	2.0197
100.0	0.20016	491.66	2.0704	0.14945	491.15	2.0460

t ℃	$p=0.25$MPa($t_s=-4.35$℃)			$p=0.30$MPa($t_s=0.63$℃)		
	v m^3/kg	h kJ/kg	s kJ/(kg·K)	v m^3/kg	h kJ/kg	s kJ/(kg·K)
0.0	0.08253	399.30	1.7427			
10.0	0.08647	408.00	1.7740	0.07103	406.81	1.7560
20.0	0.09031	416.76	1.8044	0.07434	415.70	1.7868
30.0	0.09406	425.58	1.8340	0.07756	424.64	1.8168
40.0	0.09777	434.51	1.8630	0.08072	433.66	1.8461
50.0	0.10141	443.54	1.8914	0.08381	442.77	1.8747
60.0	0.10498	452.69	1.9192	0.08688	451.99	1.9028
70.0	0.10854	461.98	1.9467	0.08989	461.33	1.9305
80.0	0.11207	471.39	1.9738	0.09288	470.80	1.9576
90.0	0.11557	480.95	2.0004	0.09583	480.40	1.9844
100.0	0.11904	490.64	2.0268	0.09875	490.13	2.0109
110.0	0.12250	500.48	2.0528	0.10168	500.00	2.0370

续表

t	\multicolumn{3}{c}{$p=0.40$MPa($t_s=8.93$℃)}	\multicolumn{3}{c}{$p=0.50$MPa($t_s=15.72$℃)}
	v	h	s	v	h	s
℃	m³/kg	kJ/kg	kJ/(kg·K)	m³/kg	kJ/kg	kJ/(kg·K)
20.0	0.05433	413.51	1.7578	0.04227	411.22	1.7336
30.0	0.05689	422.70	1.7886	0.04445	420.68	1.7653
40.0	0.05939	431.92	1.8185	0.04656	430.12	1.7960
50.0	0.06183	441.20	1.8477	0.04860	439.58	1.8257
60.0	0.06420	450.56	1.8762	0.05059	449.09	1.8547
70.0	0.06655	460.02	1.9042	0.05253	458.68	1.8830
80.0	0.06886	469.59	1.9316	0.05444	468.36	1.9108
90.0	0.07114	479.28	1.9587	0.05632	478.14	1.9382
100.0	0.07341	489.09	1.9854	0.05817	488.04	1.9651
110.0	0.07564	499.03	2.0117	0.06000	498.05	1.9915
120.0	0.07786	509.11	2.0376	0.06183	508.19	2.0177
130.0	0.08006	519.31	2.0632	0.06363	518.46	2.0435

t	\multicolumn{3}{c}{$p=0.60$MPa($t_s=21.55$℃)}	\multicolumn{3}{c}{$p=0.70$MPa($t_s=26.72$℃)}
	v	h	s	v	h	s
℃	m³/kg	kJ/kg	kJ/(kg·K)	m³/kg	kJ/kg	kJ/(kg·K)
30.0	0.03613	418.58	1.7452	0.03013	416.37	1.7270
40.0	0.03798	428.26	1.7766	0.03183	426.32	1.7593
50.0	0.03977	437.91	1.8070	0.03344	436.19	1.7904
60.0	0.04149	447.58	1.8364	0.03498	446.04	1.8204
70.0	0.04317	457.31	1.8652	0.03648	455.91	1.8496
80.0	0.04482	467.10	1.8933	0.03794	465.82	1.8780
90.0	0.04644	476.99	1.9209	0.03936	475.81	1.9059
100.0	0.04802	486.97	1.9480	0.04076	485.89	1.9333
110.0	0.04959	497.06	1.9747	0.04213	496.06	1.9602
120.0	0.05113	507.27	2.0010	0.04348	506.33	1.9867
130.0	0.05266	517.59	2.0270	0.04483	516.72	2.0128
140.0	0.05417	528.04	2.0526	0.04615	527.23	2.0385

t	\multicolumn{3}{c}{$p=0.80$MPa($t_s=31.32$℃)}	\multicolumn{3}{c}{$p=0.90$MPa($t_s=35.50$℃)}
	v	h	s	v	h	s
℃	m³/kg	kJ/kg	kJ/(kg·K)	m³/kg	kJ/kg	kJ/(kg·K)
40.0	0.02718	424.31	1.7435	0.02355	422.19	1.7287
50.0	0.02867	434.41	1.7753	0.02494	432.57	1.7613
60.0	0.03009	444.45	1.8059	0.02626	442.81	1.7925
70.0	0.03145	454.47	1.8355	0.02752	453.00	1.8227
80.0	0.03277	464.52	1.8644	0.02874	463.19	1.8519
90.0	0.03406	474.62	1.8926	0.02992	473.40	1.8804
100.0	0.03531	484.79	1.9202	0.03106	483.67	1.9083
110.0	0.03654	495.04	1.9473	0.03219	494.01	1.9375
120.0	0.03775	505.39	1.9740	0.03329	504.43	1.9625
130.0	0.03895	515.84	2.0002	0.03438	514.95	1.9889
140.0	0.04013	526.40	2.0261	0.03544	525.57	2.0150

续表

t	$p=1.0$MPa($t_s=39.39$℃)			$p=1.1$MPa($t_s=42.99$℃)		
	v	h	s	v	h	s
℃	m³/kg	kJ/kg	kJ/(kg·K)	m³/kg	kJ/kg	kJ/(kg·K)
40.0	0.02061	419.97	1.7145			
50.0	0.02194	430.64	1.7481	0.01947	428.64	1.7355
60.0	0.02319	441.12	1.7800	0.02066	439.37	1.7682
70.0	0.02437	451.49	1.8107	0.02178	449.93	1.7994
80.0	0.02551	461.82	1.8404	0.02285	460.42	1.8296
90.0	0.02660	472.16	1.8692	0.02388	470.89	1.8588
100.0	0.02766	482.53	1.8974	0.02488	481.37	1.8873
110.0	0.02870	492.96	1.9250	0.02584	491.89	1.9151
120.0	0.02971	503.46	1.9520	0.02679	502.48	1.9424
130.0	0.03071	514.05	1.9787	0.02771	513.14	1.9692
140.0	0.03169	524.73	2.0048	0.02862	523.88	1.9955
150.0	0.03265	535.52	2.0306	0.02951	534.72	2.0214

t	$p=1.2$MPa($t_s=46.31$℃)			$p=1.3$MPa($t_s=49.44$℃)		
	v	h	s	v	h	s
℃	m³/kg	kJ/kg	kJ/(kg·K)	m³/kg	kJ/kg	kJ/(kg·K)
50.0	0.01739	426.53	1.7233	0.01559	424.30	1.7113
60.0	0.01854	437.55	1.7569	0.01673	435.65	1.7459
70.0	0.01962	448.33	1.7888	0.01778	446.68	1.7785
80.0	0.02064	458.99	1.8194	0.01875	457.52	1.8096
90.0	0.02161	469.60	1.8490	0.01968	468.28	1.8397
100.0	0.02255	480.19	1.8778	0.02057	478.99	1.8688
110.0	0.02346	490.81	1.9059	0.02144	489.72	1.8972
120.0	0.02434	501.48	1.9334	0.02227	500.47	1.9249
130.0	0.02521	512.21	1.9603	0.02309	511.28	1.9520
140.0	0.02606	523.02	1.9868	0.02388	522.16	1.9787
150.0	0.02689	533.92	2.0129	0.02467	533.12	2.0049

t	$p=1.4$MPa($t_s=52.48$℃)			$p=1.5$MPa($t_s=55.23$℃)		
	v	h	s	v	h	s
℃	m³/kg	kJ/kg	kJ/(kg·K)	m³/kg	kJ/kg	kJ/(kg·K)
60.0	0.01516	433.66	1.7351	0.01379	431.57	1.7245
70.0	0.01618	444.96	1.7685	0.01479	443.17	1.7588
80.0	0.01713	456.01	1.8003	0.01572	454.45	1.7912
90.0	0.01802	466.92	1.8308	0.01658	465.54	1.8222
100.0	0.01888	477.77	1.8602	0.01741	476.52	1.8520
110.0	0.01970	488.60	1.8889	0.01819	487.47	1.8810
120.0	0.02050	499.45	1.9168	0.01895	498.41	1.9092
130.0	0.02127	510.34	1.9442	0.01969	509.38	1.9367
140.0	0.02202	521.28	1.9710	0.02041	520.40	1.9637
150.0	0.02276	532.30	1.9973	0.02111	531.48	1.9902

续表

t	$p=1.6\text{MPa}(t_s=57.94℃)$			$p=1.7\text{MPa}(t_s=60.45℃)$		
	v	h	s	v	h	s
℃	m³/kg	kJ/kg	kJ/(kg·K)	m³/kg	kJ/kg	kJ/(kg·K)
60.0	0.01256	429.36	1.7139			
70.0	0.01356	441.32	1.7493	0.01247	439.37	1.7398
80.0	0.01447	452.84	1.7824	0.01336	451.17	1.7738
90.0	0.01532	464.11	1.8139	0.014191	462.65	1.8058
100.0	0.01611	475.25	1.8441	0.01497	473.94	1.8365
110.0	0.01687	486.31	1.8734	0.01570	485.14	1.8661
120.0	0.01760	497.36	1.9018	0.01641	496.29	1.8948
130.0	0.01831	508.41	1.9296	0.01709	507.43	1.9228
140.0	0.01900	519.50	1.9568	0.01775	518.60	1.9502
150.0	0.01966	530.65	1.9834	0.01839	529.81	1.9770

t	$p=2.0\text{MPa}(t_s=67.57℃)$			$p=3.0\text{MPa}(t_s=86.26℃)$		
	v	h	s	v	h	s
℃	m³/kg	kJ/kg	kJ/(kg·K)	m³/kg	kJ/kg	kJ/(kg·K)
70.0	0.00975	432.85	1.7112			
80.0	0.01065	445.76	1.7483			
90.0	0.01146	457.99	1.7824	0.00585	436.84	1.7011
100.0	0.01219	469.84	1.8146	0.00669	452.92	1.7448
110.0	0.01288	481.47	1.8454	0.00737	467.11	1.7824
120.0	0.01352	492.97	1.8750	0.00796	480.41	1.8166
130.0	0.01415	504.40	1.9037	0.00850	493.22	1.8488
140.0	0.01474	515.82	1.9317	0.00899	505.72	1.8794
150.0	0.01532	527.24	1.9590	0.00946	518.04	1.9089

t	$p=4.0\text{MPa}(t_s=100.35℃)$			$p=5.0\text{MPa}$		
	v	h	s	v	h	s
℃	m³/kg	kJ/kg	kJ/(kg·K)	m³/kg	kJ/kg	kJ/(kg·K)
60.0				0.00092	285.68	1.2700
70.0				0.00096	301.31	1.3163
80.0				0.00100	317.85	1.3638
90.0				0.00108	335.94	1.4143
100.0				0.00122	357.51	1.4728
110.0	0.00424	445.56	1.7112	0.00171	394.74	1.5711
120.0	0.00498	463.93	1.7586	0.00289	437.91	1.6825
130.0	0.00554	479.52	1.7977	0.00363	461.41	1.7416
140.0	0.00603	493.90	1.8330	0.00417	479.51	1.7859
150.0	0.00647	507.59	1.8657	0.00462	495.48	1.8241
160.0	0.00687	520.87	1.8967	0.00502	510.34	1.8588
170.0	0.00725	533.88	1.9264	0.00537	524.53	1.8912

注：此表来源同附表7。

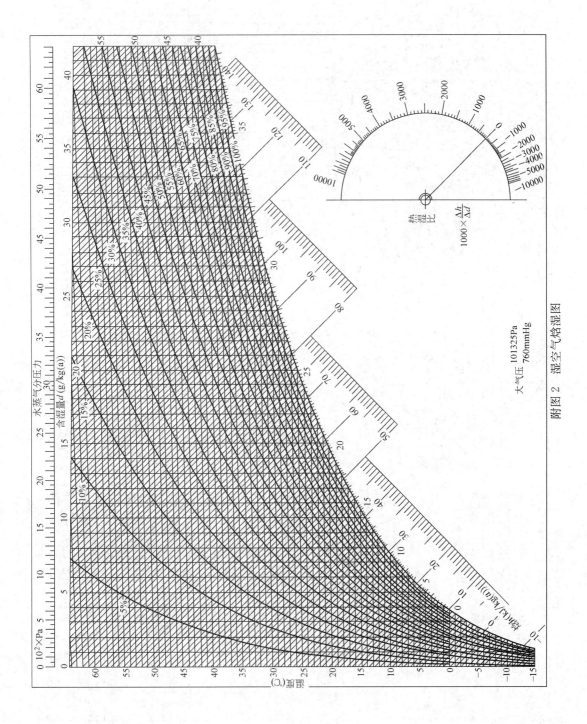

附图 2 湿空气焓湿图

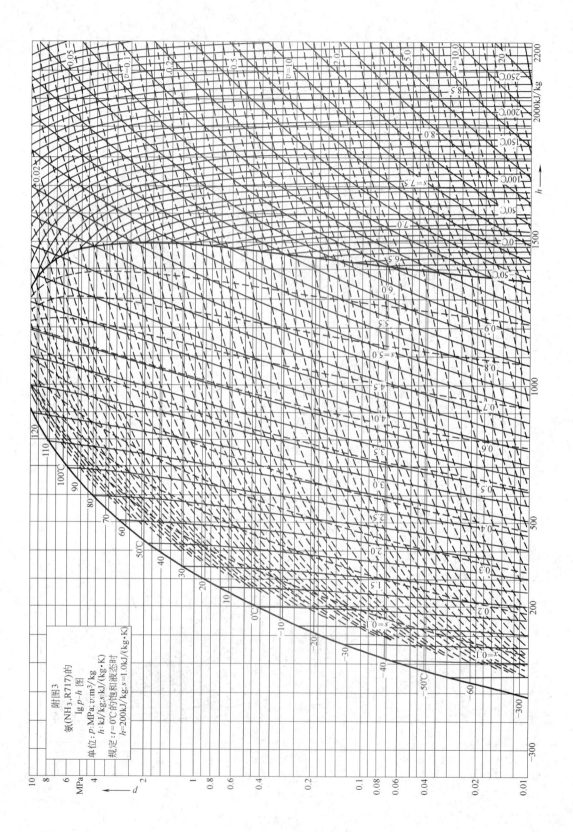

附图3 氨(NH_3,R717)的 $\lg p$–h 图

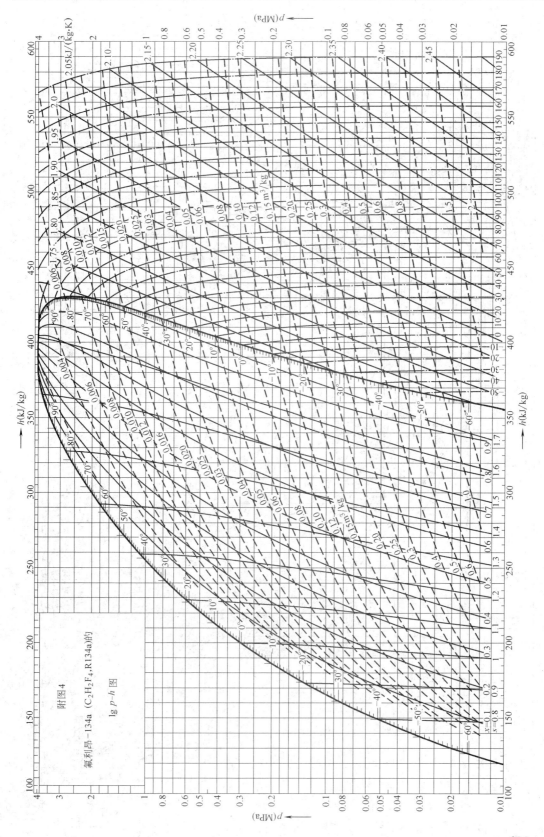

附图4 氟利昂-134a ($C_2H_2F_4$, R134a)的 lg p-h 图

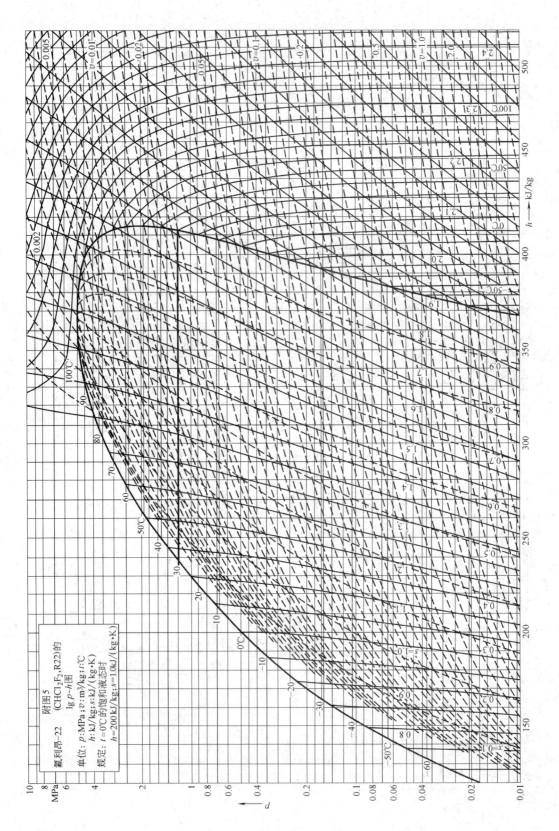

参 考 文 献

[1] 朱明善,刘颖,林兆庄编. 工程热力学（第三版）. 北京：清华大学出版社，2011.
[2] 沈维道,童钧耕编. 工程热力学（第四版）. 北京：高等教育出版社，2010.
[3] 严家騄,王永青编. 工程热力学（第三版）. 北京：高等教育出版社，2006.
[4] 严家騄,王永青编. 工程热力学. 北京：中国电力出版社，2005.
[5] 曾丹苓,敖越,张新铭等. 工程热力学（第三版）. 北京：高等教育出版社，2002.
[6] 刘桂玉,刘志刚,阴建民,何雅玲. 工程热力学. 北京：高等教育出版社，1998.
[7] 蔡祖恢. 工程热力学. 北京：高等教育出版社，1995.
[8] 何雅玲. 工程热力学精要分析及典型题精解. 西安：西安交通大学出版社，2008.
[9] 童钧耕编. 工程热力学学习辅导与习题解答. 北京：高等教育出版社，2004.
[10] 严家騄,余晓福编著. 水和水蒸气热力性质图表（第二版）. 北京：高等教育出版社，2004.
[11] Yunus A. Cengel, Michael A. Boles. Thermodynamics-An Engineering Approach (Fourth Edition). McGraw-Hill, 2002.
[12] Deborah A Kaminski, Michael K Jensen. Introduction to thermal and fluid engineering. New York: John Wiley & Sons, Inc, 2005.
[13] Richand E Sonntag, Glaus Borgnakke. Introduction to engineering thermodynamics. New York: John Wiley & Sons, Inc, 2001.

教育部高等学校建筑环境与能源应用工程专业教学指导分委员会规划推荐教材

征订号	书名	作者	定价(元)	备注
23163	高等学校建筑环境与能源应用工程本科指导性专业规范(2013年版)	本专业指导委员会	10.00	2013年3月出版
25633	建筑环境与能源应用工程专业概论	本专业指导委员会	20.00	
34437	工程热力学(第六版)	谭羽非 等	43.00	国家级"十二五"规划教材(可免费索取电子素材)
35779	传热学(第七版)	朱彤 等	58.00	国家级"十二五"规划教材(可免费浏览电子素材)
32933	流体力学(第三版)	龙天渝 等	42.00	国家级"十二五"规划教材(附网络下载)
34436	建筑环境学(第四版)	朱颖心 等	49.00	国家级"十二五"规划教材(可免费索取电子素材)
31599	流体输配管网(第四版)	付祥钊 等	46.00	国家级"十二五"规划教材(可免费索取电子素材)
32005	热质交换原理与设备(第四版)	连之伟 等	39.00	国家级"十二五"规划教材(可免费索取电子素材)
28802	建筑环境测试技术(第三版)	方修睦 等	48.00	国家级"十二五"规划教材(可免费索取电子素材)
21927	自动控制原理	任庆昌 等	32.00	土建学科"十一五"规划教材(可免费索取电子素材)
29972	建筑设备自动化(第二版)	江亿 等	29.00	国家级"十二五"规划教材(附网络下载)
34439	暖通空调系统自动化	安大伟 等	43.00	国家级"十二五"规划教材(可免费索取电子素材)
27729	暖通空调(第三版)	陆亚俊 等	49.00	国家级"十二五"规划教材(可免费索取电子素材)
27815	建筑冷热源(第二版)	陆亚俊 等	47.00	国家级"十二五"规划教材(可免费索取电子素材)
27640	燃气输配(第五版)	段常贵 等	38.00	国家级"十二五"规划教材(可免费索取电子素材)
34438	空气调节用制冷技术(第五版)	石文星 等	40.00	国家级"十二五"规划教材(可免费索取电子素材)
31637	供热工程(第二版)	李德英 等	46.00	国家级"十二五"规划教材(可免费索取电子素材)
29954	人工环境学(第二版)	李先庭 等	39.00	国家级"十二五"规划教材(可免费索取电子素材)
21022	暖通空调工程设计方法与系统分析	杨昌智 等	18.00	国家级"十二五"规划教材
21245	燃气供应(第二版)	詹淑慧 等	36.00	国家级"十二五"规划教材
34898	建筑设备安装工程经济与管理(第三版)	王智伟 等	49.00	国家级"十二五"规划教材
24287	建筑设备工程施工技术与管理(第二版)	丁云飞 等	48.00	国家级"十二五"规划教材(可免费索取电子素材)
20660	燃气燃烧与应用(第四版)	同济大学 等	49.00	土建学科"十一五"规划教材(可免费索取电子素材)
20678	锅炉与锅炉房工艺	同济大学 等	46.00	土建学科"十一五"规划教材

欲了解更多信息,请登录中国建筑工业出版社网站:www.cabp.com.cn查询。在使用本套教材的过程中,若有何意见或建议以及免费索取备注中提到的电子素材,可发Email至:jiangongshe@163.com。